空间技术与应用学术著作丛书

GNSS完好性监测及辅助性能增强技术

战兴群　苏先礼　著

科学出版社

北京

内 容 简 介

本书系统、深入地阐述了GNSS完好性监测的各项相关内容，包括其产生根源、评估指标、实现方法、辅助性能增强技术，提出GNSS完好性监测三级理论体系，构建其综合评估系统架构，研究在其他异质和同质导航信息辅助下其性能增强方法。本书研究内容丰富、图文并茂、结构严谨、论述清楚、材料充实。

本书适用于从事卫星导航技术及其相关领域的研究、设计、制造、使用、操作、维护等方面的科研和工程技术人员，也可供有关院校师生和科技工作者参考。

图书在版编目(CIP)数据

GNSS完好性监测及辅助性能增强技术/战兴群，苏先礼著. —北京：科学出版社，2016.5
(空间技术与应用学术著作丛书)
ISBN 978-7-03-048307-2

Ⅰ. ①G… Ⅱ. ①战… ②苏… Ⅲ. ①卫星导航—全球定位系统—监测 Ⅳ. ①P228.4

中国版本图书馆CIP数据核字(2016)第108610号

责任编辑：王艳丽
责任印制：谭宏宇 / 封面设计：殷 靓

科学出版社 出版
北京东黄城根北街16号
邮政编码：100717
http://www.sciencep.com
南京展望文化发展有限公司排版
广东虎彩云印刷有限公司印刷
科学出版社发行 各地新华书店经销

*

2016年5月第 一 版 开本：787×1092 1/16
2023年2月第四次印刷 印张：16 1/2 插页 6
字数：336 000

定价：89.00元

(如有印装质量问题，我社负责调换)

前　言

PREFACE

随着卫星导航相关理论研究的深入和全球卫星导航系统(global navigation satellite system，GNSS)的快速发展，GNSS 接收机作为实时的十参数传感器(三维位置、速度、姿态和一维时间)的导航服务性能(精度、可用性、完好性、连续性)得到了极大的提高，卫星导航应用领域也不断拓展，在国民经济和社会发展中发挥的作用更加明显。但GNSS 固有脆弱性、差错存在的普遍性和不确定性及信号易受遮蔽等特性，限制了行业用户和大众用户对 GNSS 的应用。如果没有完好性的服务性能作保障，GNSS 只能充当辅助导航角色，也就是说 GNSS 作为主用导航设备必须跨越完好性这道门槛。GNSS 完好性监测相关领域的研究已经成为国内外 GNSS 研究热点之一。

本书针对当前国内外 GNSS 完好性监测和性能增强技术研究中存在的一些弱点和盲点问题，依托国家高技术研究发展计划(863 计划)项目“GNSS 脆弱性分析及信号传输环境研究”等课题研究成果，全面分析了 GNSS 完好性的根源和本质；深入研究了解决 GNSS 完好性问题的途径和方法；从全局角度提出了三级 GNSS 完好性监测的完整理论体系，构建了 GNSS 完好性监测综合评估系统架构，分别应用质量控制理论、信号分析理论和一致性检测理论，实现全球系统级星座完好性监测、区域增强级信息完好性监测和终端应用级用户完好性监测；提出了基于质量控制的 GNSS 星座完好性综合评估方法；设计和实现了 GNSS 信号质量伺服天线跟踪监测系统；改进了快速随机抽样一致完好性监测方法；在 GNSS 完好性监测性能增强技术研究方面，从 GNSS 之外的外源导航信息中分别选取异质(观测的不是同一个物理量)的惯导信息辅助和同质(传感器观测的是同一物理现象)的差分信息辅助为例，研究 GNSS 完好性服务性能增强的方法和程度。着重分析了终端用户接收机在有其他冗余信息可进行差分时的 GNSS 完好性监测方法及辅助性能增强技术；同时也开展了 GNSS 姿态测量领域的完好性监测研究。通过 GNSS 仿真和实际完好性监测数据验证了上述研究结果，可以为 GNSS 完好性监测和性能增强提供参考，具有重要的理论意义和工程实用价值。这种层次分析方法和结论对其他卫星系统(如通信、遥感、气象、资源、侦察)的各种服务性能监测和增强也有一定借鉴价值。

本书主体结构可分为“GNSS 完好性基本理论”“GNSS 完好性监测体系”和“GNSS 完好性辅助性能增强”三个主题。本书融入了作者近年来在 GNSS 完好性监测领域的原创性科研成果，主要包括以下四个方面。

(1) 分析了 GNSS 完好性问题的产生机理、内涵及外延，按实施完好性监测的主体所在位置和特性，依据对应的分析方法理论分层次提出三级 GNSS 完好性监测的完整理论体系，并构建了 GNSS 完好性监测综合评估系统架构，可以为 GNSS 完好性监测的研究和实施提供参考，这种层次分析方法和结论对其他卫星系统的各种服务性能监测和增强也有一定的借鉴价值。

(2) 构造完好性最小可用性(MAI)和最小检测效果黑洞比(MDEHR)两个全球系统级星座完好性监测评测指标，提出一种涉及 GNSS 星座状态、观测条件、量测噪声和应用需求等多种因素，基于质量控制的 GNSS 星座完好性综合评估方法，从时空两个维度去预测和实时评估星座完好性。通过大量仿真分析 BDS、GPS、QZSS 和 IRNSS 等单个或混合星座在包括城市峡谷等极端条件下的完好性性能，得到很多量化的星座完好性评估结果。该完好性评估方法及仿真结果，对导航星座配置和实际 GNSS 应用中的完好性预测有参考价值。

(3) 按照用户接收机的射频、基带和量测解算三个监测位置，分别从射频环境、基带处理和一致性判断，详尽分析了各个阶段的终端应用级用户完好性监测，在随机抽样一致完好性监测(RANSAC - RAIM)的基础上进行改进，提出对卫星子集进行基于 GDOP 预检验排除法和动态无阈值 LOS 矢量预检验筛选的快速 FRANSAC - RAIM 方法，根据真实的民航飞行场景下仿真结果表明，改进的 FRANSAC - RAIM 方法不但具备检测多差错和小差错的能力，还将运算效率提高了 1 倍以上，且缩短了告警时间，对 RAIM 完好性告警需求意义重大。

(4) 改进姿态精度因子(ADOP)求解方式，提出基于 ADOP 选择卫星组的方法，分析 ADOP 与基线长度及卫星仰角关系，提出 GNSS 姿态测量(GNSS - AD)完好性监测中以姿态角为度量的姿态角告警限值(AAL)标准，给出将告警限值从距离域转换到姿态角域的近似方程，从而将定位中的完好性方法引入到 GNSS 测姿中，实现 GNSS 测姿完好性监测方法。利用更多种差分辅助，提出 GNSS - AD 完好性监测方法，构造两类单差在相邻时间历元间的差分(Delta SD - 1S2A 和 Delta SD - 2S1A)分别辅助增强检测和排除不同误差源引起的完好性问题，最终通过综合两者优势提出差分辅助完好性监测方法，实现完好性增强目的。

本书主要读者对象为从事卫星导航及其他相关领域的研究、设计、制造、使用、操作、维护等方面的科研人员和工程技术人员，也可供有关院校师生和科技工作者参考。

本书研究工作得到科学技术部国家高技术研究发展计划、国家自然科学基金及有关课题的资助，在此表示感谢；感谢上海交通大学及其航空航天学院良好的科研环境、丰富的信息资源、质朴的学术氛围，为本书的完成提供了充足保障；感谢科学出版社相关人员在封面设计、文字校对、出版安排等方面的工作使本书得以付梓。

由于作者能力水平有限，书中肯定存在一些不妥之处，敬请读者不吝赐教。读者可以通过邮箱 xqzhan@sjtu. edu. cn 或 sxlmy@163. com 与我们直接联系。

作　者

2016 年 3 月

目　录

CONTENTS

第1章 绪论

《文子·自然》称“往古来今谓之宙，四方上下谓之宇”，时间和空间是这个世界的本质属性，因此量测时空成为人类活动从古至今重要的主题。本书所说的导航(navigation)是指在陆海空天(land, marine, aeronautic and space navigation, LMAS)四种场景中通过几何学、天文学、无线电信号等手段测定位置、航向和距离，监测和控制(引导)运载工具航行(从某点到达另一点)的过程[1]。科学技术发展拉近了时空，但人们对时空的检测却更加精细了，正像人们对时间需求已经从古人日升月落的粗糙时辰观测进步到在2010年2月美国国家标准局研制37亿年误差不超过1秒的铝离子光钟[2]，导航紧随着人类由近到远的运动史和由粗略到精确的位置需求，经历了从作标记、观天象、用司南的初级导航逐步发展到惯性仪表、无线导航、卫星导航等高级导航过程。

当前，作为实时三维位置、速度、时间和姿态(position, velocity, time and attitude, PVTA)十参数传感器的全球卫星导航系统①(global navigation satellite system, GNSS)，已经使普通接收机在全球全天候地获得米级的定位精度、每秒分米级的测速精度、几十纳秒级的授时精度和分度级的测姿精度。导航设备也终将会像手表一样随时地佩戴在人们手腕上，成为人类对外界感知的重要工具。GNSS②应用也不断拓展，军事、民用、工业、商业和科学应用急剧增长，GNSS正日益深入地影响着人类社会方方面面，直接或间接地改变着人们生产生活方式和思维活动习惯。如今卫星导航的应用仅受限于人类的想象力[3]，GNSS业已成为国家信息体系的重要基础建设设施，是直接关系到经济发展和国家安全以及国防现代化的关键性技术支撑系统，也是展示现代化大国地位和国家综合国力的重要标志。

---

① 本书均使用“全球卫星导航系统”作为“global navigation satellite system”的中文指代词。如果按照英文直接翻译是“全球导航卫星系统”，但此处中心语是“导航”，而“全球”和“卫星”两词都是修饰语，按照中文偏正词组位置之规定，修饰语放在前面更加符合中文习惯。其他系统类似之处同此法处理。

② 在业界，GNSS通常不仅仅包含联合国GNSS国际委员会(ICG)所确认的全球4个核心供应商提供的4大全球卫星导航系统，还扩大到与其他相关的所有通过卫星实现导航功能的系统(如增强系统)。本书没作特别说明时也都采用这个广义的概念。

GNSS也不是尽善尽美的。2013 年 1 月 24 日我国北斗卫星导航系统①(BeiDou navigation satellite system,BDS)就曾经出现 4 分钟电文播发时间异常,导致依赖 BDS 授时的国家电网多点报错,因而 GNSS 完好性监测的必要性日益凸显。GNSS 完好性是指用户对 GNSS 提供的信息的信任程度。GNSS 导航精度可以通过很多增强系统和差分系统进一步提高到接近技术极限的程度,但 GNSS 存在固有的脆弱性、差错存在的普遍性、不确定性及信号易受遮蔽等不足,使很多用户对 GNSS 所提供服务的信任程度大大降低,GNSS 完好性问题也延伸至除航空、搜救等生命安全领域,以及电力、电信等国家基础设施领域之外的公路、货运、铁路等陆上交通及海事、测绘及授时等民用定位、导航和授时(positioning, navigation and timing,PNT)应用,它们也期待着更高的完好性性能。如果没有完好性的服务性能作保障,GNSS 只能充当辅助导航角色,也就是说 GNSS 作为主用导航设备必须跨越完好性这道门槛。GNSS 完好性也正在成为一个国内外新的热门研究领域,越来越多的人开始关注并致力于 GNSS 完好性研究。

本章首先在 1.1 节介绍 GNSS 卫星导航系统及其星基和地基增强系统现状,简单分析 GNSS 高精度、全球性、全天候的强大导航优势及在陆海空天领域的 PVTA 十参数确定中广泛应用。但由于微弱 L 波段超高频分米波无线电信号的固有特点,本章也简要指出 GNSS 导航存在的脆弱性(易受干扰/阻塞和欺骗(interference/jamming and spoofing, IJS))、视距传播(易受遮蔽)和差错多样性等不足,今后 GNSS 必将沿着解决暗区和盲区、多源辅助的组合或差分融合及完好性方向发展,以提升 GNSS 完好性等导航服务性能;然后在 1.2 节由 GNSS 的三大漏洞引出 GNSS 完好性的概念及定义,随后介绍本书研究的"GNSS 完好性监测及辅助性能增强技术"主题的国内外研究现状,并归纳总结 GNSS 完好性监测技术途径,提出 GNSS 完好性监测研究中的弱点和盲点;1.3 节说明本书选题来源于所在 SJTU - GNC 实验室承担的"十二五"国家高技术研究发展计划(863 计划)课题"GNSS 脆弱性分析及信号传输环境研究",介绍研究的目的和意义,并简要介绍本书研究的主要内容以及所取得的研究成果。为增加本书的可读性,对全书内容的组织及结构编排进行梳理并绘制了全书逻辑脉络图。

1.1 卫星导航系统现状及发展趋势

卫星导航系统是利用人造地球卫星进行导航的系统。整个系统由多个导航卫星、地

① 2012 年 12 月 27 日中国卫星导航系统管理办公室(CSNO)正式公布的接口控制文档(ICD)规定,"北斗卫星导航系统"简称"北斗系统(BeiDou System)",缩写为"BDS"。本书均采用此说法。新华社以前的英文通告中也曾经称其为"Compass Navigation System",业界也曾先后普遍使用"COMPASS"或"BeiDou"作为其缩写,因而可用"COMPASS"和"BeiDou"分别指代中国卫星导航系统的区域性北斗卫星导航试验系统(北斗一号)和北斗卫星导航系统(北斗二号)在 2012 年底前建成的亚太区域系统。

面站和卫星导航定位设备组成。卫星导航系统是一种天基无线电导航定位和时间传递系统[4]。

1.1.1 GNSS的源起和格局

1. GNSS创新思想

GNSS融合了最新的现代科技创新,是迄今为止应用最为广泛,影响最为深远的人类空间科技成果。GNSS的创新思维源于1957年10月4日苏联成功发射第一颗人造地球卫星“斯普特尼克一号”(Sputnik Ⅰ)后的第2年(1958年),观测Sputnik Ⅰ的美国约翰霍普金斯大学(Johns Hopkins University)应用物理实验室研究人员提出:根据已知轨道的卫星和接收机之间的多普勒频移(Doppler shift,DS)反推接收机在地球上位置的光辉论断。基于此原理,世界上第一个卫星导航系统美国海军卫星导航系统(navi navigation satellite system,NNSS),也称为子午仪卫星导航系统(transit satellite navigation system)的第一颗用于导航的卫星于1960年4月13号成功发射。

2. GNSS格局

此后,GNSS巨大的军事和商业价值促使世界各国都不惜耗费巨资建造各种用于导航的卫星系统,现今地球上空分布着一百多颗专门用于导航的人造地球卫星。卫星导航系统分为全球卫星导航系统、区域卫星导航系统和各种卫星导航增强系统三大类,其中卫星导航增强系统又可分为星基增强系统(satellite based augmentation system,SBAS)和地基增强系统(ground based augmentation system,GBAS)两类。有关GNSS的详情参阅附录A(卫星导航系统概况)。

表1.1 卫星导航系统技术参数及状态一览表(截至2013年5月)

<table>
<tr><th colspan="3">全球及区域卫星导航系统和增强系统</th><th colspan="2">卫星数(标称)</th><th colspan="2">卫星数(2013.05)</th><th>主要服务区域</th><th>达到全运行能力的时间</th><th>民用频点</th></tr>
<tr><td rowspan="6">全球卫星导航系统</td><td colspan="2">GPS</td><td colspan="2">24</td><td colspan="2">31</td><td>全 球</td><td>1995</td><td>当前:L1 C/A,L2C
将来:L1 C/A,L1C,L2C,L5</td></tr>
<tr><td colspan="2">GLONASS</td><td colspan="2">24</td><td colspan="2">24</td><td>全 球</td><td>1995 (GLONASS)
2011 (GLONASS-M)</td><td>当前:L1PT,L2PT
将来:L1PT,L2PT,L3PT,L1CR,L2CR,L5R</td></tr>
<tr><td rowspan="3">BDS</td><td>GEO</td><td rowspan="3">35</td><td>5</td><td rowspan="3">14</td><td>5</td><td rowspan="3">全 球</td><td rowspan="3">2012(区域)
2020(全球)</td><td rowspan="3">1 559.052~1 591.788 M
1 166.22~1 217.37 M
1 250.618~1 286.423 M</td></tr>
<tr><td>IGSO</td><td>3</td><td>5</td></tr>
<tr><td>MEO</td><td>27</td><td>4</td></tr>
<tr><td colspan="2">Galileo</td><td colspan="2">30</td><td colspan="2">4</td><td>全 球</td><td>2014 (18卫星)
2015 (26卫星)
2019 (30卫星)</td><td>E5 OS/SoL
E6 CS/PRS
E1 OS/SoL/PRS</td></tr>
</table>

续表

全球及区域卫星导航系统和增强系统			卫星数（标称）		卫星数（2013.05）		主要服务区域	达到全运行能力的时间	民用频点
区域卫星导航系统	QZSS	QZSS	5	3	3	1	日本区域		L1 C/A，L1C，L2C，L5，L1-SAIF，LEX
		MSAS		2		2		2007	L1
	IRNSS	IRNSS	7	7	1	0	印度区域	2014(预计)	S，L5 and L1
		GAGAN		3		2		2013(预计)	L5，L1
卫星导航星基增强系统	WAAS		3		3		北美区域	2003(IOC) 2008(FOC)	L1C/A，L5
	SDCM		3		1		俄罗斯	2014(预计)	SBAS L1 C/A
	EGNOS		3		3		欧洲区域	2009 (OS) 2010 (SoL)	L1C/A
	NIGCOMSAT		1		1			2008	L1，L5
	合　计		138		85				

表 1.1 列出了各个 GNSS 系统的有关技术参数和系统状态[5]：截至 2013 年 5 月，全世界各种卫星导航系统在地球上空实际已经在轨运行 85 颗导航卫星。按照官方公布相关的标称星座合计卫星数量将达到 138 颗。

图 1.1(a)是所有的卫星导航系统标称集总星座 138 颗卫星在某时刻的仿真平面图。图 1.1(b)是在某时刻的仿真三维图。

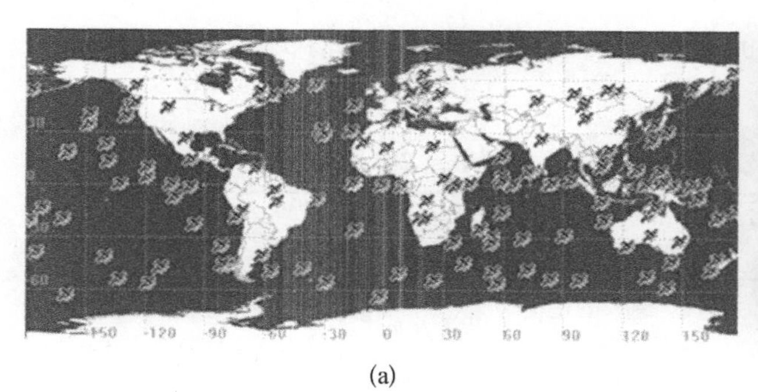

(a)

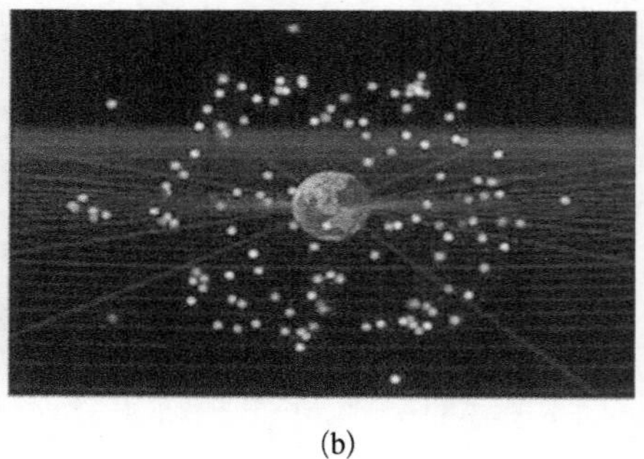

(b)

图 1.1　所有 GNSS 系统标称集总星座图

3. GNSS 卫星可见性

卫星在轨运动时地面静止用户的可见卫星数(number of visible satellites，NVS)和卫星视线角度也在变化。卫星可见性是所有 GNSS 导航系统的基本性能，是 GNSS 给用户提供服务的基础，因而 NVS 是卫星导航系统的基本问题。图 1.2(a)显示了所有的卫星导航系统标称集总星座 138 颗卫星在某时刻 5°掩蔽角时，以 0.5°经纬度分辨率绘制的全球 NVS 情况。全球平均值为 47 颗，最大值达到 68 颗，最小值也有 31 颗。由图 1.2 可知欧亚非地区 NVS 明显高于美洲地区，特别是亚洲地区，这是因为 BDS 在亚太区域卫星覆盖较强,加之日本和印度的区域及增强系统作用所至。为更好地体现全球 NVS 的分布,图 1.2(b)是在 NVS 基础上先在经度上取平均值后绘制的全球 NVS 经度均值分布图,紫色线为根据 NVS 均值分布情况拟合的标准正态分布曲线(见彩图 1.2)。图中可见:有 80 个样点 NVS 为紫色线 42 颗,68 个样点 NVS 为 52 颗。

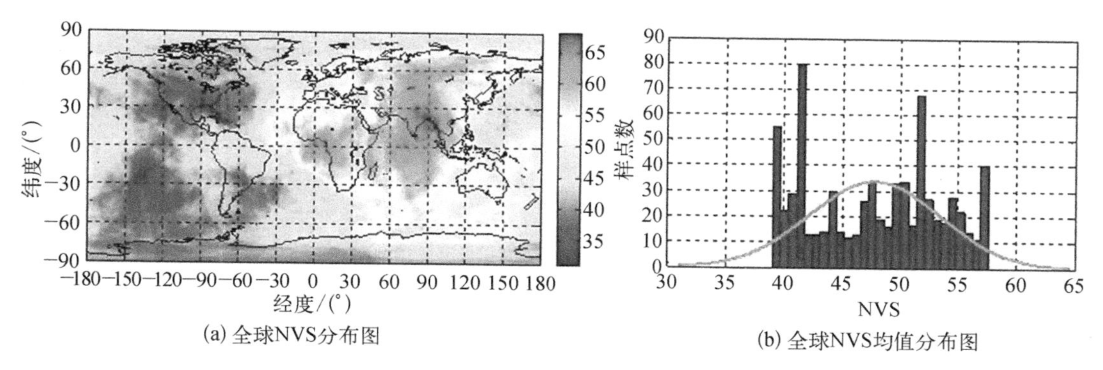

(a) 全球NVS分布图　(b) 全球NVS均值分布图

图 1.2　所有 GNSS 系统标称集总星座 NVS

以北京静止观测点(39.91°N, 116.39°E,海拔 31.2 m)在 5°掩蔽角时 NVS 为例,图 1.3(a)(b)绘制了北京对所有 GNSS 标称集总星座 138 颗卫星在 24 小时内(1 440 个时间采样点,采样间隔为 1 分钟)NVS,平均 NVS 为 54 颗(虚线所示),最大值、最小值分别为 66 颗和 41 颗,均远超过全球 NVS 相应指标。

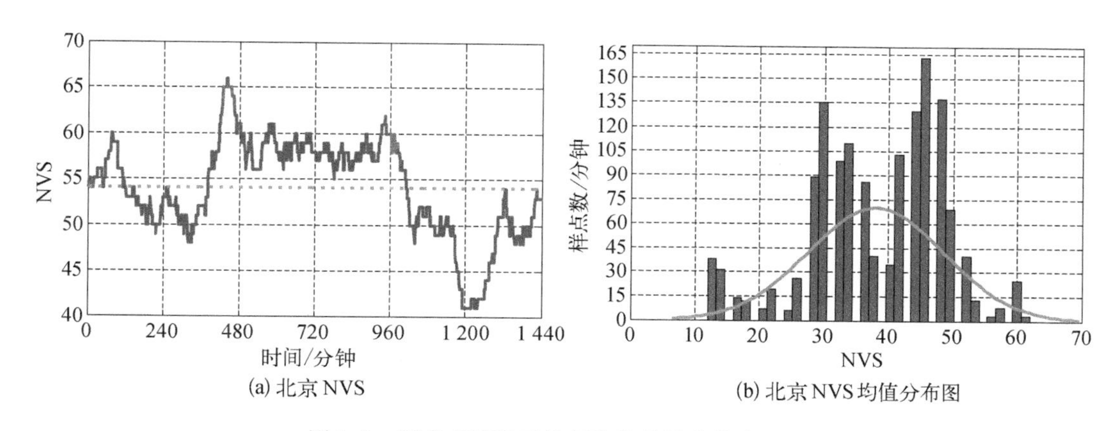

(a) 北京 NVS　(b) 北京 NVS 均值分布图

图 1.3　所有 GNSS 系统标称集总星座北京 NVS

尽管有如此众多的 GNSS 卫星在轨道运行,可以接收到的导航信号也很多,但实际卫星导航应用要综合利用空中的导航卫星资源还有诸多问题需要解决,如卫星导航完好性问题。随着卫星数量的增多,故障卫星出现的次数也增多,即接收机需要甄别接收到的导航信号究竟质量如何,接收到一个有差错的导航信号反而给定位、测速和授时带来更大的误差。在有很多导航信号的情况下,完好性显得更加重要。增强系统从某种意义上来说就是为解决卫星导航的完好性问题。纵观四大 GNSS 系统,都有自己的增强系统。

1.1.2 GNSS优势及应用

1. GNSS六大优势

GNSS以其覆盖的广泛性(全球四重以上覆盖)、信息的全面性(PVTA十参数)、应用的通用性(陆海空天、军民政科)、服务的全天候(昼夜晨昏、风霜雨雪)、性能的卓越性(PNT高性能)、成本低廉(信号免费公开,机体嵌入集成)六大优点得到各界青睐。

2. GNSS四大应用

目前,卫星导航系统已广泛应用于全球的各个行业,几乎影响到现代社会的所有方面,全世界的用户开发出数百种用途,而且新用途层出不穷,只怕想不到,不怕做不到[6]。主要应用包括陆海空天四大应用场景的PVTA导航应用领域。

a. 陆地应用:主要包括车辆导航、铁路公路运控、精准农业、环境资源探测、公共安全与应急反应、精准授时、大气物理观测、地球物理资源勘探、测绘与工程测量、变形监测、地壳运动监测、市政规划控制等。

b. 海洋应用:包括远洋船最佳航程航线测定、船只实时调度与导航、海洋救援、海洋探宝、水文地质测量以及海洋平台定位、海平面升降监测等。GNSS在航海中能够得到迅速、准确的定位、路线、速度等信息,通过合理的航线安排来节约导航时间及燃料;给船员提供精确的导航信息;改进港口集装箱管理的效率和经济效益;提高浮标安置、清理以及挖泥等操作的精确性及效率;使用自动身份识别系统(automatic identification system, AIS)提高船只的安全性。

c. 航空应用:包括飞机导航、航空遥感姿态控制等。GNSS可以在全球范围内为飞行员提供起飞、飞行和降落,到机场的地面导航的所有飞行阶段精确的三维位置信息;减少昂贵的地面导航设施、系统和服务,为航空公司和飞行员提供灵活和节省燃料的航线;缩减航空最小间隔距离且更有效的航空交通管理,使航空能力得到提高,因而航班延误,特别是在恶劣天气条件下的延误可以减少。

d. 空间应用:包括从载人飞船的导航系统到对通信卫星群的管理、跟踪和控制,到从空间监视地球,还包括导弹制导、航空救援和载人航天器防护探测等。

1.1.3 GNSS不足及发展趋势

1. GNSS三大不足

辩证地看世间没有十全十美的事物,GNSS同样如此。GNSS存在固有的脆弱性、差错存在的普遍性、不确定性及信号易受遮蔽等不足(漏洞)限制了GNSS导航服务性能的发挥,在有些场合GNSS并不能提供稳定正常的导航服务。GNSS漏洞也是导致GNSS完好性问题的直接原因,随着GNSS应用的深入和推广,GNSS完好性监测相关领域的研究也成为研究热点问题之一。

1) GNSS 固有脆弱性(易受 IJS)

GNSS 固有脆弱性源于其被噪底深深埋没的开放性 GNSS 信号。GNSS 接收机能接收的 GNSS 信号功率非常小。受太阳帆板功率及同频信号相互干扰的限制，例如，GPS 卫星在 L1 发射 C/A 码信号功率约为 27 W(14.3 dBW)，穿越浩渺太空到达地球表面的 GPS 信号功率密度约为每平方米－131 dBW，典型微带接收天线的 C/A 码接收功率为－154.5 dBW，但对于 20 MHz 带宽的前级滤波带宽来说，引入噪声为－128 dBW(GPS 的本底噪声谱密度都是－201 dBW/Hz)，所以说典型的 GPS 接收机接收到的信号功率(power of signal)比噪声功率(power of noise)还弱 26.5 dB，即信号比噪声功率还要弱 450 倍，信号是完完全全被噪声湮没的[7]。这导致功率仅为 1 W 的机载干扰机就可阻碍 85 km 处远的 GPS 接收机锁定 GPS 信号。此外，所有 GNSS 提供的公开服务(open service, OS)的空间信号(signal in space, SIS)接口控制文档(interface control document, ICD)都是彻底透明的，极易受到 IJS，下面分别为 IJS 的近期典型实例。

(1) GNSS 干扰(光平方 4G-LTE 网络干扰)

GNSS 干扰(interference)导致 GNSS 接收机载噪比降低，从主观意愿上可分为无意干扰和有意干扰。无意干扰是其他 UHF、VHF、VOR 和 ILS 等工作频段对 GNSS 工作频点的影响；而有意干扰是为特定的目的人为生成的连续波或宽频噪声。从干扰信号特征分为连续波、宽频和脉冲干扰三种。4G-LTE 长期演进(long term evolution)计划是实现 3G 技术向 4G 技术平滑过渡的无线宽带网络技术。美国新兴移动运营商光平方公司(LightSquared)得到美国联邦电信委员会(Federal Communications Commission, FCC)批准：在 GNSS 的 L1(1 559～1 610 M)的紧邻频带(1 525 ～1 559 M)建设四万个地面基站进行手机通信的计划。但测试表明原型地面发射器的干扰会严重削弱航空和各种 GNSS 接收器的性能，构成对 GNSS 信号的潜在干扰。2012 年 2 月美国国家天基 PNT 执行委员会要求 FCC 撤销对光平方公司 4G-LTE 网络的批准并最终如愿。光平方干扰问题表明：在频率资源日趋紧张的条件下，通信与导航的兼容与协调已经成为必须解决的问题。卫星导航服务固有的脆弱性有可能制约或影响卫星导航服务的发展，这对我国 BDS 及其应用的发展具有重要的参考与借鉴意义。

(2) GNSS 阻塞(美国纽瓦克机场和海湾战争)

GNSS 阻塞(jamming)导致 GNSS 接收机工作在饱和状态，是指相对 GNSS 信号来说功率强得多，远远超过接收机正常的线性放大范围，导致接收机无法正常工作的其他信号。2009 年 11 月美国新泽西州纽瓦克机场的安装的局域增强系统(local area augmentation system, LAAS)发现每天都有不明射频干扰 GNSS 接收机，导致出现短暂的中断，并出现处理异常，美国联邦航空管理局(Federal Aviation Administration, FAA)经过 3 个月的调查后发现干扰来源于乘客随身携带的“个人隐私设备”(有个卡车司机为防止 GNSS 在卡车上的定位设备暴露个人隐私，每天会开着装载着小功率 GNSS 干扰发射机的卡车经过机场附近的收费站)。但 GNSS 信号过于微弱,这个小功率已经阻塞了整个机场的 GNSS 设备。在海湾战争中伊拉克使用俄制 GPS 干扰机也曾经轻易地阻塞依赖 GPS 的美国巡航导弹上接收机,使用导弹屡屡出现偏离预定航线、误炸、命中己方目标等情况。

(3) GNSS 欺骗(伊朗俘获 UAV 和德克萨斯大学学生欺骗实验)

GNSS 欺骗(spoofing)是在利用 GNSS 信号特性和目标状态信息,故意模拟真实 GNSS 场景,使 GNSS 接收机误判 PVTA 的迷惑诱导过程。GNSS 欺骗需要掌握较多的信息和较高的技术水平。伊朗于 2011 年 12 月在境内通过"电子埋伏"欺骗并成功俘获一架美国 RQ-170"哨兵"无人机(unmanned aerial vehicle,UAV)[8]。具体过程是伊朗专家先通过噪声信号干扰 RQ-170 通信,使 RQ-170 被迫转为自动驾驶。随后利用从其他途径了解到的美国 UAV 信息及其所用的 GPS 码信号特征的相关储备技术知识,重新设定 RQ-170 的 GPS 坐标并让它在伊朗境内着陆,而这架 RQ-170 根据程序还认为它的降落地点是美军在阿富汗的总部。事实证明 GPS 导航是 UAV 最薄弱之处。另有 2012 年 7 月 4 日报道美国德克萨斯大学奥斯汀分校的工程研究生在新墨西哥州白沙市上空进行的一项实验中,成功劫持一架使用 GPS 公开服务的民用 UAV,显示控制 UAV 并非难事[9]。具体过程是这些学生把定位数据输入该校所拥有、大小如一张餐桌的 UAV 内,飞机在白沙市上空盘旋正常接收 GPS 信号,当学生利用自己开发的软件及另花费约 1 000 美元制造的欺骗设备发送出欺骗信号时,就能取代 GPS 的信号让 UAV 接收,并可完全控制这架 UAV,而 UAV 不能侦察出已被劫持。

2) GNSS 差错普遍性和不确定性

GNSS 差错从主观意愿上可分为无意差错和有意差错。无意差错是受技术和条件限制目前依靠 GNSS 自身很难克服(或者要花费很高成本才能消除)的差错,这类 GNSS 差错是普遍存在的;有意差错是因为政治和商业因素人为加入的差错,这类 GNSS 差错具有很大的不确定性。

(1) 无意差错(技术和条件限制)

GNSS 是众多设施应用众多技术在广袤的全球范围经过复杂的协调配合,全方位深度结晶作用下实现的,其服务性能也就与控制段(control segment,CS)、空间段(space segment,SS)、用户段(user segment,US)的很多因素相关,严格地说还有一个环境段(environment segment,ES),即环境增强段[10],GNSS 差错也就普遍存在。太阳以 11 年左右为一个周期活动,现在已进入 18 世纪开始记录以来的第 24 个周期,并在 2013 年达到一个高峰,太阳爆发有电磁波、高能粒子和日冕物质抛射三个产物致使 GNSS 系统受到强烈干扰[11]。有文献利用电离层闪烁数据和 GPS 测量数据说明电离层闪烁和电离层异常是影响 GNSS 电离层延迟误差修正及完好性实现的重要因素[12, 13]。GNSS 正常运行涉及日地环境和空间天气、电磁干扰环境、卫星测控、卫星通信、卫星姿态控制、原子钟技术、微电子技术、网络控制及估计等诸多科技手段,如卫星轨道(星历)误差、卫星钟差、

GNSS信号在电离层和对流层传播过程误差、多径误差和接收机自身误差(热噪声、软件和各通道之间的偏差等)等软硬件GNSS差错是普遍存在的。

(2) 有意差错(SA政策)

选择可用性(selective availability,SA)是美国因政治因素于1991年开始人为地加入GPS星历误差和星钟频率快速抖动以降低C/A码单点实时定位的精度不优于100 m的一种技术手段。随着GNSS产业发展以及差分技术应用,2000年5月1日美国停用了SA技术,但并不是完全取消,美国政府相关部门每年会审议一次SA政策执行的可行性,而且美国军方也已经开发了在特定时间针对特定区域实施SA的技术,因此在政治因素影响下GPS始终存在政策性支配的因素。

此外,平常使用的GNSS开放信号都有各自的ICD公布各自服务性能,但并没有国际法律对这些参数进行严格限制,也缺乏一些强制的保障措施,除非是在GNSS大家族(包括一些增强系统和增值服务)中存在的一些收费的商业服务(commercial service,CS)特许信号,会对完好性等服务性能作出郑重承诺,出于商业因素的考虑,普通用户无法获得这种有保障的服务。

3) GNSS信号易受遮蔽(视距传播)

无线电波的穿透能力和绕射能力是一对此消彼长的特性,从几万米高空发射的GNSS信号必须穿透几十万米高的电离层,因此GNSS信号选择的是波长较短(分米级微波)的L波段,穿透能力较强,不会像短波那样在电离层形成反射,但GNSS信号绕射性能很差,属于视距传播(line of sight propagation,LOSP),不能绕过障碍物。GNSS信号的LOSP特性使GNSS信号容易受到遮蔽,从而使GNSS应用受到两种限制:一是暗区,指遮蔽导致可见卫星减少或者产生多径效应,GNSS服务性能严重降级,如在城市峡谷、树荫和凹型矿井等区域;二是盲区,指遮蔽导致卫星不可见,GNSS完全失效,如在室内、隧道及水下(海面下)等区域。但上述两类区域也是现代人类活动的重要场所。

2. GNSS发展趋势

尽管GNSS存在上述三个漏洞(固有的脆弱性、差错存在的普遍性、不确定性及信号易受遮蔽),但GNSS的六大优势还是其他导航系统无可比拟的。GNSS应用必然是在解决上述不足的努力下得到更大的发展,具体来说是先着力于GNSS自身能力发展,点亮GNSS的暗区和盲区,应对IJS问题,在自身能力不足够的情况下寻求多源组合导航处理,最终着眼于GNSS服务性能的全面提升,解决完好性问题,实现GNSS作为主用导航的角色嬗变。

1) GNSS朝解决暗区和盲区发展

GNSS脆弱性导致GNSS容易受到IJS问题也属于GNSS暗区。信息时代军民各个领域的战争都是由信息争夺战主导,导航对抗、电子对抗和信息对抗是信息战的主要内容,从战争的观点看,各大GNSS系统都正进行的现代化进程就是在做一场导航争夺战。IJS问题就是导航争夺战场的主战场,各国也都在开展干扰及其检测和消除(interference, detection & mitigation，IDM）的研究工作。同时为解决遮蔽暗区和盲区问题，我国科技部主导推动基于协同实时精密定位（cooperative real-time precise positioning，CRP）技术的广域室内外高精度定位导航系统“羲和系统”[2]就是将 GNSS 服务拓展到室外和室内高精度、全空域、全时域无缝的导航定位服务系统，可以极大扩充导航应用范围和深度，创造更大市场空间，促进我国导航与位置服务产业快速发展。“羲和系统”目标是瞄准解决 GNSS 全方位服务到手机用户“最后一公里”问题，实现室内外协同实时精密定位，具备室外亚米级、城市室内优于 3 m 的无缝定位导航能力和业务可控的亿级用户在线位置服务能力。目前已制定完成系统总体架构和接口标准草案，配套软件“寻鹿”已开通国内八大主要城市机场室内定位和位置服务。

2）GNSS 朝多源组合方向发展

GNSS 存在的三个漏洞仅依赖自身很难克服，或者要花费很高成本才能消除的问题，只有求助于更多的其他信息。幸运的是还有很多其他辅助导航信息可供多源组合应用以缓解 GNSS 自身不可调和的问题。其他辅助导航信息可以有两个来源。其一是用户自身，包括 GNSS 自身多频信号，还有如航空用户中的其他气压表、惯性测量单元（inertial measurement unit，IMU）等用户自身其他设备，其二是另外的导航信息和系统，如其他 GNSS（多模）、差分系统、惯性导航系统（inertial navigation system，INS）和其他声光电磁导航设备。

3）GNSS 朝完好性方向发展

GNSS 导航精度可以通过很多增强系统和差分系统进一步提高到接近技术极限的程度，但 GNSS 的一些不足使很多用户对 GNSS 所提供服务的信任程度大大降低，GNSS 完好性问题也延伸至除航空、搜救等生命安全领域，以及电力、电信等国家基础设施领域之外的公路、货运、铁路等陆上交通及海事、测绘及授时等民用 PNT 用户，他们也期待着 GNSS 提供更高的完好性服务性能。如果没有完好性的服务性能作保障，GNSS 只能充当辅助导航角色，即 GNSS 作为主用导航设备必须跨越完好性这道门槛。GNSS 完好性也正在成为一个国内外新的热门研究领域，越来越多的人开始关注并致力于 GNSS 完好性研究。

1.2 GNSS 完好性监测及其研究现状

本书主要是针对 GNSS 完好性监测及性能增强进行研究，本节主要介绍相关概念并总结 GNSS 完好性监测和性能增强的国内外研究现状和不足。

1.2.1 GNSS 完好性概念

本书所研究的导航领域的“完好性”源于英文 GNSS 领域文献中“integrity”。不同于数字和集成电路的信号完整性(signal integrity,SI)所指的对于数字信号质量的一系列度量标准[1],美国《联邦无线导航计划(2010)》(2010 Federal Radionavigation Plan,FRP 2010)[14]给"integrity"定义为"对导航系统所提供信息正确性的置信度的测量,也包括系统在无法用于导航时向用户发出告警的能力",国外一些优秀教材[15]也给出了类似定义。国内还有一些文献用"完善性"、"完备性"或"正直性"作为翻译,但"完好性"表示"integrity"的用法已经越来越得到导航界的认同①,本书也全部采用"完好性"称呼。

掌管GPS的美国空军太空司令部(Air Force Space Command,AFSPC)为响应在总统令(Presidential Decision Directive,PDD)中所详述的美国国家目标和政策,统一军事和民用PVTA需求制定了顶端需求文档(capstone requirements document,CRD)。这些需求反映了美国政府(US Government,USG)在国家安全、空间操作、空间探索、生命安全、通信、交通运输、环境检测及其他领域的PVTA服务总体需求情况[16]。CRD所描述的完好性是指当系统不可用时及时为用户提供告警的能力,这包括四个方面能力:一是解码信号信息后确定其是否超出各个阶段指定的性能标准并提供告警的能力;二是系统PVTA的导航信号监测能力;三是当卫星或者系统不可用时及时提供告警的能力;四是监测系统信号确保有危险误导信息(hazardously misleading information,HMI)但却未提示或告警的次数和持续时间最小化的能力[16]。

GNSS本身有一定的内嵌的完好性监测能力(1.2.2小节有详细说明),但这并不能满足很多GNSS用户的需求。GNSS完好性问题是针对GNSS的漏洞而提出来的服务性能问题。GNSS完好性监测和服务性能增强实际上是对GNSS实时查漏补缺的过程,也就是快速去找出GNSS漏洞,并及时通告GNSS用户,如果可能的话试图弥补上这些漏洞。"GNSS完好性"和"GNSS完好性监测"在业界有时意思是相通的。GNSS完好性更为详细的内涵和外延参见2.3节。

1.2.2 国外研究现状

GNSS凭借六大优势在陆海空天的PVTA导航应用方面得到广泛应用,导航研究也不断深入,GNSS导航四性也得到了很大提高,众多增强系统和差分系统使导航精度接近技术极限,但随着GNSS应用领域不断拓展,GNSS固有脆弱性、差错存在的普遍性、不确定性及信号易受遮蔽等不足,使很多用户对GNSS应用受限于完好性的需求。当前GNSS完好性监测相关领域的研究已经成为国内外研究热点之一。总的来说,国外针对GNSS完好性问题的研究主要集中在以下四个方面。

① 《牛津英语词典》的"integrity"解释有"完整无缺"和"诚实正直"两层意思。可见"integrity"其实不但是在追求服务性能的完整,而且当系统的服务水平不达标时还要如实告知用户才称得上是完美。《辞海》的"完好"解释不但有"完整,没有残缺、损坏"的意思,还有"完美"的意思。因此本书均采用"完好性"作为"integrity"解释,而没有选用"完善性"、"完备性"或"正直性"等其他解释。

1. GNSS 内嵌的完好性监测

GNSS 完好性问题是伴随着 GNSS 的产生一起出现的，在 GPS 设计论证时就在 CS 考虑了进行 GNSS 系统集成的卫星故障监测和告警的能力，称为 GNSS 内嵌完好性监测(GNSS embedded integrity monitoring,GEIM)。各个 GNSS 卫星播发的导航电文中也都有卫星的用户伪距精度(user range accuracy,URA)和卫星健康(SV health)数据。如 GPS 的 IS－GPS－200E[17] 指出：每个 GPS 卫星播发 L1 和 L2 的电文中的第 1 子帧有 4 比特(73～76 bit)和 6 比特(77～82 bit)数据分别指代当前播发卫星的 URA 和健康值，而且每颗卫星还在其第 5 子帧和第 4 子帧分别播发其他 1～24 号卫星和 25～32 号卫星的 6 比特健康值。每个 6 比特卫星健康值最高位为 0 或 1 分别表示导航电文健康或不正常，后 5 位分别指代发播的信号和导航数据是否有错误。然而这种 GNSS 内嵌的完好性完全依赖于 GNSS 系统 CS 自身地面监测站的监测能力，不幸的是有限的监测站还不能对所有卫星做到持续全覆盖，GNSS 系统 CS 通常需要 15～120 分钟的时间来判定卫星是否健康、哪里出问题，决定修正办法并作出相应响应[18]，但 FRP 2010[14] 中规定的航空及很多行业对完好性告警时间(time to alert,TTA)的需求通常在 1～15 s 以内，GNSS 内嵌的完好性监测设计还远不能达到 GNSS 用户完好性需求。现在针对内嵌完好性研究主要集中在提高 GNSS 内嵌的完好性监测能力涉及监测站的数量和全球布局、系统集成等方面。截至 2006 年 GPS 已经将原来全球监测站的数量由原来 6 个提高到 14 个，但即便如此，约一年的实际监测中发现累计有 4/5 天的时间有 1 个以上的监测站失效，这导致平均仍然有 1/20 天的时间内有超过 1 颗卫星无法被监测[19]。设计和实现高要求的完好性服务性能是 Galileo 系统的重要特点之一，Galileo 系统从顶层设计分配和计算各级差错概率指标，建立了自己一整套 Galileo 完好性设想(Galileo integrity concept)[20]，在 ESA 的 Galileo 系统验证试验(Galileo system test bed,GSTB)项目资助下开展了 Galileo 完好性设想的方案设计、完好性算法、原型实现及性能评估的研究[21, 22]。有文献对 30 个全球监测站情况下的 Galileo 系统的监测情况也作了仿真分析[23]，也有文献总结了 Galileo 完好性设想的特性和监测站网络约束关系，并设计了评估和优化监测网络性能的方法[24]。GNSS 内嵌的完好性监测能力完全取决于自身监测站的监测水平，因而存在三点不足：一是完好性 TTA 无法满足 GNSS 用户需求；二是有限的地面监测站点无法对所有卫星实现全天 24 小时的持续监控，对 ES 的监测状态也不全适用于分布广泛的 GNSS 用户，更不能检测 US 引入的差错；三是 GNSS 卫星空间布局随着时间和空间都在不断运动变化，完好性监测能力也不稳定。

2. 卫星自主完好性监测

卫星自主完好性监测(satellite autonomous integrity monitoring,SAIM)概念最早由斯坦福大学(Stanford University)报道[25]，是在卫星上加装 3 台以上的星载接收机监测自身发播的 GNSS 信号从而实现卫星自身的完好性监测，并开发了完好性监测测试原型(integrity monitoring test field, IMT)进行几类故障信号完好性监测实验，其实质是将

RAIM 监测和告警机制集成到 GNSS 系统的 SS 中。几乎在同时期罗克韦尔柯林斯公司(Rockwell Collins)的研究人员将整个 SS 卫星相互之间的星间链路监测机制加入到 SAIM 中[26],自主进行空间信号的完好性监测,从而奠定了 SAIM 的卫星自身监测和星间链路监测两个发展方向。SAIM 可实时监测卫星异常的信号功率、伪随机码(pseudo random noise, PRN)失真、码/载波的不一致、过大的时钟加速度、错误的导航数据、比特翻转(bit-flips)等,并在短时间(1 s)内发现完好性问题并立刻将卫星的完好性健康恶化状况通知所有用户故障卫星不可用。ESA 开展的 ADVENT(advanced integrity for satellite navigation systems)部分实验研究成果[27]表明 SAIM 对卫星轨道和星钟监测误差非常有效果,可以检测到轨道上 18 cm 的径向误差和星钟相位、频率跳变及不稳定状态。SAIM 计划在未来的 GNSS 卫星(如 GPSⅢ)上使用,将可能使卫星差错漏检概率从现在的 10^{-4}/SV/hour 降低到 10^{-7}/SV/hour[25]。但 SAIM 存在两点不足:一是增加了 GNSS 系统 SS 宝贵的星载负荷复杂性;二是无法检测卫星发射信号之后必经的环境段和用户段差错。

3. GNSS 完好性通道

GNSS 完好性通道(GNSS integrity channel,GIC)概念是由 1985 年美国 MITRE 公司的 Braff 和 Shively 提出的“GPS integrity channel[28]”演化而来,以确保用户不会使用出差错的 GNSS 卫星。有文献设想并分析了由 4 个覆盖美国的地面完好性监测网络、2 颗转发 L 波段(1 559 MHz)完好性信息的地球静止轨道(geostationary earth orbit, GEO)通信卫星以及能接收这种完好性信息的 GPS 接收机三部分组成的 GIC 性能[28]。这个概念后来被 FAA 利用来建设广域增强系统(wide area augmentation system, WAAS)这样的 SBAS 系统,而现在 WAAS 等卫星专门分配了 PRN 码,使用与 GNSS 卫星同样频点的信号播发完好性信息,因而 GNSS 接收机不需要作任何改变。有文献中讨论的广域完好性播发(wide area integrity broadcast, WIB)也属于类似于 SBAS 的 GIC[18]。有文献提到地面完好性通道(ground integrity channel)是指完好性监测依赖于独立的 GNSS 第三方地面监测站网络(每个站址使用测地技术精确确定),并通过监测每颗可见卫星的空间信号确定卫星完好性信息,如果有差错将在规定的 TTA 内通过专用地面通信链路(如无线信道)发播给用户实现完好性功能[29]。这其实是以 LAAS 为代表的 GBAS。上文有些文献提到的 Galileo 完好性设想也是简写为“GIC”,但实际上指的是 Galileo 内嵌的完好性,属于 GEIM。有文献针对 GIC 监测网络推导出随卫星几何配置变化的位置解算前后的上界关系参数 HMAX,并以此作为 GIC 网络完好性判断依据的 GIC 完好性监测算法[30]。也有文献介绍了 FAA 提出的一种适用于飞机Ⅰ类精密进近的 GIC 解决方案:GPS 完好性广播及广域差分 GPS(GPS integrity broadcast/wide-area differential GPS,GIB/WADGPS),并分析了原型初步测试性能结果[31]。GIC 是一种完全独立于 GNSS 的每三方监测网络,不需要有多余的 GNSS 观测量,所属 SBAS 的 GBAS 也都有一定的针对性(监测站点可布设在感兴趣的应用区域周边),故能对故障实现快速告警并实现差错检测和排除(failure detection and exclusion, FDE)。当然大量的地面监测站和 GEO 或通信链路,增加了系统的复杂性和资源投入。

4. 接收机自主完好性监测

接收机自主完好性监测(receiver autonomous integrity monitoring,RAIM)是 GNSS 接收机根据冗余的 GNSS 信息自主进行 FDE 的方法。RAIM 最早是由 Kalafus 于 1987 年提出来的,其实质是一种统计的检测理论,所以与统计检测相关的理论和方法都可以用于 RAIM 的监测中。依据差错检测(failure detection, FD)使用的统计检测理论,现存的 RAIM 方法可分为基于一致性检测(consistency check,CC)理论的常规 FDE 方法及基于质量控制(quality control,QC)理论的差错探测、诊断和调节(detection, identification and adaptation,DIA)方法[32]两类。常规 FDE 方法就是指 GNSS 业界广泛认可并在 GNSS 接收机中施用的三种量测域的残差矢量完好性监测方法,分别为伪距比较法(range comparison, RC)、最小二乘残差法(least squares residuals, LSR)和奇偶矢量法(parity vector, PV)[33]。当最小可见卫星数量大于 6 颗时,导航系统不但可以检测而且可以从导航解中排除差错卫星,从而使导航系统不中断地连续运行[15]。FDE 又包括卫星差错和卫星不良几何构型检测排除两个部分。其中排除(exclusion)包含辨识(identification)和隔离(isolation)两层意思[34]。DIA 方法有着一整套严密的理论基础。有些文献将质量控制方法应用到完好性评估理论中,Teunissen[35]对 DIA 方法作了比较详细的阐述。他提出根据单频和双频伪距和载波相位数据在三种不同单基线模型下的最小检测偏差(minimal detectable biases,MDB)的解析表达式(closed form expressions)[36]。Ochieng 评估了伽利略卫星导航系统(Galileo satellite navigation system, Galileo)与 GPS 组合下的 RAIM 能力[37]。荷兰代尔夫特理工大学(Delft University of Technology)基于 Matlab 开发的 VISUAL 工具软件[38]分别分析了 GPS 和 Galileo 以及两者的组合情况下的完好性性能。组合 GPS 和 QZSS[39]以及组合三个系统(GPS, GLONASS, Galileo)[40]的完好性性能也有相关报道。上面两种方法有着不同的应用背景。FDE 方法主要用于支持航空应用,DIA 方法是源于测绘领域并主要用于相对定位。RAIM 算法是包含在接收机里面的,因此被称为自主监测。RAIM 也是最直接、最及时、应用最广泛、研究最深入、计算效率最高的完好性监测方法。

RAIM 技术仅支持侧向导航,而无法满足国际民航组织(International Civil Aviation Organization, ICAO)规定的垂直引导航道性能(localized performance with vertical guidance,LPV)定义的 200 英尺(约 60.96 m)以下垂直引导航道性能(LPV - 200)需求。高级接收机自主完好性监测(advanced RAIM,ARAIM),简称"高级 RAIM",是由 GNSS 发展架构研究小组(GNSS Evolutionary Architecture Study,GEAS)设计主要用于在 2030 年(GNSS 现代化完成)前为航空 LPV - 200 操作提供完好性监测的解决方案。GEAS 的研究成果于 2008 年汇编成 Phase Ⅰ[41],2010 年推出 Phase Ⅱ[42]。ARAIM 算法可以通过优化配置 HMI 概率进一步降低垂直保护级别(vertical protection level,VPL)

并提高可用性。ARAIM目标是利用现在的频率多样性(L1/L5)和多星座带来的几何多样性,平滑地组合GPS和其他核心星座相关现代化部分内容,实现从现在到GNSS现代化完成时间内支持航空LPV-200操作的过渡方案,ARAIM并不依赖于GPSⅢ改进的完好性。当前ARAIM充当一种协调各种星座完好性增强平台,ARAIM使航空受益于这些得到增强的星座并实现优越的完好性服务性能,ARAIM方法也将缓解各个星座的差错并能融合他们的完好性方面的性能,对个别星座的负面变化不敏感。

1.2.3 国内研究现状

我国学者对GNSS完好性的研究工作是伴随着我国的BDS发展而展开的。在我国关于GNSS完好性的论文中,能查到最早发表的是三维显示技术研究所周其焕于1993年2月在《民航经济与技术》发表的"卫星导航的陆基增强和完好性监控技术"[43]和于1993年9月在中国民航学院学报发表的"全球导航完好性通道(GNIC)方案讨论"[44]。最早介绍RAIM技术的是中国民航学院新航行系统研究所陈惠萍于1996在《中国民航学院学报》发表"卫星导航系统中的RAIM技术"[45]。此后在RAIM算法方面,北京理工大学自动控制系陈家斌和南京航空航天大学自动控制系袁信对GPS/GLONASS/气压高度表组合系统RAIM性能及导航解的可用性进行了研究[46-48],电子科技大学电子工程系廖向前讨论和仿真了RAIM中的奇偶矢量法[49],中国测绘科学研究院秘金钟讨论和仿真验证了粗差探测和定位的奇偶矢量方法[50]。随着2000年10月31日第1颗"北斗一号"卫星发射升空及2004年开始启动具有全球导航能力的北斗卫星导航正式系统(北斗二号)建设,国内的GNSS完好性研究也成为GNSS研究领域的一个热点问题。有关GNSS完好性的第一篇学位论文是由解放军信息工程大学测绘学院陈金平博士于2001年撰写的,他最早系统地研究了GPS完好性增强问题[51],此后北京航空航天大学电子信息工程学院王永超硕士2006年就卫星导航外部辅助的完好性监测技术进行了研究[52],同济大学刘慧芹硕士2007年对广域差分GPS完好性监测进行了研究,探讨了相应的原理和算法实现等问题[53]。北京大学卢德兼博士2008年研究了多星座GNSS完好性监测,提出了一种适用于多星座的,基于完好性指标动态分配的完好性监测算法[54]。解放军信息工程大学测绘学院牛飞博士2008年也针对SBAS和GBAS对GNSS进行完好性增强这一主题展开了研究[55]。北京航空航天大学张军教授团队对卫星导航完好性方面也进行了一些研究工作[56-60]。上海交通大学对BeiDou(BDS)的RAIM性能[61]也进行了全面分析。此外,有文献在GNSS内嵌的完好性监测(GEIM)方面对GNSS监测站网布设和优化作了细致分析[62];SAIM方面,我国的北京61081部队[63],中国空间技术研究院西安分院(西安空间无线电技术研究所)[64,65]、上海交通大学航空航天学院[66]及国防科技大学[62]等多家单位也相继开展了SAIM的研究工作并取得一些成果;ARAIM方面,文献[67]通过Spirent GSS 8000信号模拟器设置针对LPV-200的运行场景,利用生成的数据对优化前后的算法进行 ARAIM 仿真比较，验证了双频 GPS 下的 ARAIM 技术在局部地区可以达到 LPV-200 服务的要求。文献[68]对组合 GPS/QZSS 和组合 GPS/BeiDou/QZSS 星座在城市峡谷条件下完好性性能进行了评估。但没有见到对于卫星导航系统自主完好性监测及服务性能增强技术方面进行系统研究的报道。

1.2.4 国内外研究的弱点和盲点

随着 GNSS 应用范围的扩大，GNSS 完好性问题不仅仅在航空、搜救等生命安全领域，以及电力、电信等国家基础设施领域得到普遍关注，也延伸到海事、陆上运输、测绘及授时等民用 PVTA 领域，将来公路、货运、铁路等陆上交通及海事、测绘等民用 PVTA 用户期待着更高的完好性性能。GNSS 完好性监测相关领域的研究已经成为国际国内研究热点之一。但国内外的研究也存在一些不足或者没有涉及之处。

1. 系统的 GNSS 完好性监测理论体系

当前 GNSS 完好性监测研究主要集中在终端应用级用户完好性监测，对卫星导航系统星座的监测以及对卫星信号的质量监测也零散地分布于其他 GNSS 用途，没有纳入 GNSS 完好性监测体系中来。但从 GNSS 导航功能实现的整个过程和历史经验判断，差错来源除了 US 因素外，主要还是 SS 及 CS 决定的卫星星座状态恶化和传播过程中 ES 带来的信息污染畸变(品质下降)，因而很有必要将星座完好性和信息完好性监测内容引入 GNSS 完好性监测体系中来，建立一套行之有效的 GNSS 完好性监测完整理论体系。本书第 2 章提出了三级 GNSS 完好性监测的完整理论体系架构。

2. 统一的 GNSS 完好性监测综合评估方法

GNSS 完好性监测的研究源于航空，蔓延到其他各种 GNSS 应用，针对各自关注的具体行业应用需求，业界对完好性的理解也不尽相同，GNSS 完好性监测呈现依行业各成一派的分散特点，学术界对 GNSS 完好性的评价指标也是众说纷纭、莫衷一是，为适应业界不同需求，分析比较 GNSS 完好性服务性能，评估众多的完好性监测方法，很有必要建立综合各种 GNSS 完好性监测指标的评估方法。本书第 2 章将涉及此内容。

3. GNSS 星座完好性综合评估

全球系统级星座完好性监测包括现在正在研究的 SAIM 是通过卫星之间的空间链路自主进行完好性监测，但在 GNSS 完好性监测中，作为 GNSS 用户更关心的是用户所在位置能观察到的卫星(可见卫星)不断变化的几何构型及这些可见卫星的信号质量对用户特定导航应用需求的完好性影响。本书第 3 章提出一种基于质量控制的 GNSS 星座完好性综合评估方法，综合考虑了 GNSS 星座状态、观测条件、量测噪声和应用需求等多种因素。

4. GNSS 真实信号实时完好性质量监测

穿越浩渺天空的 GNSS 信号到达接收机天线之前是完全湮没在本底噪声之下的，国际上各大 GNSS 提供商均建设了各自的 GNSS 信号监测系统，这需要架设大口径抛物面天线跟踪收集才能将解扩前的 GNSS 信号抬高到本底噪声之上进行观测，因而国际上有些大型研究机构也架设了伺服天线系统跟踪监测各种 GNSS 信号，也公布有一些研究成果，但国内研究单位对这种原始信号的监测研究比较少，对 GNSS 信号的实时完好性质量监测更是少见报道。第 4 章介绍了 SJTU－GNC 设计实现的 3.2 m GNSS 信号质量伺服天线跟踪监测系统（GPTA－SQMS）跟踪监测分析多个 GNSS 系统的多种卫星在多个频点发射的真实 GNSS 射频信号。

5. 普通接收机性能及前端和中频处理能力对完好性影响

现有的 GNSS 完好性监测研究基本上都是立足于用户接收机，通过量测域（伪距、载波）和导航解域（PVTA）进行量测解算一致性判断，来完成 GNSS 完好性分析和监测，但从用户接收机来说完好性监测存在两个问题：一是没考虑接收机本身性能影响（普通接收机和无差错航空用户 GNSS 接收机输出可信度肯定不同）；二是从接收机处理 GNSS 信号的整个流程来说，没有考虑接收机千差万别的射频前端环境和中频基带处理部分判断 GNSS 完好性的能力，但恰好是处理位置越靠前，完好性判断越快捷准确（反应更快，引入误差更少）。增加的这两个内容在本书第 5 章有详细分析。

6. 并发多差错、小误差的 GNSS 完好性监测

基于一致性检测的传统 RAIM 算法都是基于单差错假设[42]，并发多差错检测一直是 GNSS 完好性监测的难点所在；小误差检测自始至终都是所有检测领域的弱点所在。因此，并发多差错和小误差也成为 GNSS 完好性监测的热点和难点。本书第 5 章分析和改进了将计算机图形和视觉估计中的随机抽样一致性（random sample consensus, RANSAC）方法应用于 GNSS 完好性监测的方法，实现了监测多差错、小误差的效果。

7. 辅助 GNSS 完好性监测性能增强技术

GNSS 完好性问题源于 GNSS 固有的脆弱性及 GNSS 差错存在的普遍性和不确定性，GNSS 完好性的判定基本上是在接收机内部完成的，但很多时候导航用户还有很多其他导航资源可供利用来辅助 GNSS 完好性监测性能增强；此外当前增强完好性监测服务性的各种研究也主要集中在提高卫星观测数量、频率多样性、多星座的冗余，较少考虑到接收机的冗余、空间分布的冗余、时间历元的冗余等时空冗余信息的利用。针对上述两点，本书第 6 章和第 7 章分别研究在 GNSS 以外的“异质”和“同质”[69]导航信息辅助情况下 GNSS 完好性监测性能增强技术。

8. GNSS/INS 组合导航系统完好性监测及性能评估

本书第 6 章引入旨在有效融合多传感器的信息的“信息融合技术”所涉及的原理和方法；根据 INS 的构成、特性、优缺点以及误差特性深入分析三类不同组合深度的 GNSS/INS 组合导航系统（松组合（loosely integrated）、紧组合（tight integrated）和超紧组合（ultra tight integrated）系统）的信息流向和运行机理；按照信息融合所处理的三个多传感器信息结构层次，分别选取对应的数据层增量比较法（incremental comparison method, ICM）完好性监测、特征层连贯法完好性监测和决策层快照法完好性监测三种惯导辅助

GNSS 完好性监测算法进行详细分析说明，并设计了惯导辅助 GNSS 完好性监测方案以综合这些各有特色的完好性监测方法，使完好性监测性能最大化。

9. GNSS 特定应用领域的完好性监测

GNSS 作为高精度、全天候的实时三维位置、速度、姿态和一维时间(PVTA)的十参数传感器，GNSS 的行业应用现在几乎可以说是无处不在，GNSS 完好性监测的问题也扩大到各种 GNSS 应用中，但现在主要还是针对定位领域的完好性监测，GNSS 测速、授时和测姿应用中的完好性分析比较少见。本书第 7 章研究了 GNSS 测姿(GNSS attitude determination, GNSS - AD)领域的完好性监测。

1.3 本书的写作背景及主要内容

1.3.1 本书研究目的和意义

随着 GNSS 在各行各业的普及和渗透，因 GNSS 固有的脆弱性、差错存在的普遍性、不确定性及信号易受遮蔽等不足导致 GNSS 完好性监测也成为备受关注的热点问题。本书针对当前国内外 GNSS 完好性监测和性能增强技术研究中存在的一些弱点和盲点问题。围绕 GNSS 完好性展开研究工作，全面分析了 GNSS 完好性的根源和本质，深入研究了解决 GNSS 完好性问题的途径和方法，分别应用质量控制理论、信号分析理论和一致性检测理论实现全球系统级星座完好性监测、区域增强级信息完好性监测和终端应用级用户完好性监测，提出了基于质量控制的 GNSS 星座完好性综合评估方法、设计和实现了 GNSS 信号质量伺服天线跟踪监测系统、改进了快速随机抽样一致完好性监测(fast random sample consensus-RAIM, RANSAC-RAIM)方法，并据此从全局高度提出了三级 GNSS 完好性监测的完整理论体系，构建了 GNSS 完好性监测综合评估系统架构。在 GNSS 完好性监测性能增强技术研究方面着重分析了终端用户接收机有其他冗余信息可进行差分时的 GNSS 完好性监测方法及辅助性能增强技术，同时也开展了 GNSS - AD 领域的完好性监测研究。本书通过 GNSS 仿真和实际完好性监测数据验证了上述研究结果，可以为 GNSS 完好性监测和性能增强提供参考，具有重要的理论意义和工程实用价值。这种层次分析方法和结论对其他卫星系统(如通信、遥感、气象、资源、侦察)的各种服务性能监测和增强也有一定的借鉴价值。

1.3.2 本书的内容和结构

1. 本书研究范围

本书题目为“GNSS 完好性监测及辅助性能增强技术”，所研究对象是“GNSS 完好性”，也就是图2.10中左斜杠阴影11区域(交集F∩A)。在整个导航领域中本书涉及方面示于图1.4(彩图1.4)。本书的导航模式只涉及卫星导航和GNSS/INS组合导航(图左上角中蓝色圆角框所示)；而本书重点关注的是GNSS导航服务四种性能中的完好性(图下方中绿色圆角框所示)；更进一步细化研究范围是GNSS完好性监测体系研究和惯导及差分辅助GNSS完好性服务性能增强。

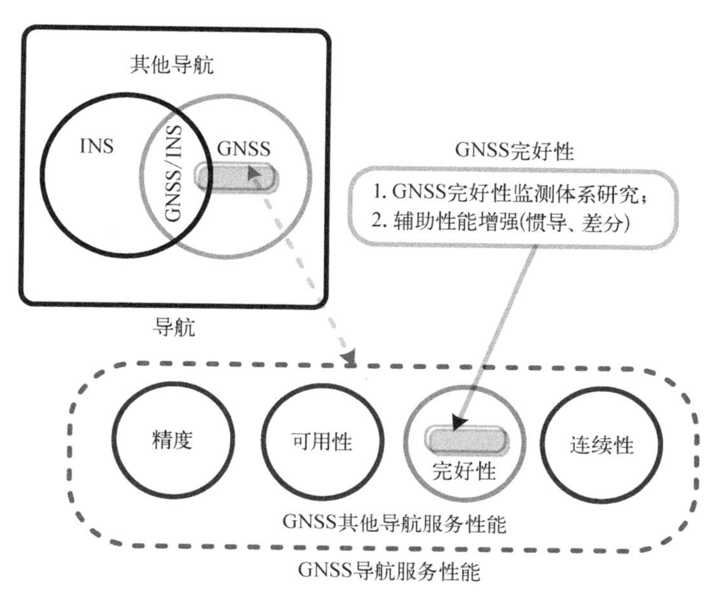

图1.4　本书研究范围示意图

2. 全书组织结构编排

本书共分7章，展示了作者围绕GNSS完好性展开的研究工作，各章逻辑脉络组织结构如图1.5所示。第1章介绍GNSS完好性问题的来龙去脉及本书总体情况。主体结构可分为三个主题：第一个主题“GNSS完好性基本理论”，包括第2章，提出了三级GNSS完好性监测的完整理论体系架构；第二大主题“GNSS完好性监测体系”，包括第3章、第4章和第5章，分别具体阐述了三级GNSS完好性监测的监测目标位置、理论基础、评价指标以及本书在这三级GNSS完好性监测中的研究成果；第三个主题“GNSS完好性辅助性能增强”，包括第6章和第7章，分别分析了终端用户接收机有可用的其他导航资源(惯导和差分)辅助时的完好性监测方法及性能增强程度，但从内容上来说属于第5章中的用户辅助完好性监测。第6章以信息融合技术为基础，研究GNSS以外的“异质”导航信息辅助情况下GNSS完好性监测性能提升；第7章以差分处理技术为基础，研究GNSS在“同质”其他GNSS导航信息辅助情况下GNSS完好性监测性能增强。

3. 各章主要研究内容

本书7个章节的具体研究内容分述如下。

第1章全面介绍了GNSS现状、优缺点及发展方向，针对GNSS固有的脆弱性、差错

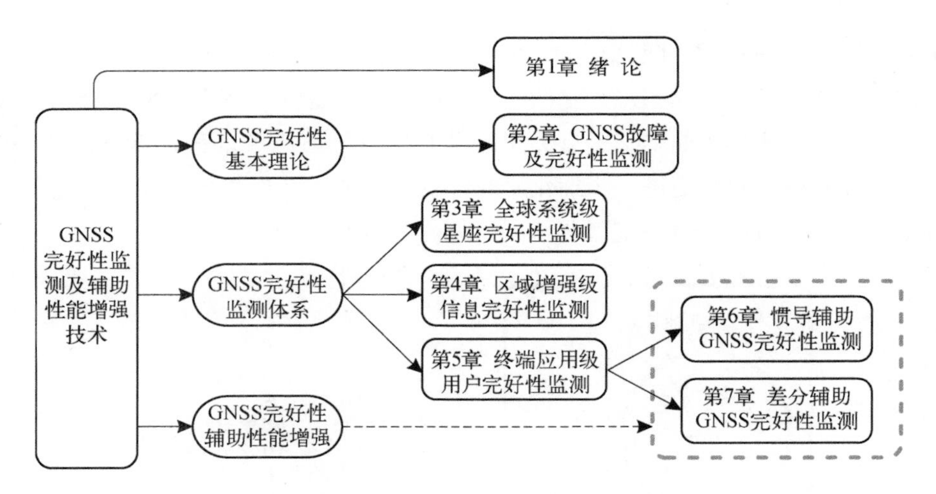

图 1.5 本书组织逻辑脉络图

存在的普遍性、不确定性及信号易受遮蔽等不足，引出了完好性概念，分析了“GNSS 完好性监测及辅助性能增强技术”主题的国内外研究现状及存在的不足，简要介绍了本书研究的目的、意义及主要研究成果。

第 2 章用数学语言描述了 GNSS 作为 PVTA 十参数传感器的原理和解算过程，按照 GNSS 信号流程详细分析了可能导致完好性问题的 GNSS 各种差错及模型，详细阐述了 GNSS 完好性的内涵和外延，介绍了 GNSS 诸多应用对 GNSS 完好性的需求。按施行完好性监测的主体所在位置和特性，依据对应的分析方法理论分层次提出了三级 GNSS 完好性监测的完整理论体系（全球系统级星座完好性监测、区域增强级信息完好性监测、终端应用级用户完好性监测），并构建了 GNSS 完好性监测综合评估系统架构，为 GNSS 完好性监测的研究和实施指明了方向。

第 3 章介绍了质量控制理论，并从质量控制角度提出了完好性最小可用性和最小检测效果黑洞比两个全球系统级星座完好性监测评测指标，分别用于评估 GNSS 完好性的可用性性能及 GNSS 系统不满足指定应用所需求的 FD 能力的占比。提出了一种基于质量控制的 GNSS 星座完好性综合评估方法，综合考虑了 GNSS 星座状态、观测条件、量测噪声和应用需求等多种因素，并用此方法对 BDS、GPS、QZSS 和 IRNSS 等单个或混合系统在包括城市峡谷等极端条件下的完好性从空间位置完好性和连续时间完好性两个维度进行大量的仿真，得到很多量化的星座完好性评估结果。该完好性评估方法及仿真结果对导航星座配置和实际 GNSS 应用中的完好性预测有参考价值，还提出掩蔽角阈值等指标成功评价极端条件下的星座完好性性能。

第 4 章应用信号分析理论，从信号完好性及数据完好性两方面对 GNSS 区域增强级信息完好性进行分析，提炼时域、谱域、调制域、相关域、码域、电文域和应用域完好性监测评测指标，提出区域增强级信息完好性监测评测方案，详细介绍了 GNSS 信号质量伺服天线跟踪监测系统（GPTA - SQMS）的设计和实现，并通过该系统跟踪监测分析了多个

GNSS系统的多种卫星在多个频点发射的真实GNSS射频信号。

第5章按照终端用户接收机的射频环境、基带处理和量测解算三个监测位置划分不同阶段的终端应用级用户完好性监测，并依照监测主体有无其他导航资源辅助归纳为RAIM和UAIM两大分类。全面系统地归纳和分析了现有的各种RAIM方法，介绍了RAIM中广为应用的一致性检测理论。分析了随机抽样一致完好性监测(RANSAC-RAIM)方法，并针对RANSAC-RAIM算法计算效率较低的不足进行改进，提出了对卫星子集进行基于GDOP预检验排除法和动态无阈值LOS矢量预检验筛选的FRANSAC-RAIM，依据真实的民航飞行场景下仿真结果表明，改进的FRANSAC-RAIM方法不但具备检测多差错和小差错的能力，还将运算效率提高了1倍以上，缩短了TTA，对于RAIM完好性告警需求意义重大。

第6章主要研究在GNSS以外的"异质"导航信息辅助情况下GNSS完好性监测性能提升情况。先引入旨在有效融合多传感器的信息的"信息融合技术"所涉及的原理和方法；然后介绍了惯性导航系统的构成、特性、优缺点以及误差特性；并深入分析三类不同组合深度的GNSS/INS组合导航系统(松组合、紧组合和超紧组合系统)的信息流向和运行机理；按照信息融合所处理的三个多传感器信息结构层次，分别选取对应的数据层增量比较法完好性监测、特征层连贯法完好性监测和决策层快照法完好性监测三种惯导辅助GNSS完好性监测算法进行详细分析说明；并设计了惯导辅助GNSS完好性监测方案以综合这些各有特色的完好性监测方法，使完好性监测性能最大化。

第7章以差分处理技术为基础，主要研究GNSS在"同质"其他GNSS导航信息辅助情况下GNSS完好性监测性能增强情况。先介绍了应用GNSS载波相位差分进行姿态测量的完好性问题和差分辅助GNSS完好性监测方法，改进了姿态精度因子ADOP的求解方式，提出基于ADOP选择卫星组合的方法，分析了ADOP与基线长度及卫星仰角关系，提出了GNSS姿态测量完好性监测中以姿态角为度量的姿态角告警限值(attitude angle alarm limit, AAL)标准，给出了将告警限值(alert limit, AL)从距离域转换到姿态角域的近似方程，从而将定位中的完好性方法引入到GNSS-AD中，实现GNSS-AD完好性监测方法。介绍了GNSS姿态测量中的四类单差(分别是基于两个接收机、卫星、历元和频率)，利用更多种差分辅助，提出GNSS-AD姿态测量完好性监测方法，然后构造两类单差在相邻时间历元间的差分(Delta SD-1S2A和Delta SD-2S1A)分别辅助增强检测和排除来自接收机外以多径效应为代表的环境误差等外部误差源引起的完好性问题和来自接收机内以结构挠曲为代表的内部误差源引起的完好性问题，最终通过综合两者优势提出GNSS姿态测量(GNSS-AD)中的差分辅助完好性监测方法，实现完好性增强目的。

第2章 GNSS故障及完好性监测

本章用数学语言描述GNSS作为PVTA十参数传感器的原理和解算过程，按照GNSS信号流程详细分析可能导致完好性问题的GNSS各种差错及模型，介绍GNSS诸多应用对GNSS完好性的需求。按施行完好性监测的主体所在位置和特性，依据对应的分析方法理论分层次提出三级GNSS完好性监测的完整理论体系（全球系统级星座完好性监测、区域增强级信息完好性监测、终端应用级用户完好性监测），并构建GNSS完好性监测综合评估系统架构，为GNSS完好性监测的研究和实施指明方向。

2.1节用数学语言分别简要描述由GNSS的伪距、多普勒和载波相位量测值确定载体的PVTA十参数的原理和解算过程，为后面章节各种完好性的分析提供理论依据。2.2节按照GNSS信号流程（SS、CS、ES、US）简单介绍GNSS故障特性，详细分析可能导致完好性问题的GNSS各种差错及模型，并将GNSS差错归纳为星座卫星、信息传播和用户应用三类，便于后续章节的仿真生成及相应的差错检测和排除。2.3节详细阐述的GNSS完好性的内涵和外延，解析完好性与精度、连续性和可用性的区别和导航四性之间的逻辑关系，从概率角度说明GNSS完好性的统计意义及完好性服务性能增强的途径，并辨析GNSS完好性与精度、可靠性和脆弱性的关系。随着GNSS的应用范围不断拓展，GNSS完好性也延伸到除航空这些与“生命安全”相关行业的用户之外的海事、陆上运输、测绘及授时等民用PVTA领域。2.4节分别介绍上述航空和其他应用对GNSS完好性的需求，这也是业界进行完好性研究所力争实现的奋斗目标。现在的完好性监测通常主要是在伪距或载波这种量测级，或在接收机解算之后的结果这一级进行研究。但从前面所表述的GNSS信号流程方面来看，还应当从接收机量测之前的星座卫星、信息传播、用户接收射频基带特性监测GNSS完好性会更加快捷准确（反应更快，引入误差更少），而且现在完好性监测的分类及指标不统一。本章正是基于这样的综合考虑，2.5节按施行完好性监测的主体所在位置和特性，依据对应的分析方法理论分层次提出三级GNSS完好性监测的完整理论体系（全球系统级星座完好性监测、区域增强级信息完好性监测、终端应用级用户完好性监测），并构建GNSS完好性监测综合评估系统架构，为GNSS完好性监测的研究和实施指明方向。三级GNSS完好性服务性能监测的位置段、主体、目标、适用理论和手段都不一样，评价指标也就各不相同，但都是为完成共同的完好性监测任务，2.6 节详细介绍 GNSS 完好性监测的各种指标，有些指标也将分别在后续章节进行更进一步的阐述。

2.1 GNSS 量测与 PVTA 解算

GNSS 根据无线电波到达时间(time of arrival，TOA)延迟原理进行测距，并通常是应用几何法直接求解位置和速度，时间也是伴随定位解算直接得到，姿态是间接解算结果。

2.1.1 三类 GNSS 量测

GNSS 量测是指 GNSS 用户接收机通过观测 GNSS 卫星发播的导航信息而获得的观测量。如图 2.1 所示，GNSS 有三类基本量测值：第一类是接收机天线到卫星的伪距(pseudorange，包含误差的距离)；第二类是载波相位(carrier phase，CP)，实际 CP 观测量是去除整周后的小数，也就是一周内的相位；第三类是 DS，它是相对于载体运动的量测，因而现在 GNSS 接收机中 DS 主要用于测速。

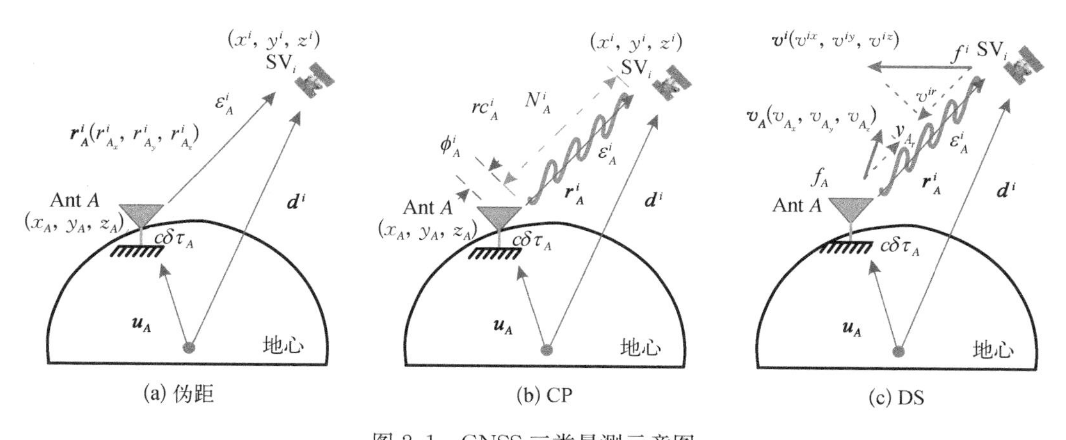

图 2.1 GNSS 三类量测示意图

通常接收机相关器的相关技术精度约在 1%的水平，对于约 300 m 码宽的 C/A 来说 URA 约为 3 m，但对于约 0.19 m 的 L1 载波波长来说 CP 精度约为 19 mm，从理论上来说，依赖 CP 量测定位或者测速后精度比伪距量测精度高约 1 500 倍。因此在高精度 GNSS 应用中常用 CP 量测，但需要付出的代价是 CP 量测始终有一个整周模糊度(integer ambiguity，IA)解算相伴(还没有什么测量办法能直接得到整周模糊度)，存在周跳的探测与修复(cycle clip detection and repair，CCDR)问题，常借助伪距来解决整周模糊度解算问题[70]。对于不同应用的 GNSS 接收机，其输出的量测值也不尽相同，导航型的接收机通常只有伪距和伪距率输出，测绘级的接收机通常会有伪距、CP 和 DS 输出[71]。

2.1.2 GNSS 观测方程

伪距通常由 C/A 测距码测量得到，CP 可由伪距经整周模糊度解算后得到，也可由 DS 积分处理后获得，DS 代表接收机和卫星的瞬时相对速度，CP 反映的是积分时间内的平均速度。

1. 伪距观测方程 $c\tau_A^i$

如图 2.1(a)所示，$\boldsymbol{d}^i$ 和 $\boldsymbol{u}_A$ 分别是第 i 颗 GNSS 卫星 $SV_i(x^i, y^i, z^i)$ 和 GNSS 用户接收机天线 Ant A 相位中心点 (x_A, y_A, z_A) 在地心地固坐标系(earth centered earth fixed coordinate system，ECEF)下的真实位置矢量，$\boldsymbol{r}_A^i(r_{A_x}^i, r_{A_y}^i, r_{A_z}^i)$ 是 Ant A 指向 SV_i 的真实视线方向(line of sight，LOS)矢量，$r_{A_x}^i$，$r_{A_y}^i$ 和 $r_{A_z}^i$ 分别是 $\boldsymbol{r}_A^i$ 在三个轴向分量(方向余弦)，$\|\boldsymbol{r}_A^i\|$ 也就是真实距离，c 为光速，接收机 A 在测量其与卫星 SV_i 这个距离的过程中引入了各种误差 m_A^i：

$$m_A^i = \delta\rho_O^i - c\tau^i - \delta\rho_I^i + \delta\rho_T^i + \delta M_A^i + \delta L_A + c\tau_A + r_A^i = c\tau_A + \varepsilon_A^i \tag{2-1}$$

式中，$\delta\rho_O^i$ 是卫星 SV_i 轨道预报在 $\boldsymbol{r}_A^i$ 方向的误差；$-\tau^i$ 是卫星 SV_i 的星钟误差；$-\delta\rho_I^i$ 是卫星 SV_i 传播的电离层延迟误差；$\delta\rho_T^i$ 是卫星 SV_i 传播的对流层延迟误差；δM_A^i 是卫星 SV_i 在接收机天线端形成的多径延迟误差；δL_A 是接收机天线 Ant A 的电相位中心偏差及电缆延迟误差；τ_A 是接收机 A 的时钟相对于 GNSS 系统时的误差；r_A^i 是接收机 A 的随机噪声；ε_A^i 是除了接收机 A 的时钟误差对伪距影响外的所有其他误差总和。接收机天线 Ant A 到卫星 SV_i 的伪距量测可表示为

$$\begin{aligned}\rho_A^i &= \|\boldsymbol{r}_A^i\| + m_A^i = \|\boldsymbol{r}_A^i\| + \delta\rho_O^i - c\tau^i - \delta\rho_I^i + \delta\rho_T^i + \delta M_A^i + \delta L_A + c\tau_A + r_A^i \\ &= \|\boldsymbol{r}_A^i\| + c\tau_A + \varepsilon_A^i = \|\boldsymbol{d}^i - \boldsymbol{u}_A\| + c\tau_A + \varepsilon_A^i \\ &= \sqrt{(x^i - x_A)^2 + (y^i - y_A)^2 + (z^i - z_A)^2} + c\tau_A + \varepsilon_A^i\end{aligned} \tag{2-2}$$

2. CP 观测方程

如图 2.1(b)所示，从接收机 A 到卫星 SV_i 的伪距 ρ_A^i 换算到载波上为 Φ_A^i 周载波，Φ_A^i 包含有整数 N_A^i 个载波波长 λ 和小于 1 的小数部分相位：

$$\Phi_A^i = \rho_A^i/\lambda = N_A^i + \phi_A^i \tag{2-3}$$

CP 量测实际上是指小于 1 的小数部分相位 ϕ_A^i，将式(2-2)代入式(2-3)并整理可得到接收机天线 Ant A 到卫星 SV_i 的 CP 量测 ϕ_A^i：

$$
\begin{aligned}
\phi_A^i &= \Phi_A^i - N_A^i = \frac{1}{\lambda}\rho_A^i - N_A^i \\
&= \frac{1}{\lambda}(\| \boldsymbol{d}^i - \boldsymbol{u}_A \| + \delta\rho_O^i - c\tau^i - \delta\rho_I^i + \delta\rho_T^i + \delta M_A^i + \delta L_A + c\tau_A + r_A^i) - N_A^i + rc_A^i \\
&= \frac{1}{\lambda}(\| \boldsymbol{d}^i - \boldsymbol{u}_A \| + c\tau_A + \varepsilon_A^i) - N_A^i + rc_A^i
\end{aligned} \tag{2-4}
$$

参数意义与式(2-1)中一样，新增的 rc_A^i 表示随机 CP 误差。

3. DS 观测方程

如图 2.1(c)所示，卫星 SV_i 以速度 $\boldsymbol{v}^i(v^{ix}, v^{iy}, v^{iz})$ 在轨运行，发射载波频率为 f^i，接收机 A 以速度 $\boldsymbol{v}_A(v_{A_x}, v_{A_y}, v_{A_z})$ 运动，接收到的载波频率为 f_A，它们投影到 LOS 矢量 $\boldsymbol{r}_A^i(r_{A_x}^i, r_{A_y}^i, r_{A_z}^i)$ 的速度分别为 v^{ir} 和 v_{A_r}，此外，伪距上的误差 m_A^i 对时间求导后就反映为速度上的误差 $\frac{\mathrm{d}m_A^i}{\mathrm{d}t}$，最终也转化为 DS 的观测误差 ε_f，与上面的观测方程一样将时间误差剥离出来，DSΔf_A^i 观测量为

$$
\begin{aligned}
\Delta f_A^i &= f_A - f^i + \varepsilon_f = -\frac{f^i}{c}\left[v^{ir} - v_{A_r} - \frac{\mathrm{d}m_A^i}{\mathrm{d}t}\right] = -\frac{f^i}{c}\left[(\boldsymbol{v}^i - \boldsymbol{v}_A)\cdot\boldsymbol{r}_A^i - \frac{\mathrm{d}m_A^i}{\mathrm{d}t}\right] \\
&= -\frac{f^i}{c}\left[(\boldsymbol{v}^i - \boldsymbol{v}_A)\cdot\boldsymbol{r}_A^i - \frac{\mathrm{d}(c\tau_A + \varepsilon_A^i)}{\mathrm{d}t}\right] = -f^i\left[\frac{\boldsymbol{v}^i\cdot\boldsymbol{r}_A^i}{c} - \frac{\boldsymbol{v}_A\cdot\boldsymbol{r}_A^i}{c} - \frac{\mathrm{d}\tau_A}{\mathrm{d}t} - \frac{\mathrm{d}\varepsilon_A^i}{\mathrm{d}t}\right]
\end{aligned} \tag{2-5}
$$

2.1.3 PVTA 解算

本节简要叙述 GNSS 作为高精度、全天候的实时三维 PVTA 十参数传感器进行定位(positioning)、测速(velocity measurement)、授时(timing)和测姿(attitude determination)的解算过程。

1. 定位

GNSS 定位是 GNSS 最普遍的应用。根据接收机天线 Ant A 到 4 颗以上的卫星对应的式(2-2)伪距量测可联立方程组表示为

$$
\begin{cases}
\rho_A^1 = \sqrt{(x^1 - x_A)^2 + (y^1 - y_A)^2 + (z^1 - z_A)^2} + c\tau_A + \varepsilon_A^1 \\
\quad\vdots \qquad\qquad\qquad \vdots \qquad\qquad\qquad \vdots \\
\rho_A^i = \sqrt{(x^i - x_A)^2 + (y^i - y_A)^2 + (z^i - z_A)^2} + c\tau_A + \varepsilon_A^i
\end{cases} \tag{2-6}
$$

式(2-6)中接收机 A 的三维 ECEF 位置(x_A, y_A, z_A)和接收机时钟与 GNSS 系统时偏移 τ_A 是备受关注的 4 个未知量，这有多种解法，通常解法是基于线性化的迭代方法，也称为牛顿-拉普森迭代法(Newton-Rapshon)，也就是首先将每个伪距表示为这 4 个未知

量(x_A, y_A, z_A, τ_A)的函数形式：

$$\rho_A^i = \sqrt{(x^i - x_A)^2 + (y^i - y_A)^2 + (z^i - z_A)^2} + c\tau_A + \varepsilon_A^i = f(x_A, y_A, z_A, \tau_A) \tag{2-7}$$

然后将(x_A, y_A, z_A, τ_A)表示成近似估计值$(\hat{x}_A, \hat{y}_A, \hat{z}_A, \hat{\tau}_A)$及估计误差$(\Delta x_A, \Delta y_A, \Delta z_A, \Delta\tau_A)$之和：

$$x_A = \hat{x}_A + \Delta x_A;\quad y_A = \hat{y}_A + \Delta y_A;\quad z_A = \hat{z}_A + \Delta z_A;\quad \tau_A = \hat{\tau}_A + \Delta\tau_A \tag{2-8}$$

再将函数$f(x_A, y_A, z_A, \tau_A)$在估计值$(\hat{x}_A, \hat{y}_A, \hat{z}_A, \hat{\tau}_A)$位置进行泰勒级数(Taylor series)展开，并忽略二阶偏导以上的高阶项(次要的误差项)得到：

$$\begin{aligned}\rho_A^i &= f(x_A, y_A, z_A, \tau_A) = f(\hat{x}_A + \Delta x_A, \hat{y}_A + \Delta y_A, \hat{z}_A + \Delta z_A, \hat{\tau}_A + \Delta\tau_A) \\ &\approx f(\hat{x}_A, \hat{y}_A, \hat{z}_A, \hat{\tau}_A) - \frac{x^i - \hat{x}_A}{\|\boldsymbol{r}_A^i\|}\Delta x_A - \frac{y^i - \hat{y}_A}{\|\boldsymbol{r}_A^i\|}\Delta y_A - \frac{z^i - \hat{z}_A}{\|\boldsymbol{r}_A^i\|}\Delta z_A + c\Delta\tau_A \\ &= \hat{\rho}_A^i - r_{A_x}^i\Delta x_A - r_{A_y}^i\Delta y_A - r_{A_z}^i\Delta z_A + c\Delta\tau_A\end{aligned} \tag{2-9}$$

式中，$\hat{\rho}_A^i$表示估计点对应的伪距；$r_{A_x}^i$，$r_{A_y}^i$和$r_{A_z}^i$分别是天线 Ant A 指向 SV_i的 LOS 矢量$\boldsymbol{r}_A^i$在三个轴向分量。化简后得到$\boldsymbol{r}_A^i$指向伪距估计误差$\Delta\rho_A^i$和位置及时间估计误差$\Delta\boldsymbol{x}$即$(\Delta x_A, \Delta y_A, \Delta z_A, -c\Delta\tau_A)'$的关系：

$$\begin{aligned}\Delta\rho_A^i &= \hat{\rho}_A^i - \rho_A^i = r_{A_x}^i\Delta x_A + r_{A_y}^i\Delta y_A + r_{A_z}^i\Delta z_A - c\Delta\tau_A \\ &= (r_{A_x}^i, r_{A_y}^i, r_{A_z}^i, 1)\cdot(\Delta x_A, \Delta y_A, \Delta z_A, -c\Delta\tau_A)' = (\boldsymbol{r}_A^i, 1)\Delta\boldsymbol{x}\end{aligned} \tag{2-10}$$

将式(2-6)伪距量测联立方程组转化为用式(2-10)表示的线性化矩阵形式：

$$\Delta\boldsymbol{\rho}_A = \begin{bmatrix}\Delta\rho_A^1 \\ \vdots \\ \Delta\rho_A^i\end{bmatrix} = \begin{bmatrix}r_{A_x}^1, & r_{A_y}^1, & r_{A_z}^1, & 1 \\ & \vdots & & \\ r_{A_x}^i, & r_{A_y}^i, & r_{A_z}^i, & 1\end{bmatrix}\begin{bmatrix}\Delta x_A \\ \Delta y_A \\ \Delta z_A \\ -c\Delta\tau_A\end{bmatrix} = \boldsymbol{H}\Delta\boldsymbol{x} \tag{2-11}$$

先随意给定一个位置和时间初值(如 0 点或上次接收机所在位置和时间)，根据接收的星历算出接收机 A 到各颗卫星的矢量方向并构造式(2-11)中的量测矩阵 $\boldsymbol{H}$，在本轮迭代中用最小二乘法(least square，LS)求出位置及时间估计误差$(\Delta x_A, \Delta y_A, \Delta z_A, \Delta\tau_A)$，并代入式(2-8)算出本轮迭代中的 4 个未知量(x_A, y_A, z_A, τ_A)，将它作为新的初值再次构造式(2-11)中的量测矩阵 $\boldsymbol{H}$ 并迭代到估计误差$(\Delta x_A, \Delta y_A, \Delta z_A, \Delta\tau_A)$的幅值到设定的限值为止，这时就估计出了接收机 A 的位置和时间，完成定位功能。

2. 测速

由前面分析可知，DS 和 CP 关系非常密切，DS 代表接收机和卫星的瞬时相对速度，CP 反映的是积分时间内的平均速度，它们都可用来求解 GNSS 用户运动速度，不同接收机根据具体应用特点(用户运动动态状况)选择不同的量测类型和测速算法[70]。本书应用DS测速方法。由式(2-5)化简后得到:

$$\frac{c\Delta f_A^i}{f^i}+\boldsymbol{v}^i\cdot\boldsymbol{r}_A^i=\boldsymbol{v}_A\cdot\boldsymbol{r}_A^i+\frac{c\,\mathrm{d}\tau_A}{\mathrm{d}t}+\frac{c\,\mathrm{d}\varepsilon_A^i}{\mathrm{d}t} \tag{2-12}$$

将$\boldsymbol{v}^i(v^{ix},\ v^{iy},\ v^{iz})$和$\boldsymbol{v}_A(v_{A_x},\ v_{A_y},\ v_{A_z})$及LOS矢量$\boldsymbol{r}_A^i(r_{A_x}^i,\ r_{A_y}^i,\ r_{A_z}^i)$代入式(2-12)得

$$\frac{c\Delta f_A^i}{f^i}+v^{ix}r_{A_x}^i+v^{iy}r_{A_y}^i+v^{iz}r_{A_z}^i=v_{A_x}r_{A_x}^i+v_{A_y}r_{A_y}^i+v_{A_z}r_{A_z}^i+\frac{c\,\mathrm{d}\tau_A}{\mathrm{d}t}+\frac{c\,\mathrm{d}\varepsilon_A^i}{\mathrm{d}t} \tag{2-13}$$

类似定位解算中的牛顿-拉普森迭代解法,此处将式(2-13)左边定义为表示速度差的DS新变量Δd_A^i:

$$\Delta d_A^i=\frac{c\Delta f_A^i}{f^i}+v^{ix}r_{A_x}^i+v^{iy}r_{A_y}^i+v^{iz}r_{A_z}^i \tag{2-14}$$

则得到类似于式(2-10)表示的速度估计误差与载体速度估计$\boldsymbol{v}_A(v_{A_x},\ v_{A_y},\ v_{A_z})$误差和时间导数(时钟漂移)$\frac{\mathrm{d}\tau_A}{\mathrm{d}t}$估计误差的关系式:

$$\Delta d_A^i=(r_{A_x}^i,\ r_{A_y}^i,\ r_{A_z}^i,\ 1)\cdot\left(\Delta v_{A_x},\ \Delta v_{A_y},\ \Delta v_{A_z},\ -c\Delta\frac{\mathrm{d}\tau_A}{\mathrm{d}t}\right)'=(\boldsymbol{r}_A^i,\ 1)\Delta\boldsymbol{v} \tag{2-15}$$

同样针对4颗以上的卫星对应的DS量测可联立方程组:

$$\Delta\boldsymbol{d}_A=\begin{bmatrix}\Delta d_A^1\\ \vdots\\ \Delta d_A^i\end{bmatrix}=\begin{bmatrix}r_{A_x}^1,\ r_{A_y}^1,\ r_{A_z}^1,\ 1\\ \vdots\\ r_{A_x}^i,\ r_{A_y}^i,\ r_{A_z}^i,\ 1\end{bmatrix}\begin{bmatrix}\Delta v_{A_x}\\ \Delta v_{A_y}\\ \Delta v_{A_z}\\ -c\Delta\frac{\mathrm{d}\tau_A}{\mathrm{d}t}\end{bmatrix}=\boldsymbol{H}\Delta\boldsymbol{v} \tag{2-16}$$

与定位一样,迭代求解后估计出设定精度的接收机A的速度和时间漂移,完成测速功能。

3. 授时

由上面GNSS定位解算过程可以得到时间,因而授时是定位解算的副产品。但各大GNSS系统的ICD承诺的这个精度在几十纳秒的量级,这已经可以满足很多GNSS应用的需要。更高精度的GNSS授时应用必须用差分等增强的方法才能提高授时的精度。通常的增强方法有单站法和共视法。单站法是用其他方法精确测定监测站的准确坐标位置,与GNSS解算的位置进行差分比对,可以修正一些误差,从而提高授时精度。共视法

是用两个接收机同时观察同一颗或同一组卫星并进行站际单差观测，可以消除卫星钟差、轨道误差影响，如果两个站点相距不远还可减少电离层、对流层等的影响，提高授时精度，现在的双机共视法的授时精度可达到几纳秒的量级，若两个站点的位置精确可知则可以得到更大授时精度。

4. 测姿

载体姿态是指载体坐标系（b 系）相对于地理坐标系（t 系）的三个姿态角：方位角（yaw，ψ）、俯仰角（pitch，θ）和横滚角（roll，φ）[72]。GNSS－AD 也是通过多接收机同步观测相同卫星并通过差分技术来抵消公共误差部分，精确确定基线两端位置差异，从而确定载体姿态。因为三点确定一个平面，确定载体上不共线的三点位置也就确定了载体的三维姿态，因而 GNSS－AD 就需要在载体上不共线地安装副天线以确定两个以上基线进行姿态测量，若只需要确定两维姿态（如方位角和俯仰角）则只需要一条基线即可。整周模糊度解算是 GNSS－AD 关键问题，测姿精度随着天线基线的增加而增大，现在 3 m 短基线 GNSS－AD 可达到亚度级的测姿精度。

本书所涉及的 GNSS 姿态测量是基于 GNSS CP 量测而进行的。图 2.2(a)简单介绍了载波相位单差差分原理[73]。两个 GNSS 天线的相位中心点（Ant A 和 Ant B）的连线矢量 $\boldsymbol{b}$ 构成 GNSS 姿态测量的基线。$\boldsymbol{s}^i$ 是从天线 Ant A（或 Ant B）指向第 i 颗 GNSS 卫星 SV_i LOS 的单位矢量。

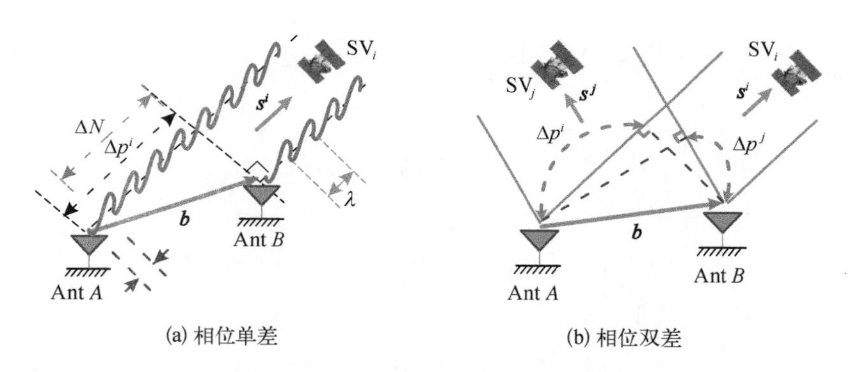

(a) 相位单差　　(b) 相位双差

图 2.2　CP 单差和双差差分原理图

据此可得到式（2－17），此处 λ 是载波的波长，Δp^i 是第 i 颗 GNSS 卫星 SV_i 到达 Ant A和 Ant B 的真实距离差，N_{AB}^i，ϕ_{AB}^i分别是距离差 Δp^i 对应载波波长的整数和小数部分。α^i，β^i分别是第 i 颗 GNSS 卫星 SV_i相对于观测点的方位角和仰角，而 ψ，θ 分别是基线 $\boldsymbol{b}$ 的方位角和俯仰角。

$$\boldsymbol{b} \cdot \boldsymbol{s}^i = \lambda \cdot \Delta p^i = \lambda \cdot (N_{AB}^i + \phi_{AB}^i) \tag{2-17}$$

式中，$\boldsymbol{b} = |\boldsymbol{b}|(\cos\theta\sin\psi,\ \cos\theta\cos\psi,\ \sin\theta)$；$\boldsymbol{s}^i = (\cos\beta^i\sin\alpha^i,\ \cos\beta^i\cos\alpha^i,\ \sin\beta^i)$。

载波相位单差(single differential，SD)方程如下：

$$\Phi_{AB}^{i} = \phi_{B}^{i} - \phi_{A}^{i} = \frac{1}{\lambda}\boldsymbol{b} \cdot \boldsymbol{s}^{i} - \Delta N^{i} + \Delta\varepsilon^{i}$$
$$= \frac{|\boldsymbol{b}|}{\lambda}(\cos\beta^{i}\cos\theta\cos(\psi - \alpha^{i}) + \sin\beta^{i}\sin\theta) - \Delta N^{i} + \Delta\varepsilon^{i} \quad (2-18)$$

式中，$\Delta\varepsilon^{i}$是 CP 测量误差。图 2.2(b)是对不同的 2 颗卫星($\boldsymbol{s}^{i}$和$\boldsymbol{s}^{j}$)按照式(2-18)再构建载波相位双差(double differential, DD)，如下所示：

$$\Phi_{AB}^{ij} + N_{AB}^{ij} = \frac{1}{\lambda_{L1}}b(t) \cdot [\boldsymbol{s}^{j}(t) - \boldsymbol{s}^{i}(t)] = \frac{1}{\lambda_{L1}} |\boldsymbol{b}| \cdot (\sin\theta \cdot P + \cos\theta \cdot Q) \quad (2-19)$$

式中，$P = \sin\beta^{j} - \sin\beta^{i}$；$Q = \cos\beta^{j}\cos(\alpha^{j} - \psi) - \cos\beta^{i}\cos(\alpha^{i} - \psi)$。

方程(2-19)可利用最小二乘法求解姿态角，也可以根据模糊度函数方法(ambiguity function method, AFM)建立如式(2-20)所示的适应度函数通过寻找最大值求解姿态角[72]：

$$F(\psi, \theta) = \frac{1}{N-1}\sum_{j=1}^{N-1}\cos 2\pi \cdot \left[\Phi_{AB}^{ij} + N_{AB}^{ij} - \frac{1}{\lambda_{L1}} |\boldsymbol{b}| \cdot (\sin\theta \cdot P + \cos\theta \cdot Q)\right]G(\theta, \psi) \quad (2-20)$$

2.1.4 几何精度因子

在许多定位应用中，几何精度因子(geometric dilution of precision, GDOP)是常常被用于选择好的卫星以达到期望的定位精度，它也是衡量 GNSS 完好性性能的重要指标之一，后续章节都将用到这个重要概念，此处先作一介绍。

通常 GDOP 是描述量测误差和位置确定误差之间卫星几何构型影响关系。GDOP 直观地给出了量测误差和定位精度的一个量化对应关系，因而都希望在卫星星座中选择 GDOP 值尽可能小的那个卫星组合[74]。GDOP 算法通常是基于式(2-11)所示的线性化伪距方程：

$$\Delta\boldsymbol{r} = \boldsymbol{H}\Delta\boldsymbol{x} \quad (2-21)$$

式中，$\Delta\boldsymbol{r}$ 是对应于用户真实位置的无误差伪距值和线性化点处对应的伪距值的矢量偏差；$\Delta\boldsymbol{x}$ 是用户在线性化点处的位置和时间偏差；$\boldsymbol{H}$ 是 $\Delta\boldsymbol{x}$ 和 $\Delta\boldsymbol{r}$ 的线性关联矩阵。精度因子(dilution of precision, DOP)值是由最小化 cov(d$\boldsymbol{x}$)(用户位置误差的协方差矩阵)构成的，这可通过导航方程最小二乘解得到[15]。位置和时间估计误差 d$\boldsymbol{x}$ 可由式(2-22)得到：

$$\mathrm{d}\boldsymbol{x} = (\boldsymbol{H}^{\mathrm{T}}\boldsymbol{H})^{-1}\boldsymbol{H}^{\mathrm{T}}\mathrm{d}\boldsymbol{r} \quad (2-22)$$

式中，$\mathrm{d}\boldsymbol{r}$ 表示伪距值的净误差。通常假定 $\mathrm{d}\boldsymbol{r}$ 是独立同分布的随机变量，且它的方差等于用户等效距离误差(user equivalent range error，UERE)的二次方 δ^2_{URER}。因此，用户位置误差的协方差矩阵可以写成如下形式：

$$\mathrm{cov}(\mathrm{d}\boldsymbol{x}) = (\boldsymbol{H}^{\mathrm{T}}\boldsymbol{H})^{-1}\delta^2_{\mathrm{URER}} \tag{2-23}$$

GPS 中的 DOP 参数是根据 $\mathrm{cov}(\mathrm{d}\boldsymbol{x})$ 和 δ^2_{URER} 的比值关系确定的。用户位置误差的协方差矩阵满足对角阵，因此，GDOP 可以由式(2-24)定义：

$$\mathrm{GDOP}^2 = \mathrm{trace}[(\boldsymbol{H}^{\mathrm{T}}\boldsymbol{H})^{-1}] = \mathrm{trace}[\mathrm{cov}(\mathrm{d}x)/\delta^2_{\mathrm{URER}}] = [\delta^2_x + \delta^2_y + \delta^2_z + \delta^2_{ct}]/\delta^2_{\mathrm{URER}} \tag{2-24}$$

所以，GDOP 可以由协方差矩阵 $(\boldsymbol{H}^{\mathrm{T}}\boldsymbol{H})^{-1}$ 的迹去开方得到，并表示为

$$\mathrm{GDOP} = \sqrt{\mathrm{trace}\,(\boldsymbol{H}^{\mathrm{T}}\boldsymbol{H})^{-1}} = \sqrt{D_{11} + D_{22} + D_{33} + D_{44}} \tag{2-25}$$

关于 GNSS 量测和 PVTA 解算及 GDOP 问题更加详尽解释，Parkinson 主编的 GNSS 两册“蓝宝书”[75, 76]及四本分别由 Misra 等[7]、Kaplan 等、王惠南[71]和谢钢[70]编写的 GNSS 优秀教材有详细论述。

2.2 GNSS 故障分析

如 1.2.1 节所述，GNSS 完好性监测和服务性能增强实际上是对 GNSS 实时查漏补缺的过程，本节简要分析这些引起 GNSS 完好性问题的 GNSS 故障。

2.2.1 GNSS 导航链

如图 2.3 所示，分析 GNSS 故障先查看 GNSS 导航链(借用生物链的概念)给出的信号流程。GNSS 由 CS、SS、ES 和 US 组成①。

CS 信号流如图 2.3 中所示，CS 控制卫星星座，监测卫星健康状况，保持 GNSS 系统时间，产生导航任务的关键数据(星历、时钟参数、内嵌完好性 GEIM 信息)，并上传这些导航数据到 SS，CS 是导航链的最核心部分。SS 由分布于全球上空各种轨道的卫星星座组成，SS 的主要任务是将 CS 产生的关键数据在全球范围内以指定方式播发空间信号，如图 2.3 中 SS 是 GNSS 导航链中最关键也是最脆弱的部分，也是天基导航的特征所在。ES 是指从 GNSS 卫星到用户接收机之前的必经阶段，主要是从空间信号传播角度提出的，便

① 本书主要是分析 GNSS 的完好性监测问题，涉及 GNSS 信号 SIS 流转过程中引入的各种差错，因而接受中电集团 22 所曹冲研究员增加 ES 的建议，便于对 GNSS 各种差错进行针对性研究。

于综合考虑各种电磁环境干扰,包括电离层、对流层、多径效应和无线电干扰等引起GNSS差错的诸多因素[10],图2.3中只绘出了其高空部分,ES是GNSS链中最不可控(通常引入差错最大)但又是无法逾越的。US是指GNSS用户设备,包括在各种陆海空天场景的不同GNSS应用领域中进行PVTA解算的各种GNSS接收机,US是导航链的最末端,是GNSS的落脚点,所有的导航功能和服务性能评价都应当以US为出发点。图2.3中链条还分别展示了附录A.3.1和附录A.3.2所描述的GNSS的SBAS和GNSS的GBAS。

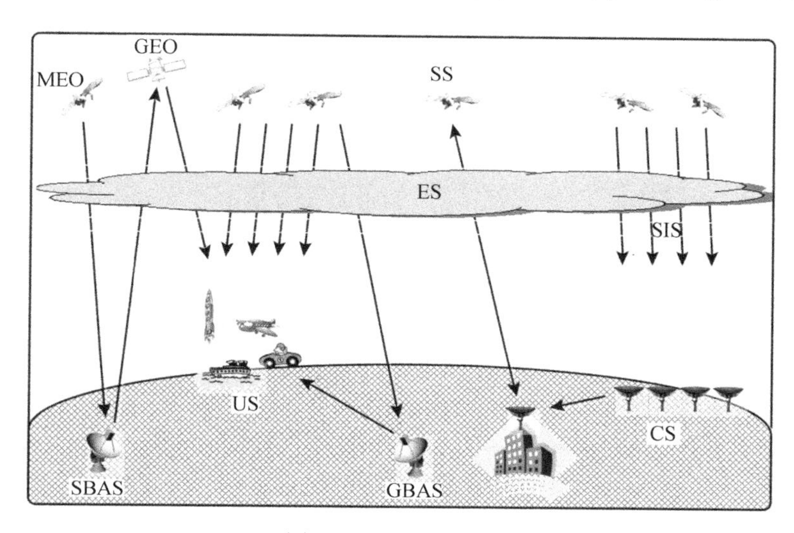

图2.3 GNSS导航链

2.2.2 GNSS故障

GNSS故障分硬故障和软故障,硬故障是指卫星或者接收机硬件出现故障,这相对来说比较容易识别,对于GNSS完好性来说主要研究工作集中在软故障,也就是针对空间信号引入的信号畸变。空间信号畸变主要来自GNSS系统、SS、CS、US,尽管来自卫星和CS的GNSS完好性故障比较少见(约每年几次),但对于航空等关键应用还是不能容忍的[15]。

1. GNSS故障分类

本书在GNSS完好性研究中用的表示错误的词汇比较多,在此作出区分。

误差(error)是指测量值与被测量真值的差值,误差是不管这个差值大小的;

差错(failure)是指超出95%概率下导航精度范围的误差;

故障(fault)是指导航解算结果(如位置)估计误差超出AL(完好性服务性能不足,不再适用于导航),可能导致GNSS完好性问题的各种差错。

故障产生的概率也就是完好性中常说的完好性风险(integrity risk, IR)。在平时使用中有时对故障和差错两个概念不作区别。为简化GNSS故障分析,将GNSS所有可能的故障根源按时变特性归结为三种：随机性很强的噪声(noise)、稳定性较强的常值偏差(bias)和随时间缓慢变化的马尔可夫过程(MarKov process，MP)。变化快慢是相对于接收机积分和平滑时间来说的[7]。

1）GNSS 噪声

GNSS 噪声是指变化很快、随机性很强的误差。由于可将噪声的均值(直流分量)归并入 GNSS 偏差，通常认为 GNSS 是零均值的；同时为便于分析通常当成白噪声处理，此时则服从均值为 0 的高斯分布(正态分布)。如图 2.4(a)所示为标准正态分布(高斯噪声)的 1 024 点时间序列图。

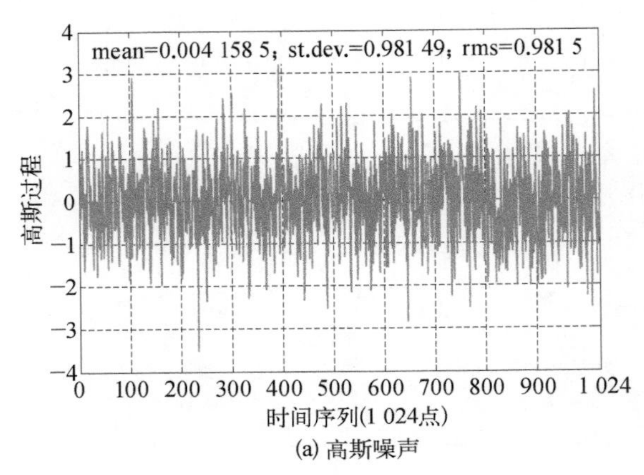

(a) 高斯噪声

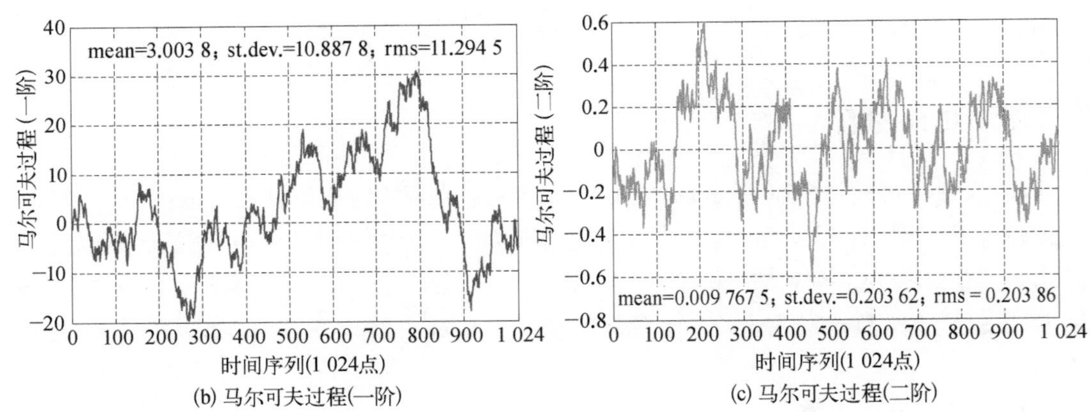

(b) 马尔可夫过程(一阶)　　(c) 马尔可夫过程(二阶)

图 2.4　高斯噪声和马尔可夫过程

2）GNSS 偏差

偏差是指一种常值偏移，通常比较稳定，在某时刻出现后会持续一段时间不变(如几分钟到几十分钟不变化)，如 GNSS 中的星钟误差、接收机的电缆延迟和天线电相位中心偏差等硬件偏差就包含偏差项。

3）马尔可夫过程

马尔可夫过程是随时间缓慢变化的随机过程，其最大特点是无记忆性(无后效性)，通常将微分方程等分析的方法引入马尔可夫过程进行分析。一阶马尔可夫过程 x_{mi} 可以表示成函数当前值 x_{mi} 和噪声 ε 的函数，如一阶马尔可夫过程 x_{mi} 具有指数衰减的自相关函数时可表示为[77]

$$\frac{\delta x_{mi}}{\delta t} = -\frac{x_{mi}}{\tau_{mi}} + \varepsilon \tag{2-26}$$

式中，t 是时间；τ_{mi} 是相关时间。下面要说的 GNSS 误差模型中的电离层、对流层延迟模型和卫星钟差及多路径误差模型都或多或少包含一阶或二阶马尔可夫过程随机数。有文献用 2007 年的实际观测数据验证：将 GPS 定位误差拟合成二阶马尔可夫过程是合理的[78]。图 2.4(b)和(c)所示分别为一阶和二阶马尔可夫过程的 1 024 点时间序列图。

2. GNSS 误差模型

GNSS 完好性研究过程中涉及的有些完好性故障数据是不太容易获得的，因而 GNSS 完好性复现(仿真)问题也是一个无法跨越的课题。有文献对 GNSS 数据仿真生成进行了研究[79]，本节主要分析 GNSS 误差的模型特性和性质，为后续完好性仿真分析和增强及 FDE 提供支持。按照 GNSS 信号流程顺序，本节主要分析星历、星钟、电离层、对流层、多径、接收机及其他有关误差模型。

如图 2.5 的 GNSS 故障树分析所示，其中任何一种或多种误差组合都可能导致 GNSS 完好性缺失，星历和星钟误差故障源于 CS 的轨道监测控制和 SS 卫星状态；电离层、对流层和多径延迟源于 ES 的空间信号传播；接收机自身引入及其他有关误差源于用户段的具体 GNSS 应用。

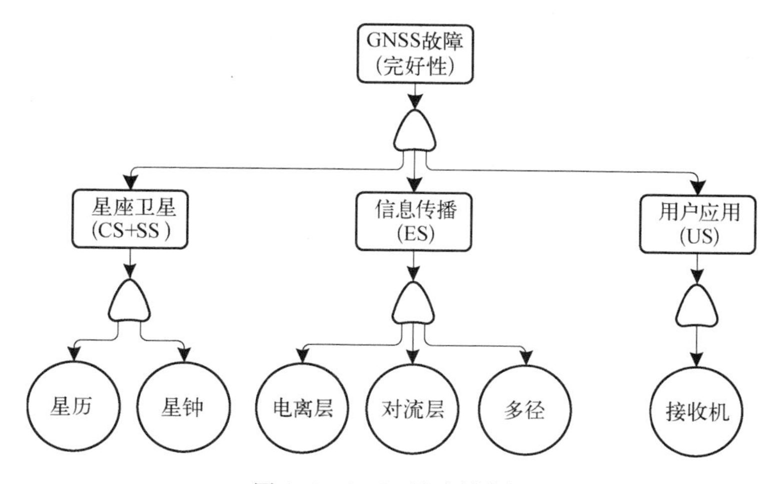

图 2.5 GNSS 故障树分析

1) 星历误差

星历误差实际上是卫星轨道预测误差，第 i 颗卫星的星历误差对应式(2-2)中的

$\delta\rho_O^i$。GNSS用户获得的 GNSS 星历都是一段时间前由 GNSS 地面监测站观测解算精密轨道后播发出来的，用于预测数据龄期后的卫星运行轨道，预测与真实轨道之间必然存在误差，GPS 在 2000 年前的信号分析也包含人为加入的几十米量级星历误差。星历误差具有显著的周期性和变化规则，但对在任一给定的历元，认为此时星历误差是随机变量的说法是合理的。

2）星钟误差

GNSS 第 i 颗卫星的星钟误差指的是卫星 SV_i 的高精度原子铯钟或铷钟与 GNSS 系统时之间不同步的差值，对应式(2-2)中的 τ^i。GNSS 卫星原子钟与 GNSS 系统时间存在时偏、频偏和频漂，各卫星时钟的误差 τ^i 一般被看成是互相独立的。τ^i 主要取决于原子钟的质量。GNSS 通过地面监测站对每颗卫星的监测，可测得星钟误差 τ^i 并转化为 3 个星钟改正数，并通过导航电文提供给用户。GNSS 第 i 颗卫星的钟差 τ^i 一般可采用二阶多项式表示[15]：

$$\tau^i = a_0^i + a_1^i(t - t_{0c}) + a_2^i\ (t - t_{0c})^2 \tag{2-27}$$

式中，t_{0c} 是星钟的参考时刻；a_0^i 是星钟与 GNSS 系统时间的偏差(时偏)系数；a_1^i 是星钟频率相对实际频率偏差(频偏)系数；a_2^i 是星钟频率漂移(频漂)系数。

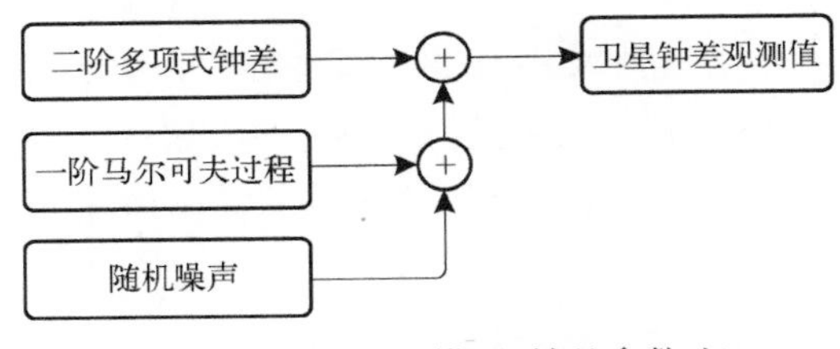

图 2.6　卫星钟差模型(钟差参数法)

仿真中常采用钟差参数法的星钟误差模型(图 2.6)：由二阶多项式钟差加上一阶马尔可夫过程仿真误差再加上随机噪声生成，一阶马尔可夫过程时间常数为 1 800 s，标准差为 1 m。此外还有根据精密星历和钟差进行内插或拟合的钟差拟合法。

3）电离层误差

电离层位于地球上空距地面高度 50～1 000 km，太阳和地球的地磁等日地物理扰动因素影响地球大气层电磁环境，GNSS 等信号在空间等离子体中出现不稳定性往往成为实现高精度定位和授时的重大障碍[80]。电离层中的气体分子电离形成大量的自由电子和正离子，当 GNSS 信号穿过电离层时，路径会产生弯曲，传播速度会发生变化，因此建立在 TOA 基础上的测距会产生相应偏差。电离层误差是 GNSS 测量中不可忽视的重大误差源之一，对于 GNSS 信号来讲，电离层折射误差在太阳黑子活动高峰年 11 月份的白天天顶方向最大可达 50 m，在接近地平方向时则可达 150 m[81]。电离层主要有 Bent 模型、国际参考电离层(international reference ionosphere，IRI)模型和 Klobuchar 模型。我国处于中纬度地区，比较适合用 Klobuchar 电离层模型。电离层参考高度为 375 km，8 参数(a_1、a_2、a_3、a_4、β_1、β_2、β_3、β_4) Klobuchar 模型计算电离层垂直延迟改正 $I_Z(t)$ 具体如下[82]：

$$I_Z(t)=\begin{cases}5\ \mathrm{ns}+A_2\cos\{[2\pi(t-50\,400)]/A_4\} & , \quad |t-50\,400|<A_4/4\\ 5\ \mathrm{ns} & , \quad |t-50\,400|\geqslant A_4/4\end{cases} \tag{2-28}$$

式中，t 是以秒为单位的接收机至卫星连线与电离层交点(M)处的本地时(取值范围为0～86 400)。对于计算不同频率的 $I_Z(t)$，需要乘以一个与频率有关的因子 $k(f)$。A_2 为白天余弦曲线的幅度(amplitude)，用 α_n 系数计算得到。ϕ_M 是电离层穿刺点的大地纬度，单位为半周(180°)，A_4 为余弦曲线的周期，用 β_n 系数计算得到。

$$A_2=\begin{cases}\alpha_1+\alpha_2\phi_M+\alpha_3\phi_M^2+\alpha_4\phi_M^3 & , A_2\geqslant 0\\ 0 & , A_2<0\end{cases} \tag{2-29}$$

$$A_4=\begin{cases}\sum\limits_{n=0}^{3}\beta_n\phi_M^n & , A_4\geqslant 72\,000\\ 72\,000 & , A_4<72\,000\end{cases} \tag{2-30}$$

GNSS第 i 颗卫星的电离层误差对应式(2-2)中的 $\delta\rho_I^i$。在计算和仿真中先计算电离层垂直延迟改正 $I_Z(t)$，然后再根据电离层薄壳模型计算出的与接收机 A 到卫星 SV_i 的LOS视向仰角 el^i 相关的电离层倾斜因子(oblique factor，OF)$\mathrm{OF}_I(\mathrm{el}^i)$ 得到 $\delta\rho_I^i$(天顶方向、30°、5°仰角的 $\mathrm{OF}_I(\mathrm{el}^i)$ 分别为1、1.8和3)[7]：

$$\delta\rho_I^i=I_Z(t)\cdot\mathrm{OF}_I(\mathrm{el}^i) \tag{2-31}$$

为更加真实反映电离层误差，本书还引入了两个反映电离层变化频率较高的项：第一项是正弦误差，其幅度是余弦峰值的5%，其周期是余弦周期的1/5；第二项是初始值为零、标准偏差等于余弦项之和的5%的一阶马尔可夫过程：

$$0.05\times\left\{A_1+A_2\cos\left[2\pi\left(\tau-\frac{A_3}{0.2A_4}\right)\right]\right\}+0.05b\times T_{ij}\times N(0,\ 1) \tag{2-32}$$

图2.7是仿真中常用的电离层延迟误差模型。

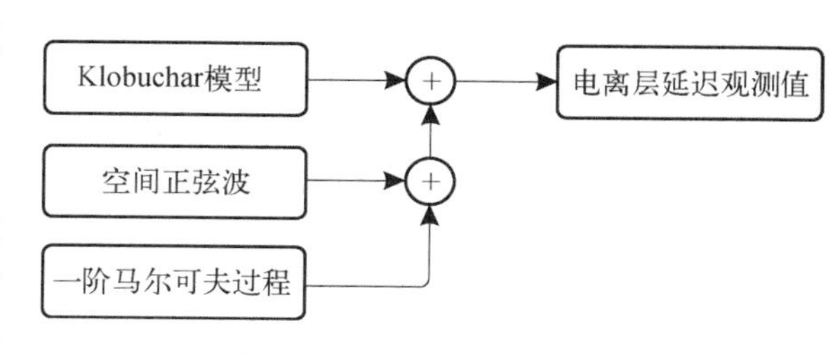

图2.7 电离层延迟误差模型

4) 对流层误差

对流层位于地面上空约50 km的大气层，对于GNSS电磁波会产生折射而引起传播时间延迟。对流层延迟与所在位置的气候情况和卫星仰角有关，在低仰角情况下的对流层延迟可达30 m，而且对流层延迟与海拔呈逆增长关系(海拔越高，延迟越少)。分析对流层延迟的有Hopfield模型、Saastamoinen模型、Black模型和投影函数模型等。本书使用最常用的Hopfield模型。GNSS第 i 颗卫星的对流层误差对应式

(2-2)中的 $\delta\rho_T^i$。对流层误差同样是传播延时误差，计算和仿真方法也和前面所述的电离层延迟处理方法一样，先计算对流层天顶垂直延迟改正 $T_Z(t)$，然后再根据与接收机 A 到卫星 SV_i 的 LOS 视向仰角 el^i 相关的对流层倾斜因子(部分资料也称映射函数)$\mathrm{OF}_T(\mathrm{el}^i)$ 得到 $\delta\rho_T^i$[7]：

$$\delta\rho_T^i = T_Z(t)\cdot \mathrm{OF}_T(\mathrm{el}^i) \tag{2-33}$$

天顶方向、30°、5°仰角的 $\mathrm{OF}_T(\mathrm{el}^i)$ 分别为 1、2 和 10，比相应角度电离层倾斜因子 $\mathrm{OF}_I(\mathrm{el}^i)$ 要大得多。对流层天顶垂直延迟改正 $T_Z(t)$ 由常用的 Hopfield 模型算出，Hopfield 模型以干折射性的在 GNSS 接收机高度 h 处和水平面处多次测量的经验值关系为基础，表示折射的双四次曲线天顶角模型。$T_Z(t)$ 包括干分量延迟 $T_{Z\mathrm{d}}(t)$ 和湿分量延迟 $T_{Z\mathrm{w}}(t)$，分别是由大气中干燥气体和水汽引起的折射延迟，影响也分别占到总误差的 90%和 10%。

$$\begin{aligned} T_Z(t) &= T_{Z\mathrm{d}}(t) + T_{Z\mathrm{w}}(t) = 10^{-6}\int[N_\mathrm{d}(t)+N_\mathrm{w}(t)]\mathrm{d}h \\ &= 10^{-6}\int\left[N_{\mathrm{d}0}\left(1-\frac{h}{h_\mathrm{d}}\right)^4 + N_{\mathrm{w}0}\left(1-\frac{h}{h_\mathrm{w}}\right)^4\right]\mathrm{d}h \\ &= 77.6\times10^{-6}\frac{P_0}{T_0}\frac{h_\mathrm{d}}{5} + 0.373\frac{e_0}{T_0^2}\frac{h_\mathrm{w}}{5} \end{aligned} \tag{2-34}$$

式中，T_0 表示开氏温度，P_0 是总压强(毫巴)，e_0 是水汽引起的局部压强(毫巴)；$N_{\mathrm{d}0}$ 和 $N_{\mathrm{w}0}$ 分别表示在水平面干折射性和湿折射性；h_d 和 h_w 是相应干折射性和湿折射性为 0 时对应的高度。仿真中也加入了一阶马尔可夫过程逼真反映对流层误差模型，如图 2.8 所示。

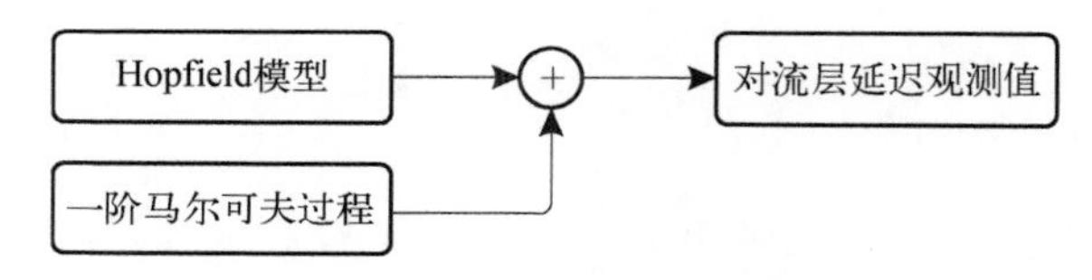

图 2.8 对流层延迟误差模型

5) 多径误差

某颗卫星的多路径效应本质上是直接来自 LOS 的卫星信号和该卫星信号经反射面反射到达接收机天线，即两种信号叠加进入接收机。GNSS 接收机 A 接收第 i 颗卫星发播空间信号产生的多径延时对应式(2-2)中的 δM_A^i。

图 2.9(a)和(b)分别表示地面和侧面反射的多径延迟情况，卫星 SV_i 仰角为 α^i，天线相位中心离反射面的距离分别为 h 和 d，延迟的路径 δM_{Ag}^i 和 δM_{As}^i 分别为 $\|BA\|-\|CA\|$ 和 $\|BA\|+\|CB\|$，由三角几何关系可推算出多径延迟为

$$\delta M_{Ag}^i = \|BA\| - \|CA\| = \|BA\|(1-\cos 2\alpha^i) = \frac{h}{\sin\alpha^i}(1-\cos 2\alpha^i) = 2h\sin\alpha^i \tag{2-35}$$

$$\delta M_{As}^i = \|BA\| + \|CB\| = \|BA\|(1+\cos 2\alpha^i) = \frac{d}{\cos\alpha^i}(1+\cos 2\alpha^i) = 2d\cos\alpha^i \tag{2-36}$$

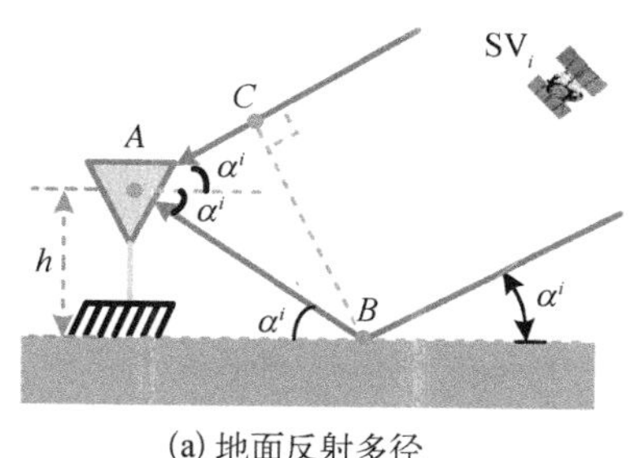

(a) 地面反射多径

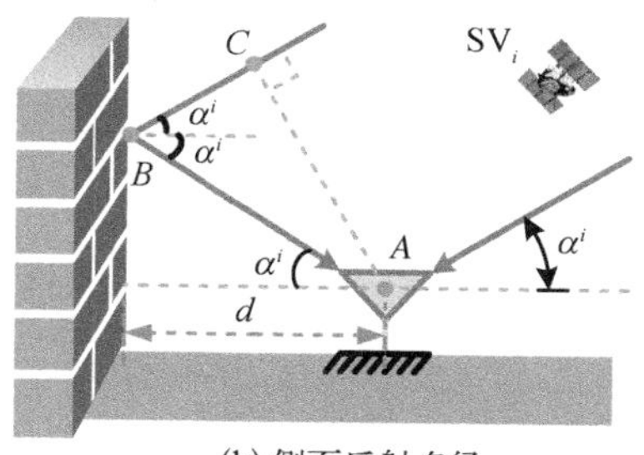

(b) 侧面反射多径

图 2.9 多径延迟误差示意图

综合式(2-35)和式(2-36)可知多径产生的路径延迟误差 δM_A^i 与天线相位中心离反射面的距离(h 或 d)的 2 倍及空间信号到反射面的入射角余弦乘积成正比,而且不管反射面与地面的角度如何。假定反射面反射时引起的幅度衰减和 CP 变化分别是 α_r 和 φ_r(与反射面的材质有关),有文献详细分析了一次多径反射信号与直达信号叠加后对引起的 CP 变化 $\delta\phi_{M_A^i}$ 如式(2-37)[70]:

$$\delta\phi_{M_A^i} = \arctan\left(\frac{\sin\varphi_r}{\alpha_r + \cos\varphi_r}\right) \tag{2-37}$$

可见多径延迟对码和 CP 都有影响,影响大小与天线到反射面距离(h 或 d)、入射方位(地面或侧面)、入射角度以及反射面特性(幅度衰减 α_r 和 CP 变化 φ_r)相关。实际的多径效应比较复杂,仿真时常用常数模型(延迟为固定常数)和二阶马尔可夫随机数模型简化之,也有的是将接收地形环境建模后只考虑一级反射情况下进行信号叠加建模,建模工作非常麻烦。

6) 接收机误差

GNSS 接收机 A 自身产生的误差包含式(2-2)中的三项误差及其他与接收机有关的误差,分别是接收机 A 的时钟相对于 GNSS 系统时的误差 τ_A;接收机天线 Ant A 到接收机 A 的电缆延迟及天线相位中心偏差误差 δL_A;接收机 A 接收第 i 颗卫星发播空间信号产生的随机噪声 r_A^i 以及信号量化、卫星信号间互相关、量测非线性误差、软件算法计算误差、整周模糊度解算及周跳误差和器件热噪声等误差。根据不同应用可以分别用 2.2.2 节的 GNSS 故障分类中三种时变特性仿真。

7) 其他差错

除了上述六类差错外,GNSS 还有地球自转修正、相对论效应、卫星所处太空环境导致的软硬件误差、色散介质导致载频及波群的群速和相速差异(群延迟)以及可看成是一个二阶马尔可夫过程的选择可用性误差[83]。

3. GNSS 误差特性

1) GNSS 解算误差分布

有文献以定位误差平方和(sum square of deviation)为评价标准,分别用瑞利

(Rayleigh)、威布尔(Weibull)、指数(exponential)和高斯(Gaussian)四种分布去拟合GPS在1984年有选择可用性时的真实静态站点和飞行数据，发现GNSS定位误差与威布尔分布匹配效果最好[84]。用上海地区GNSS综合服务网上海交通大学站点(SJTU站点)长期定位误差观测数据进行拟合分析，结果也验证了GNSS定位误差更好地服从威布尔分布这一结论。

2) GNSS误差矢量特性

GNSS误差矢量特性是指误差源产生的误差随着GNSS接收机的位置变化而影响不同的特性，这种误差称为GNSS矢量误差。相对来说对接收机位置影响不敏感的GNSS误差称为GNSS标量误差。GNSS矢量误差对接收机的影响大小与接收机到卫星的LOS矢量有关，因而GNSS矢量误差对全球各个位置影响有一定差异。如星历确定的轨道误差在LOS方向的径向投影分量才会影响接收机解算，而卫星星钟误差对全球所有用户影响相同。如表2.1所示：星历、电离层、对流层和多径等误差都是矢量误差，而星钟和接收机等误差是标量误差。

3) GNSS典型UERE值

研究GNSS完好性有必要了解GNSS的典型UERE及其分配情况，UERE有的文献也称为用户距离误差(URE)。有文献列举了正常模式下GPS单频C/A码接收机的标准定位服务(standard positioning service, SPS)和双频P(Y)码精密定位服务(precision positioning service, PPS)的各种典型误差量级[7, 15]，如表2.1所示。

对于单频L1接收机，当选择可用性作用时UERE约为25 m，实际使用中典型单频UERE约为6 m，双频L1和L2接收机UERE约为1 m[7]。本书很多仿真中分别采用UERE=6 m和UERE=1 m作为量测误差的经验数据。

表2.1 GPS各种误差模型及正常状态下误差量值

序　号	误差源	常用误差模型	典型1σ误差/m		误差矢量特性
			单频SPS	双频PPS	
1	星　历	随机数模拟	0.8	0.8	矢　量
2	星　钟	钟差参数法模型	1.1	1.1	标　量
3	电离层	Klobuchar模型	7.0	0.1	矢　量
4	对流层	Hopfield模型	0.2	0.2	矢　量
5	多　径	二阶马尔可夫模型	0.2	0.2	矢　量
6	接收机	三种时变特性仿真	0.1	0.1	标　量
系统UERE			7.1	1.4	

4. 三类GNSS完好性差错

有文献总结了三类GNSS差错模式：接收机特定误差(接收机噪声和多径效应)、空间相关误差(对流层、电离层、选择可用性和星钟误差)和电缆延迟及天线相位中心偏差

(latency)及杆臂效应(moment arm)等结构引起的误差[85]。也有文献将GNSS差错归结为卫星差错、大气传播差错、本地通道差错和用户设备差错[86]。本书将根据GNSS构成的四个段归纳为三类GNSS差错,分别是源于CS和SS的星座卫星类差错、源于ES的信息传播类差错和源于US的用户应用类差错。

2.3 GNSS完好性性能及统计意义

GNSS完好性是GNSS的一种导航服务性能,它与GNSS其他服务性能的关系紧密却又有很大不同,如何从统计意义上把握完好性,完好性与可靠性及脆弱性关系如何,本节回答这些问题时具体阐述了GNSS完好性的内涵和外延。

2.3.1 GNSS导航服务性能

GNSS的四种导航服务性能分别是指完好性、连续性、精度和可用性(integrity, continuity, accuracy and availability,ICAA)[87],本书将其简称为导航四性。ICAA最早源于航空应用中飞机精密着陆对所需导航性能的量化需求[33]。ICAO航空电信附件10中无线电导航设备的国际标准和建议措施[88]对GNSS航空应用的ICAA作了详尽说明。GNSS完好性也随着ICAA也扩展到了其他行业,FRP 2010[14]对GNSS在航空及其他更多行业的ICAA都作了介绍。

四个ICAA参数都分别对应着PVTA导航解算结果的差错超出最大允许限值,即AL的一种风险(概率):完好性对应着潜在的(还没发生)PVTA导航解算差错的风险;连续性对应预料之外的PVTA导航解算差错(已经判定出错)引起导航中断的风险;精度对应实际PVTA导航解算差错的风险;可用性对应导航整个过程中任何不满足上述三种服务性能指标要求的风险。有关ICAA中的完好性和其他三个参数的含义,Ober在他的博士论文中有比较详细的论述[89]。

1. 精度

精度(accuracy)是一个统计的概念,包含了测量值范围精密度(方差、重复性)和相对真值的准确度(均值、中心性)两方面的度量,常用精度的对应值——误差来表示。用误差表示精度有三种方法来表征,分别是:相对法(最大误差占真实值的百分比)、绝对法(最大误差绝对值)和统计法(用概率表征误差分布)。导航学科中又常用两种统计法表征精度:一是均方根(root mean square,RMS)误差,也称为"中误差"或"标准差"。以置信椭圆的长短半轴分别表示二维位置坐标分量的标准差。1倍标准差(1σ)的概率值是68.3%,2倍、3倍标准差的概率值分别为95.5%和99.7%。许多文献用距离均方根(distance root mean square,DRMS)差表示二维定位精度,实际为1σ。二是圆概率误差

(circular error probability,CEP)和球概率误差(spherical error probability,SEP),是在以天线真实位置为圆心或者球心,偏离其概率为 50%的点位离散分布度量,此外还有偏离其概率为 95%的点位精度分布度量[90]。

为防止表征精度的歧义,通常表示精度时应当附带说明置信概率。本书所说的 GNSS 精度都是指在 95%的置信水平下保持导航系统的 PVTA 导航解算值正确的程度。GNSS 精度体现整个导航系统控制导航误差在规定范围之内的能力。

2. 完好性

GNSS 完好性(integrity)是对整个导航系统所提供正确导航信息的一种信任程度(置信度的测量),完好性包括系统在无法用于某些预定操作时向用户发出及时有效告警(称为警报)的能力[91],也就是对导航结果不信任时,系统能给导航用户提出警告的能力。GNSS IR 是指 GNSS 系统没有达到规定的导航精度,却没有被检测出来的概率(潜在的风险)。需要注意的是,IR 不是指没有达到规定的导航精度的概率,而是指超限差错出现了但没有被检测出来的概率。因此 GNSS 作为非主用导航时,精度不够是不会导致严重的安全问题(还同时有其他可信程度更高的导航系统可提供更值得信赖的结果),可怕的是精度不足时却没有在规定的短时间内通知用户,这直接导致用户相信了错误的导航结果而可能酿成安全事故。从这个意义上说,GNSS 完好性监测比 GNSS 精度本身更加重要,更受业界关注,这也就是在 ICAA 中 GNSS 完好性被安排在最前面的第一个首要性能原因所在。

3. 连续性

连续性(continuity)是指整个导航系统在一个时间段内连续不中断地提供用户所需导航精度和完好性服务性能的能力。导航系统的软硬件故障和因为完好性缺失而告警会造成到系统连续性的中断。连续性是衡量一段时间内精度和完好性鲁棒性能的指标。而这一段时间的长短与用户执行任务有关,就算是同一种任务的不同阶段也可能要求不同,例如,飞机着陆的每次进近最多也就持续 2 分钟,这种短期连续性可用每次进近过程中导航系统不中断服务来评价,而在通常会持续 1 小时到数小时的航路上可用每小时告警比例来评估。完好性服务中的 FD 产生的告警会降低系统连续性能,如果更进一步使用 FDE 将差错排除掉后就能改善连续性的服务性能。

4. 可用性

可用性(availability)是指导航系统为整个操作过程中同时提供满足需要的精度、完好性和连续性这三个导航服务性能要求所占时间或空间的比例。时间维度上的可用性通常是针对具体的某种导航任务在整个任务执行这段时间上而言的,空间维度上的可用性可用于评价某个 GNSS(一个或多个 GNSS、某个局域导航系统、某个增强系统)在地理空间上的服务性能的覆盖程度。

5. GNSS 导航四性逻辑关系

本书将四个 ICAA 导航服务性能作用归纳为:精度是导航系统最基本、最起码的需求；完好性是最重要、最关键的需求；连续性是最稳健、最鲁棒的需求；可用性是最全面、最高级的需求（包含其他三个方面）。其中连续性和可用性是与时间持续相关的性能指标。为说明 ICAA 的相互关系，本书在图 2.10 专门绘制了二值的两个概念（前一个二进制表示实际差错 fault，后一个二进制表示检测告警 alarm）构造的 GNSS 导航四性逻辑关系图。

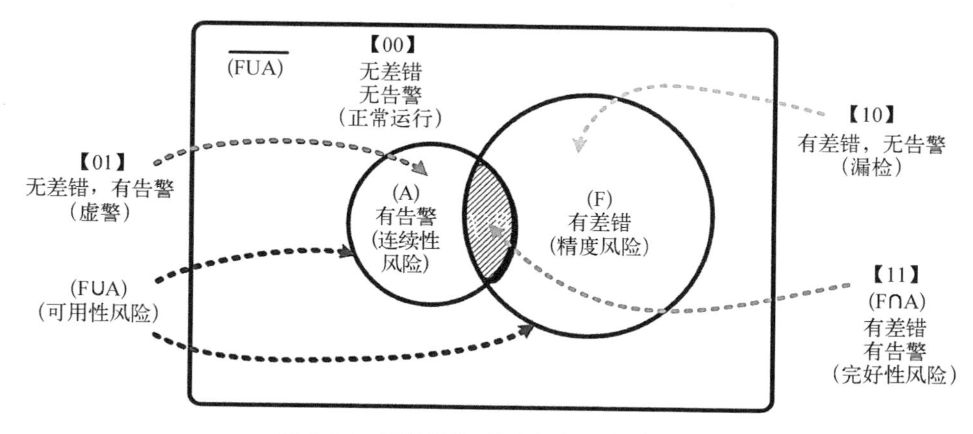

图 2.10　导航四性(ICAA)的逻辑关系图

右边圆内外区域分别代表了导航中有无差错的实际状态（对应集合 F 及 $\overline{F}$），通常将超出 95% 概率下导航精度范围的误差认定为差错，圆内有差错的 F 集合指代精度风险(accuracy risk)；左边圆内外区域分别代表了经 FD 后导航系统是否给出警告的检测状态（对应集合 A 及 $\overline{A}$），圆内有警告的 A 集合指代 IR；两圆相交的 F∩A（右斜杠阴影 11 区域）表示有差错且能正确告警的状态，交集 F∩A 指代 IR；两圆合并的 F∪A 表示有差错或有告警的状态，并集 F∪A 指代可用性风险(availability risk)；A 和 F 之外的($\overline{F\cup A}$)表示既无差错也无告警的正常工作状态（00 区域）。在告警 A 集合中的 01 区域是无差错但告警的虚警(false alarm，FA)状态；在差错 F 集合中的 10 区域是有差错但无告警的漏检(missed detection，MD)状态。

2.3.2　GNSS 完好性统计意义

本小节试图从概率角度说明 GNSS 完好性的统计意义及完好性服务性能增强的途径，并界定清楚 GNSS 完好性与精度、可靠性和脆弱性的关系。

1. GNSS 完好性的概率特性

本书特别绘制了 GNSS 完好性图解（图 2.11），从概率密度的视角表征 GNSS 完好性和与其相关的精度、导航误差概率密度函数(probability density function，PDF)的量化关系。图中横坐标代表任意一种 GNSS 应用的导航解算值 PVTA 误差(PVTA deviation，PVTA－D)，用 Δx 表示。针对特定的 GNSS 应用对应横坐标上给定的告警限值（图中黄色竖线±AL 所示)。

2.2.2 节曾经对误差、差错和故障进行了区分,误差对应彩图 2.11 整个横轴范围;差错是右斜线淡绿色阴影保护区$\pm A_{FD}$以外的区域;而故障是黄色竖线±AL 以外的区域。两个末梢部分沙点紫色阴影区域对应 IR。

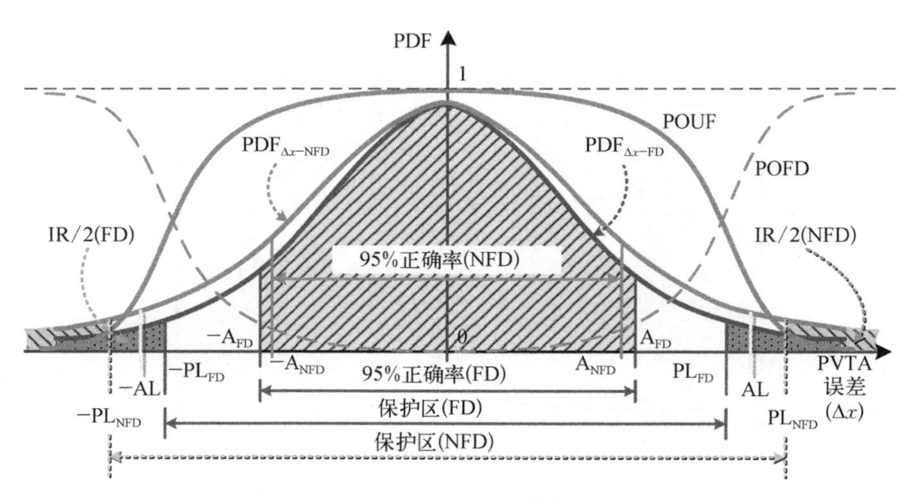

图 2.11 GNSS 完好性图解示意

彩图 2.11 中有 4 条主要的曲线,最下面平底锅形状绿色长划线曲线表示 GNSS 导航系统对应误差 Δx 的差错检测概率(probability of failure detection,POFD),它体现 GNSS 系统对导航误差的检测能力;最上面钟形绿色实线曲线表示 GNSS 导航系统对应误差 Δx 的差错未能检出概率(probability of undetected failure,POUF),位于横轴零点附近的误差 Δx 很小,此时误差很难检测出来,因而 POUF(0)≈1,随着误差 Δx 绝对值的增大 POUF 持续减小,直到接近 0 位置,此时 POFD≈1。分处上下的 2 根绿色概率曲线为互补关系:

$$\mathrm{POFD} + \mathrm{POUD} = 1 \tag{2-38}$$

彩图 2.11 中间红色实线(钟形实线下)表示在导航过程中没有进行差错检测(no failure detection,NFD)时 Δx 的概率密度函数($\mathrm{PDF}_{\Delta x-\mathrm{NFD}}$),它和红色尺寸标记竖线及横轴围成的主体部分占 95%的$\mathrm{PDF}_{\Delta x-\mathrm{NFD}}$面积,由此给定了 NFD 时导航系统的 95%精度范围值$\pm A_{\mathrm{NFD}}$。对于特定的 GNSS 导航应用指定了各自的完好性风险指标 IR,NFD 时对应的 IR 是$\mathrm{PDF}_{\Delta x-\mathrm{NFD}}$曲线两个末梢部分(彩图 2.11 中两个左斜线褐色阴影区)的面积,并由此确定了 NFD 时保护级别(protection level,PL),如彩图 2.11 中褐色虚线尺寸所标示的 NFD 保护范围两个褐色端点线$\pm \mathrm{PL}_{\mathrm{NFD}}$(处于 AL 外,失去完好性)。

彩图 2.11 中间蓝色实线表示导航中进行 FD 时 Δx 的概率密度函数($\mathrm{PDF}_{\Delta x-\mathrm{FD}}$),它是上面红色$\mathrm{PDF}_{\Delta x-\mathrm{NFD}}$曲线与绿色 POUF 概率曲线乘积结果:

$$\mathrm{PDF}_{\Delta x-\mathrm{FD}} = \mathrm{PDF}_{\Delta x-\mathrm{NFD}} \cdot \mathrm{POUF} = \mathrm{PDF}_{\Delta x-\mathrm{NFD}} \cdot (1-\mathrm{POFD}) \tag{2-39}$$

GNSS完好性监测其实就是在GNSS导航过程中引入差错检测机制，在图2.11中乘以钟形的POUF概率曲线就表征着完好性监测过程。由图2.11可看到FD后Δx的概率密度函数$\mathrm{PDF}_{\Delta x-\mathrm{FD}}$与NFD时的$\mathrm{PDF}_{\Delta x-\mathrm{NFD}}$相比被向下压缩了，这就是引入完好性监测的结果，得到的好处是：对于同样的完好性风险指标IR，$\mathrm{PDF}_{\Delta x-\mathrm{FD}}$曲线两个末梢部分（图中两个沙点紫色阴影区）对应两个蓝色端点线$\pm\mathrm{PL}_{\mathrm{FD}}$向0靠拢，也就是说PL的值减少了，以前处于AL外的$\pm\mathrm{PL}_{\mathrm{NFD}}$经过FD后，$\pm\mathrm{PL}_{\mathrm{FD}}$及它们确定的保护区域（蓝色尺寸所标示的FD保护范围）都低于AL了，完好性得到了保证。但完好性的增强也是有代价的：被压低的Δx概率密度函数$\mathrm{PDF}_{\Delta x-\mathrm{FD}}$所对应的95%精度$\mathrm{PDF}_{\Delta x-\mathrm{FD}}$（图中右斜线淡绿色阴影保护区）确定的95%精度范围值$\pm A_{\mathrm{FD}}$也比以前的$\pm A_{\mathrm{NFD}}$有小幅度增长（精度性能有轻微下降），同时增加FD后检测出差错并告警的次数必然增加，这增加了导航系统服务性能中断的风险，也就意味着完好性的增强是以精度和连续性的损失为代价（GNSS完好性增强的代价分析）。因此ICAA的导航四性存在是一组相互牵制、此消彼长的服务性能，在导航中需要权衡协调。

2. 完好性和精度关系

完好性和精度关系非常密切，但也有很大不同，有时容易混淆，下面专门探讨一下两者的关系。GNSS导航精度是包括完好性在内的导航四性ICAA服务性能的基础，完好性的监测和评价也都是基于导航解算值PVTA误差的大小来开展的。此外，根据图2.11所展开的GNSS完好性增强的代价分析可知增强的完好性服务性能也将小幅度降低95%的导航精度性能，因此完好性和精度有很大的关联性。但完好性和精度也有三点不同：一是关心的差错范围不同且量级差距很大，参照彩图2.11的导航解算值差错Δx的概率密度函数$\mathrm{PDF}_{\Delta x-\mathrm{FD}}$（中间蓝色实线）可知精度和完好性的确定区域相去甚远：精度是由以0误差为中心开始圈画95%纵截面面积（如图中右斜线淡绿色阴影保护区）确定出的导航解算值差错Δx区间$\pm A_{\mathrm{FD}}$决定的，而完好性是从$\mathrm{PDF}_{\Delta x-\mathrm{FD}}$曲线两个末梢远端开始对称圈画完好性风险IR对应的纵截面面积（如图中两个沙点紫色阴影区）确定出的导航解算值差错Δx区间$\pm\mathrm{PL}_{\mathrm{FD}}$决定的，而且通常这个面积非常小（航空应用可小到$0.1\mu$的量级）；二是它们所处的立场不同，精度是从GNSS满足所需导航性能的角度来评价，而完好性是从不满足所需导航性能的角度来界定的；三是时间需求及表征不同，精度是一个统计的概念且不需要告警，而完好性具有实时性和时间独立性（前后时刻完好性相互独立），出现差错要及时通知用户。

3. 完好性和可靠性关系

系统可靠性（reliability）用在两个领域有各自不同的含义。一个定义领域是用在与时间相关的产品质量评估，表示系统在规定的条件下和规定的时间内完成规定功能的能力。通常用来衡量机器设备、产品功能在时间上的稳定程度，常用平均故障间隔时间

(MTBF)、平均修复时间(MTTR)、平均寿命(MTTF)等指标衡量可靠性,如汽车行驶里程、灯泡使用寿命等时间的函数。这层意思用得最为广泛,但这与本书的完好性研究主题相去较远。可靠性另一个定义领域是大地测绘等对测量系统的测量质量评价,这层概念1968年由荷兰教授 Willem Baarda 提出,并由其创立领导的代尔夫特大地测量计算中心(Delft Geodetic Computing Center,LGR)发扬光大[92]。测绘中的可靠性分为两类:在给出的假设检验条件下,系统发现包括粗差和系统误差在内的模型误差的能力称为内部可靠性(internal reliability, IR),模型误差对结果的影响称为外部可靠性(external reliability, ER)。这层意思与 GNSS 完好性同为检测差错,对完好性有很好的借鉴意义,本书第3章将可靠性应用于星座完好性的评估。但相比较而言,GNSS 完好性还需要考虑系统在无法用于某些预定操作时向用户及时发出告警。

4. 完好性与脆弱性关系

脆弱性(vulnerability)是指事物或系统容易被损坏或失效的特性(易损性),GNSS 脆弱性是指 GNSS 系统与生俱来的易受到攻击的缺陷。1.1.3 节介绍 GNSS 不足及发展趋势时详细介绍过 GNSS 固有的脆弱性源于其被噪底深深埋没的开放性 GNSS 信号,因而易受 IJS 的问题。具体地说,脆弱性是指 GNSS 在各类因素影响下系统端维持正常稳定工作、用户端维持正常服务质量的程度。脆弱性和完好性是相互关联的,脆弱性是 GNSS 的漏洞,而 GNSS 完好性其实是因为 GNSS 固有的脆弱性而体现出来导航服务性能的不足,两者是因果关系;SJTU-GNC 项目组 863 课题"GNSS 脆弱性分析及信号传输环境研究"就是研究 GNSS 脆弱性及其缓解技术,增强完好性也就缓解了脆弱性,本书正是受其资助并作为其研究内容的一部分开展完好性研究工作。脆弱性和完好性也存在区别,脆弱性研究 GNSS 固有的易损性及其缓解方法,是研究如何应对 GNSS 被损坏或失效的解决办法,完好性和其他 ICAA 指标一样都是指 GNSS 的服务性能,重点是发现存在的漏洞并及时告警,少见有缓解之法,但两者也有趋同之势。

2.3.3 GNSS 完好性监测

图 2.11 中的钟形 POUF 概率曲线对完好性来说是一条重要曲线,也可称为"完好性监测线"。理想的 POUF 概率完好性监测线是平顶陡坡的脉冲形状,POUF 概率曲线面积越小完好性越好。通常将超出 95%概率下导航精度范围的误差认定为差错,完好性服务性能增强也就是要进一步挤压钟形 POUF 概率曲线舒缓的两翼,让 PL 尽量靠近 95% 精度范围值$\pm A_{FD}$,从物理意义上来说就是要提高导航系统的 FD 能力,特别是对小误差(尤其是 95%精度范围内误差)的检测能力,从而增强完好性,变先前失去完好性的情况为满足完好性。

解决 GNSS 完好性问题是查漏补缺的过程,所以 GNSS 完好性问题实际上是"GNSS 完好性监测和性能增强"的问题,这也正是本书的研究的主题。

2.4 GNSS完好性需求

美国2011年4月15日发布《联邦无线导航计划》(FRP 2010)[14]除了列举航空这些与“生命安全”相关行业的PVTA用户需求外，还详细规定了公路、货运、铁路等陆上交通、海事、测绘及授时等民用PVTA用户完好性等所需导航性能。将来民用PVTA用户也期待着更高的完好性性能。

2.4.1 航空应用

航空交通在全球大范围跨区域飞行，对安全性能的要求严格，针对GNSS航空应用的GNSS完好性研究一直是完好性领域的先锋和排头兵。

ICAO按照航空所需导航性能制定了各种飞行概念。传统航空导航全部依赖由地面导航设备逐个连接组成的航路导航，随着GNSS等导航设备加入及航空电子技术和机载设备不断发展更新，ICAO提出区域导航(area navigation，RNAV)的方式，使飞行员能够选择从地面导航信号或者机载导航设备或两者的组合来自动确定航空器位置，以求达到机载导航设备性能逐步提高后，不再依赖于地面导航设备，实现任意两点直飞的目的。但对机载导航设备管理、审定和选择工作过于繁重，1994年ICAO提出所需导航性能(required navigation performance，RNP)概念，规定了各航路或空域内航空器必须具备的导航精度，以匹配相应空域能力，使空域得到有效利用，如图2.12所示[93]。

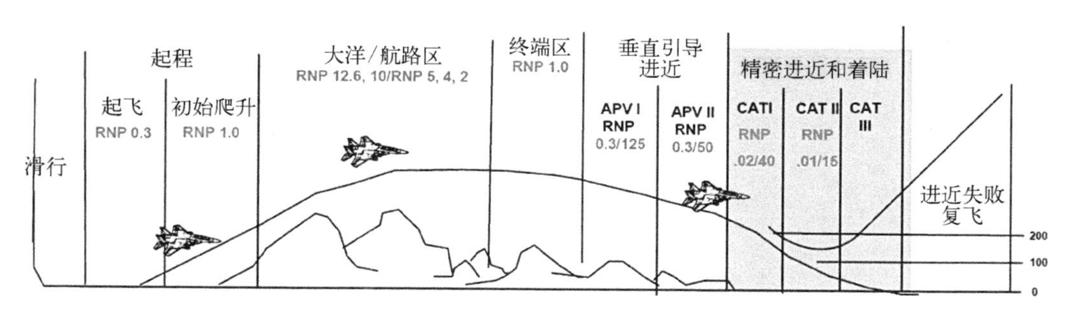

图2.12　航空各空域阶段RNP

RNP是一个精度的概念(表2.2列举了各类RNP的类型、定位精度及应用)，但也包括RNAV没有规定的对机载设备监视和告警性能要求。RNAV和RNP并行存在，各自发展，ICAO在整合各国RNAV和RNP运行实践和技术标准的基础上推出的一种新航行系统概念，也就是基于性能导航(performance based navigation，PBN)[94]。PBN是指在相应的导航基础设施条件下，航空器在指定的空域内或者沿航路、仪表飞行程序飞行时，对系统ICAA以及功能等方面提出的性能要求[95]。PBN的引入体现了航行方式从基于传感器导航到 PBN 的转变[96]。PBN 运行主要依靠 GNSS，但考虑到运行稳定性，近期还将保留一些地基导航设施。这些设施在一定时期内与 GNSS 混合运行，同时也可作为备份导航方式[97]。

表 2.2　各类 RNP 的类型、定位精度及应用

导航规范	95%定位精度(NM)	应　　用	空　　域
RNP 0.3	±0.3	精密 RNAV(PRNAV)	终端区
RNP 1	±1.0	允许使用灵活导航	机场终端到航路
RNP 4	±4.0	导航台之间和空域间建立航路	大陆空域
RNP 5	±5.0	BRNAV(基本区域导航)	欧洲空域
RNP 10	±10	偏远缺少导航台的空域	远洋
RNP 12.6	±12.6	缺少导航台空域的优化航路	(很少使用)
RNP 20	±20	提高最低空运量的 ATS	(很少使用)

航空的空域阶段可划分为：越洋航路/边远区(en-route oceanic)、本土航路(en-route continental)、终端区(terminal)、非精密进近(non precision approach，NPA)或离场、2 类垂直引导进近(approach with vertical guidance，APV，分 APV-Ⅰ和 APV-Ⅱ)、3 类精密进近(precision approach，PA，分 CAT-Ⅰ、CAT-Ⅱ、CAT-Ⅲ)，ICAO 导航系统专家组(NSP)对各空域对 ICAA 有不同的需求如表 2.3 所示[88]。

表 2.3 中所列航空精密进近的 HAL 都是 40 m，VAL 从 10～50 m 不等。

表 2.3　民用航空对 GNSS 的导航性能要求

阶　段	精度(95%)		AL		完好性等级	TTA	连续性	可用性
	水平	垂直	水平	垂直				
航路	3.7 km (2.0 NM)	N/A	3.7 km (2 NM)	N/A	$1-1\times10^{-7}$/h	5 min	$[(1-1\times10^{-8})\sim(1-1\times10^{-4})]$/h	0.99～0.999 99
终端区	0.74 km (0.4 NM)		1.85 km (1 NM)			15 s		
非精密进近	220 m (720 ft)		556 m (0.3 NM)			10 s		
Ⅰ类垂直引导进近(APV-Ⅰ)	16.0 m (52 ft)	20 m(66 ft)	40 m (130 ft)	50 m(164 ft)	$(1\sim2\times10^{-7})$/approach		$(1-1\times8\times10^{-6})$ /15 s	
Ⅱ类垂直引导进近(APV-Ⅱ)		8 m(26 ft)		20 m(66 ft)		6 s		
Ⅰ类精密进近(CAT-Ⅰ)		6～4 m (20～13 ft)		15～10 m (50～33 ft)				

2.4.2 其他民用行业应用

随着GNSS应用和需求的拓展，GNSS完好性问题也延伸至除航空、搜救等生命安全领域，以及电力、电信等国家基础设施领域之外的许多诸如海事、陆上运输、测绘及授时等民用PVTA领域。FRP 2010对公路、货运、海事及测绘等民用行业应用提出了各自的导航性能(包括完好性)需求[14]。表2.4、表2.5和表2.6分别列出了公路、货运和测绘用户的导航性能要求[14]。

表2.4对公路用户的导航性能也提出了较高的要求。

表2.4 公路用户的导航性能要求

需求	满足需求的最低性能标准					
	精度(2 drms)	可用性	连续性	完好性(AL)	TTA	覆盖范围
导航和路线引导	1～20 m	95%	待定	2～20 m	5 s	全国/地表
自动车辆监控	0.1～30 m	95%		0.2～30 m	5 s～5 min	
自动车辆识别	1 m	99.7%		3 m	5 s	
公共安全	0.1～30 m	95%～99.7%		0.2～30 m	2～15 s	
资源管理	0.005～30 m	99.7%		0.2～1 m	2～15 s	
避撞	0.1 m	99.9%		0.2 m	5 s	
地球物理调查	1 m				N/A	
大地测量控制	0.01 m				N/A	
事故调查	0.1～4 m	99.7%		0.2～4 m	30 s	
应急响应	0.1～4 m	99.7%		0.2～4 m	30 s	
智能交通	0.1 m	99.9%		0.2 m	5 s	

表2.5给出的货运GNSS用户完好性的AL需求基本是以货车停车场(truck parking)为代表的50 m和以地理围栏(geo-fencing)为代表的10 m级别[14]。

表2.5 货运用户的导航性能要求

需求	满足需求的最低性能标准					
	精度(2 drms)	可用性	连续性	完好性(AL)	TTA	覆盖范围
停车场	2～20 m	95%	待定	50 m	5 s	全国/地表
地理围栏/设备访问	10～20 m	99%		10 m	5 s	
危险品运输	10～20 m	99%		10 m	5 s	
拖车跟踪	20 m	95%		50 m	5 s	
沿海运输违规检查	10～20 m	99%		10 m	5 s	
车队管理	20 m	95%		50 m	5 s	
驾考	5～20 m	99%		10 m	5 s	

表 2.6 所示的 GNSS 测绘用户对导航完好性的性能要求主要体现在较大跨度的观测持续时间内(1 s～4 h)尽快得到所需精度的结果。

表 2.6　测绘用户的导航性能要求

需　求	满足需求的最低性能标准						
	精度(2 drms)		可用性	连续性	完好性（观测期间）	更新率	覆盖范围
	水平	垂直					
静　态	0.015 m	0.04 m	99%	[(1−1×10⁻²)～(1−1×10⁻⁴)]/h	4 h	30 s	全球
快　速	0.03 m	0.08 m	99%		15 min	30 s	
动　态	0.04 m	0.06 m	99%		两个 3 分钟时段间隔 45 分钟	1 s	
水　文	3 m	0.15 m	99%	(1−1×8×10⁻⁶) /15 s	1 s	1 s	

2.5　三级 GNSS 完好性监测体系

由 2.2 节对 GNSS 导航功能实现的整个过程的 GNSS 故障分析及历史经验(表 2.1 所示的单频 C/A 码接收机 SPS 典型 1σ 误差中,电离层延迟所占的比例最高,其次是星钟误差)可知,差错来源除了 US 因素外,主要还是传播过程中 ES 带来的信息污染畸变(品质下降)及 SS 及 CS 决定的卫星星座状态恶化,但当前 GNSS 完好性监测研究主要集中在终端应用这一级,对卫星导航系统星座的监测以及对卫星信号的质量监测也零散地分布于其他 GNSS 用途,没有纳入 GNSS 完好性监测体系中来。本书按施行完好性监测的主体所在位置和特性,依据对应的分析方法理论分层次建立一套 GNSS 完好性监测完整理论体系。

具体来说,以完好性监测的实施位置、所起到的作用、使用资源、适用理论将 GNSS 完好性监测总共分为如表 2.7 所示三级:全球系统级星座完好性监测(global system level constellation integrity monitoring, GSLCIM)、区域增强级信息完好性监测(local augmentation level information integrity monitoring, LALIIM)、终端应用级用户完好性监测(terminal application level user integrity monitoring, TALUIM)。

表 2.7　三级 GNSS 完好性监测对照表

	GSLCIM	LALIIM	TALUIM
监测源	策源地	第三方	服务对象
所在段	CS+SS	ES	US
使用资源	GNSS 系统主控+设计	地面站级复杂监测	用户+辅助导航资源

续表

	GSLCIM	LALIIM	TALUIM
作用	基础、主干	增强、信息监测	应用、辅助增强
影响范围	全球	区域	用户
关键因素	几何构型+量测噪声	信号质量+数据质量	监测算法+可用资源
适用理论	质量控制理论	信号分析理论	一致性检测理论
典型实例	GEIM、SAIM	GIC、SBAS、GBAS	RAIM、UAIM
评价指标	完好性最小可用性(MAI)最小检测效果黑洞比(MDEHR)【参见3.2节】	眼图、频谱、相关曲线、星座图、码畸变度、电文星历误差【参见4.1节】	PL、TTA、故障检出率【参见2.6节】
优势	影响所有GNSS用户	针对性强,资源丰富	最直接便捷、落脚点
不足	传播段和用户段监测不足	无法监测用户段	资源有限
本书介绍	第3章	第4章	第5章、第6章、第7章

2.5.1 全球系统级星座完好性监测

全球系统级星座完好性监测(GSLCIM)位于GNSS策源地的CS和SS,源于GNSS系统主控部分及系统设计,即1.2.2节介绍的GNSS内嵌的完好性监测(GEIM),此外还包括在SS开展卫星自身监测和星间链路监测的SAIM。GSLCIM是导航和完好性监测的基础和骨干,GSLCIM性能取决于提供全球大范围服务的卫星导航系统自身的基本特性(直接发射导航信号),所以它的关键因素是其标称的信号质量和几何构型。GSLCIM可以用质量控制理论进行分析评估,典型的评价指标有完好性最小可用性(minimal availability of integrity,MAI)和不满足所需应用的差错点所占比例的最小检测效果黑洞比(minimal detectable effect holes ratio,MDEHR),本书在3.2节进行了详细说明。GSLCIM影响全球所有GNSS用户,但因处于导航链的始发前端,无法很好地完成ES和US的完好性监测。本书第3章对GSLCIM进行了全面分析。

2.5.2 区域增强级信息完好性监测

区域增强级信息完好性监测(LALIIM)是第三方导航信号监测提供的导航完好性产品,位于ES,源于提供区域范围服务的区域卫星导航系统(参考附录A.2)和卫星导航增强系统(参考附录A.3),包括1.2.2节介绍的GNSS完好性通道及GNSS的各类SBAS(参考附录A.3.1)和GBAS(参考附录A.3.2)。LALIIM大多依赖于第三方地面站级复杂监测,针对特定用户周边在RNAN信息完好性中增加了电离层、对流层差错等监测,因而 LALIIM 起到完好性监测的增强和除 GNSS 用户之外的导航链中各级的信息完好性监测作用。LALIIM 主要指信号质量和数据质量两个方面，可用信号分析（signal analysis，SA）理论进行分析评估，典型的评价指标有时域、谱域、调制域、相关域、码域、电文域和应用域的眼图、频谱、相关曲线、星座图、码畸变度、电文星历误差等信息完好性监测评测指标，本书 4.1 节对此进行了详细说明。各个地区、国家、部门、行业，甚至有的企业、单位和组织都可能进行有针对性的投资以实现 LALIIM，因此 LALIIM 的针对性很强，根据需要可以综合使用各种地面和空中资源，但 LALIIM 也不能对 US 进行完好性监测。本书第 4 章对 LALIIM 进行了全面分析。

2.5.3 终端应用级用户完好性监测

终端应用级用户完好性监测（TALUIM）体现在 GNSS 的最终服务对象上，位于 GNSS 的 US，在实际的用户完好性监测中用户可以利用的资源不仅包括 GNSS 接收机，还包括使用接收机的用户可以得到的用户辅助导航资源（例如，飞机用户除了 GNSS 接收机外还有高度计及惯导等其他导航资源可用），这就形成了本书 5.2 节将要介绍的两类 TALUIM，即 5.2.1 节的接收机自主完好性监测和 5.2.2 节的用户辅助完好性监测，可见 TALUIM 是导航和完好性监测的终端用户针对特定应用接收机自身或者借助其他辅助资源增强开展的 GNSS 完好性监测。RAIM 和 UAIM 完好性监测性能分别取决于 RAIM 监测算法和可用资源。其中 RAIM 是完好性研究的主战场，可以用一致性检测理论（consistency check, CC）进行分析评估，典型的评价指标有 PL、TTA、故障检出率等，本书 2.6 节进行了详细说明。TALUIM 是 GNSS 用户的最终体验，也是完好性监测的落脚点，是最直接、及时和便捷的完好性监测方法，但 TALUIM 受到成本和场地限制只能使用用户周边简单资源，更高要求就需要其他增强方法。本书第 5 章对 TALUIM 进行了全面分析。第 7 章属于 UAIM，分析了终端用户接收机有差分辅助时的完好性监测方法及完好性性能增强作用。

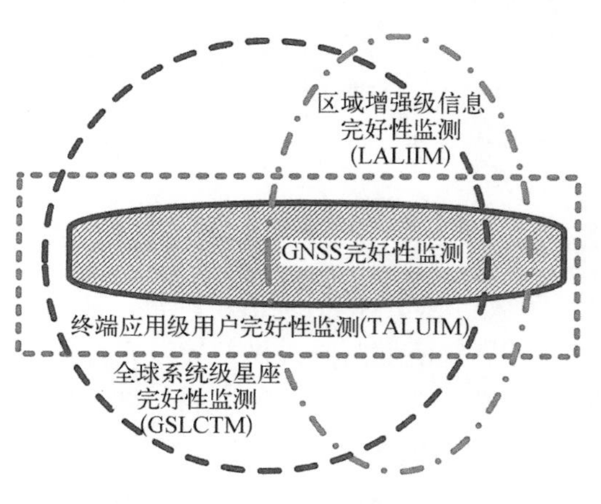

图 2.13 卫星导航三级完好性监测作用范围示意图

图 2.13 示意了三级完好性监测各自的作用范围：斜杠阴影部分表示所有 GNSS 完好性监测，长划线表示的 GSLCIM 影响全球但覆盖不了 ES 和 US 的完好性监测；点划线表示的 LALIIM 可以监测部分环境但也不能覆盖 US 的完好性监测；只有虚线表示的 TALUIM 位于 US，是 GNSS 导航信息的宿主，也是所有完好性监测的最终服务对象，TALUIM 是在用户端直接完成的，是最直

接、最及时及效率最高的完好性监测方法，理论上来说可以贴切地无缝包含阴影所表示的所有 GNSS 完好性监测。这也是 RAIM 方法成为完好性监测主要研究对象的原因所在。

2.5.4 GNSS 完好性监测综合评估系统架构

上面分别按层次分析比较了三级 GNSS 完好性监测（GSLCIM、LALIIM、TALUIM），但是这三级也不是绝然分开的，相互之间也有关联和交织：GSLCIM 评估的量测噪声也部分包含 LALIIM 的 ES 中因素；TALUIM 的 RAIM 也可以从接收机端用类似于 LALIIM 的射频、基带和码等信号分析的方法展开；LALIIM 的信号质量和数据质量监测实际上也部分包含 GSLCIM 所在的 CS 和 SS 完好性监测内容。将这些完好性监测方法和成果组织融合起来才能最大限度提高 GNSS 完好性服务性能。此外，GNSS 完好性缺失时通常有及时快速告警需求，用户有时希望系统即时指示或者提前预测 GNSS 完好性满足与否这种简捷明了的结果提示，以指导下步是否信任 GNSS 输出或转用其他导航系统的判断。

为统一所有完好性监测资源，提高 GNSS 完好性告警的准确性和可操作性，设计了如图 2.14 所示的 GNSS 完好性监测综合评估系统。

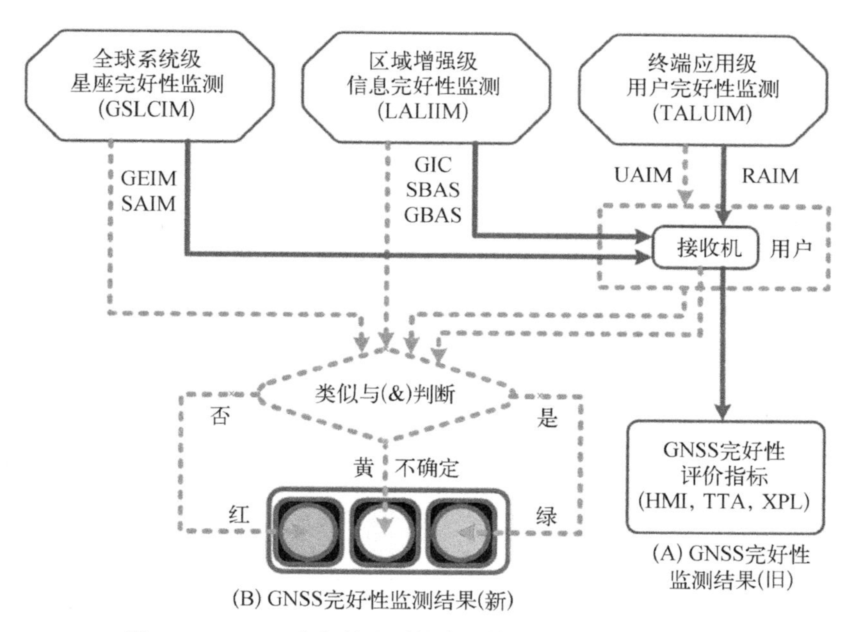

图 2.14　GNSS 完好性监测综合评估系统框图（红黄绿灯）

最上方三个八角框分别表示三级 GNSS 完好性监测分类中以 GEIM 和 SAIM 为代表的 GSLCIM；以 GIC（主要是 SBAS 和 GBAS）为代表的 LALIIM；以 RAIM 和 UAIM

为代表的 TALUIM。最下方标示了两种 GNSS 完好性监测结果，右边(A)是旧的传统意义上以 HMI、TTA 和各种保护级别(XPL)为代表的三种 GNSS 完好性评价指标结果；左边(B)是在旧的(A)基础上增加了用户端的 UAIM 辅助增强算法和中间的类似与(&)判断，借鉴交通指示灯以红黄绿三色(左红中黄右绿)指示当前的 GNSS 提供的服务不满足、不确定和满足完好性的三种直观状态。实线所给出的是传统意义上旧的完好性监测(A)流程，以接收机为中心，GSLCIM 和 LALIIM 信息都是直接交给接收机处理；虚线给出了新的完好性监测(B)流程在旧的(A)基础上增加了用户端的 UAIM 辅助增强算法和三级信息的逻辑判断，以综合的类似与(&)判断为中心，当且仅当四种完好性监测信息均满足完好性需求时表示"满足完好性"的右边绿灯点亮，只要有任何一种信息出现完好性告警(缺失)则表示"不满足完好性"的左边红灯亮起，红灯亮时通常会是四种输入信息均告警，但也可能会出现几种完好性监测信息判断有矛盾的情况，这时表示"不能判断"的中间黄灯点亮，黄灯亮起时必定是有红灯亮起的情况发生，以进一步提示用户选用其他导航途径或启动更加高级的差错排除(fault exclusion，FE)算法。

2.6 GNSS 完好性监测指标

GNSS 完好性监测服务指标众多，有些指标还有不同名称，各行业也有各自不同的关注重点，也导致指标不统一，本节试图总结并规范一下已有的完好性指标体系。所有完好性监测都最终体现在通知用户上，所以如图 2.15 所示 GNSS 完好性监测指标关系图将 GNSS 完好性监测指标分为以用户完好性监测为中心的完好性监测输入指标、用户完好性监测指标和完好性监测输出指标三大部分。

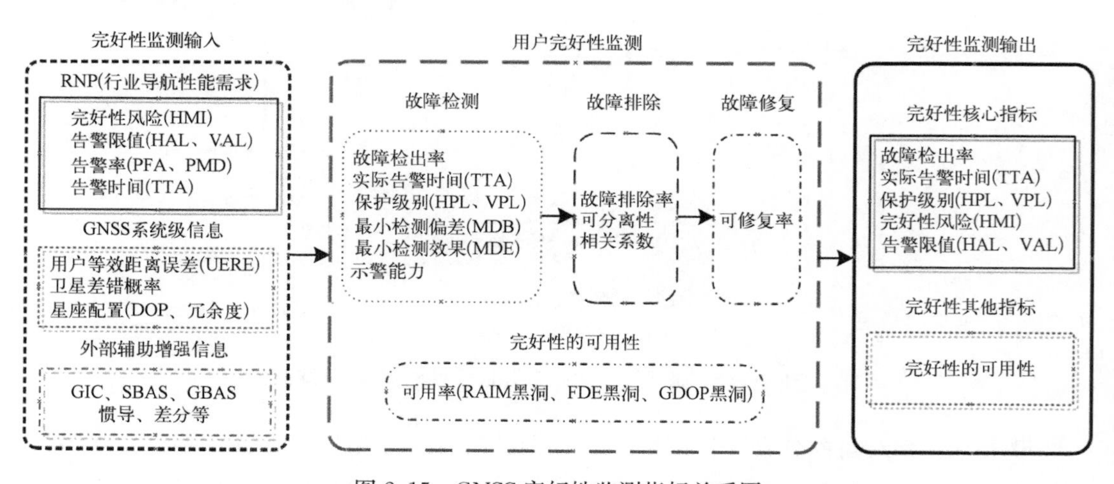

图 2.15　GNSS 完好性监测指标关系图

2.6.1 完好性监测输入指标

完好性监测输入指标包括具体行业应用的RNP指标、由GNSS获取的即时和经验系统信息、外部增强导航系统信息及用户可利用的辅助导航信息。

1. 行业应用所需导航性能指标

具体行业应用的所需导航性能RNP指标包括完好性风险(IR)、最大的允许告警率(包括虚警率(probability of false alarm, PFA)、漏检率(probability of missed detection, PMD)、AL和TTA。

1) 完好性风险

完好性风险(IR)如2.3.1节所指出的：GNSS系统没有达到规定的导航精度，却没有被检测出来的概率(潜在的风险)。图2.10两圆相交的F∩A(左斜杠阴影11区域)和图2.11所示的两个末梢部分沙点紫色阴影区域都是指代IR。IR在有的文献中称为HMI，或者有的直接称呼其为完好性。IR和HMI在计算中其实就是用下面要说的漏检率PMD(差错没有检测出来的概率)。

2) 最大的允许告警率

(1) 虚警率(误警率)

虚警概率即虚警率PFA，有时也称为“误警率”或“显著性水平”，是两类差错中的“弃真错误”，指系统不存在故障时，所允许引发的完好性告警率，常用符号α表示。

(2) 漏检率

漏检概率即漏检率PMD，有时也称为完好性级别、允许的IR、1-最小检测概率，是两类差错中的“纳伪错误”，指示警能力以内的用户PVTA误差超过AL和规定的示警耗时，系统没有发出警报的概率，常用符号β表示，与PMD(β)还有一个互补的概念是检出率(检出功效)，常用γ表示：$\gamma=1-\beta$。WAAS的PMD小于1.61×10^{-6}/天[15]。

3) 告警限值

告警限值AL是指系统可容忍的最大临界标准偏差，当用户的PVTA误差超过系统规定的这一限值时，系统向用户发出警报。通常将AL分解为水平面垂直方向两个值，分别为水平告警限值(horizontal alarm limit, HAL)和垂直告警限值(vertical alarm limit, VAL)。如表2.3所示，在航空应用的APVⅠ、APVⅡ、CATⅠ阶段，HAL都为40 m；VAL分别为50 m、20 m、10～15 m。

4) 告警时间

告警时间TTA是指可容忍最长告警时间，即用户PVTA误差超过AL的时刻和系统向用户显示这一警报时刻的时间差，有的也称为“示警耗时”。WAAS的TTA一般应小于2 s，最大不超过6 s。

2. GNSS 系统级信息

GNSS 获取的即时和经验系统信息包括用户等效距离误差(UERE)、卫星差错概率(probability of a satellite failure, PS)和星座配置(constellation configuration)。

1) 用户等效距离误差

UERE 是指将 GNSS 系统引入的各种误差等效为伪距上的一个总的误差,分析各种误差对定位精度的影响是可以将它看作只有伪距上的这一个误差,处理起来比较方便。

UERE 常用 σ(sigma)表示,它是 GNSS 伪距量测误差 ε 的统计方差 $D(\varepsilon)$ 开方结果,由概率统计知识,UERE 可由式(2-40)得到:

$$\text{UERE} = \sigma = \sqrt{D(\varepsilon)} = \sqrt{E[(\varepsilon - E(\varepsilon))^2]} \tag{2-40}$$

式中,$E(\varepsilon)$ 表示 GNSS 伪距量测误差 ε 的统计均值。

2) 卫星差错概率

卫星差错概率(PS)是 GNSS 卫星在一段统计时间内(通常是一年)出现差错的概率,这是一个统计的经验值,是 GNSS 量测源的差错概率。

3) 星座配置

星座配置是指 GNSS 卫星空间布局,星座配置是实时变化的卫星量测几何分布,通常用精度因子(dilution of precision,DOP)和卫星可见性(冗余度)来表征。

(1) 精度因子

精度因子(DOP)是衡量定位精度的重要标准之一,2.1.4 节叙述了它的计算方法。它代表 GNSS 测距误差造成的接收机与空间卫星间的距离矢量放大因子。卫星信号的测距误差乘以适当的 DOP 值能大致估算出所得到的位置或时间误差。DOP 包括很多种,其中包括所有因素的称为 GDOP,GDOP 在各个方向和时间上有四种分量分别为:三维位置的几何精度因子(PDOP)、水平几何精度因子(HDOP)、垂直几何精度因子(VDOP)(有时也称为高度几何精度因子)、时间几何精度因子(TDOP)。

(2) 卫星可见性(冗余度)

不同位置的用户在看到的 GNSS 卫星几何布局不同,所能见到的卫星数量也不一样,卫星可见性指用户在指定仰角下能见到的卫星数量,通常用 NVS 来衡量。

3. 外部辅助增强信息

外部辅助增强信息是指外部增强导航系统信息(如 GIC、SBAS、GBAS)及用户可利用的辅助导航信息(如差分等)。

2.6.2 用户完好性监测指标

所有完好性监测都以最终能通知用户为目的,用户完好性监测指标如图 2.15 所示中间核心部分,指标分为四类:故障检测(fault detection,FD)、故障排除(fault exclusion,

FE)、故障修复(fault remedy,FR)和完好性的可用性。故障检测提高了告警率,如果能进行故障排除则在信号冗余的情况下间接提高了完好性的可用性和连续性,若能修复故障,则能在不降低冗余度的同时间接提高了完好性的可用性和连续性。FR 对于 GNSS 作为唯一导航是很重要的考量。

1. 故障检测

故障检测(FD)用故障检测率、告警时间、保护级别、可靠性指标(包括 MDB 和 MDE)及示警能力表示。

1) 故障检出率

故障检测率用检测到故障的采样点数与实际有故障的采样点数比值来表示,它是衡量完好性监测的重要指标之一。

2) 告警时间

告警时间(TTA)对于有很强实时性要求的 GNSS 应用非常重要,是指实际能达到的告警时间,TTA 也是体现完好性特性的重要指标。

3) 保护级别

保护级别 PL 是根据 GNSS 应用的告警率要求和实际的量测状态计算出来的实时定位误差保护阈值,PL 物理意义是指在满足具体 GNSS 应用的告警率要求前提下,当前 GNSS 状态下能达到的最小可检测误差(类似于 MDE 的概念)。在 PL 以下的误差是 GNSS 可以在用户要求的告警率下达到的最大值,若这个值超过了用户需求的告警限值(PL>AL)则系统不满足完好性。在计算 PL 时通常分解到水平和垂直方面,即水平保护级别(horizontal protection level,HPL 和 VPL。

4) 最小检测偏差

最小检测偏差(MDB)是指可以发现的 GNSS 差错的下限[40]。MDB 用于衡量系统内部可靠性,即统计检测中以一定检测概率所能发现量测差错的大小,表征故障检测算法检测出测距误差的能力。

5) 最小检测效果

最小检测效果(MDE)有的文献也说成是"边缘检测错误(marginally detectable error)[37]",是指不可发现的 GNSS 差错对检测结果的影响,表示伪距误差对于定位结果的影响[98],类似于 HPL/VPL 的概念。MDE 属于表征的是系统的外部可靠性,有点类似于前面 DOP 的概念,将伪距域的最小测距误差转化体现到位置域。

6) 示警能力

示警能力是指在系统覆盖区域内,系统不能向用户发出警报的面积(或者一段时间)的百分比。WAAS 在每一区域性基准站作用范围内的值应小于 0.5%。

2. 故障排除

故障排除(FE)是在 RAIM 基础上的一种拓展,当最小 NVS 大于 6 颗时,导航系统不但可以检测而且可以从导航解中排除差错卫星,从而使导航系统不中断地连续运行[15]。

FDE又包括卫星差错和卫星不良几何构型检测排除两个部分，其中排除(exclusion)包含辨识(identification)和隔离(isolation)两层意思[34]。故障排除用故障识别率、可分离性(separability)和相关系数(correlation coefficient)评价。

1）故障排除率

故障排除率是指排除的故障的采样点数与有故障的采样点数的比值。

2）可分离性

可分离性有时也称为"故障定位(localizability)[99]"，适用于多维(多差错)的情况，表示从其他量测差错区分或辨识一个量测差错的能力，当一个出错的量测对导航解算的可靠性产生不利影响，但错误地标识差错为"好"的量测时，可分离度就显得非常重要。可分离性用最小可分离偏差(minimal separable bias,MSB)衡量。

3）相关系数

相关系数也是多维(多差错)下检测统计量之间相关性的量测，相关系数不仅与卫星的几何分布有关，还与量测冗余有关。2.6.2节介绍的可分离性本质上取决于两个检测统计量之间的相关系数[100]。任两个检测统计量的相关系数越大，则越难分离。任意两个检测统计量的相关度能用于可分离性判断，实际中通常用最大相关系数(maximum correlation coefficient)进行可分离性判断[101]。

3. 故障修复

故障修复(FR)可以在不降低冗余度的同时间接提高完好性的可用性和连续性。现在航空应用中因为完好性不足的问题使GNSS一直只能作为备用导航使用，而且通常GNSS的NVS是大于6颗的，通常只需要简单排除故障卫星即可，因而FR在GNSS完好性中较少见到相关研究报道，但当GNSS作为主用导航应用和多故障及NVS不富裕时，FR应当受到更高的重视。FR的指标是可修复率，即修复的故障的采样点数与有故障的采样点数的比值。

4. 完好性的可用性

在完好性监测之前首先要进行完好性的可用性检测，也就是看NVS和星座几何是否满足完好性监测的基本要求。完好性的可用性(integrity availability)可以用可用率评价，可用率是从正面说的FDE的能力，但实际中常从反面，即用黑洞(holes)来说明未能成功实现FDE所占比例。针对故障检测和故障排除又要分别用RAIM黑洞(RAIMholes)和FDE黑洞(FDEholes)及GDOP黑洞(GDOPholes)评价其可用性。

1）RAIM黑洞

RAIM黑洞(RAIMholes)又称为"故障检测黑洞(fault detection holes,FD Holes)"，RAIM黑洞的概念最早是由AFSPC在CRD文档[16]中提出：将指定掩蔽角(masking angle,MA)下可见卫星不足5颗的情况视为一个RAIM黑洞，这时NVS不足是无法进行RAIM运算及故障检测的。RAIM黑洞的出现与时间、空间位置及采样密度、星座条件都有关系。

2）FDE 黑洞

FDE 黑洞（FDEholes）又称为“故障排除黑洞（fault exclusion holes，FE Holes）”，是 MA 下可见卫星不足 6 颗的情况，这时 NVS 不足，无法进行故障排除。

3）GDOP 黑洞

GDOP 黑洞（GDOPholes）又称为“几何精度因子黑洞”，是指卫星的星座几何构型及 GNSS 状态构成的 GDOP 不好的情况。根据美国国防部 2008 年发布的《GPS 的 SPS 服务性能标准(第四版)》[102]指出在标称 24 卫星 GPS 星座中，定位域位置精度因子 PDOP 可接受的最大阈值是不大于 6（≥98%全球 PDOP 可用标准下）。因为考虑到授时完好性的需求，本书类比借用此标准，将 GDOP>6 的状态设定为 GDOP 黑洞。这种状态下的 GNSS 导航结果也是不值得信任的。

2.6.3 完好性监测输出指标

完好性监测输出指标如图 2.15 所示右边部分，是前面 2 个输入指标和 3 个用户完好性监测指标中提取的 5 个核心指标及完好性的可用性等其他相关指标。完好性核心指标包括以下 5 个：故障检出率、TTA、PL、HMI 和 AL，后面 4 个指标是 ICAO 在航空电信附件 10 中无线电导航设备的国际标准和建议措施中特别强调的指标[88]。所有这些输出指标在前面都分别有相应叙述，本小节不再赘述。

第3章 全球系统级星座完好性监测

本章介绍了质量控制理论，并从质量控制角度提出了 MAI 和 MDEHR 两个 GSLCIM 评测指标，分别用于评估 GNSS 完好性的可用性性能及 GNSS 系统不满足指定应用所需求的 FD 能力的占比。提出了一种基于质量控制的 GNSS 星座完好性综合评估方法，综合考虑了 GNSS 星座状态、观测条件、量测噪声和应用需求等多种因素，并用此方法对 BDS、GPS、QZSS 和 IRNSS 等单个或混合系统(组合系统)在包括城市峡谷等极端条件下的完好性从空间位置完好性和连续时间完好性两个维度进行大量的仿真，得到很多量化的星座完好性评估结果。该完好性评估方法及仿真结果对导航星座配置和实际 GNSS 应用中的完好性预测有参考价值，还提出掩蔽角阈值等指标成功评价极端条件下的星座完好性性能。

具体地，3.1 节介绍质量控制理论，它广泛应用于测绘领域中的 DIA，本书将质量控制理论应用于 GNSS 系统级星座完好性监测。3.2 节综合 GNSS 系统状态、观测条件及完好性需求，从质量控制角度提出 MAI 和 MDEHR 两个 GSLCIM 评测指标，分别用于评估 GNSS 完好性的可用性性能及 GNSS 系统不满足指定应用所需求的 FD 能力的占比。3.3 节提出一种基于质量控制的 GNSS 星座完好性综合评估方法，综合考虑 GNSS 星座状态、观测条件、量测噪声和应用需求等多种因素，并对其评估过程进行全面阐述。此方法可用于从空间位置完好性和连续时间完好性两个维度对 GNSS 单个系统或者组合系统的完好性进行预测和实时评估。3.4 节应用提出的综合评估 GNSS 系统完好性的方法，首次对在轨 35 颗卫星的 BDS 系统 BeiDou、在轨 14 颗卫星的 RNAV 系统(BeiDou14)和在轨 31 颗卫星的 GPS 三个单星座的完好性进行对比分析。3.5 节分析 3 种场景下各种混合星座(GPS、GPS/BDS、GPS/QZSS/IRNSS、GPS/BDS/QZSS/IRNSS)在中低度掩蔽角、不同量测噪声下全球(global)、亚太(Asia-Pacific)和亚澳(Asia-Oceania)区域及不同城市的完好性进行全面的分析。为分析极端条件下的星座完好性，3.6 节研究掩蔽角由 5°到 60°变化时，GPS/QZSS 和 GPS/BDS/QZSS 混合星座在亚太区域及北京、东京、上海和香港 4 城市的连续 24 小时内的星座完好性，并应用提出的掩蔽角阈值等指标综合评价各种星座城市峡谷极端条件下的星座完好性。

3.1 质量控制理论

质量控制理论主要应用是企业及社会各领域针对产品质量检验把关、生产与运作过程协调控制的质量管理学，大部分关于质量控制的文献都是用在与时间相关的产品质量评估的系统可靠性检验(reliability testing)中，表示系统在规定的条件下和规定的时间内完成规定功能的能力，通常用来衡量机器设备、产品功能在时间上的稳定程度，衍生出平均故障间隔时间、平均修复时间、平均寿命等可靠性指衡量标。

测量数据处理中模型误差的质量控制理论是本书GSLCIM的理论基础。模型误差是指所建立的模型也客观存在的事物之间的差异，这正符合GNSS完好性监测的需要。模型误差包括三类：偶然误差、系统误差和粗差。偶然误差处理通常是用1809年德国最伟大的数学家高斯(Gauss)提出的最小二乘方法，而系统误差和粗差检测一直建立在统计的假设检验基础上。经典的假设检验理论是1933年由波兰数学家奈曼(Neyman)和英国统计学家皮尔逊(Pearson)提出的奈曼-皮尔逊理论。在测绘领域荷兰教授巴尔达(Baarda)于1968年提出测绘中的可靠性理论(reliability theory)，是在一维(单差错)备选假设下粗差检测的数据探测(data snooping)方法，以期望值异常为备选假设，对原估计模型进行统计检验以发现观测值粗差。1980年前后德国学者弗斯特勒尔(Förstner)和科克(Koch)将巴尔达可靠性理论推广到多维(多差错)备选假设下研究系统多差错可分离性(可区分性)和两个检测量之间的相关系数问题[100]。本书2.6.2节介绍的“可分离性”和“相关系数”指标也分别源于此。

测绘中的可靠性分为两类：是指在给出的假设检验条件下，系统发现包括粗差和系统误差在内的模型误差的能力称为内部可靠性，模型误差对结果的影响称为外部可靠性[100]。本书2.6.2节的MDB和MDE指标分别源于此。从1984年开始，荷兰代尔夫特理工大学的Teunissen在巴尔达可靠性理论基础上逐步建立了GNSS在测绘领域的质量控制理论，并发表了一些文献对质量控制理论进行了严密的完整论述[35, 36, 103]，质量控制理论的核心内容是实现DIA方法[32]。

下面根据Teunissen在1998年编写的《GPS for Geodesy》中的第7章“Quality Control and GPS”[35]主要内容及澳大利亚新南威尔士大学测绘与空间信息系统学院Hewitson于2006年撰写的关于质量控制在GNSS/INS应用的博士论文[98]整理质量控制理论如下。

通常如式(2-21)所示的GNSS线性化伪距量测方程含量测误差时函数模型为

$$\boldsymbol{y}=\boldsymbol{H}\boldsymbol{x}+\boldsymbol{\varepsilon} \tag{3-1}$$

式中，$\boldsymbol{y}$是n维(n颗可见卫星)伪距观测值的观测偏差矢量；$\boldsymbol{x}$是用户位置和时间构成的4维估计偏差矢量；$\boldsymbol{\varepsilon}$是广义的误差概念，可能包括偶然误差、系统误差和粗差三类不同的误差，$\boldsymbol{\varepsilon}$ 也可以分为随机误差项和大的偏差项；$\boldsymbol{H}$ 是 $\boldsymbol{x}$ 和 $\boldsymbol{y}$ 的线性关联矩阵。由式(3－1)可得到 $\boldsymbol{y}$ 的方差：$D\{\boldsymbol{y}\}=\boldsymbol{Q}_y$，为表达方便，用 $\boldsymbol{P}$ 表示量测的加权矩阵：

$$\boldsymbol{P}=[D\{\boldsymbol{y}\}]^{-1}=\boldsymbol{Q}_y^{-1} \tag{3-2}$$

当在误差的期望值为 0($E\{\boldsymbol{\varepsilon}\}=0$) 时对应随机误差模型。可用加权最小二乘法得到加权最小二乘估计量$\hat{\boldsymbol{x}}$：

$$\hat{\boldsymbol{x}}=(\boldsymbol{H}^{\mathrm{T}}\boldsymbol{P}\boldsymbol{H})^{-1}\boldsymbol{H}^{\mathrm{T}}\boldsymbol{P}\boldsymbol{y} \tag{3-3}$$

将式(3－3)代入式(3－1)可得到估计的观测偏差矢量$\hat{\boldsymbol{y}}$：

$$\hat{\boldsymbol{y}}=\boldsymbol{H}\hat{\boldsymbol{x}}=\boldsymbol{H}(\boldsymbol{H}^{\mathrm{T}}\boldsymbol{P}\boldsymbol{H})^{-1}\boldsymbol{H}^{\mathrm{T}}\boldsymbol{P}\boldsymbol{y} \tag{3-4}$$

式(3－1)与式(3－4)相减可得到加权最小二乘残差$\hat{\boldsymbol{\varepsilon}}$：

$$\begin{aligned}\hat{\boldsymbol{\varepsilon}}&=\boldsymbol{y}-\hat{\boldsymbol{y}}=\boldsymbol{y}-\boldsymbol{H}\hat{\boldsymbol{x}}=\boldsymbol{y}-\boldsymbol{H}(\boldsymbol{H}^{\mathrm{T}}\boldsymbol{P}\boldsymbol{H})^{-1}\boldsymbol{H}^{\mathrm{T}}\boldsymbol{P}\boldsymbol{y}=[\boldsymbol{I}-\boldsymbol{H}(\boldsymbol{H}^{\mathrm{T}}\boldsymbol{P}\boldsymbol{H})^{-1}\boldsymbol{H}^{\mathrm{T}}\boldsymbol{P}]\boldsymbol{y}\\&=[\boldsymbol{I}-\boldsymbol{H}(\boldsymbol{H}^{\mathrm{T}}\boldsymbol{P}\boldsymbol{H})^{-1}\boldsymbol{H}^{\mathrm{T}}\boldsymbol{P}](\boldsymbol{H}\boldsymbol{x}+\boldsymbol{\varepsilon})=[\boldsymbol{I}-\boldsymbol{H}(\boldsymbol{H}^{\mathrm{T}}\boldsymbol{P}\boldsymbol{H})^{-1}\boldsymbol{H}^{\mathrm{T}}\boldsymbol{P}]\boldsymbol{\varepsilon}\end{aligned} \tag{3-5}$$

用户位置和时间估计结果 $\hat{x}$ 的质量取决于式(3－1)的函数模型和随机模型是否正确，模型不正确将导致估计值的偏差。不失一般性，假设在第 i 颗卫星对应的量测存在大的偏差∇S_i，根据质量控制的 DIA 方法，式(3－1)的线性化模型应当调整为如下的函数模型：

$$\boldsymbol{y}=\boldsymbol{H}\hat{\boldsymbol{x}}+\hat{\boldsymbol{\varepsilon}}+\boldsymbol{e}_i\nabla S_i \tag{3-6}$$

式中，$\boldsymbol{e}_i$ 是除了第 i 个值为 1，其他值均为 0 的 n 维单位列向量。根据模型假设检验中量测偏差的一阶矩(期望)和二阶矩(方差)检测出的差错都可以进行 DIA，但经验表明根据期望差错进行检验可以满足大部分的需要，因此本书也只考虑期望有错的情况，并由此建立如下两个模型检验假设。

空假设(null hypothesis)H_o

$$H_o: E(\nabla S_i)=0 \tag{3-7}$$

备选假设(alternative hypothesis)H_a

$$H_a: E(\nabla\hat{S}_i)=\nabla S_i\neq 0 \tag{3-8}$$

推荐的基于模型误差的假设检测统计量 w_i 用式(3－9)计算：

$$w_i=\frac{\boldsymbol{e}_i^{\mathrm{T}}\boldsymbol{P}\hat{\boldsymbol{\varepsilon}}}{\sqrt{\boldsymbol{e}_i^{\mathrm{T}}\boldsymbol{P}\boldsymbol{Q}_{\hat{\varepsilon}}\boldsymbol{P}\boldsymbol{e}_i}} \tag{3-9}$$

式中，$\boldsymbol{P}$ 表示量测的加权矩阵；$\boldsymbol{Q}_{\hat{\varepsilon}}$ 表示后验残差协方差矩阵。在空假设 H_o 下检测统计量 w_i 有一个标准正态分布，但是在备选假设 H_a 下检测统计量 w_i 是一个非中心参量为

δ_i 的正态分布：

$$\delta_i = \nabla S_i \sqrt{\boldsymbol{e}_i^{\mathrm{T}} \boldsymbol{P} \boldsymbol{Q}_{\hat{\varepsilon}} \boldsymbol{P} \boldsymbol{e}_i} \tag{3-10}$$

测试假设检测统计量 w_i 以判断属于哪一类型假设的临界值由特定的 GNSS 应用给定的 PFA (α)（参见 2.6.1 节）和下面的关系式确定：

$$|w_i| > N_{1-\alpha/2}(0, 1) \tag{3-11}$$

式中，$N_{1-\alpha/2}(0, 1)$ 表示标准正态分布对应 PFA (α) 的阈值。利用质量控制的 DIA 方法分别得到四个 GNSS 完好性监测的参数计算结果。

用式(3-12)计算在 2.6.2 节提到的 MDB：

$$\mathrm{MDB} = \nabla S_i \Big|_{\delta_0} = \frac{\delta_0}{\sqrt{\boldsymbol{e}_i^{\mathrm{T}} \boldsymbol{P} \boldsymbol{Q}_{\hat{\varepsilon}} \boldsymbol{P} \boldsymbol{e}_i}} \tag{3-12}$$

式中，δ_0 表示由特定的 GNSS 应用给定的 PFA (α) 和 PMD (β)（参见 2.6.1 节）确定的临界非中心参量（在 GNSS 测绘应用中 PFA (α) 和检出功效 $\gamma = 1-\beta$ 分别取 0.001 和 0.80 时，δ_0 约为 17.075，其他 GNSS 应用根据需求分别按式(3-13)确定非中心参量 δ_0）：

$$\delta_0 = N_{1-\alpha/2}(0, 1) + N_{1-\beta}(0, 1) \tag{3-13}$$

用式(3-14)计算在 2.6.2 节提到的 MDE：

$$\mathrm{MDE} = \boldsymbol{Q}_{\hat{x}} \boldsymbol{H}^{\mathrm{T}} \boldsymbol{P} \boldsymbol{e}_i \cdot \mathrm{MDB} = \frac{\boldsymbol{Q}_{\hat{x}} \boldsymbol{H}^{\mathrm{T}} \boldsymbol{P} \boldsymbol{e}_i \delta_0}{\sqrt{\boldsymbol{e}_i^{\mathrm{T}} \boldsymbol{P} \boldsymbol{Q}_{\hat{\varepsilon}} \boldsymbol{P} \boldsymbol{e}_i}} \tag{3-14}$$

用式(3-15)计算在 2.6.2 节提到的相关系数 ρ_{ij}：

$$\rho_{ij} = \frac{\delta_{ij}}{\sqrt{\delta_i^2 \delta_j^2}} = \frac{\boldsymbol{e}_i^{\mathrm{T}} \boldsymbol{P} \boldsymbol{Q}_{\hat{\varepsilon}} \boldsymbol{P} \boldsymbol{e}_j}{\sqrt{\boldsymbol{e}_i^{\mathrm{T}} \boldsymbol{P} \boldsymbol{Q}_{\hat{\varepsilon}} \boldsymbol{P} \boldsymbol{e}_i} \sqrt{\boldsymbol{e}_j^{\mathrm{T}} \boldsymbol{P} \boldsymbol{Q}_{\hat{\varepsilon}} \boldsymbol{P} \boldsymbol{e}_j}} \tag{3-15}$$

用式(3-16)计算在 2.6.2 节提到的 MSB：

$$\mathrm{MSB} = \max(\rho_{ij}) \cdot \mathrm{MDB} = \frac{N_{1-\alpha/2}(0, 1) + N_{1-\beta}(0, 1)}{\sqrt{\boldsymbol{e}_i^{\mathrm{T}} \boldsymbol{P} \boldsymbol{Q}_{\hat{\varepsilon}} \boldsymbol{P} \boldsymbol{e}_i}} \tag{3-16}$$

3.2 全球系统级星座完好性监测评测指标

对于 GNSS 系统级星座来说，完好性监测的评测主要有两点：一是完好性监测能用吗？二是 FD 能力如何？GNSS 完好性缺失时通常有及时快速告警需求，用户有时希望像图 2.14 所提出的 GNSS 完好性监测综合评估系统框图那样，用红黄绿灯简捷明了地指示或者预测完好性满足与否的结果，以指导下步信任 GNSS 输出与否或转用其他导航系统的判断。为此，本节在 3.1 节质量控制理论的 DIA 方法基础上综合 GNSS 实时 GDOP 和 NVS 等系统状态和观测条件等完好性需求(参见 2.6.1 节)，提出 MAI 和 MDEHR 两个 GSLCIM 评测指标，分别用于评估 GNSS 完好性的可用性性能及 GNSS 系统不满足指定应用所需求的 FD 能力的占比。

3.2.1 完好性最小可用性

完好性最小可用性(MAI)回应完好性监测可用与否这个问题，通常文献都是单一地从卫星可见性或者星座几何配置来描述，前者用如 2.6.2 节介绍的 RAIM 黑洞或者 FDE 黑洞这些源自 NVS 完好性可用性来衡量，后者用 GDOP 黑洞这些源自卫星几何构型的完好性可用性来评价。本书提出一个综合 NVS 和 GDOP 两者的综合指标 MAI，是指在给定的区域或者时间段内，GNSS 系统提供给用户最基本的完好性的可用性需求比例。MAI 不仅考虑到 NVS，而且考顾到卫星几何构型，体现了这两方面对完好性可用性的贡献，具有更好的准确性和实用性。MAI 计算方法如式(3-17)所示：

$$\mathrm{MAI} = (1 - P_{\mathrm{FDEhole}})(1 - P_{\mathrm{GDOPhole}}) \tag{3-17}$$

式中，P_{FDEhole} 和 P_{GDOPhole} 分别指 GNSS 系统在给定的区域或者时间段内 NVS<6 和 GDOP>6 的采样点数所占总采样点数的比例。当然 MAI 指标是有些严格(苛刻)的，因为 NVS<6 和 GDOP>6 的采样点有可能出现重合的情况，也就是说两者并不是完全独立的，也正因此在完好性可用性前冠以“最小”二字，对于这个问题也完全可以从统计过程中剥离两者交叉的部分以计算得更加精确，但在实际仿真中发现只有在高掩蔽角的城市峡谷环境下两者重合度才高一些，正常情况下考虑重合的情况对结果影响，特别是进行 GNSS 各星座完好性比较的影响并不大，而且在航空等重要领域也是倾向于严格的，因此本书还是都按照式(3-17)比较严格的情况进行统计。因为 GDOP 太大时导航解算结果已经没有多大的可信度了，因此本章中所有 GDOP 值设置了上限值为 10，GDOP>10 或 NVS<4 时没意义的 GDOP 情况下计算 GDOP 都用 10 代替，以便于图形演示和进行统计分析。

3.2.2 最小检测效果黑洞比

最小检测效果黑洞比(MDEHR)回答 FD 能力如何这个问题，这个问题又涉及两方面的因素，一是用什么参数去评价，二是用哪种行业需求去提要求。对于前面的问题，在3.1 节质量控制理论的 DIA 方法的几个指标中，GNSS 用户完好性监测真正关心的是导航结果 PVTA 的差错，而不是卫星的伪距或者多普勒测量差错[70]，因此为了简洁起见，选择

MDE与2.6.1节所描述的完好性AL进行比较，作为GSLCIM评测指标的重要来源。对于行业需求问题实际上是个更加重要且难以统一的问题，2.4节GNSS完好性需求中列举了FPR 2010[14]提出的航空、公路、货运和测绘用户的导航性能要求可看出各种行业对GNSS完好性需求有较大差别，本书在对GSLCIM评测中选取比较有普遍性的表2.5给出的以货车停车场(truck parking)为代表的50 m和以地理围栏(geo-fencing)为代表的10 m级别作为AL(参见2.6.1节)进行GSLCIM的评测，并分别用AL(Trunk)和AL(Geof)表示：

$$\mathrm{AL(Trunk)} = 50\ \mathrm{m} \tag{3-18}$$

$$\mathrm{AL(Geof)} = 10\ \mathrm{m} \tag{3-19}$$

仿照AFSPC在CRD文档[16]中提出的RAIM黑洞概念，本书提出MDE黑洞，也就是MDEH的概念，意思是根据式(3-14)计算得到的MDE大于指定的GNSS应用中AL的采样点，针对AL(Trunk)和AL(Geof)应用由式(3-20)和式(3-21)分别判断是否为MDEH(Trunk)或MDEH(Geof)：

$$\mathrm{MDEH(Trunk)}:\ \mathrm{MDE} > \mathrm{AL(Trunk)} \tag{3-20}$$

$$\mathrm{MDEH(Geof)}:\ \mathrm{MDE} > \mathrm{AL(Geof)} \tag{3-21}$$

定义MDEHR为MDEH采样点占总采样点数量的比例，根据不同GNSS应用也有针对AL为50 m应用的MDEHR(Trunk)和针对AL为10 m应用的MDEHR(Geof)等区别。

3.3 基于质量控制的GNSS星座完好性综合评估方法

本节提出了一种基于质量控制的GNSS星座完好性综合评估方法，综合考虑了GNSS星座状态、观测条件、量测噪声和应用需求等多种因素，并对其评估过程进行了全面阐述。此方法可用于从空间位置完好性和连续时间完好性两个维度对GNSS单个系统或者混合系统的完好性进行预测和实时评估。

3.3.1 星座完好评估方法

本书提出的GSLCIM综合评估方法流程框图如图3.1所示，圆角边框所指为完好性评估的输入条件，中间矩形框代表重要归类的中间过程，两个六角框是本书提出的两个GSLCIM评测指标MAI和MDEHR。上面黑色实线和下面虚线分别代表MAI和MDEHR的计算流程路径和方向。

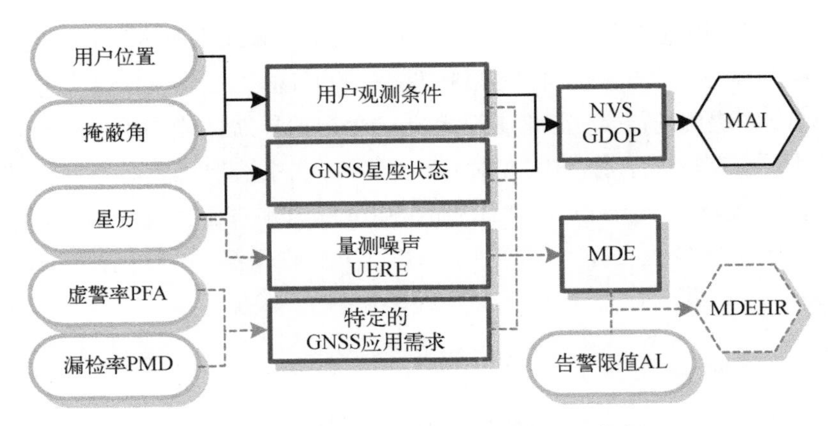

图 3.1 星座完好性综合评估方法流程框图

图 3.1 中间矩形框显示了 GSLCIM 关联的四类关键因素：用户观测条件(observational conditions)、GNSS 星座状态(constellation situation)、量测噪声(measurement noise)和特定的 GNSS 应用需求(application requirements)。

用户观测条件：是指用户位置(location)和掩蔽角。

GNSS 星座状态：可由星历(ephemeris)推算得到，星座状态结合用户观测条件就可以确定卫星可见性 NVS 和量测几何 GDOP，并最终由式(3-17)计算可得到 MAI。

量测噪声：用 2.6.1 节介绍的用 UERE 表示，如表 2.1 所示 GNSS 典型 UERE 值[15]包括星钟误差、星历误差、电离层、对流层、多径延迟和接收机误差，星历中包含了一些误差修正值，如 1.2.2 节的 GEIM 中所说的 URA、单频用户的电离层修正参数等，但在 GSLCIM 中可用一个经验估计的量测噪声标准偏差值 Q_{ε} 代入式(3-9)进行运算以便于简化仿真计算。

特定的 GNSS 应用需求：主要是包括 2.6.1 节介绍的 PFA(α)和 PMD(β)所指的特定的 GNSS 应用的最大允许概率误差及指定的 AL(参见 2.6.1 节)。将特定的 GNSS 应用 PFA (α) 和 PMD (β) 代入式(3-13)确定非中心参量 δ_0，并通过上面的各个输入条件代入式(3-14)计算得到 MDE，然后应用式(3-20)或式(3-21)与 AL 进行比较判断是否是 MDEH(Trunk)或 MDEH(Geof)采样点，并进一步进行统计分析得到 MDEHR。

最终可以通过 MAI 和 MDEHR 实时综合评估 GNSS 系统星座完好性，也可通过此方法对星座完好性进行预测。其中，MAI 综合了 FDE 和 GDOP 性能；MDEHR 通过比较 MDE 和特定的 GNSS 应用需求的 AL 得到。由图 3.1 可以看到，黑色实线流程的 MAI 只与用户位置、掩蔽角和星座状态有关，但 MDEHR 与所有输入因素相关。

3.3.2 星座完好评测区分

GNSS 系统的卫星是随时间运动变化的，图 3.1 中的输入条件也在不断地变化，因而根据GSLCIM关联的四类关键因素，用上面提出的基于质量控制的实时综合评估或预测GNSS单个系统或者混合系统的完好性指标MAI和MDEHR是空间(位置)、掩蔽角、星座、量测噪声、AL和最大允许告警率及时间这些变量的函数。评价GNSS单一或者混合星座完好性时也需要按照空间和时间等因素分别评价后才能得到一个全面的星座完好性评测。本章作了大量仿真分析也力求能全面分析比较这些星座的完好性性能。

不失一般性，在本章对GLSCIM评测仿真分析中确定这些变量：掩蔽角在无特别说明的情况下都是选取开阔地的5°为限；量测噪声选取GPS实际使用中典型单频UERE约为6 m，双频L1和L2接收机UERE约为1 m[7]；AL分别按照3.2.2节中所描述的货车停车场AL(Trunk)=50 m和地理围栏AL(Geof)=10 m；告警率按照GNSS测绘应用中PFA (α)和检出功效$\gamma=1-\beta$分别取0.001和0.80，其他主要考虑因素是星座、空间和时间：

1. 星座

星座是GSLCIM中最重要的参数，基本上其他所有参数都是在星座卫星布局的基础上展开的。本书仿真涉及GPS、BDS、QZSS和IRNSS四种星座及其混合星座都运行在全运行能力(full operational capability，FOC)状态。各个星座真实存在的卫星全部用真实的卫星星历仿真、没达到FOC状态还没有发射的卫星全部严格按照官方公布的ICD文件进行仿真。各个仿真星座的空间卫星构成如表3.1所示，图3.2绘制了本章分析的各个星座对应的地面轨迹及某时刻瞬时位置以及三维空间星座图。

表3.1　单星座仿真星座空间卫星构成

	NOS	MEO	GEO(positioned)	IGSO
GPS	31	31 MEO	0	0
BeiDou	35	27 MEO	5 GEO (58.75°E，80°E，110.5°E，140°E，160°E)	3 IGSO (i=55°，p=118°E)
BeiDou14	14	4 MEO	5 GEO (58.75°E，80°E，110.5°E，140°E，160°E)	5 IGSO (i=55°)
QZSS	5	0	2 GEO (140°E，145°E)	3 IGSO (e=0.075，i=45°，p=135°E)
IRNSS	7	0	3 GEO (34°E，83°E，131.5°E)	4 IGSO (i=29°，p=55°E，111.5°E)

NOS：空间星座在轨卫星的数目
e：偏心率(eccentricity)；i：倾角(inclination)；p：交叉点(intersection point)

1) GPS星座

GPS系统具体情况参见附录A.1.1。GPS系统SS由31颗中圆地球轨道(medium earth orbit，MEO)卫星组成，分布在距离地面约20 000 km的6个倾斜轨道面上。仿真中31颗在轨GPS卫星全部通过真实的星历确定。图3.2(a)显示了GPS所包含31颗卫星的地面轨迹及瞬时位置，图3.2(b)对应三维空间星座图。

2) BDS星座

BDS系统具体情况参见附录A.1.3。BDS系统包括35颗卫星(5颗GEO+3颗

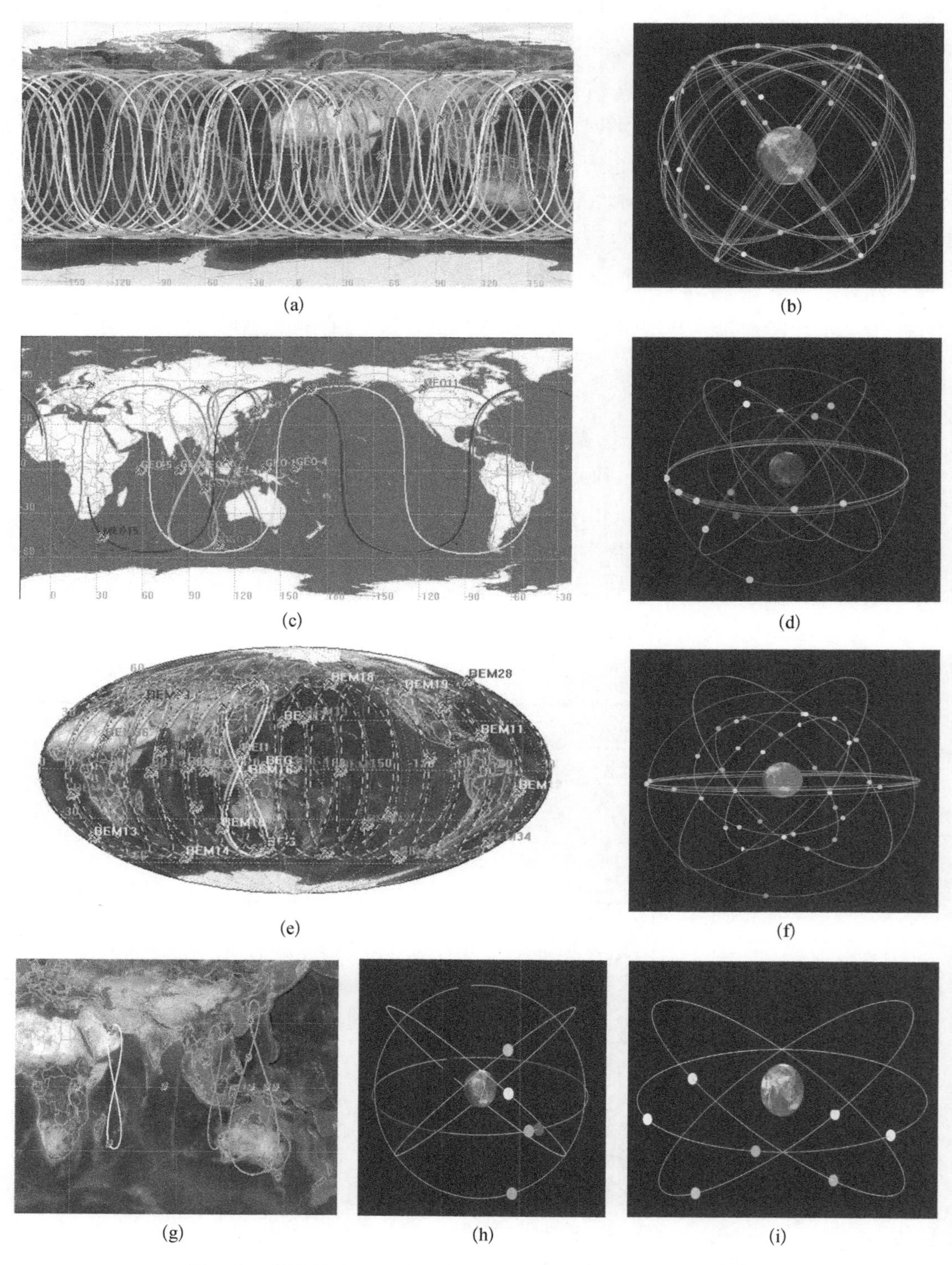

图 3.2　GPS、BeiDou、QZSS 和 IRNSS 空间星座和星下点轨迹图

IGSO+27 颗 MEO 卫星)的 FOC 状态 BeiDou 星座依据中国卫星导航系统管理办公室(China Satellite Navigation Office, CSNO)于 2012 年 12 月 27 日公布 BDS 的 1.0 版 B1I-SIS-ICD[104, 105]设置,5 颗 GEO 分别定点于 58.75°E、80°E、110.5°E、140°E 和 160°E,27 颗 MEO 位于 21 500 km 高的中轨道,3 个星下点轨迹重合交汇于 118°E 的 IGSO 轨道倾角均为 55°[105]。BeiDou14 指的是按 ICD 规划的 14 颗卫星 BeiDou 亚太区域系统(5 颗 GEO+5 颗 IGSO+4 颗 MEO 卫星),BeiDou14 是 BeiDou 在亚太地区(55°E~180°E, 55°S~55°N)具备初始运行能力(initial operating capability, IOC)的 BDS-IOC 系统[104, 105]。图 3.2(c)和(e)分别显示了包含 14 颗卫星的 BeiDou14 和包含 35 颗卫星的 BeiDou 的地面轨迹及瞬时位置,图 3.2(d)和(f)分别是 w 对应的三维空间星座图。

3) QZSS 星座

QZSS 系统具体情况参见附录 A.2.1。QZSS 系统有好几种 QZSS 星座配置方案,卫星总数也是包括准天顶(quasizenith)轨道和 GEO 卫星在内的 4~7 颗卫星不等[106]。本书采用 5 星方案,第一颗已经发射的 QZS1 卫星采用真实星历,另外 2 颗准天顶卫星(QZS2 和 QZS3)根据日本宇航探索局(Japan Aerospace Exploration Agency, JAXA)2012 年公布的 IS-QZSS Ver. 1.4[107]确定。图 3.2(g)左边的两个小 8 字红色和黄色轨迹显示了包含 5 颗卫星的 QZSS 的地面轨迹及瞬时位置,图 3.2(h)是 QZSS 对应的三维空间星座图。

4) IRNSS 星座

IRNSS 系统具体情况参见附录 A.2.2。整个 IRNSS 星座由 3 颗分别定点于 34°E、83°E 和 131.5°E 的 GEO 和 4 颗地球同步轨道卫星(geo synchronous orbit, GSO)共 7 颗卫星组成[108],4 颗 GSO 两两位于与赤道平面交角为 29°,地面轨迹相交于 55°E 和 111.5°E 的 2 个倾斜轨道面上[109]。彩图 3.2(g)右边上小下大的 8 字紫色轨迹显示了包含 7 颗卫星的 IRNSS 的地面轨迹及瞬时位置,图 3.2(i)是 IRNSS 对应的三维空间星座图。

2. 空间位置完好性

在进行 GSLCIM 综合评估中,当其他条件相同时,同一个 GNSS 星座完好性性能也总是随着时间和空间变化,因此评估时需要指定区域和持续时间。通常固定其中一个因素进行评价。按空间(spatial)划分就是指定一个时刻而划分一片区域进行综合评测,这其实是一种空间瞬时(snapshot)方法,也有称是"快照"方法。按空间区分是对 GNSS 系统星座在地域层面上进行空间位置完好性评测。本章中就是分为全球、亚太和亚澳等区域进行 GSLCIM 评测,各个采样点的高程在没有指明时都设置为 50 m。

3. 连续时间完好性

按时间(temporal)划分就是指定一个位置(如一个城市经纬高度)在一段持续时间内进行综合评测。按时间区分体现的是 GNSS 系统星座在时间轴上的连续时间完好性性能。本章中仿真所说的时间都是指协调世界时(universal time coordinated, UTC),UTC 是由国际无线电咨询委员会规定和推荐,并由国际时间局(BIH)负责保持的以秒为基础的时间标度。

3.3.3 输入条件的阈值

图3.1说明有很多因素影响星座完好性，在评测星座完好性的各个输入和状态条件中也存在一些与GNSS完好性相关的关键值（阈值），如RAIM黑洞阈值（NVS＜5）、FDE黑洞阈值（NVS＜6）、GDOP黑洞阈值（GDOP＞6）、MDE黑洞阈值（MDE＞50 m或MDE＞10 m）。因而可以提出一类完好性评估的逆命题（或者说是逆否命题）：在满足指定GNSS应用完好性需求的前提下，最大可以允许各个输入条件达到什么样的临界阈值。

输入条件的阈值这个逆命题也有比较大的现实意义，如针对掩蔽角的MAT可以给城市峡谷（urban canyon，UC）条件下的GNSS用户提供一个环境选择的参考值。根据上面介绍的四种不同的黑洞阈值（RAIM黑洞、FDE黑洞、GDOP黑洞、MDE黑洞）可以分别确定不同的MAT，如RAIM-MAT、FDE-MAT、GDOP-MAT、MDE-MAT等。本书3.6节的城市峡谷条件下混合星座完好性评估中将展示MAT的应用。

同理，还可确定量测噪声阈值（UERE threshold，UERET），可以使GNSS用户进行量测前根据对现有可用的GNSS星座的UERE经验值判断和选择适用星座或混合星座。

3.4 单星座完好性评估

本节首次量化分析了有35颗在轨卫星的BDS全球系统（BeiDou）和包含14颗在轨卫星的亚太区域系统（BeiDou14）[110]的完好性性能，进行了单星座评估，并与GPS进行了对照分析。

3.4.1 评估参数设置

表3.2给出了单星座的GSLCIM仿真参数设置。

表3.2 单星座GSLCIM仿真参数表

区　分	空间位置		连续时间
星　座	BeiDou14、BeiDou、GPS		
掩蔽角	5°		
量测噪声（UERE）	1 m		
区域/位置	全球范围	亚太区域 （84°E～160°E，55°S～55°N）	北京、新德里、纽约、开普敦
网格/采样	0.5°×0.5°（259200）	0.2°×0.2°（209000）	间隔：60 s，持续：24 h
时间点	2011-10-16 12:00:00		
性能指标	NVS、GDOP、MDB、MDE		

3.4.2 单星座全球范围完好性评估

BeiDou14 只满足亚太区域 IOC 能力,因此没有进行全球范围完好性评估。

1. NVS

图 3.3(a1)和(a2)分别显示了 BeiDou 和 GPS 的 NVS 全球分布。可以明显看出很多 BeiDou 比 GPS 的 NVS 性能好,特别是在东半球。从表 3.3 可以看到 BeiDou 和 GPS 全球 NVS 的最大、最小和平均值。BeiDou 全球平均 NVS 为 12.33 颗,比 GPS 多 2.362 颗(在 GPS 基础上增加了 23.7%),但从表 3.5 可知 BeiDou 有 364 个 RAIM 黑洞(占全部 259200 采样点的 0.14%),而 GPS 只有 56 个 RAIM 黑洞(0.02%),这源于 GPS 在全球有的 MEO 卫星比 BeiDou 多 4 颗。

2. GDOP

图 3.3(b1)和(b2)分别显示了 BeiDou 和 GPS 的 GDOP 全球分布。BeiDou 在东半球的 GDOP 值明显好于 GPS,但在美国等西半球某些位置上 BeiDou 的 GDOP 值大于 6,甚至有超过 10 的情况,也就是说 35 颗 FOC 的 BeiDou 还是不能达到亚太区域外 100%可用性。根据表 3.5 可以看到 BeiDou 有 1 519 个 GDOP 黑洞(占比 0.59%),GPS 更是达到 7 833(3.02%)。由表 3.3 可知 BeiDou 全球平均 GDOP 为 1.992,比 GPS 小0.536,比 GPS 改善 21.2%。

3. MDB

图 3.3(c1)和(c2)分别显示了 BeiDou 和 GPS 的 MDB 全球分布,同样可发现 BeiDou 在东半球的 MDB 值明显好于 GPS。表 3.3 也印证了这点:虽然 BeiDou 和 GPS 全球最大 MDB 相同(5.844 m),但当双频量测噪声 UERE=1 m 时,BeiDou 在全球平均最小可检测到 5.003 m 的量测偏差,比 GPS 平均 MDB(5.261 m)小 0.258 m,BeiDou 比 GPS 好 4.9%。图 3.3(c3)和(c4)是为了分析最大 MDB 的分布而绘制,分别对应 BeiDou 和 GPS 在全球按经度区分的最大 MDB 值柱状分布(360°经度是按照 0.5°区分,因此有 720 个样值),低端的 5.7~5.75 m BeiDou 有 500 个样值点,而 GPS 才 300 个样值点落在其中。

4. MDE

图 3.3(d1)和(d2)分别显示了 BeiDou 和 GPS 的 MDE 全球分布,MDE 与 MDB 有着相似的全球分布,根据表 3.3,不但 BeiDou 最大 MDE 比 GPS 小很多,而且当双频量测噪声 UERE=1 m 时,BeiDou 在全球平均最小可检测到 1.327 m 的位置误差(平均 MDE),比 GPS 平均 MDE(1.427 m)小 0.100 m,BeiDou 比 GPS 好 7.0%。图3.3(d3)和(d4)分别对应 BeiDou 和 GPS 在全球按经度区分的最大 MDE 值柱状分布,BeiDou 有 500 个样值点位于 1~3 m,而相同数量的 GPS 样值点分布在 2~5 m。

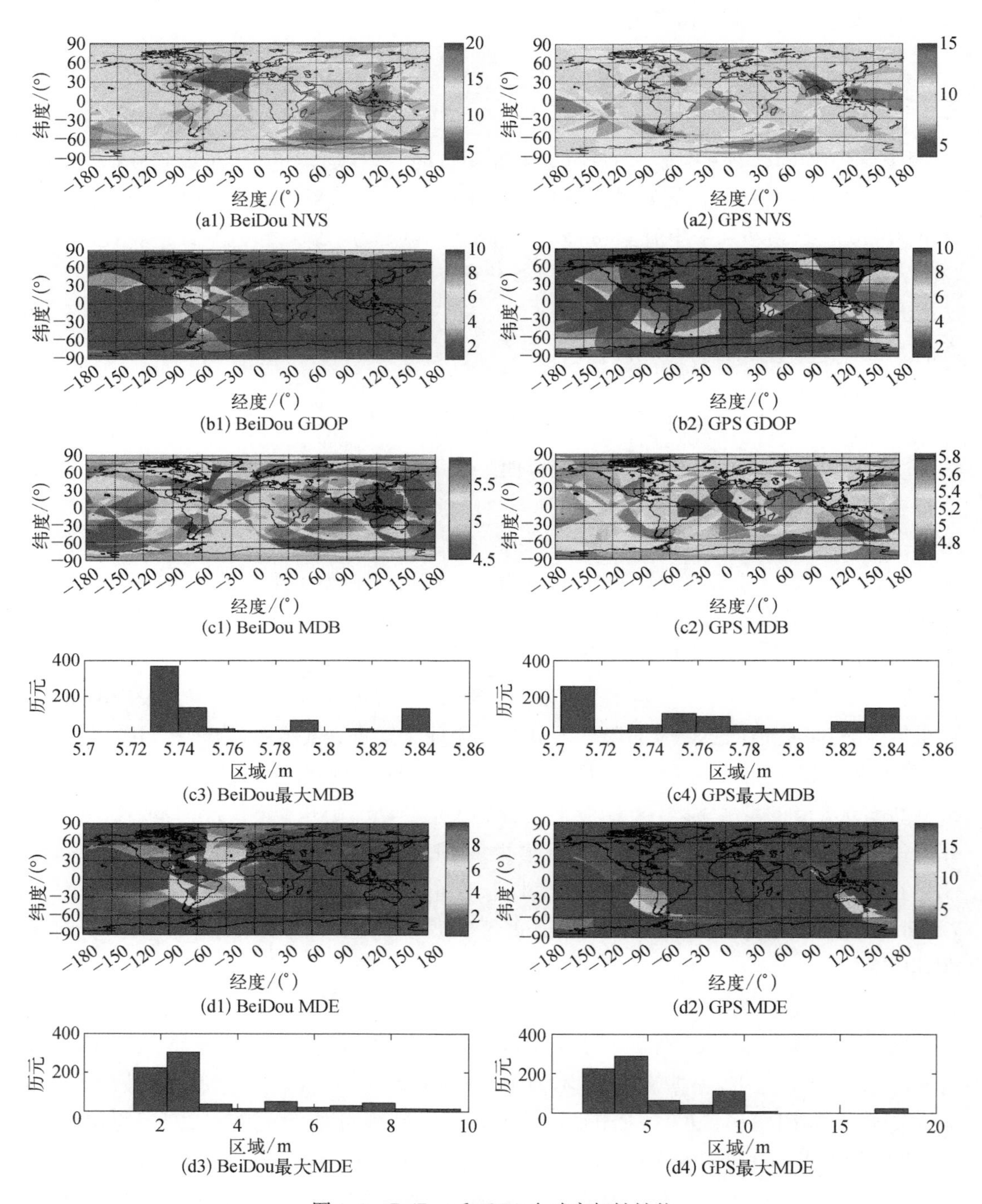

图 3.3 BeiDou 和 GPS 全球完好性性能

表 3.3 BeiDou 和 GPS 全球完好性性能比较表

全 球	BeiDou			GPS			Δmean=BeiDou - GPS	(Δmean/GPS)/%
	最大	最小	均值	最大	最小	均值		
NVS	20	4	12.33	15	4	9.970	2.362	23.7
GDOP	>10	1.033	1.992	>10	1.206	2.528	−0.536	−21.2
MDB	5.844	4.490	5.003	5.844	4.611	5.261	−0.258	−4.9
MDE	9.799	0.296	1.327	18.54	0.436	1.427	−0.100	−7.0

3.4.3 单星座亚太区域完好性评估

在上面的全球完好性分析中已经看出 BeiDou 最好的性能出现在亚太区域(84°E～160°E, 55°S～55°N),本节比较 5°掩蔽角时 BeiDou14、BeiDou 和 GPS 在亚太区域的完好性性能,位置网格分辨率在经纬度上均为 0.2°。

1. NVS

图 3.4(a1)、(a2)和(a3)分别绘制了 BeiDou14、BeiDou 和 GPS 在亚太区域的 NVS 性能。如表 3.4 所示,在亚太区域 BeiDou 与 GPS 相比,拥有 NVS 的绝对优势:亚太最大、平均和最小 NVS 分别多 5 颗(33.3%)、5.687 颗(61.4%)和 7 颗(175.0%),而且在 NVS 相对较少的区域 BeiDou 优势更加明显,因而 BeiDou 在亚太的平均 NVS 达到14.943 颗,

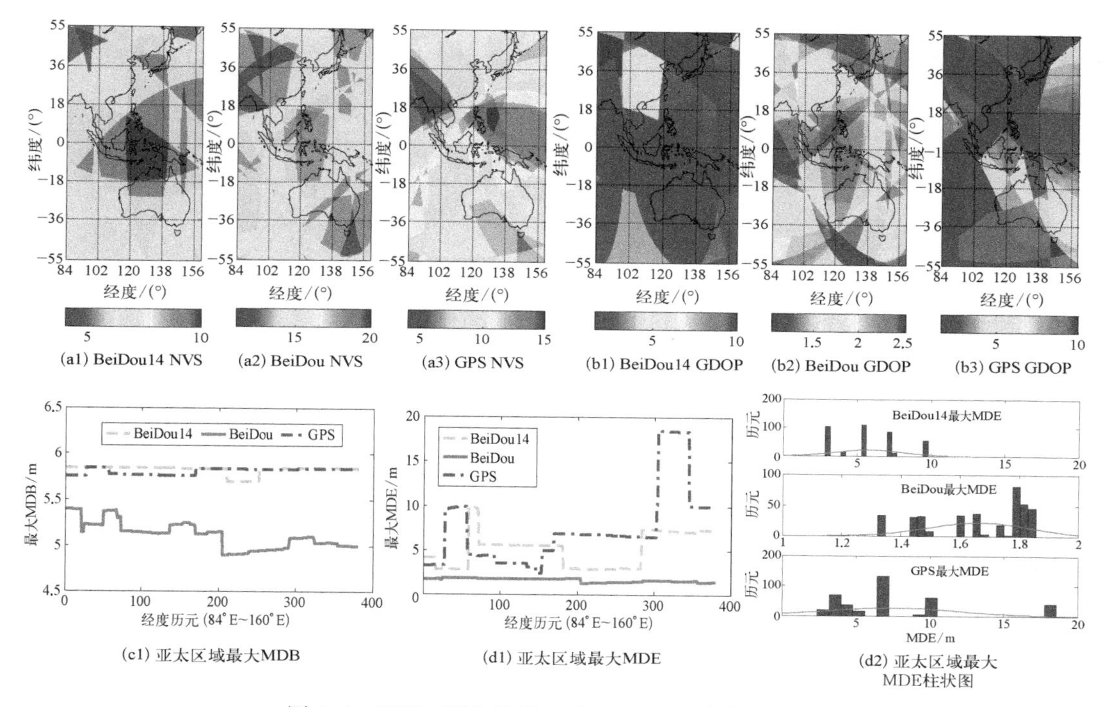

图 3.4 BDS - IOC、BeiDou 和 GPS 亚太完好性性能

比 GPS 更加适合于城市有遮蔽的环境，这是因为 BeiDou 比 GPS 多 5 颗 GEO 和 3 颗 IGSO 卫星。BeiDou14 在亚太区域的 NVS 略差于 GPS，但 BeiDou14 的亚太平均 NVS 也达到 7.609 颗。表 3.5 表明 BeiDou 在亚太区域没有 RAIM 黑洞，也就是说 BeiDou 在亚太区域的 RAIM 可用性为 100%，相比之下，GPS 有 353 个 RAIM 黑洞（占比 0.14%）、BeiDou14 有 1 685 个 RAIM 黑洞（占比 0.65%）。

表 3.4　BeiDou 和 GPS 亚太完好性性能比较表

亚太区域		BeiDou14	BeiDou	GPS	Δmean=BeiDou－GPS	(Δmean/GPS)/%
NVS	最大	10	20	15	5	33.3
	最小	4	11	4	7	175.0
	均值	7.609	14.943	9.256	5.687	61.4
GDOP	最大	>10	2.517	>10		
	最小	1.500	1.033	1.590	−0.557	−35.0
	均值	2.84	1.503	3.404	−1.901	−55.8
MDB	最大	5.844	5.401	5.844	−0.443	−7.6
	最小	4.900	4.500	4.762	−0.262	−5.5
	均值	5.477	4.746	5.455	−0.709	−13.0
MDE	最大	9.793	1.857	18.562	−16.705	−90.0
	最小	0.509	0.335	0.418	−0.083	−19.9
	均值	1.86	0.953	1.784	−0.831	−46.6

表 3.5　BeiDou 和 GPS 的 RAIM 黑洞及 GDOP 黑洞在全球及亚太占比

数目/%		BeiDou14	BeiDou	GPS
全球区域	NVS<5	—	364(0.14%)	56(0.02%)
	GDOP≥6	—	1 519(0.59%)	7 833(3.02%)
亚太区域	NVS<5	1 685(0.65%)	0(0%)	353(0.14%)
	GDOP≥6	9 093(3.51%)	0(0%)	18 623(7.18%)

2. GDOP

图 3.4(b1)、(b2)和(b3)分别绘制了 BeiDou14、BeiDou 和 GPS 在亚太区域的 GDOP 性能，与亚太 NVS 的情况类似，BeiDou 的亚太 GDOP 对 GPS 有绝对优势：表 3.4 表明 BeiDou 在亚太的最大 GDOP 只有 2.517，远远小于 GPS 和 BeiDou14 的情况。BeiDou 的亚太平均 GDOP 是 1.503，比 GPS 小 1.901(55.8%)，即使是 BeiDou14 的亚太平均 GDOP 也只有 2.84，也优于 GPS 的 3.404。表 3.5 也表明 BeiDou 在亚太区域没有 GDOP 黑洞，但 GPS 和 BeiDou14 在亚太地区分别有 18 623(7.18%)个和 9 093(3.51%)个 GDOP 黑洞。

3. MDB

从上面 BeiDou 和 GPS 全球 MDB 分布得知 BeiDou 在东半球的性能比 GPS 好，为了从经度方面更清晰地分析亚太区域 MDB 的分布情况，对亚太区域求取每个经度对应的最大 MDB 值，84°E～160°E 按 0.2°间隔区分有 380 个采样点。彩图 3.4(c1)分别绘制了 BeiDou14、BeiDou 和 GPS 在亚太区域经度上的最大 MDB 值。紫色的 BeiDou 最大 MDB 值曲线明显优于其他星座，绿色的 BeiDou14 最大 MDB 值曲线和蓝色的 GPS 最大 MDB 值曲线比较接近，有部分区域 BeiDou14 还优于 GPS，表 3.4 也表明 BeiDou14 和 GPS 的平均 MDB 值也比较接近，但当双频量测噪声 UERE＝1 m 时，BeiDou 在亚太的平均 MDB 值为 4.746 m，比 GPS 小 0.709 m(13.0%)。

4. MDE

同样考察方法，图 3.4(d1)分别是 BeiDou14、BeiDou 和 GPS 在亚太区域经度上的最大 MDE 值。紫色的 BeiDou 亚太最大 MDB 值曲线的所有值都好于 BeiDou14 和 GPS，绿色的 BeiDou14 亚太最大 MDB 值曲线的大部分值优于蓝色的 GPS。图 3.4(d2)分别展示了 BeiDou14、BeiDou 和 GPS 在亚太区域经度上的最大 MDE 值的柱状分布，其中叠加在柱状图上的紫色实线表示正态分布匹配曲线，从图 3.4(d2)可以看到 BeiDou 亚太经度上的最大 MDE 值主要分布在 1.3～1.8 m，但 GPS 位于 2.5～10 m，BeiDou 的 MDE 性能要好得多。从表 3.4 统计的双频量测噪声 UERE＝1 m 时，BeiDou 在亚太的平均最小可检测位置误差(MDE)为 0.953 m，比 GPS 好 0.831 m，提高了 46.6%。

总的来说，BeiDou 单星座亚太区域完好性性能在各个指标上全面优于 GPS，而且 BeiDou14 在亚太的性能与 GPS 互有所长，总体来说性能接近。

3.4.4 单星座连续时间完好性评估

本节分析了 5°掩蔽角时世界各地几个城市在 BeiDou 和 GPS 各个单星座下连续 24 小时观测的时间完好性性能。主要分析了四个城市，它们对应的经纬度和高度分别为：北京(Beijing，39.91°N，116.39°E，31.2 m)、新德里(New Delhi，28.57°N，77.22°E，216.0 m)、纽约(New York，42.67°N，73.80°W，10.0 m)和开普敦(Cape Town，33.93°S，18.46°E，46.0 m)。时间采样间隔为 60 s，24 小时对应 1 440 个观测历元。图 3.5 分别绘制了四个城市的 NVS、GDOP、MDB 和 MDE 持续时间性能，各个图中北京、新德里、纽约和开普敦的持续时间性能分别用实线、虚线、点划线和长划线表示。表 3.6 统计了在 24 小时持续时间内四个城市的完好性性能，表 3.7 统计了四个城市在 BeiDou 和 GPS 单星座下 24 小时持续时间内 RAIM 黑洞和 GDOP 黑洞及其占比。

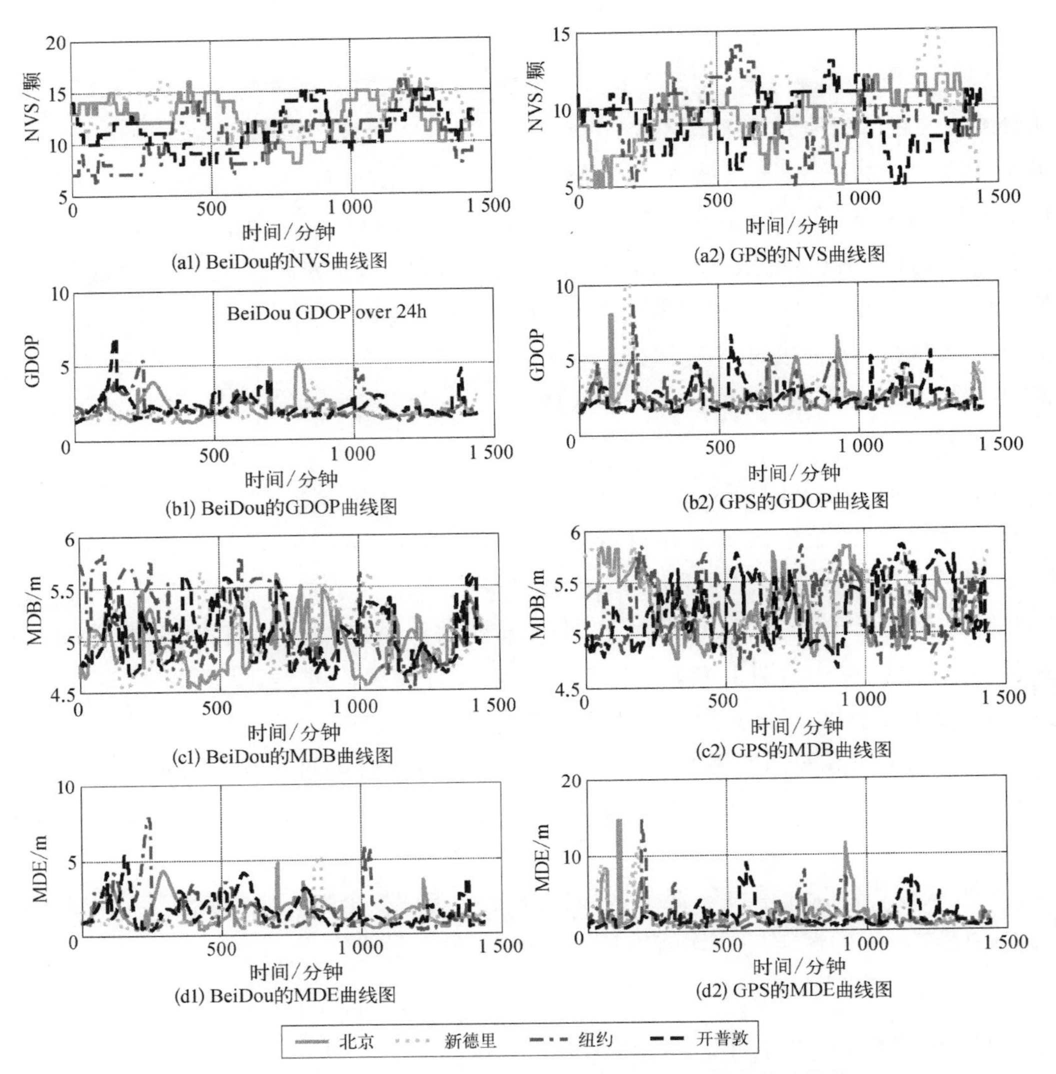

图 3.5 BeiDou 和 GPS 在四城市持续 24 小时时间完好性性能

表 3.6 BeiDou 和 GPS 在四城市完好性性能比较表

城市(24 小时)		BeiDou			GPS			Δmean=BeiDou－GPS
		最大	最小	均值	最大	最小	均值	
北　京	NVS	16	8	12.50	13	5	9.24	3.26
	GDOP	4.99	1.17	2.00	8.03	1.42	2.43	−0.43
	MDB	5.62	4.53	4.96	5.84	4.78	5.25	−0.29
	MDE	4.83	0.36	1.43	14.69	0.29	1.81	−0.38
新德里	NVS	17	10	12.35	15	5	9.24	3.11
	GDOP	3.85	1.17	1.80	>10	1.30	2.58	−0.78
	MDB	5.66	4.54	4.99	5.84	4.54	5.28	−0.29
	MDE	5.22	0.28	1.10	11.35	0.38	1.76	−0.67

续表

城市(24小时)		BeiDou			GPS			Δmean=BeiDou-GPS
		最大	最小	均值	最大	最小	均值	
纽约	NVS	16	6	10.60	14	5	9.36	1.24
	GDOP	5.32	1.10	2.11	8.62	1.32	2.39	−0.28
	MDB	5.82	4.50	5.12	5.84	4.63	5.25	−0.13
	MDE	7.81	0.23	1.66	15.04	0.25	1.74	−0.08
开普敦	NVS	15	8	11.35	13	5	9.17	2.18
	GDOP	6.93	1.30	2.24	6.53	1.49	2.47	−0.23
	MDB	5.62	4.60	5.03	5.84	4.68	5.24	−0.21
	MDE	5.35	0.26	1.59	8.94	0.40	1.82	−0.23

表3.7 BeiDou和GPS的RAIM黑洞及GDOP黑洞在四城市占比

数目/%		BeiDou	GPS
北京	NVS<6	0	53(3.68%)
	GDOP≥6	0	12(0.83%)
新德里	NVS<6	0	54(3.75%)
	GDOP≥6	0	34(2.36%)
纽约	NVS<6	0	29(2.01%)
	GDOP≥6	0	13(0.90%)
开普敦	NVS<6	0	45(3.31%)
	GDOP≥6	15(1.44%)	4(0.28%)

1. NVS

图3.5(a1)和(a2)明显说明在24小时持续时间内各个城市对BeiDou的NVS比GPS好。表3.6表明北京、新德里、纽约和开普敦在24小时持续时间内BeiDou比GPS的平均NVS分别多3.26颗、3.11颗、1.24颗和2.18颗。表3.7表明在24小时持续时间内BeiDou在北京、新德里、纽约和开普敦都没有RAIM黑洞点,但GPS在四个城市的24小时持续时间(1 440采样值)中RAIM黑洞分别为53(3.68%)、54(3.75%)、29(2.01%)和45(3.31%)。

2. GDOP

结合图3.5(b1)和(b2)、表3.6和表3.7可知,在24小时持续时间内四个城市对BeiDou的GDOP落在1~7,平均GDOP大约在2附近,只有开普敦曲线有15个采样点为GDOP黑洞,而四个城市对GPS的GDOP是落在1~10,平均GDOP大约为2.4,北京、新德里、纽约和开普敦GDOP黑洞分别为12(0.83%)、34(2.36%)、13(0.90%)和4(0.28%)。从GDOP角度来看,新德里的GPS性能最差,但因为BeiDou有5颗GEO和3颗IGSO卫星在亚太区域的增强作用,新德里对BeiDou的GDOP性能是最好的。由表

3.6 也可看到，因为北京处于较高的纬度，无论对 BeiDou 还是对 GPS，相对于新德里的平均 GDOP 值都要差一些，但北京对 BeiDou 比对 GPS 好 0.43。

3. MDB

图 3.5(c1)和(c2)分别对应在 24 小时持续时间内各个城市 BeiDou 和 GPS 的 MDB 性能。BeiDou 和 GPS 在四个城市的 24 小时持续时间内的平均 MDB 分别为 5 m 和 5.3 m。表3.6 也表明 BeiDou 比 GPS 的平均 MDB 性能稍微好一些。

4. MDE

图 3.5(d1)和(d2)分别是各个城市在 24 小时持续时间内对 BeiDou 和对 GPS 的 MDE 性能，也反映了 BeiDou 比 GPS 性能优越的趋势，同时可以看到因为新德里和开普敦有较低的纬度，无论是对 BeiDou 还是对 GPS 性能都比较稳定。结合表 3.6 可知北京和新德里的平均 MDE 改善(0.38 m 和 0.67 m)比纽约和开普敦(0.08 m 和 0.23 m)要好很多。

为更全面对比 BeiDou 和 GPS 单星座连续时间的完好性性能，本节还对除上述北京、新德里、纽约和开普敦之外的全球 15 个重要城市的 NVS、GDOP、MDB 和 MDE 性能进行了分析，如表 3.8 所示，也印证 BeiDou 比 GPS 性能优越。

表 3.8　BeiDou 和 GPS 在 15 城市 24 小时的平均完好性性能对照表

24 小时 5° 掩蔽角城市（纬度，经度，高度）	mean (BeiDou)				mean (GPS)				Δmean＝BeiDou－GPS			
	NVS	GDOP	MDB	MDE	NVS	GDOP	MDB	MDE	NVS	GDOP	MDB	MDE
上海(31.25，121.47，4.5 m)	13.74	1.66	4.84	1.03	9.31	2.45	5.27	2.06	4.43	−0.80	−0.43	−1.03
广州(23.10，113.29，6.6 m)	12.64	2.10	4.90	1.43	9.53	2.30	5.21	1.65	3.11	−0.20	−0.31	−0.22
成都(30.67，104.07，505.9 m)	12.15	2.23	4.96	1.52	9.32	2.44	5.25	1.82	2.83	−0.21	−0.29	−0.30
拉萨(29.65，91.13，3 658.0 m)	12.78	1.72	4.96	1.00	9.47	2.31	5.24	1.49	3.31	−0.59	−0.28	−0.48
喀什(39.47，75.98，1 289.0 m)	12.51	1.79	4.96	1.15	9.36	2.50	5.23	1.60	3.16	−0.70	−0.27	−0.45
哈尔滨(45.74，126.62，171.7 m)	13.72	1.51	4.84	0.87	9.31	2.25	5.24	1.48	4.41	−0.74	−0.40	−0.61
台北(24.81，120.951，9.0 m)	14.00	1.69	4.81	1.07	9.44	2.47	5.25	2.16	4.56	−0.78	−0.44	−1.09
东京(35.68，139.81，5.0 m)	12.91	1.70	4.95	0.93	9.23	2.58	5.29	1.95	3.68	−0.88	−0.35	−1.02
马尼拉(14.55，121.17，16.0 m)	14.91	1.66	4.74	1.05	10.19	2.22	5.18	1.69	4.73	−0.56	−0.44	−0.64
雅加达(−6.29，106.76，7.0 m)	13.09	2.03	4.93	1.34	10.17	2.31	5.16	1.31	2.93	−0.28	−0.23	0.03
悉尼(−33.89，151.03，77.0 m)	12.95	1.83	5.01	0.97	9.21	2.69	5.27	1.80	3.74	−0.86	−0.26	−0.83
莫斯科(55.75，37.70，100 m)	13.20	1.64	4.83	0.96	9.83	2.13	5.17	1.55	3.37	−0.49	−0.35	−0.60
巴黎(48.88，2.43，95.0 m)	11.23	1.93	5.06	1.30	8.93	2.40	5.32	1.71	2.29	−0.48	−0.26	−0.42

续表

24小时5°掩蔽角城市(纬度,经度,高度)	mean (BeiDou)				mean (GPS)				Δmean=BeiDou−GPS			
	NVS	GDOP	MDB	MDE	NVS	GDOP	MDB	MDE	NVS	GDOP	MDB	MDE
开罗(30.08, 31.25, 64.0 m)	11.68	2.24	5.05	1.61	9.20	2.56	5.31	1.84	2.47	−0.33	−0.26	−0.23
里约热内卢(−22.72, −43.46, 2.3 m)	10.12	2.31	5.13	1.90	9.64	2.39	5.23	1.52	0.48	−0.08	−0.10	0.38
平均=Σ/城市数量	12.55	1.90	4.95	1.26	9.43	2.41	5.24	1.73	3.12	−0.51	−0.29	−0.47

3.4.5 单星座完好性评估总结

本节首次应用质量控制理论的统计方法对分别在轨35颗卫星的BeiDou、14颗卫星的BeiDou14和31颗卫星的GPS的单星座全球和亚太区域及在24小时持续时间内的完好性性能进行了定量评估和比较分析。仿真结果表明35颗卫星的BeiDou在全球的平均NVS为12.33颗,平均GDOP为1.992,但是在全球0.14%的区域也存在RAIM黑洞和0.59区域的GDOP黑洞。相比之下,在亚太区域平均NVS为14.943颗,平均GDOP为1.503,而且不存在RAIM黑洞,也不存在GDOP黑洞。当双频量测噪声UERE=1 m时,BeiDou在全球平均最小可检测到5.003 m的量测偏差和1.327 m的位置误差。本书的方法和结论可用于BDS的完好性预测和实时评估,对GNSS安全应用有较高的实用价值。

3.5 混合星座完好性评估

本节应用质量控制中的完好性评估方法对各种GNSS星座混合的完好性性能进行评估。共分为两个部分,前一个部分是分析了三种场景下各种混合星座(GPS、GPS/BDS、GPS/QZSS/IRNSS、GPS/BDS/QZSS/IRNSS)在中低度掩蔽角、不同量测噪声和北京、新德里和悉尼三个城市的完好性性能;后一部分分析了这些星座在亚太区域(84°E~160°E, 55°S~55°N)及北京、东京和悉尼三个亚太城市24小时内完好性性能。

3.5.1 不同场景下各种混合星座完好性评测

1. 评估参数设置

仿真是分别按照全球和亚澳区域(35°E~160°E, 55°S~55°N)[111]两种空间瞬时划分以及北京、新德里和悉尼三个城市在24小时持续时间内的星座完好性性能进行评价的。星座的仿真时间设置在是协调世界时2012年9月10日2点整开始。仿真假定量测噪声UERE为单频L1接收机约为6 m和双频L1和L2接收机约为1 m[7]。表3.9列举了三个仿真场景，如混合星座、观测条件（掩蔽角 MA）、量测噪声（UERE）和时空划分等几个主要特性。

表 3.9 混合星座三个仿真场景参数设置

场　景	场景 1	场景 2	场景 3
区　分	GPS GPS/BeiDou	GPS/QZSS/IRNSS	GPS/QZSS/IRNSS GPS/BeiDou/QZSS/IRNSS
星　座	5°/15°	40°	40°
掩 蔽 角	6 m	6 m/1 m	6 m
量测噪声(UERE)	全球范围	亚澳区域 (35°E～160°E，55°S～55°N)	北京、新德里、悉尼
区域/位置 (网格/采样)	0.5°×0.5°	0.2°×0.2°	间隔：60 s，持续：24 h
	空间位置区分		连续时间区分
时 间 点	2012-09-10　02:00:00		
性能指标	NVS、GDOP、MDE、MAI、MDEHR		

2. 不同掩蔽角下 GPS 组合 BeiDou 前后全球范围完好性

如表 3.9 所示场景 1 为低度(5°)和中度(15°)掩蔽角时 GPS 和组合 GPS/BeiDou 星座的全球范围 0.5°经纬解析度完好性分析，图 3.6 为其结果。

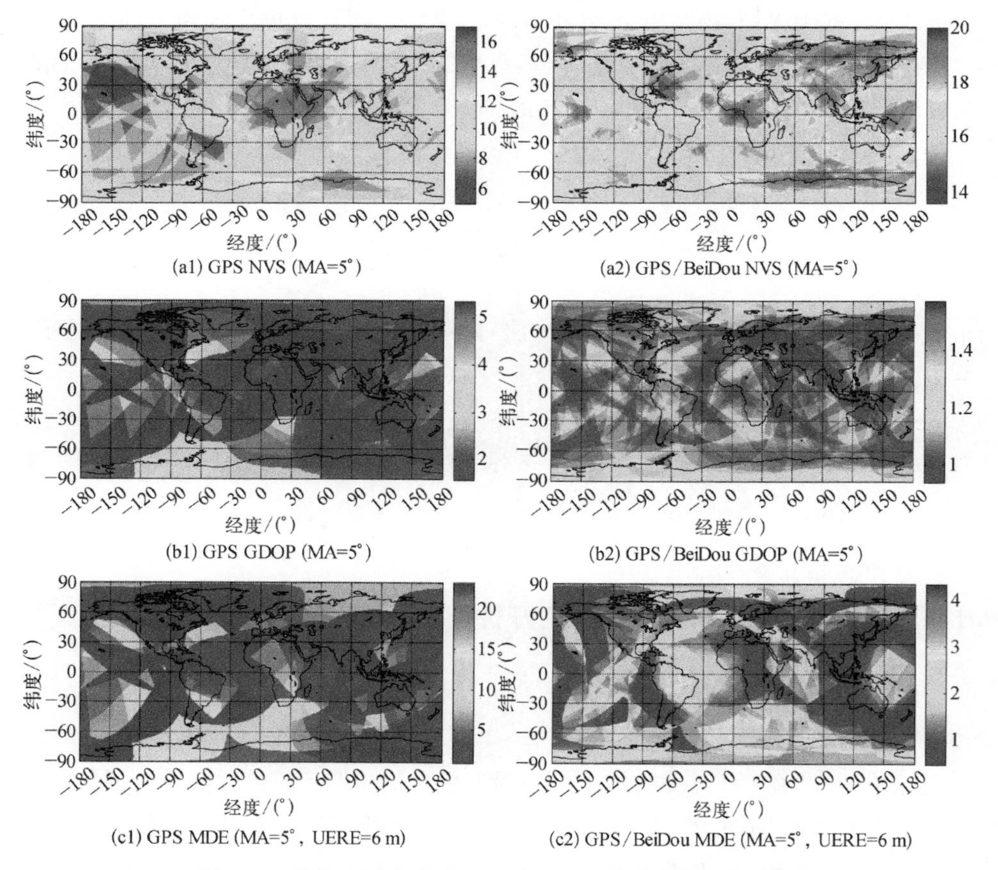

(a1) GPS NVS (MA=5°)　(a2) GPS/BeiDou NVS (MA=5°)

(b1) GPS GDOP (MA=5°)　(b2) GPS/BeiDou GDOP (MA=5°)

(c1) GPS MDE (MA=5°, UERE=6 m)　(c2) GPS/BeiDou MDE (MA=5°, UERE=6 m)

图 3.6　单独 GPS 与组合 GPS/BeiDou 的全球完好性性能

毫无疑问，如图3.6(a1)和(a2)所示的5°掩蔽角时GPS组合BeiDou前后全球范围NVS，组合GPS/BeiDou比GPS的NVS有很大幅度的增强，特别是东半球和中高纬度地区增强更加明显，BeiDou的5颗GEO和3颗IGSO起了很大的作用，15°掩蔽角时也有类似结论，为求简洁此处没有重现。同样如图3.6(b1)、(b2)、(c1)和(c2)所示的GDOP和MDE相关图形也呈现出分圆片区重叠增强的特点。

由表3.10可知，GPS星座的掩蔽角从5°提高到15°后，全球的平均NVS下降2.32，平均GDOP增加1.48，FDE黑洞和GDOP黑洞占比也分别增加大约7%，综合影响下的MAI从99.51%下降到86.18%，MDEHR也下降较大。对于组合GPS/BeiDou星座，掩蔽角从5°提高到15°后，全球的各项完好性性能下降比例有很大改观，由此也可以看出混合星座对于各种导致完好性性能恶化的因素有很好的鲁棒性。根据表3.10提供的统计分析数据，低度(5°)和中度(15°)掩蔽角时，组合GPS/BeiDou比GPS在全球范围的平均NVS提高幅度都超过了一倍以上，而平均GDOP也都减少了大约一半。低度(5°)和中度(15°)掩蔽角时，组合GPS/BeiDou都不存在FDE黑洞和GDOP黑洞，MAI都是100.00%。

表3.10 单独GPS与组合GPS/BeiDou的全球完好性性能比较表

全球快照 (UERE=6 m)		MA=5°		MA=15°	
		GPS	GB*	GPS	GB*
平均NVS		10.71	22.90	8.39	17.90
FDE黑洞比		0.49%	0.00%	7.24%	0.00%
平均GDOP		2.22	1.20	3.70	1.77
GDOP黑洞比		0.00%	0.00%	7.09%	0.00%
MAI		99.51%	100.00%	86.18%	100.00%
平均MDE/m		8.70	3.21	17.02	5.42
MDEHR	(Truck)	0.00%	0.00%	2.10%	0.00%
	(Geof)	12.24%	0.00%	40.21%	0.11%

* GB代表组合GPS/BeiDou

表3.10还指出5°和15°掩蔽角时组合GPS/BeiDou比GPS平均最小检测位置误差分别由8.70 m和17.02 m减少到3.21 m和5.42 m，平均MDE性能分别提高63.16%和68.18%。在5°掩蔽角时，组合GPS/BeiDou和GPS的MDEHR(Trunk)都是0.00%，但在15°掩蔽角时，MDEHR(Trunk)由2.10%也提高到了0.00%，这也就意味着针对AL为50 m的GNSS应用在全球都没有完好性盲区。针对AL为10 m应用的MDEHR(Geof)，在5°和15°掩蔽角时，组合GPS/BeiDou和GPS分别由12.24%和40.21%减少到了0.00%和0.11%，MDEHR性能改善明显。

3. 不同量测噪声时组合GPS/QZSS/IRNSS亚澳区域完好性

场景2仿真在亚澳区域高掩蔽角(40°)下，组合GPS/QZSS/IRNSS在量测噪声

UERE 分别为 6 m 和 1 m 时 0.2°经纬解析度完好性分析，仿真参数如表 3.9 场景 2 所示。为简便起见，本小节只给出了组合 GPS/QZSS/IRNSS 在亚澳区域 UERE 为 6 m 时的 NVS 和 GDOP(参见图 3.7(a)和(b))，以及 UERE 分别为 6 m 和 1 m 时的 MDE(参见图 3.7(c1)和(c2))完好性性能分布。实际最大 MDE 值已经大于 10 000 和 2 000，原版绘制掩盖了亚澳其他位置所有细节，为了清楚体现亚澳 MDE 性能分布，将呈现的最大 MDE 限制在 100 m 以下。

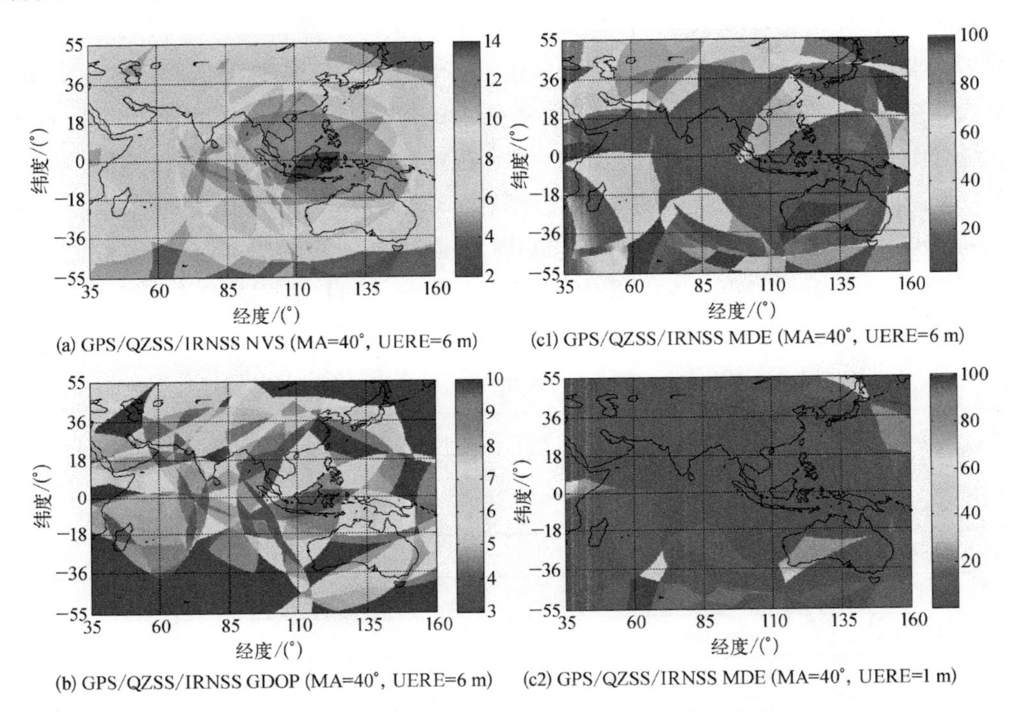

图 3.7 组合 GPS/QZSS/IRNSS 的亚澳完好性性能

表 3.11 统计了 40°掩蔽角时组合 GPS/QZSS/IRNSS 的亚澳完好性性能。由表3.11可知，虽然平均 NVS 也达到 8.12，但平均 GDOP 达到了 7.19，FDE 黑洞和 GDOP 黑洞占比分别是 14.37%和 59.98%，MAI 只有 34.26%，UERE 为6 m和1 m 时，平均 MDE 也分别达到 394.10 m 和 65.68 m，针对 AL 为 50 m 应用的 MDEHR(Trunk)分别为22.10%和4.39%，而针对 AL 为 10 m 应用的 MDEHR(Geof)分别达到 58.89%和10.28%。进一步分析可知，量测噪声 UERE 从 6 m 改善到 1 m 后，MDE、MDEHR(Trunk)和 MDEHR(Geof)等最小 FD 能力在原有的基础上都改善了 80%以上。

表 3.11 组合 GPS/QZSS/IRNSS 的亚澳完好性性能

亚澳区域(MA=40°)	GQI*
平均 NVS	8.12
FDE 黑洞比	14.37%

续表

亚澳区域(MA=40°)			GQI*
平均 GDOP			7.19
GDOP 黑洞比			59.98%
MAI			34.26%
UERE=6 m	平均 MDE/m		394.10
	MDEHR	(Truck)	22.10%
		(Geof)	58.89%
UERE=1 m	平均 MDE/m		65.68
	MDEHR	(Truck)	4.39%
		(Geof)	10.28%

* GQI 代表组合 GPS/QZSS/IRNSS

4. 不同城市 GPS/QZSS/IRNSS 组合 BeiDou 前后连续时间完好性

场景 3 分析了北京(39.91°N, 116.39°E, 31.2 m)、新德里(28.57°N, 77.22°E, 216.0 m)和悉尼(33.89°S, 151.03°E, 77.0 m)三个亚澳城市在高掩蔽角(40°)下,组合 GPS/QZSS/IRNSS 和组合 GPS/BeiDou/QZSS/IRNSS 量测噪声 UERE 为 6 m 时,在 24 小时的持续时间内完好性,仿真参数如表 3.9 场景 3 所示。三个城市的 NVS、GDOP 和 MDE 仿真结果分别如图 3.8 上中下的三幅图所示。从图 3.8 可以看到紫色实线绘制的组合 GPS/BeiDou/QZSS/IRNSS 的性能大大优于蓝色虚线绘制的组合 GPS/QZSS/IRNSS 的相应性能,混合星座对完好性性能增强有很明显的积极作用。

从图 3.8 的 9 张子图直观判断可知三个亚澳城市完好性性能按悉尼、北京、新德里的顺序由高到低排列。结合表 3.12 的统计分析表明高掩蔽角下 GPS/QZSS/IRNSS 组合 BeiDou 后北京、新德里和悉尼平均 NVS 分别提高 64.61%、101.52%和 76.04%,平均 GDOP 都减少了 30%以上,FDE 黑洞占比分别从 12.84%、26.79%和 2.50%减少到 0.00%,GDOP 黑洞占比也分别减少了 42.96%、67.24 和 47.61%,MAI 性能改善分别为 48.28%、69.07%和 48.66%。从表 3.12 还可知高掩蔽角下 GPS/QZSS/IRNSS 组合 BeiDou 后北京、新德里和悉尼平均 MDE 分别减少了 65.58%、74.29%和 49.84%,针对 AL 为 50 m 应用的 MDEHR(Trunk)分别减少了 23.53%、30.33%和 10.83%,而针对 AL 为 10 m 应用的 MDEHR(Geof)分别减少了 20.40%、36.57%和 32.41%。由此可知,在高掩蔽角下 GNSS 应用需求越高,则组合后性能提高程度也越明显。

表 3.12 表明 GPS/QZSS/IRNSS 组合 BeiDou 后所有完好性指标改善都表明:高掩蔽角下 GPS/QZSS/IRNSS 组合 BeiDou 后新德里受益最多,这可能是因为新德里纬度相对较低一些,BeiDou 的 GEO 和 IGSO 卫星起到关键作用。

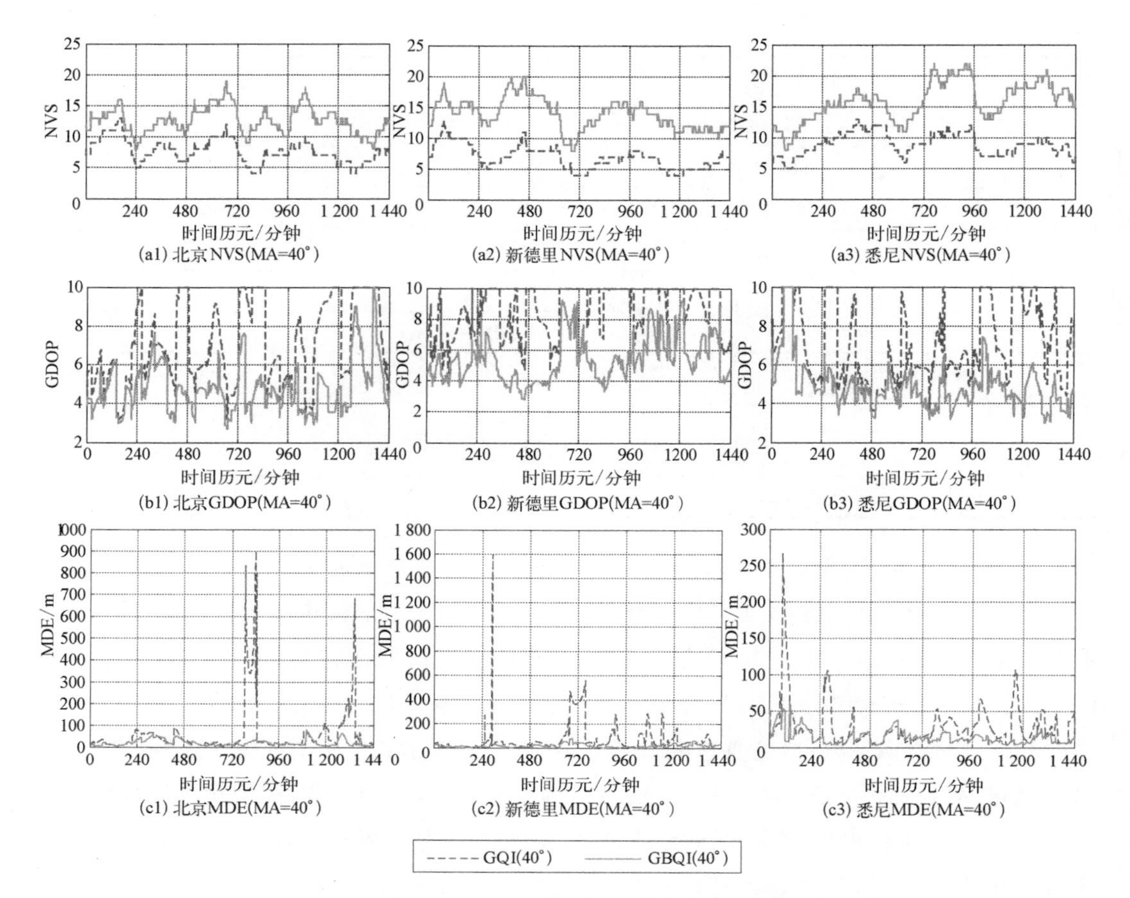

(a1) 北京NVS(MA=40°)　(a2) 新德里NVS(MA=40°)　(a3) 悉尼NVS(MA=40°)
(b1) 北京GDOP(MA=40°)　(b2) 新德里GDOP(MA=40°)　(b3) 悉尼GDOP(MA=40°)
(c1) 北京MDE(MA=40°)　(c2) 新德里MDE(MA=40°)　(c3) 悉尼MDE(MA=40°)

图 3.8　组合 GQI 及组合 GBQI 的亚澳三个城市完好性性能

表 3.12　组合 GQI 及组合 GBQI 的亚澳三个城市的完好性性能比较

City(MA=40°)		北　京		新 德 里		悉　尼	
		GQI**	GBQI*	GQI	GBQI	GQI	GBQI
平均 NVS		7.65	12.60	6.91	13.92	8.99	15.82
FDE 黑洞比		12.84%	0.00%	26.79%	0.00%	2.50%	0.00%
平均 GDOP		7.05	4.77	8.64	5.40	7.02	4.88
GDOP 黑洞比		58.50%	15.54%	93.20%	25.95%	57.67%	10.06%
MAI		36.17%	84.46%	4.98%	74.05%	41.27%	89.94%
平均 MDE/m		60.95	20.98	71.07	18.27	29.15	14.62
MDEHR	(Truck)	28.45%	4.93%	35.05%	4.72%	12.56%	1.73%
	(Geof)	68.56%	48.16%	77.72%	41.15%	64.05%	31.64%

** GQI 代表组合 GPS/QZSS/IRNSS
* GBQI 代表组合 GPS/BeiDou/QZSS/IRNSS

5. 不同场景下各种混合星座完好性评测总结

由上面三个场景下各种混合星座完好性评测可以得出以下结论：当 GPS 组合 BeiDou 后，全球完好性可用性提高到 100.00%，全球平均 MDE 性能改善超过 60%；在高掩蔽角的组合 GPS/QZSS/IRNSS 完好性性能分析中可知，量测噪声 UERE 从 6 m 改善到 1 m 后，MDE、MDEHR(Trunk)和 MDEHR(Geof)等最小 FD 能力在原有的基础上都改善了 80%以上。混合星座对完好性性能增强有很明显的积极作用，而且 GNSS 应用需求越高，则组合后性能提高程度也越明显，混合星座对于各种导致完好性性能恶化的因素有很好的鲁棒性，特别是在高掩蔽角情况之下更是如此。因此组合多 GNSS 系统(multi-GNSS system)是完好性性能增强的重要方向。

3.5.2 亚太区域各种混合星座完好性评测

迄今为止，亚太区域(84°E～160°E, 55°S～55°N)[112]是卫星导航星座卫星增长速度最快的地区，也是最有条件享受到更多混合星座带来益处的全球独一无二之处[113]。本小节分析 GPS 星座和另外三个混合星座，即组合 GPS/QZSS/IRNSS、组合 GPS/BeiDou、组合 GPS/BeiDou/QZSS/IRNSS 在亚太地区的完好性性能。

1. 评估参数设置

仿真是分别按照亚太区域空间瞬时划分以及北京、东京和悉尼三个亚太城市在 24 小时持续时间内的星座完好性性能进行评价。仿真假定量测噪声 UERE 为单频 L1 接收机约为 6 m，设置 15°中度掩蔽角条件。详细仿真参数设置参见表 3.13。

表 3.13 亚太区域混合星座仿真参数表

区　分	空间位置	连续时间
星　座	GPS, GPS/QZSS/IRNSS, GPS/BeiDou, GPS/BeiDou/QZSS/IRNSS	
掩 蔽 角	15°	
量测噪声(UERE)	6 m	
区域/位置	亚太区域(84°E～160°E, 55°S～55°N)	北京、东京、悉尼
网格/采样	0.2°×0.2°	间隔：60 s，持续：24 h
时 间 点	2012-09-10　02:00:00	
性能指标	NVS、GDOP、MDE	

2. 亚太区域各种混合星座完好性

图 3.9 的上中下(每排 4 个子图)分别绘制了 GPS 星座和组合 GPS/QZSS/IRNSS、组合 GPS/BeiDou、组合 GPS/BeiDou/QZSS/IRNSS 在亚太地区的 NVS、GDOP 和 MDE 的 0.2°经纬解析度完好性性能，表 3.14 它们的统计分析结果。

表 3.14　各星座在亚太平均性能比较

均值(UERE=6 m，MA=15°)	GPS	GQI■	GB□	GBQI[n]
NVS	7.80	17.00	18.79	27.99
GDOP	3.25	1.88	1.65	1.37
MDE/m	14.74	3.57	3.30	2.18

■ GQI 代表组合 GPS/QZSS/IRNSS
□ GB 代表组合 GPS/BeiDou
n GBQI 代表组合 GPS/BeiDou/QZSS/IRNSS

图 3.9 中显示各星座完好性性能也是由左至右依次增加，表 3.14 指出 GPS 星座亚太平均 NVS 为 7.80，GPS 分别组合 QZSS/IRNSS、BeiDou 或 BeiDou/QZSS/IRNSS 后平均 NVS 分别增加 9.21 颗、10.99 颗和 20.20 颗卫星；GPS 星座亚太平均 GDOP 为 3.25，

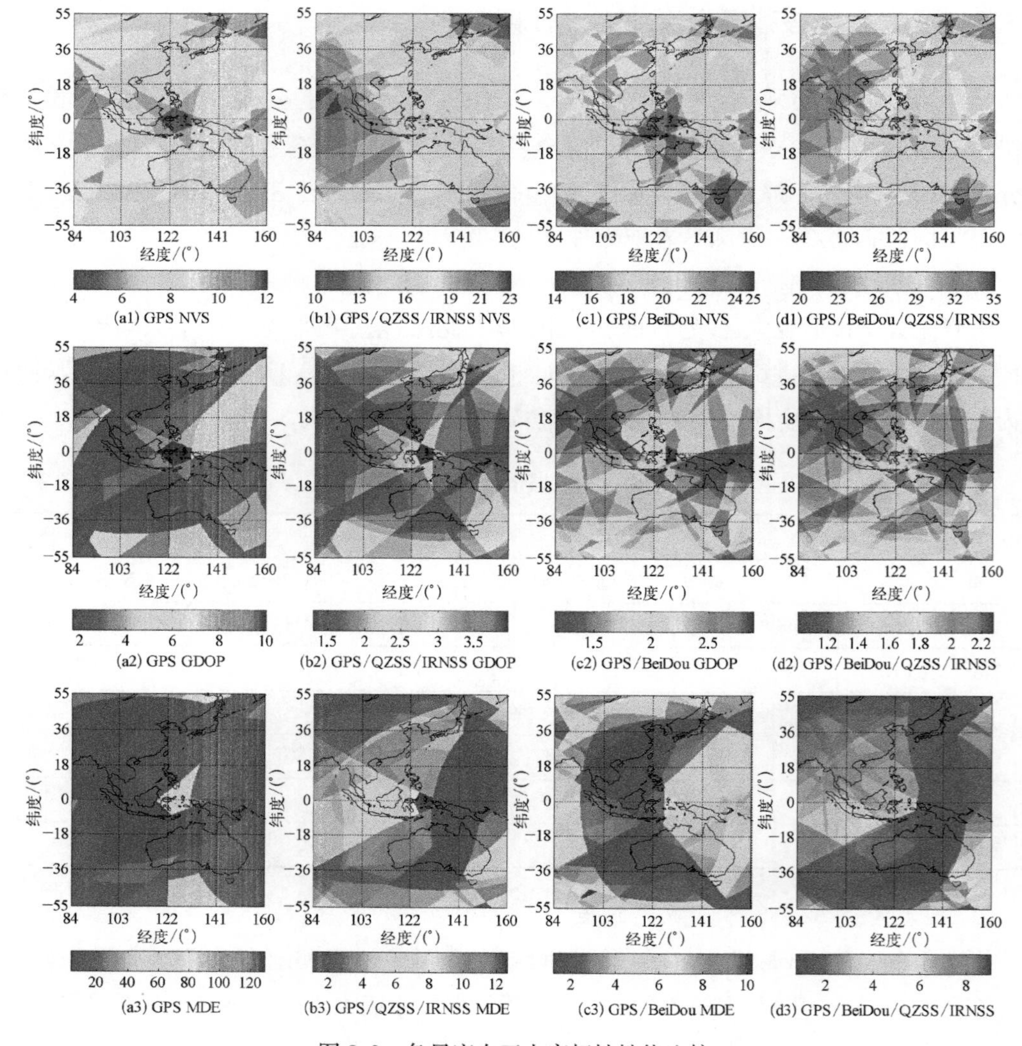

图 3.9　各星座在亚太完好性性能比较

GPS分别组合QZSS/IRNSS、BeiDou或BeiDou/QZSS/IRNSS后平均GDOP分别减少1.38、1.60和1.88;GPS星座亚太平均MDE为14.74 m,GPS分别组合QZSS/IRNSS、BeiDou或BeiDou/QZSS/IRNSS后平均GDOP分别减少11.17 m、11.44 m和12.56 m。

在亚太地区相比于GPS,组合GPS/QZSS/IRNSS的NVS、GDOP和MDE性能比GPS分别改善了118%、42%和76%;组合GPS/BeiDou分别改善了141%、49%和78%;组合GPS/BeiDou/QZSS/IRNSS分别改善了259%、58%和85%。

3. 亚太三个城市各种混合星座完好性

本小节分析的三个亚太城市分别为北京、东京(35.68°N, 139.81°E, 5.0 m)和悉尼在中掩蔽角(15°)下,GPS星座和组合GPS/QZSS/IRNSS、组合GPS/BeiDou、组合GPS/BeiDou/QZSS/IRNSS量测噪声UERE为6 m时,在亚太地区的完好性性能,在24小时的持续时间内完好性,仿真参数如表3.13所示。

图3.10上中下的三幅图分别展示了三个亚太城市的NVS、GDOP和MDE性能,GPS星座和组合GPS/QZSS/IRNSS、组合GPS/BeiDou、组合GPS/BeiDou/QZSS/IRNSS星座的对应性能在图中分别用红色虚线、黑色点划线、蓝色长划线和紫色实线绘制,图中相应的水平线指代这个星座在24小时的持续时间内对应性能的平均值。由图3.10可见在中掩蔽角(15°)下,GPS星座的性能比其他混合星座差得多,为了使图形清晰,将最大GDOP值设置为6,最大MDE值设置为24 m。表3.15是相应的统计分析结果。

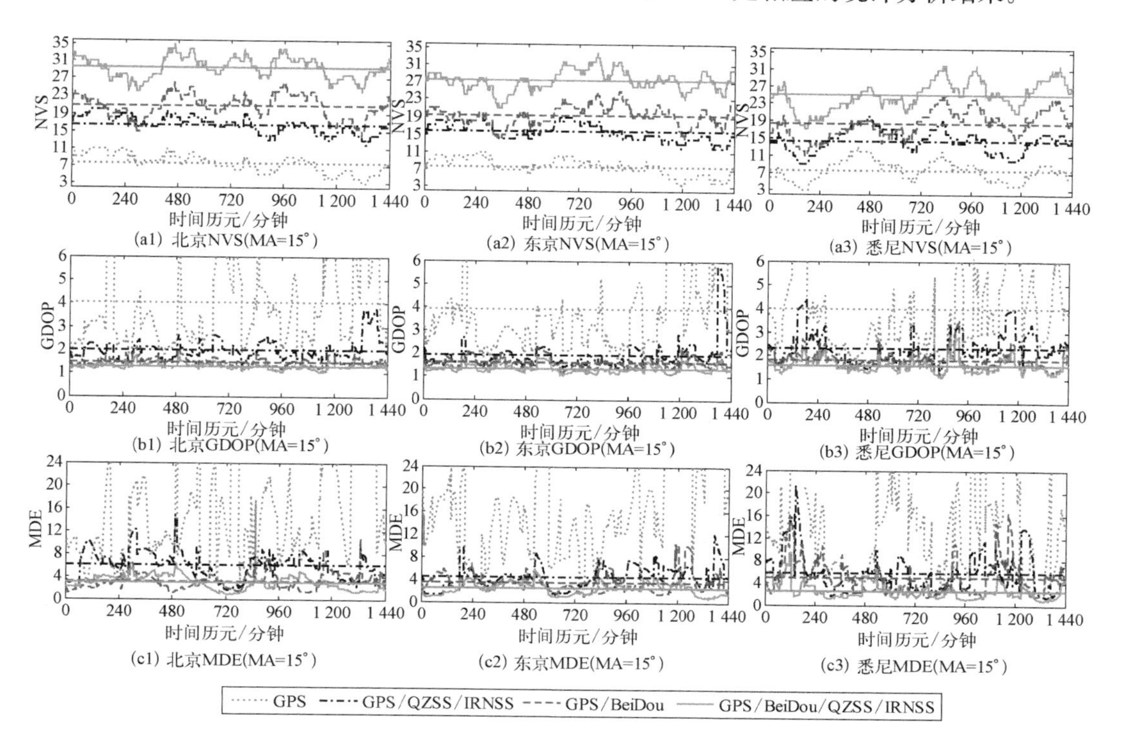

图3.10 亚太三个城市的各星座24小时完好性性能比较图

表 3.15　亚太三个城市的各星座 24 小时平均完好性性能比较表

均值 (UERE=6 m 和 MA=15°)		GPS	GQI■	GB□	GBQIⁿ
北　京	NVS	7.56	16.45	20.68	29.58
	GDOP	4.05	2.01	1.49	1.30
	MDE/m	235.76	5.97	3.15	2.93
东　京	NVS	7.61	15.67	19.37	27.43
	GDOP	3.90	1.93	1.61	1.35
	MDE/m	258.96	4.46	3.46	2.47
悉　尼	NVS	7.63	14.43	18.29	25.09
	GDOP	3.99	2.33	1.83	1.59
	MDE/m	236.96	5.75	4.93	2.59

■ GQI 代表组合 GPS/QZSS/IRNSS
□ GB 代表组合 GPS/BeiDou
n GBQI 代表组合 GPS/BeiDou/QZSS/IRNSS

由表 3.15 统计分析说明混合星座性能对完好性增强作用很大，例如，在 GPS 星座下，悉尼的平均 NVS 是 7.63(比北京和东京略大)，但与其他星座组合后平均 NVS 由高到低排序为北京、东京和悉尼；混合星座后平均 GDOP 和平均 MDE 都有一个规律：没有 BeiDou 的组合 GPS/QZSS/IRNSS 时绝对值最好的是东京，但当有 BeiDou 组合加入时，绝对值最好的是北京，然而总体来说不管什么混合星座，与原有的 GPS 相比，受益最多的城市是东京。这也是与各个星座的归属国的设计初衷是一致的。

4. 亚太区域各种混合星座完好性评测总结

混合星座确实让 GNSS 用户完好性性能受益匪浅，而且组合的星座越多，性能提高越明显，亚太地区是 GNSS 卫星最复杂，竞争最激烈，也是最有条件发展混合星座的地区，有必要投入更多的研究的实践。

3.6　城市峡谷条件下混合星座完好性评估

在 1.1.3 节的 GNSS 不足及发展趋势中论述到 GNSS 的三大漏洞中有一个就是 GNSS 信号视距传播，易受遮蔽，本小节应用基于质量控制理论的 DIA 方法推导的星座完好性质量评估过程对组合 GPS/QZSS 和组合 GPS/BeiDou/QZSS 星座在城市峡谷条件下完好性性能进行评估。

3.6.1　评估参数设置

分别按照亚太区域空间瞬时划分以及对北京、东京、上海和香港四个北半球亚太城市在 24 小时持续时间内的星座完好性性能进行评价。仿真假定量测噪声 UERE 为单频 L1 接收机约为 6 m，为详细分析各种城市峡谷条件，掩蔽角从 5°到 60°每隔 5°进行一轮分析。详细仿真参数设置参见表 3.16。

表 3.16　城市峡谷条件下混合星座完好性仿真参数表

区　　分	空间位置	连续时间
星　　座	GPS/QZSS，GPS/BeiDou/QZSS	
掩 蔽 角	城市峡谷：(5°：5°：60°)	
量测噪声(UERE)	6 m	
区域/位置	亚太区域(84°E～160°E，55°S～55°N)	北京、东京、上海、香港
网格/采样	0.2°×0.2°(209000)	间隔：60 s，持续：24 h
时 间 点	2012-06-18　02:00:00	
性能指标	NVS、GDOP、MAI、MDE	

3.6.2　亚太区域各种掩蔽角下混合星座完好性

图 3.11 的 6 个子图分别绘制了组合 GPS/QZSS 和组合 GPS/BeiDou/QZSS 星座在城市峡谷条件下(掩蔽角 MA=40°)亚太地区的 NVS、GDOP 和 MDE 的 0.2°经纬解析度完好性性能，表 3.17 是它们的统计分析结果。

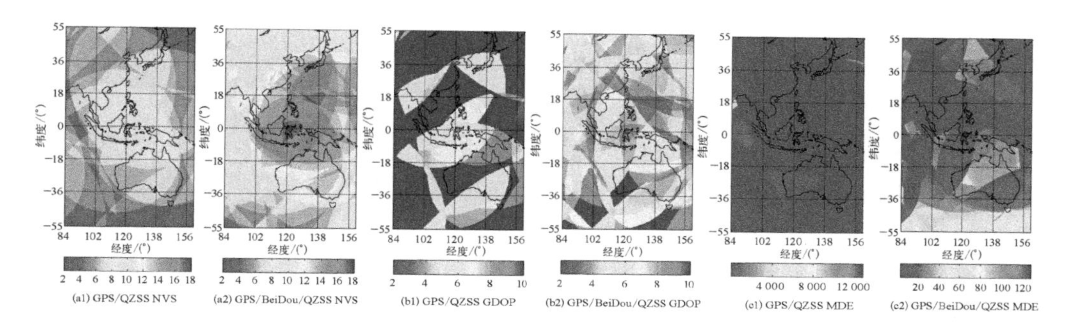

图 3.11　城市峡谷条件下(40°)组合 GQ 和组合 GBQ 的亚太完好性性能

表 3.17　亚太 40°掩蔽角下组合 GQ 和组合 GBQ 的平均完好性性能

MA=40°		NVS		GDOP		MAI	MDE	
		Mean	FDE holes	Mean	GDOP holes		Mean/m	MDEHR (Trunk)
亚太区域	GQ*	6.16	36.22%	8.54	80.89%	12.19%	712.91	35.06%
	GBQ**	11.26	2.77%	5.67	35.74%	62.47%	22.23	10.21%
北　京	GQ*	5.58	53.78%	8.77	89.17%	5.00%	2 974.91	61.62%
	GBQ**	10.52	0.00%	5.91	41.78%	58.22%	22.34	5.83%
东　京	GQ*	7.86	2.99%	7.40	59.51%	39.28%	49.59	29.72%
	GBQ**	14.75	0.00%	4.57	10.76%	89.24%	17.84	3.33%

续表

MA=40°		NVS		GDOP		MAI	MDE	
		Mean	FDE holes	Mean	GDOP holes		Mean/m	MDEHR (Trunk)
上海	GQ*	7.96	3.40%	7.27	60.90%	37.77%	38.94	26.11%
	GBQ**	14.04	0.00%	4.65	10.63%	89.38%	16.71	0.07%
香港	GQ*	7.81	3.96%	7.75	72.45%	26.46%	39.02	25.82%
	GBQ**	14.86	0.00%	4.32	5.00%	95.00%	10.95	0.00%

* GQ 代表组合 GPS/QZSS.
** GBQ 代表组合 GPS/BeiDou/QZSS

综合图 3.11 和表 3.17 的 40°高掩蔽角(城市峡谷)下 GPS/QZSS 星座在组合 BeiDou 后的分析结果可知：平均 NVS 从 6.16 增加到 11.26(增加 5.10)；FDE 黑洞占比也从 36.22%下降到了 2.77%(降幅为 33.45%)；平均 GDOP 从 8.54 下降到 5.67；GDOP 黑洞占比也从 80.89%下降到 35.74%；综合最小完好性可用性 MAI 从 12.19%提高到了 62.47%(完好性的可用性增幅为 50.29%)。从图 3.11 的两个 MDE 子图(c1)和(c2)可知 40°高掩蔽角的城市峡谷条件下最小检测位置差错值非常大，组合 GPS/QZSS 和组合 GPS/BeiDou/QZSS 星座的最大 MDE 值分别达到了约 12 km 和 120 m，表 3.17 统计出 GPS/QZSS 星座在组合 BeiDou 前后的平均 MDE 从 712.91 m 减少到 22.23 m，针对 AL 为 50 m 应用的 MDEHR(Trunk)也由 35.06%减少到 10.21%。

为了更好地评估城市峡谷条件下的完好性性能，对两种混合星座下，从 5°到 60°掩蔽角每隔 5°进行一轮完好性性能分析，将平均 NVS、GDOP、MAI 和 MDE 的结果绘制在图 3.12 中。在彩图 3.12 各个子图中，带方框的长划线表示关键值(黑洞阈值)或者差值，具体来说在(a)子图中表示 FDE 黑洞阈值(NVS<6)；(b)子图中表示 GDOP 黑洞阈值(GDOP>6)；(c)子图中表示 GPS/QZSS 星座在组合 BeiDou 前后的差值；(d)子图中表示 MDE 黑洞阈值(MDE>50 m)。随着掩蔽角从 5°提升到 60°，用虚线标示的组合 GPS/QZSS 星座平均 NVS 曲线从 14.9 减少到 2.4；实线标示的组合 GPS/BeiDou/QZSS 星座平均 NVS 曲线从 28.6 减少到 4.2；平均 GDOP 也分别由 1.5 和 1.0 提高到 10。

从图 3.12(c)可看到随着掩蔽角的增大，GPS/QZSS 星座在组合 BeiDou 后的 MAI 性能改善(绿色长划线表示)经历了一个急剧增大然后减少的过程，特别是在掩蔽角为 30°～45°，性能增强非常明显(40°时最小完好性可用性的增幅达到 50.2%的峰值)，但在 20°以下中低掩蔽角和 55°以上超高掩蔽角时，组合对 MAI 改善并不太明显，这是因为组合 GPS/QZSS 星座在 20°以下中低掩蔽角的可用性也基本达到 100%，组合 GPS/BeiDou/QZSS 在 55°以上超高掩蔽角时也接近于 0。

前面 3.3.3 节提出的 MAT 中的 FDE-MAT(由 NVS<6 的 FDE 黑洞阈值确定的 MAT)等概念，从图 3.12(a)可看到 GPS/QZSS 星座在组合 BeiDou 后的 FDE-MAT 从

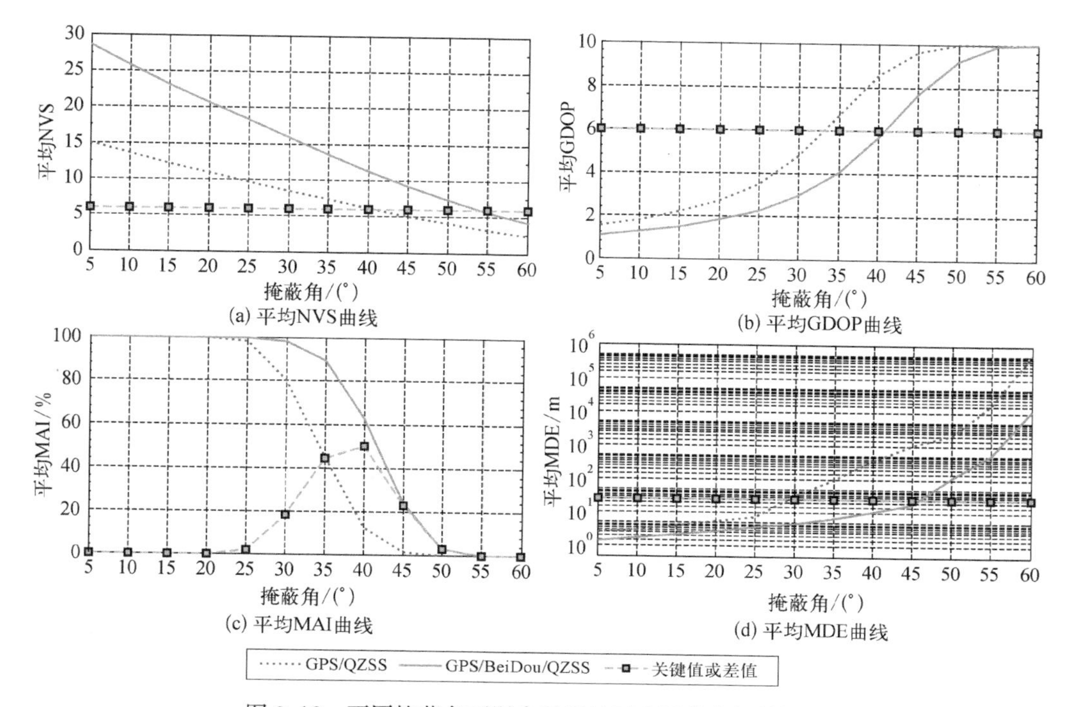

图 3.12 不同掩蔽角下混合星座的亚太平均完好性性能

40°提升到 55°;图 3.12(b)得到 GDOP - MAT 从 33°提升到 41°;图 3.12(d)看出 MDE - MAT 从约 28°提升到约 47°(组合 GPS/QZSS 星座在 30°掩蔽角时对应 MDE 为 65.3 m;组合 GPS/BeiDou/QZSS 在 45°掩蔽角时对应 MDE 为 38.7 m)。组合 GPS/BeiDou/QZSS 在 50°超高掩蔽角时,亚太区域平均的 MDE 为 244.2 m,但当超过 55°以上超高掩蔽角时,平均 MDE 达到几十千米以上,这对于完好性评估已经没有任何意义了。

3.6.3 四个城市各种掩蔽角下混合星座连续时间完好性

图 3.13 展示了组合 GPS/QZSS 和组合 GPS/BeiDou/QZSS 星座在城市峡谷条件下(掩蔽角 MA = 40°)北京(39.91°N, 116.39°E, 31.2 m)、东京(35.68°N, 139.81°E, 5.0 m)、上海(31.25°N, 121.47°E, 4.5 m)和香港(22.43°N, 114.15°E, 7.3 m)四个北半球亚太城市的 NVS、GDOP 和 MDE 在 24 小时的持续时间内的完好性性能,北京、东京、上海和香港的对应完好性性能分别用虚线、实线、长划线和点划线绘制,与图 3.12 一样,长划线表示关键值(黑洞阈值)。表 3.17 是它们的统计分析结果。

根据图 3.13 和表 3.17 分析,城市峡谷(40°掩蔽角)条件下,组合 GPS/QZSS 星座的北京、东京、上海和香港的 FDE 黑洞占比分别为 53.78%、2.99%、3.40%和 3.96%,但 GPS/QZSS 星座在组合 BeiDou 后四个北半球亚太城市全部没有 FDE 黑洞,值得关注的是北京不在 QZSS 的服务覆盖范围内,在组合 GPS/QZSS 星座下的 FDE 黑洞占比达到 53.78%。

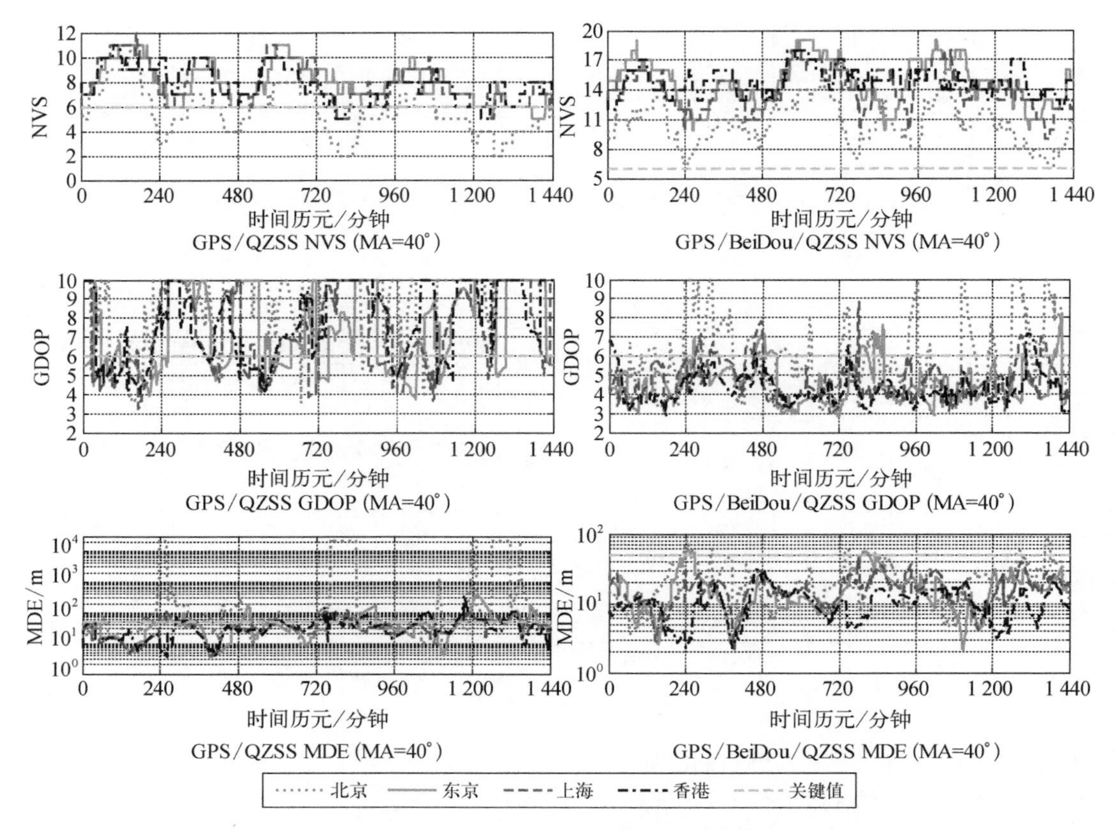

图 3.13　城市峡谷条件下(40°)亚太四城市混合星座的完好性性能

从表 3.17 得到 40°掩蔽角时,GPS/QZSS 星座在组合 BeiDou 前后,北京、东京、上海和香港的 GDOP 黑洞占比也分别从 89.17%、59.51%、60.90%和 72.45%下降到 41.78%、10.76%、10.63%和 10.63%;同条件下北京、东京、上海和香港的综合的平均 MAI 值也分别从 5.00%、39.28%、37.77%和 26.46%提高到 58.22%、89.24%、89.38%和 95.00%。同样发现高掩蔽角条件下,北京在 GPS/QZSS 星座,在组合 BeiDou 前后的完好性性能都是最差的,这可能是因为北京位于较高纬度,且 BeiDou 的 5 颗 GEO 对于北京的几何构型不是很好,在完好性的表现上不太令人满意。

图 3.13 的 MDE 子图表明高掩蔽角下,四个北半球亚太城市在 GPS/QZSS 星座在组合 BeiDou 前的很多 MDE 值都超过了 MDE 黑洞值(此处选取 50 m),在 GPS/QZSS 星座在组合 BeiDou 后绝大部分值处于 MDE 黑洞值以下,但同样的高纬度原因表 3.17 统计表明:北京的平均 MDE 在 GPS/QZSS 星座组合 BeiDou 前后都是最差的,不过因为组合 BeiDou 后,针对 AL 为 50 m 应用的 MDEHR(Trunk)改善幅度也是四个城市中最大的(55.79%)。

为了更好地全面评估城市峡谷条件下的完好性性能,在两种混合星座下,对四个北半球亚太城市从 5°每隔 5°递增到 60°的所有掩蔽角进行全角度覆盖的完好性性能分析,结果显示在图3.14中。图3.14更加直观地表征了北京、东京、上海和香港四个北半球亚太城市在GPS/QZSS星座在组合BeiDou后，随掩蔽角从5°每隔5°递增到60°时的完好性性能改善情况。很明显，因为纬度最低，点划线指代的香港因为组合BeiDou受益最大。平均NVS的改善程度随着掩蔽角从5°递增到60°时而由14～18减少到2；平均GDOP和平均MAI性能改善经历了一个先缓慢增长然后快速下降的过程，峰值（拐点）出现在40°～45°掩蔽角。至于平均MDE改善，整体来说45°掩蔽角之前随着掩蔽角提升缓慢增加，但北京从35°掩蔽角之后平均MDE改善性能就急剧增加了，40°掩蔽角时平均MDE已经达到2 952.6 m，对四个城市整体来说在45°掩蔽角之后平均MDE值很大，参考价值不大。

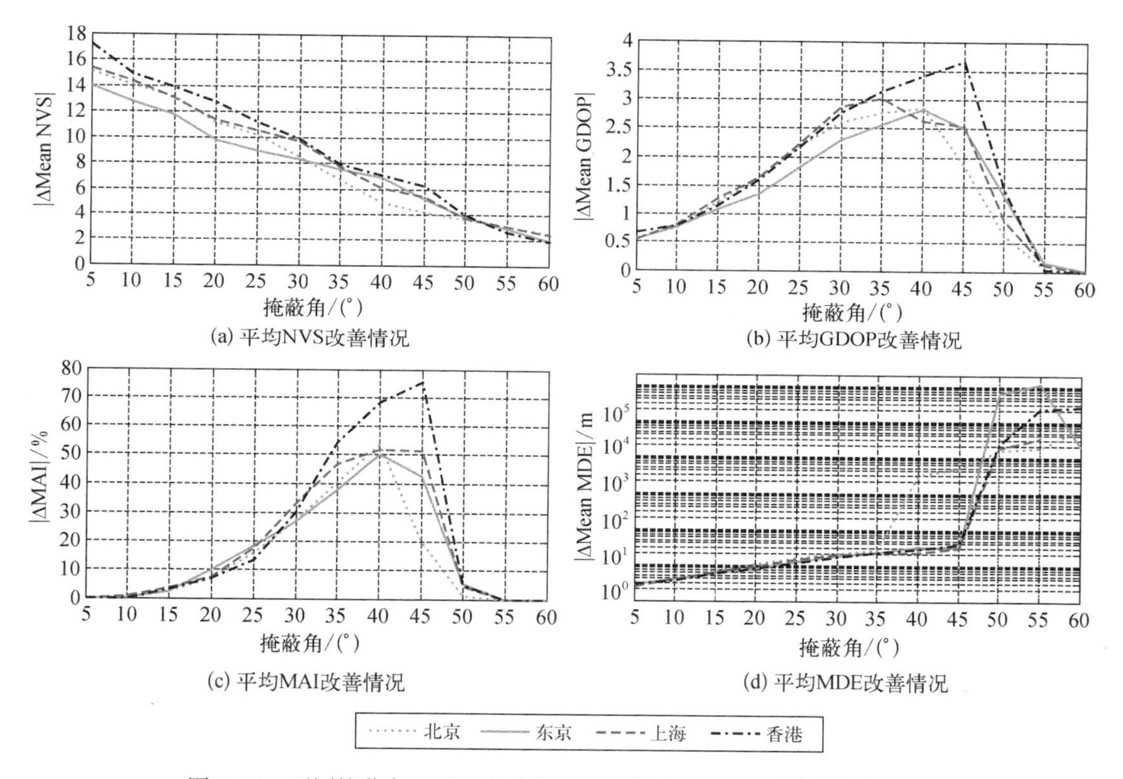

图3.14　不同掩蔽角下四城市GPS/QZSS组合BeiDou平均完好性改善

3.6.4　城市峡谷条件下混合星座完好性总结

GPS/QZSS星座在组合BeiDou后在亚太区域的各项完好性指标提高很大，通过对GPS/QZSS星座在组合BeiDou前后两种星座在掩蔽角从5°每隔5°提升到60°的完好性仿真分析表明，平均MAI性能在掩蔽角30°～45°改善特别明显，特别是在40°时最小完好性可用性的增幅达到50.2%的峰值，MDE-MAT也从约28°提升到约47°，在40°高掩蔽角时 GPS/QZSS 星座在组合 BeiDou 后平均 MDE 从 712.91 m 减少到 22.23 m，针对 AL 为 50 m 应用的 MDEHR(Trunk)也由 35.06%减少到 10.21%。对于亚太城市来说，40°高掩蔽角时，GPS/QZSS 星座在组合 BeiDou 前后，较高纬度的北京在四个亚太城市的完好性性能都是最差的，但四个亚太城市因 GPS/QZSS 星座组合 BeiDou 可以提高的 MDEHR(Trunk)均在 25%以上。从四个亚太城市随掩蔽角从 5°每隔 5°递增到 60°时 GPS/QZSS 星座在组合 BeiDou 前后的完好性性能及组合后改善情况分析可知：掩蔽角越大、纬度越高，各个城市对应的完好性性能越差，GPS/QZSS 星座在组合 BeiDou 后的性能有很大改善，平均 GDOP 和平均 MAI 性能改善先增后降，峰值(拐点)出现在 40°～45°掩蔽角。

总的来说，提出的综合完好性评估方法可用于实时分析评估和预测任何时间、任何位置和任何 GNSS 状态及观察条件下的单星座或混合星座的完好性性能。提出的 MAI 和 MDEHR 指标对于分析星座完好性很有效，而且对于各种 GNSS 应用都有很广泛的适用性，对今后的导航星座配置和参数调整也有一定的参考价值。

第 4 章 区域增强级信息完好性监测

本章应用信号分析理论，从信号完好性及数据完好性两方面对 GNSS 区域增强级信息完好性进行分析，提炼时域、谱域、调制域、相关域、码域、电文域和应用域完好性监测评测指标，提出了 LALIIM 评测方案，详细介绍了 GNSS 卫星抛物面伺服跟踪天线和信号质量监测系统（GPTA - SQMS）的设计和实现，并通过该系统跟踪监测分析了多个 GNSS 系统的多种卫星在多个频点发射的真实射频（radio frequency，RF）信号。

具体地，本章首先在 4.1 节介绍信号分析理论，主要包括 GNSS 射频信号完好性（signal integity，SI）及信号上所承载的码和电文等数据完好性（data integrity，DI）两方面的有关监测理论。其中信号完好性主要是从时域、谱域、调制域和相关域对 GNSS 信号进行差错监测分析；而数据完好性则主要是从码域、电文域和应用域对 GNSS 数据进行差错监测分析。本小节还应用信号分析理论分别从时域、谱域、调制域、相关域、码域、电文域和应用域提炼出相应的 LALIIM 评测指标；然后在 4.2 节先对 LALIIM 中直接在时域和射频进行实时 GNSS 完好性监测的关键设备 GNSS 高增益抛物面伺服跟踪天线系统的重要性进行分析，然后综合应用上述 LALIIM，提出 LALIIM 评测方案；为了实时分析 GNSS 信息完好性，特别是分析被噪声湮没的微弱 GNSS 射频，需要大口径高增益的抛物面天线，本章在 4.3 节详细介绍上海交通大学航空航天学院导航制导与控制团队（SJTU - GNC）设计和实现的 3.2 m GNSS 卫星抛物面伺服跟踪天线（GNSS steerable parabolic tracking antenna system，GPTAS）和信号质量监测系统（GPTA - SQMS）的功能、设计、安装和测试情况；本章在 4.4 节应用 SJTU - GNC 的 GNSS 卫星抛物面伺服跟踪天线系统跟踪监测分析几大 GNSS 系统（GPS、GLONASS、BDS、Galileo 和 QZSS）的各种（GEO、MEO、IGSO）卫星在多个频点发射的真实 GNSS 射频信号，并进行分析比较。

4.1 信号分析理论

信号分析是从信号中提取有用的信息，以便更好地理解、表示，并高效地存储、传输和处理信号,信号分析广泛地应用于通信与雷达、多媒体、测量与控制、地质勘探、生物医学、地球物理、气象学、天体物理和经济学等众多领域[114]。信号分析处理的目标是抑制干扰部分,提取有用的信号携带的信息。

本书应用信号分析理论主要是为了进行完好性监测,也就是进行信号的故障检测(故障诊断),主要途径是通过各种信号变换或处理,将信号所包含的有用信息或特征信息提取出来,与正常状态进行比较发现异常,以对 GNSS 信号进行质量监测。因此信号分析方法也是 GNSS 完好性监测的重要方法和途径,提取有用信息或特征信息的信号分析方法关系到整个 GNSS 完好性监测质量的好坏,也是 LALIIM 的关键、重点和难点。信号分析理论就是从信号中提取有用信息或特征信息方法的理解和论述。

4.1.1 信息、信号和数据

信息(information)和物质、能量一样,是人类不可缺少的一种资源。美国数学家,信息论的奠基人香农(Shannon)指出信息是用来消除随机不定性的东西,信息用熵(entropy)来量度[115];美国应用数学家、控制论的创始人、随机过程和噪声过程的先驱维纳(Wiener)认为,信息是人类在适应外部世界、控制外部世界的过程中同外部世界交换的内容的名称[116]。在 GNSS 导航领域,导航信息是指能为 GNSS 用户所用,适合于与 GNSS 接收机通信、存储或处理的形式来表示的所有知识或消息。

信号是传输信息的载体,是一种信息流,信息蕴涵于信号之中。在通信、信号处理或者电子工程等技术领域中,任何随时间以及空间变化的量都可以称为信号,通常感兴趣的大部分信号都可表述为时间或位置的函数[2]。对信号的分类方法很多,信号按数学关系、取值特征、能量功率、处理分析、所具有的时间函数特性、取值是否为实数等,可以分为确定性信号和非确定性信号(又称随机信号)、连续信号和离散信号(即模拟信号和数字信号)、能量信号和功率信号、时域信号和频域信号、时限信号和频限信号、实信号和复信号等[2]。在 GNSS 导航领域,导航信号是指承载有 GNSS 导航信息的射频或中频等以模拟形态存在的连续波形。

数据是载荷或记录信息时按一定规则排列组合的物理符号[2]。在 GNSS 导航领域,导航数据是指调制在导航信号上,以离散数字形态存在的基带信号、PRN 或者导航电文。

第 i 颗 GPS 卫星上发射的信号 $S^i(t)$ 可表示为式(4-1)形式:

$$S^i(t) = A_{C/A}C^i_{C/A}(t)D^i(t)\cos(2\pi f_{L1}t+\theta^i_{L1}) + A_{Y_{L1}}C^i_Y(t)D^i(t)\sin(2\pi f_{L1}t+\theta^i_{L1}) + A_{Y_{L2}}C^i_Y(t)D^i(t)\sin(2\pi f_{L2}t+\theta^i_{L2}) \tag{4-1}$$

可见 GPS 信号 $S^i(t)$ 主要由三项组成:分别是 f_{L1}(1 575.42 MHz)上的民用 C/A 码信号(第一项)和军用 P(Y)码信号(第二项)及 f_{L2}(1 227.60 MHz)上的军用 P(Y)码信号

(第三项)。单独看每一项又由载波(carrier wave)、测距码(ranging code)和导航电文(navigation messages)三部分组成。式(4-1)载波部分有 L1 的同相分量(in-phase component) $\cos(2\pi f_{L1}t+\theta_{L1}^i)$、正交分量(quadrature component) $\sin(2\pi f_{L1}t+\theta_{L1}^i)$ 和 L2 分量 $\sin(2\pi f_{L2}t+\theta_{L2}^i)$ 三种;θ_{L1}^i 和 θ_{L2}^i 分别为第 i 颗卫星两个载波 L1 和 L2 的初始相位。测距码属于 PRN,也称为伪随机噪声码,有 C/A 码(coarse/acquisition code)和 P(Y)码(precision/encr ypted code)两种。C/A 码也称粗码、捕获码或民码,用于进行粗略测距和捕获 P(Y)码。C/A 码里有着 1 023 个元素,码周期为 1 ms,相应的码元宽度为 293.05 m,GPS 将优选的部分序列(几乎没有互相关和自相关)作为他的测距码,C/A 码一般只调制在 L1 载波上。P(Y)码是精确测定从 GPS 卫星到用户接收机距离的测距码,也称精码、加密码或军码,实际周期为 7 天,码长为 6.187×10^{12} 码元,码元宽度为 29.3 m。P(Y)码同时调制到 L1 和 L2 载波上,只有美国及其盟友的军方以及少数美国政府授权的用户才能够使用到 P(Y)码。测距码部分各颗卫星不同,式(4-1)中的 $C_{C/A}^i(t)$ 和 $C_Y^i(t)$ 分别表示第 i 颗卫星 C/A 码和 P(Y)码的电平值。导航电文也称数据码(data message,D 码),是具有一定格式的二进制码,以“帧”为单位向用户发送。每帧电文含有 1 500 bit,传输速率为 50 bit/s。每个主帧包含 5 个子帧。导航电文中包含了反映卫星在空间位置、卫星钟的修正参数、电离层延迟改正数等 GPS 定位所必要的信息,GPS 系统将导航电文调制在测距码上。式(4-1)中 $D^i(t)$ 为第 i 颗卫星的导航电文部分的电平值,各颗卫星不同,但每颗卫星不同测距码的导航电文是一样的。

载波 $\cos(2\pi f_{L1}t+\theta_{L1}^i)$、测距码 $C_{C/A}^i(t)$ 和导航电文 $D^i(t)$ 组合调制为 GPS 信号的过程示意于图 4.1。$D^i(t)$ 先与 $C_{C/A}^i(t)$ 进行异或相加(模 2 相加)为 $C_{C/A}^i(t)D^i(t)$ 后,通过二相相移键控(binary phase shift keying,BPSK)调制到载波上经放大后作为 GPS 信号 $S^i(t)$ 输出。

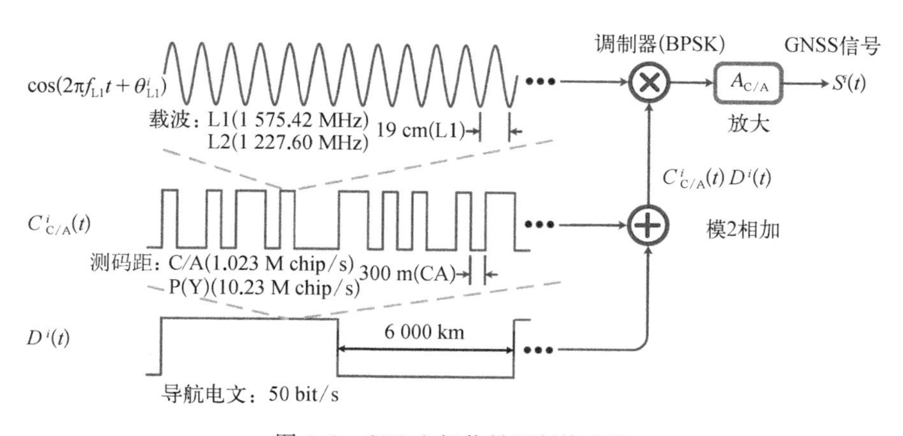

图 4.1 GPS空间信号调制构成图

式(4-1)的 $A_{C/A}$、$A_{Y_{L1}}$ 和 $A_{Y_{L2}}$ 分别为三种信号的幅度电平值,确定输出的信号功率。GPS 的 IS-GPS-200E 规定 GPS 的 Block Ⅱ A/Ⅱ R 卫星在 L1 的 20.46 MHz 带宽上的

C/A 码信号到达地面的最小功率设计为−158.5 dBW;L1 和 L2 的 20.46 MHz 带宽上的 P(Y)码信号到达地面的功率强度都不小于−164.5 dBW[17]。

本书中所说的导航信息包含导航信号和导航数据上表征的所有可用于导航的所有知识或消息。LALIIM 包含 GNSS 信号在信号层面($S^i(t)$射频、下变频后的中频和所有载频剥离后的基带$C^i_{C/A}(t)D^i(t)$信号)的信号完好性和数据层面(导航电文 $D^i(t)$和 PRN $C^i_{C/A}(t)$等)的数据完好性两方面的内容。可见应用信号分析理论分析完好性时,数据完好性主要针对的是从 GNSS 码和电文等进行数字信号的分析,信号完好性不但包括数字信号,还包括射频、中频和基带等进行模拟和数字并存的信号分析。

4.1.2 信号完好性

首先来看 LALIIM 中 GNSS 信号在信号层面($S^i(t)$射频、下变频后的中频和所有载频剥离后的基带 $C^i_{C/A}(t)D^i(t)$信号)的信号完好性。通常应用信号分析理论在时域(time domain)、谱域(spectrum domain)、调制域(modulation domain)和相关域(correlation domain)进行信号完好性质量监测。

1. 时域信号分析

时域信号分析是指 GNSS 空间信号幅值随时间变化的特征分析。通常信号的时域分析是指时域波形分析,采用示波器、万用表等普通仪器直接显示信号波形,读取特征参数。

GNSS 信号的时域波形描述 GNSS 信号随着时间的变化情况,信号分析的时域特性通常有信号波形图(waveform)、均值、均方根、方差、信号功率、自相关函数、概率密度函数和眼图(eye diagram)等,另外也可以在基带针对单个码片分析其边缘形状、考察码的时间序列、码速率、码片赋形、数字畸变和模拟畸变程度[117, 118]。

1) 信号波形图

GNSS 空间信号 $S^i(t)$是以时间为自变量的幅值波形。主要参数有周期 T、频率 $f=1/T$、峰值 P 和波谷与波峰的双峰值 P_{p-p}。

2) 均值

均值 μ_S 表示 GNSS 信号 $S^i(t)$ 的平均值或数学期望值 $E[S^i(t)]$,反映了信号变化的中心趋势,也称为直流分量:

$$\mu_S = E[S^i(t)] = \lim_{T\to\infty} \frac{1}{T}\int_0^T S^i(t)\mathrm{d}t \tag{4-2}$$

3) 均方根

均方根 ψ_S^2 表示 GNSS 信号 $S^i(t)$ 平方的数学期望值 $E[(S^i(t))^2]$,也表达了信号的强度,又称为均方根,是信号幅度最恰当的量度:

$$\psi_S^2 = E[(S^i(t))^2] = \lim_{T\to\infty} \frac{1}{T}\int_0^T [S^i(t)]^2 \mathrm{d}t \tag{4-3}$$

4）方差

方差表示 GNSS 信号 $S^i(t)$ 偏离其均值 μ_S 的程度，反映了信号绕均值的波动程度，是描述信号的动态分量：

$$\sigma_S^2 = E[(S^i(t) - E[S^i(t)])^2] = \lim_{T\to\infty} \frac{1}{T}\int_0^T [S^i(t) - \mu_S]^2 \mathrm{d}t \tag{4-4}$$

5）眼图

GNSS 基带信号时域码间串扰和噪声可由眼图定性观测。眼图是指利用实验的方法估计和改善传输系统性能时在示波器上观察到的一种图形。眼图是用示波器在时域对系统的噪声和码间串扰进行评价，示波器有余辉作用，扫描所得的每一个码元波形将重叠在一起，从而形成眼图。眼图的优势是在不需要知道原始信息数据时也可进行实时的干扰效果评估。

眼图主要是用于定性地观测 GNSS 基带信号码间串扰和噪声的强弱。当存在码间串扰和噪声，观察到的眼图的线迹会变得模糊不清，“眼睛”将张开得很小，与无码间串扰时的眼图相比，原来清晰端正的细线迹，变成了比较模糊的带状线，而且不很端正。噪声越大，线迹越宽，越模糊；码间串扰越大，眼图越不端正。眼图还有助于直观地评价一个基带系统的性能优劣，可以指示接收滤波器的调整，以减小码间串扰。将实际眼图和理想眼图图形同时显示，观察它们之间的相似度，并计算眼图相关参数，如噪声容限等，从信号的时域特性来评价接收信号的质量。

2. 谱域信号分析

谱域信号分析是从谱的角度来分析 GNSS 信号的特征，按照谱的种类可分为频谱(frequency domain)、功率谱(power spectral)和倒谱(cepstrum domain)[119]等。其中频域信号分析方法是信号分析中的最基本方法，是将信号按频率顺序展开，使其成为频率的函数，并分析变化规律，频谱分析的目的是把复杂的时间历程波形，经过傅里叶变换分解为若干单一的谐波分量来研究，以获得信号的频率结构以及各谐波和相位信息。各种谱域的载波和噪声分量可以构成广义的载噪比(carrier to noise ratio，CNR)。

1）频谱

一个周期为 T 的信号 $f(t)$ 可以用复指数级数展开表示为

$$f(t) = \sum_{n=-\infty}^{\infty} c_n \mathrm{e}^{\mathrm{j}n\omega_0 t} \tag{4-5}$$

式中，$\omega_0 = \dfrac{2\pi}{T}$；$c_n = \dfrac{1}{T}\displaystyle\int_{-T/2}^{T/2} f(t)\mathrm{e}^{-\mathrm{j}n\omega_0 t}\mathrm{d}t$，其中，$c_n$ 称为 $f(t)$ 的付氏级数系数(频谱系数)，c_n 明确地表现了信号的频域特性。对应的周期信号 $f(t)$ 的付氏变换 $F(\mathrm{j}\omega)$ 称为频

谱密度函数，简称频谱：

$$F(\mathrm{j}\omega)=2\pi\sum_{n=-\infty}^{+\infty}c_n\delta(\omega-n\omega_0) \tag{4-6}$$

时域信号分析只能反映信号的幅值随时间的变化情况，除单频率分量的简谐波外，很难明确揭示信号的频率组成和各频率分量大小，而对信号进行频谱分析是将 GNSS 信号表示为不同频率正弦分量的线性组合，可以获得更多有用信息，如求得动态信号中的各个频率成分和频率分布范围，求出各个频率成分的幅值分布和能量分布，从而得到主要幅度和能量分布的频率值。GNSS 频域信号分析按照频率范围又可以分为 GNSS 射频信号、中频信号和基带信号三种频率信号质量分析。数字信号调制的 GNSS 信号频谱是类似于如图 4.2 所示的形状，其中(a)是 GNSS 信号频谱示意图，(b)是 C/A 码和 P(Y)码的理论 PSD 图，从图中可以分析几个重要指标，信号中间是高的是主瓣(main-lobe)，两边分别称为旁瓣(side-lobe)，主瓣的最大值称为主瓣峰值电平(peak main-lobe level，PML)，旁瓣的最大值相对主瓣最大值的比值称为旁瓣电平(通常用分贝(dB)表示)，两边最大的旁瓣峰值(第一旁瓣)与 PML 的比值称为第一旁瓣电平(the first side-lobe level，FSL)，主瓣峰值电平 PML 的 1/2(PML－3 dB)所截取的主瓣宽度称为 3 dB 带宽；主瓣峰值电平 PML 的 1/10(PML－10 dB)所截取的主瓣宽度称为 10 dB 带宽，通常 3 dB 带宽用得比较多。

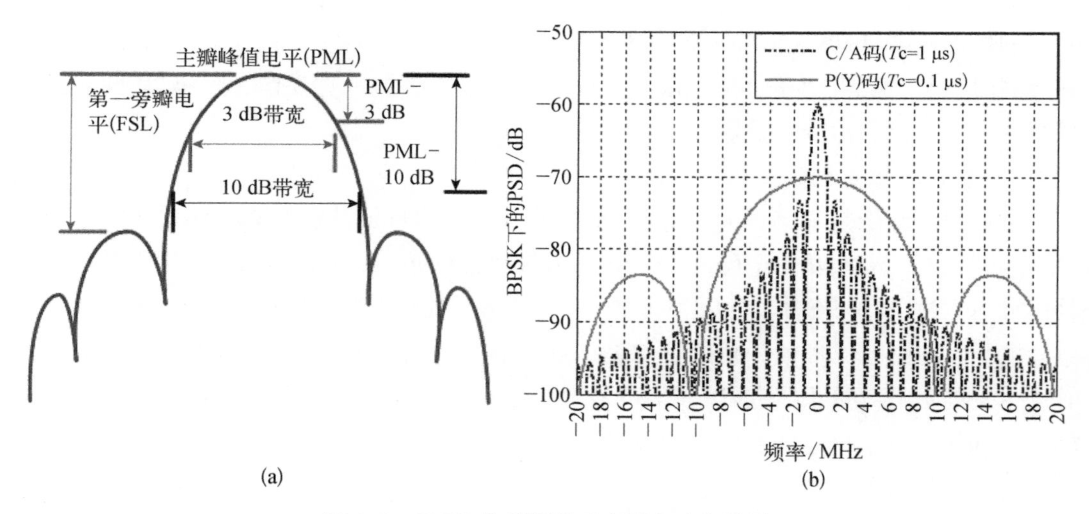

图 4.2　GNSS 信号频谱示意图和功率谱图

2) 功率谱

功率谱是从能量的观点对信号进行的研究，其实频谱和功率谱的关系归根结底还是信号和功率、能量之间的关系。功率谱可以从两方面来定义：一个是自相关函数的傅里叶变换(维纳辛钦定理)，另一个是能量谱密度在时间上平均，即单位时间内的能量谱密度(信号傅氏变换模平方)。根据帕塞瓦尔(Parseval)定理，能量谱密度曲线下的面积等于信

号幅度平方下的面积，总的能量是

$$\int_{-\infty}^{\infty} |f(t)|^2 \mathrm{d}t = \int_{-\infty}^{\infty} |F(\mathrm{j}\omega)|^2 \mathrm{d}\omega \tag{4-7}$$

信号傅氏变换模平方被定义为能量谱，能量谱密度在时间上平均就得到了功率谱 $P(\mathrm{j}\omega)$，瞬时功率谱表征信号或者时间序列的功率如何随频率分布。图4.2(b)展示了GPS的C/A码和P(Y)码的理论PSD图。

3）倒谱

倒频谱[119]简称倒谱，是信号频谱取对数的傅里叶变换后的新频谱，写法上也是将频谱的英文前四个字母反过来写。倒谱有复倒谱和实倒谱之分。复倒谱（complex cepstrum)用 $\hat{x}[n]$ 表示，是信号序列 $x[n]$ 的离散傅里叶变换取复对数再求逆傅里叶变换：

$$\hat{x}[n] = \mathrm{FFT}^{-1}\{\lg(\mathrm{FFT}(x[n]))\} \tag{4-8}$$

在复倒谱定义中，如果只考虑模，而忽略它的相位，那就得到实倒谱，有时简称倒谱，用 $\hat{x}_r[n]$ 表示。倒谱相对于复倒谱的计算要简单得多，由傅里叶变换的性质可知，倒谱是复倒谱的偶部如下：

$$\hat{x}_r[n] = \mathrm{FFT}^{-1}\{\lg|\mathrm{FFT}(x[n])|\} = \frac{\hat{x}[n] + \hat{x}[-n]}{2} \tag{4-9}$$

如果频谱上呈现出复杂的周期结构而难以分辨时，对功率谱密度取对数后，再进行一次傅里叶积分变换，可以使周期结构呈现便于识别的谱线形式。有文献就是通过语音信号在复频域的“低通滤波”来减少多径信号（混响）的影响，提出对抗多径传播引起的衰落的去混响方法[119]。倒谱方法也可用于GNSS信号去多径研究以及探测多径信号的存在程度。

4）载噪比

各种谱域的载波和噪声分量可以构成广义的载噪比，但通常都是从功率谱上和频谱上分析载噪比。载噪比是指已经调制的信号和载波的功率与加性噪声功率之比；信噪比(signal to noise ratio，SNR)是指信号功率与加性噪声功率的比值。信噪比与载噪比区别在于，载噪比中的已调信号和载波的功率包括了传输信号的功率和调制载波的功率，而信噪比中仅包括传输信号的功率。因此对同一个传输系统而言，载噪比要比信噪比大，两者之间相差一个载波功率。严格地说在调制后的射频和中频上应当使用载噪比，而在解调后的基带上应当使用信噪比。但是不像调幅（AM）系统那样，GNSS系统这种调频（FM）或调相(PM)系统的信号和载波功率在调制前后变化很小，因而载噪比与信噪比的数值差别不大（载波功率很小），因此在GNSS系统中信噪比和载噪比是可以通用的，本书也不作区别。

因而载噪比(信噪比)为载波(信号)与噪声幅度比的平方：

$$\mathrm{CNR}=\frac{P_{\text{carrier}}}{P_{\text{noise}}}=\left(\frac{A_{\text{carrier}}}{A_{\text{noise}}}\right)^2;\quad \mathrm{SNR}=\frac{P_{\text{signal}}}{P_{\text{noise}}}=\left(\frac{A_{\text{signal}}}{A_{\text{noise}}}\right)^2 \tag{4-10}$$

载噪比 CNR 和信噪比 SNR 通常都用 dB 表示(如不加特别说明,本书都用 dB 值表示 CNR 和 SNR)：

$$\left.\begin{aligned}\mathrm{CNR}_{\mathrm{dB}}&=10\lg\left(\frac{P_{\text{carrier}}}{P_{\text{noise}}}\right)=20\lg\left(\frac{A_{\text{carrier}}}{A_{\text{noise}}}\right)\\ \mathrm{SNR}_{\mathrm{dB}}&=10\lg\left(\frac{P_{\text{signal}}}{P_{\text{noise}}}\right)=20\lg\left(\frac{A_{\text{signal}}}{A_{\text{noise}}}\right)\end{aligned}\right\} \tag{4-11}$$

载噪比和信噪比在所有的信号传输中都是一个非常重要的参数,在通常的 GNSS 导航应用中 CNR(SNR)有时作为信号监测质量的唯一标识,因此 LALIIM 也应当重视 CNR(SNR)监测。根据式(4-7)的帕塞瓦尔定理,功率既可以在频域也可在时域求取,通常从频域监测载噪比和信噪比比较直观简便。

信号频域完好性分析可以利用准测量仪器如实时频谱分析仪、矢量信号分析仪和分析软件等,通过测试 GNSS 的信号完整性的载波频率、信号功率谱及包络、带宽和中心频率、主瓣零点宽度等方面,比较实际信号功率谱与理想信号功率谱之间的差异,通过对频谱不对称性或失真、信号杂散及载波泄漏等方面指标的评价,综合考察接收信号的频谱失真程度以及频域其他相关特性[120]。其中矢量信号分析仪是在预定频率范围内自动测量电路增益,它有内部的扫频频率源或可控制的外部信号源,它的电路结构与频谱分析仪相似。矢量信号分析仪则只测量自身的或受控的已知频率,而且全面测量输入信号的幅度和相位(矢量仪器)。频谱分析仪需要测量未知的和任意的输入频率,且只测量输入信号的幅度(标量仪器)。

3. 调制域信号分析

GNSS 信号频带时常紧张,为了在有限的频谱上实现复用并减少信号间干扰,在同一频点上采用调相方式实现信号多路复用,如式(4-1)所示的 GPS 卫星上发射的 $S^i(t)$ 信号就是在 f_{L1} 频点上有同相分量 $\cos(2\pi f_{\mathrm{L1}}t+\theta_{\mathrm{L1}}^i)$ 和正交分量 $\sin(2\pi f_{\mathrm{L1}}t+\theta_{\mathrm{L1}}^i)$ 分别调制了民用 C/A 码信号和军用 P(Y)码信号两种分量,同相 I 和正交 Q 分量相对独立,是正交且互不相干的。图 4.1 也示出了 GPS 在 L1 上的 C/A 码和 P(Y)码采用 BPSK 复用方式,为了提高信号多路复用效率,今后发展中的 GNSS 会出现更多的复用方式,如 GPS 的 L5 传输就将采用四相相移键控(quadrature phase shift keying,QPSK,也称为正交相移键控)。因此可将调制的数字信号表示在复平面上,以直观地表示信号以及信号之间的关系,这种图示就是星座图。调制域信号分析主要是从星座图(constellation diagram)及其体现的调制误码比(modulation error ratio,MER)和误差矢量幅值(error vector magnitude,EVM)来分析码间串扰及噪声。

1）星座图

星座图的横轴和纵轴分别代表同相 I 分量和正交 Q 分量，星座图各符号在图中所处的位置具有合理的限制或判决边界，整个坐标平面形成了信号和噪声构成的幅度相位平面，BPSK 整体被“I”和“Q”分成了左右两个部分，QPSK 被分成四个象限部分，每一个星座点对应一个一定幅度和相位的模拟信号。星座图中反映了调制技术的两个基本参数：载波的幅度和相位。图 4.3 分别仿真了 GNSS 的 BPSK（左边）和 QPSK（右边）信号在不同信噪比下星座图和星座点。

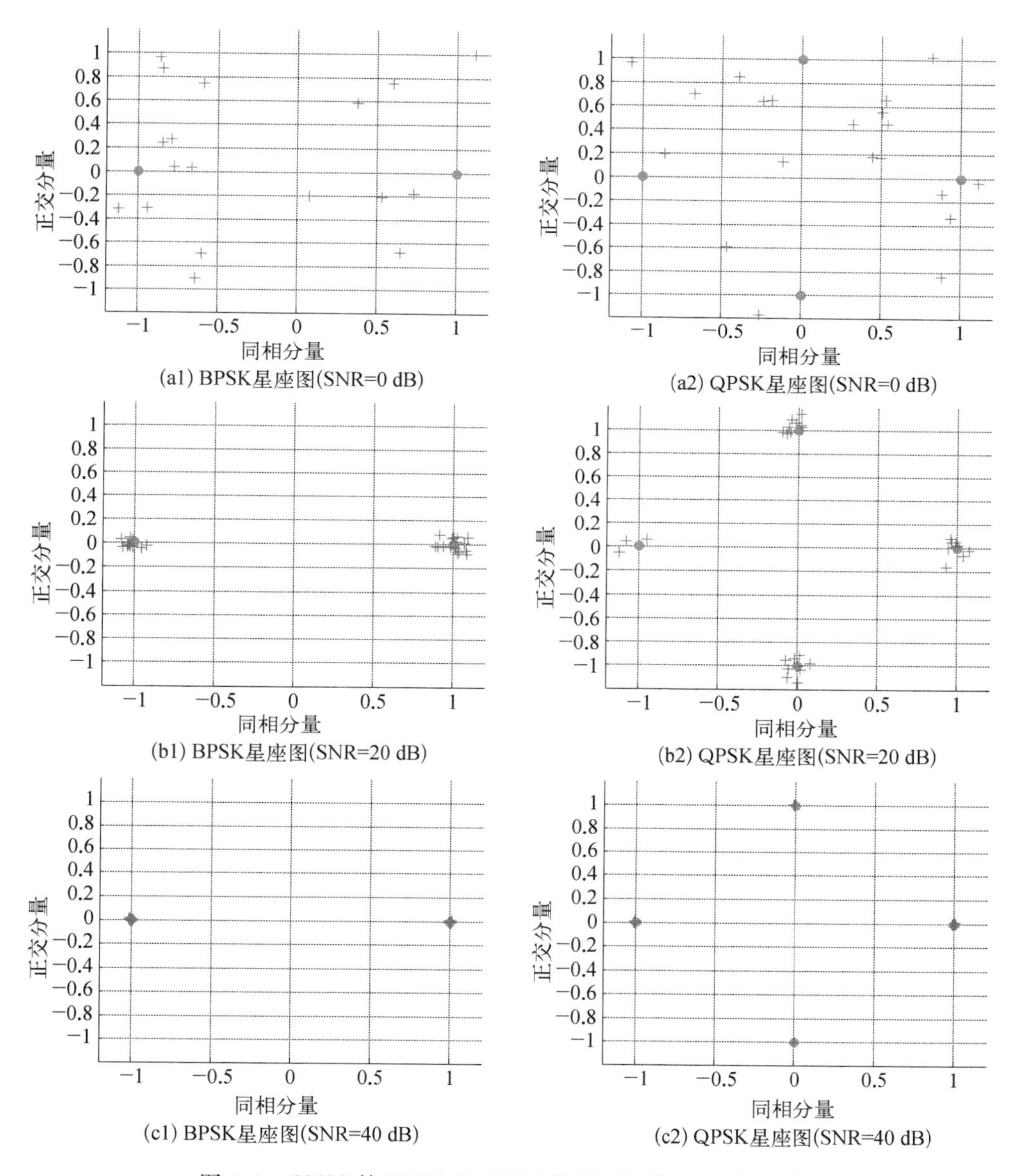

图 4.3　GNSS 的 BPSK 和 QPSK 信号不同信噪比下星座图

代表各接收符号的点在图中越接近，信号质量就越高。如图 4.3 所示，圆点分别是 I/Q 支路信号对应到矢量图空间中的理想星座点，加号表示在不同信噪比下噪声导致的信号电平值判断，如果与圆点相距较远也可看成是出现误码，由此可以看出此时系统近似的误码率。在最上面的子图，信噪比为 0 dB(信噪能量一样)信号受噪声影响很大，与理想情况下的矢量点偏离较远，误码率也就很高；中间子图是信噪比为 20 dB 时的情况，在信号空间中实际信号的分布比较集中，误码率明显降低；最下面子图是信噪比 40 dB 时的情况，此时信号空间中实际信号的分布非常集中，误码率非常低。由于星座图图形对应着幅度和相位，阵列的形状可用来分析和确定系统或信道的许多缺陷和畸变，并帮助查找其原因，星座图是一个很好的故障排除辅助工具[121]。

星座图可提供干扰的来源与种类的线索，使用星座图可以轻松发现幅度失衡、幅度噪声、相位噪声、相位误差、正交误差、相关干扰和调制误差比等调制问题。星座显示是示波器显示的数字等价形式，将正交基带信号的 I 和 Q 两路分别接入示波器的两个输入通道，通过示波器的“X - Y”的功能即可以很清晰地看到调制信号的星座图。因此可用示波器或者矢量信号分析仪构建星座图，提取 I/Q 支路相位正交性、载波正交性、幅度不平衡性等指标，考察由于信道失真和噪声干扰等引起的相位及幅度误差，并由直方图表示信号电平值的概率密度评估信号噪声水平的大小[120]。

有文献对星座图与信号质量和系统问题的关系进行了直观描述[122]：良好的星座图上星座点被很合理地定位在正方形内，表明系统有良好的增益、相噪及调制差错比；非连续无规律的噪声干扰(incoherent noise interference)形成云雾状星座图；连续有规律性噪声的干扰(coherent interference)；相位噪声(phase noise)形成旋转型星座图；增益压缩(gain compression)形成压缩形星座图；星座图上出现一些孤立远离主簇的点表明是周期性干扰。定量的调制域信号分析完好性性能，可通过星座图用 MER 和 EVM[122] 等指标衡量。

2) 调制误码比

数字系统中的调制误码比(MER)类似于模拟系统中的信噪比或载噪比，是指传送码正常值被误判一个平均总数，用噪声功率取代信号功率的比率的 dB 值表示，MER 值越大越好，MER 定义为

$$\mathrm{MER_{dB}} = 10\lg \frac{\frac{1}{N}\sum_{j=1}^{N}(I_j^2 + Q_j^2)}{\frac{1}{N}\sum_{j=1}^{N}(\Delta I_j^2 + \Delta Q_j^2)} = 20\lg \frac{\sqrt{\frac{1}{N}\sum_{j=1}^{N}(I_j^2 + Q_j^2)}}{\sqrt{\frac{1}{N}\sum_{j=1}^{N}(\Delta I_j^2 + \Delta Q_j^2)}} \tag{4-12}$$

$$\mathrm{MER_{ratio}} = \frac{C_{\mathrm{rms}}}{\sqrt{\frac{1}{N}\sum_{j=1}^{N}(\Delta I_j^2 + \Delta Q_j^2)}} \tag{4-13}$$

式中，I_j^2、Q_j^2 是各星座点的矢量坐标；ΔI_j^2、ΔQ_j^2 是到对应理想星座点的矢量偏差；C_{rms}是星座点矢量模的均方根值。MER 不仅考虑到幅度噪声，也考虑到相位噪声。测量信号的 MER 值是判定通路失效边界(系统失效容限)的关键部分。它不像在模拟系统中，图像质量会随着载噪比性能的下降明显降低，通常情况下较差的 MER 对数据传输的影响并不显著，只有在低于系统 MER 门限值的情况下才严重影响数据传输。MER 是一个统计测量，其主要局限是不能捕捉到周期性的瞬间的测量。在周期性的干扰下测得的 MER 可能很好，但比特误码率(bit error ratio，BER)值有可能却很差。

3) 误差矢量幅值

误差矢量幅值(EVM)[122]，是表征平均误码量值与最大符号量值的比值，其公式为

$$\mathrm{EVM_{RMS}} = 100\% \times \sqrt{\frac{\frac{1}{N}\sum_{j=1}^{N}(\Delta I_j^2 + \Delta Q_j^2)}{C_{\max}^2}} \tag{4-14}$$

$$\mathrm{EVM_{ratio}} = \sqrt{\frac{\frac{1}{N}\sum_{j=1}^{N}(\Delta I_j^2 + \Delta Q_j^2)}{C_{\max}^2}} \tag{4-15}$$

式中，I_j^2、Q_j^2 是各星座点的矢量坐标；ΔI_j^2、ΔQ_j^2 是到对应理想星座点的矢量偏差；C_{max}是最大最远星座点矢量的模。

EVM 和 MER 有一定关系但又表达不同的信息，MER 类似于信噪比，而 EVM 则可以理解成类似模拟电路中的波形失真率的一个参数。

从 EVM 和 MER 的定义式中可以看出它们之间存在一定的关系：

$$\mathrm{EVM_{ratio}} = \frac{C_{\mathrm{rms}}}{\mathrm{MER_{ratio}}C_{\max}} \tag{4-16}$$

$$\mathrm{MER_{dB}} = 20\lg \mathrm{MER_{ratio}} = 20\lg\left(\frac{C_{\mathrm{rms}}}{\mathrm{EVM_{ratio}}C_{\max}}\right) = -20\lg\left(\frac{\mathrm{EVM_{ratio}}C_{\max}}{C_{\mathrm{rms}}}\right) \tag{4-17}$$

4. 相关域信号分析

相关域是信号分析中非常重要的一个概念，GNSS 等码分多址(code division multiple access，CDMA)信号在弱信号下仍然能正常工作，相关作用居功至伟。相关是指变量之间的线性关系，相关分析可了解两个信号或同一信号在时移前后的关系，相关分析在力学、光学、声学、电子学、地震学、地质学和神经生理学等领域，都得到广泛的应用。对于随机变量相关体现两个随机变量之间线性关系的强度和方向；对于 GNSS 信号，相关可用来衡量两个 GNSS 信号或者 GNSS 信号与干扰及噪声相对于其相互独立的距离。相关通过大量的统计揭示了两变量之间内在某种对应的、表征其特性的近似物理关系。GNSS 信号的相关域分析主要是从互相关函数(cross correlation function，CCF)等相关特性曲线、

相关曲线方差(variance of correlation curve,VCC)、相关损耗(correlation loss,CL)、相关特性曲线对称性分析等方面来进行分析,评估信号相关以前导航信号异常引起的相关函数畸变。设计优秀如文献[123]的扩频码能保证自相关足够大而码间互相关足够小,因而也更加容易从相关域中检测 GNSS 的完好性。

相关包括自相关和互相关,自相关函数描述信号在这一个时刻与另一时刻之间的相互关系;互相关函数描述两个信号或干扰噪声之间的相互关系:

$$R_{xx}(\tau)=\frac{1}{T}\int_0^T x(t)x(t+\tau)\mathrm{d}t \tag{4-18}$$

$$R_{xy}(\tau)=\frac{1}{T}\int_0^T x(t)y(t+\tau)\mathrm{d}t \tag{4-19}$$

通常可利用自相关函数检查混杂在随机噪声中有无周期性 GNSS 信号,利用互相关函数可检测 GNSS 信号传播延时,并据此研究 GNSS 信号传播通道及播发信号的健康情况,也可以检测隐藏在外界噪声中的信号。

相关域分析可以很好地检测 GNSS 的空间信号异常,美国交通部 DOT 和 FAA 等机构的标准文档也是利用相关域分析监测导航信号异常,并依此制定导航信号异常标准模型[124]。卫星信号发生畸变的第一个典型案例是 1993 年 3 月观测到的 GPS 的 SV19 卫星发射板硬件故障,导致其功率谱主瓣的中心出现较大的脉冲及相关输出畸变,全世界好几个站点独立观测并报告了 SV19 卫星异常,这导致十几倍的导航垂直位置误差[125]。当时接收机利用 19 号卫星进行定位解算时,产生了 3~8 m 的误差,而不用 SV19 解算时误差仅为 50 cm,该问题于 1994 年通过更换成备用的发射板卡后得到解决[126]。为研究各种故障导致的信号变形对接收性能的影响,业界提出了多种导航信号异常模型,如最差波形模型(most evil waveform,MEWF)、最大似然子集模型(most likely subset,MLS)和二阶阶跃响应异常模型(2 order step anomaly,2OS)[125](图 4.4),2OS 模型在 DOT 和 FAA 的标准文档中确认为导航信号异常标准模型[124],所以也称为 ICAO 模型[127]。

2OS 三种典型导航信号异常模型分别是数字类型异常(threat model A,TMA),用超前或者滞后参数 Δ 建模;模拟类型异常(threat model B,TMB),用谐振频率参数 f_d 和衰减因子参数 σ 建模;两者的组合类型异常(threat model C,TMC),用三个参数建模。这三种类型异常包含的信号异常的故障模式是按码的时域波形划分的,体现到相关域分别对应三种相关峰(correlation peak)异常:TMA 导致死区平顶效应(dead zone),但相关峰还是对称的;TMB 导致相关峰畸变(distortion)且相关特性曲线扭曲不对称;TMC 综合上面两者,导致相关特性曲线不对称且出现假相关峰(false peak),如图 4.4 所示。

1) 互相关函数

从 GNSS 基带信号与本地理想 C/A 码序列参考信号进行归一化互相关函数(CCF)[128]:

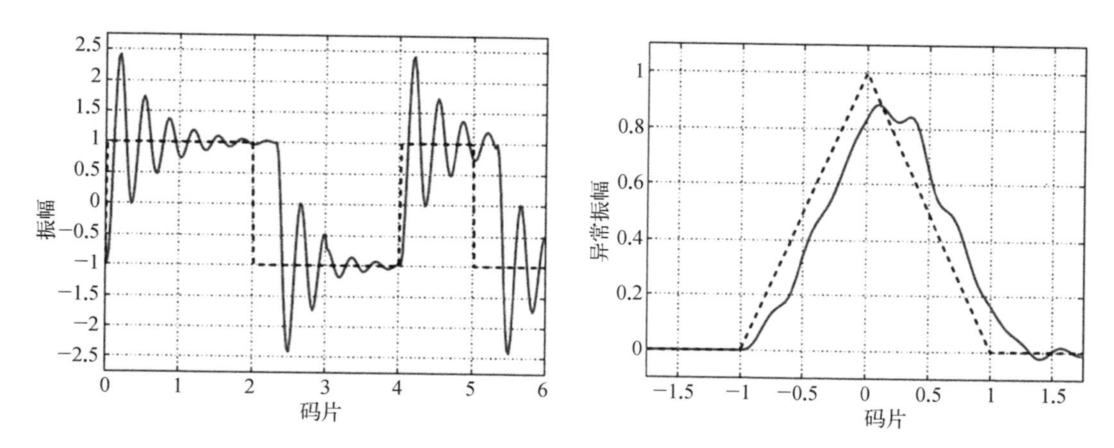

图 4.4 GNSS信号二阶阶跃响应异常模型(2OS)及相关曲线效果

注：$f_d = 3.0$ MHz；$\sigma = 2.0$ MNep/s；
$\Delta = 300$ ns

$$\mathrm{CCF}(\varepsilon) = \frac{\int_0^{T_p} S_{\mathrm{BB-PreProc}}(t) S_{\mathrm{Ref}}^*(t-\varepsilon)\mathrm{d}t}{\left[\int_0^{T_p} |S_{\mathrm{BB-PreProc}}(t)|^2 \mathrm{d}t\right] \cdot \left[\int_0^{T_p} |S_{\mathrm{Ref}}(t)|^2 \mathrm{d}t\right]} \tag{4-20}$$

式中，$S_{\mathrm{BB-PreProc}}$表示处理后的基带信号；$S_{\mathrm{Ref}}(t)$表示本地产生的理想基带复制码参考信号；T_p 是参考信号的主码周期。CCF 最大值 $\mathrm{Peak}_{\mathrm{CCF}}$用 dB 值表示为

$$\mathrm{Peak}_{\mathrm{CCF}} = \max_{\mathrm{over-all-}\varepsilon}[20\lg(|\mathrm{CCF}(\varepsilon)|)] \tag{4-21}$$

2）相关曲线方差

相关曲线方差(VCC)表征实际相关特性曲线与理想相关特性曲线的偏离程度：

$$\mathrm{VCC}_{\mathrm{CCF}} = \int [\mathrm{CCF}_{\mathrm{Ideal}}(\varepsilon) - \mathrm{CCF}_{\mathrm{Real}}(\varepsilon)]^2 \mathrm{d}\varepsilon \tag{4-22}$$

3）相关损耗

相关损耗(CL)指的是在相关处理中有用信号功率相对于所接收信号的全部可用功率的损耗，CL 是与导航性能有关的非常重要的参数，互相关的相关损耗 $\mathrm{CL}_{\mathrm{CCF}}$可用 dB 值表示为

$$\mathrm{CL}_{\mathrm{CCF}} = \mathrm{Peak}_{\mathrm{CCF-Ideal-input}} - \mathrm{Peak}_{\mathrm{CCF-Real-input}} \tag{4-23}$$

主要有两个原因引起相关损耗：① 同一载频上复用了多个信号分量；② 由于信道限带和失真所致[128]。

4.1.3 数据完好性

首先来看 LALIIM 中 GNSS 信号在数据层面(导航电文 $D^i(t)$ 和 PRN $C^i_{C/A}(t)$)的数

据完好性。通常应用信号分析理论在码域(code domain)、电文域(data domain)和应用域(application domain)进行数据完好性质量监测。

1. 码域数据分析

码域指的是类似于GPS的 $C^i_{\mathrm{C/A}}(t)$ 和 $C^i_{\mathrm{Y}}(t)$ 等GNSS的伪随机PRN码。每颗卫星的PRN是唯一相对GNSS用户来说早已经确知(约定俗成)的,因而可以依此为基础,判断卫星信号在传播过程中是否存在PRN码的失真畸变、码/CP不一致[129]等,进而从PRN码的角度推断数据完好性。

码域分析是通过对单个码片分析其边缘形状、考察码的时间序列、码速率、码片赋形、数字畸变和模拟畸变等码畸变度对码的完好性进行整体判断[118],也可从前面介绍的时域、频域和相关域方法进行PRN码级的完好性分析。

2. 电文域数据分析

GNSS电文域指的是类似于GPS的导航电文 $D^i(t)$ 等信息,其中包括导航所需要的卫星星历、卫星钟差、电离层时延、时间系统偏差等参数或数据,是影响系统服务性能的最重要因素,是GNSS公开信号监测与评估的重要内容之一[120]。

监测站依据与其他台站差分信息和其他可用资源如其他方式播报的系统时间、双频或多频伪距观测量计算的传播延时、IGS服务等服务资源等与GNSS电文进行比对,得到导航电文的相关检测验证。

导航电文的完好性分析主要从以下方面进行评价电文星历误差[130]:

a. 导航信息总体指标(与导航公布的ICD匹配程度);

b. 广播星历的卫星轨道精度(统计广播星历和精密星历轨道差异);

c. 广播星历的时钟偏差精度(统计广播星历和精密星历时钟差异);

d. 空间信号用户伪距误差(SIS UERE);

e. 广播星历电离层延时精度(统计广播星历和精密星历电离层延时差异);

f. 广播星历对流层延时精度(统计广播星历和精密星历对流层延时差异);

g. 广播星历的群延时精度(统计广播星历和精密星历群延时差异);

h. 广播星历的内部系统偏差(Inter-System Bias,ISB)精度(统计广播星历和精密星历内部系统偏差的差异);

i. 导航系统时间性能(广播的GNSS系统时与UTC差值和稳定性);

j. 导航系统参考坐标系性能(GNSS参考坐标系与惯性坐标系差别)。

3. 应用域数据分析

应用域分析包括接收机各种量测(伪距、CP、DS)和导航解算值PVTA等以数据形态存在的数值分析,这部分内容应当归属于第5章,但对于LALIIM的监测站来说实现起来比较简单,不但可用于和其他完好性监测参照比对,而且也是完好性监测的重要内容。主要指标有各种量测误差(如伪距误差、CP误差、DS误差)及PVTA误差等。

各种信号分析方法都是了解GNSS运行状态和进行故障检测的重要手段，信号分析理论进展很快，信号分析和处理的方法和种类非常多，各种方法也互有优劣，在GNSS完好性监测中，应当以对各类信号分析方法的处理方式、分析特征、优点和局限性，做到合理选择、正确使用、互相结合、优势互补，才能更好地检测故障的有无，有故障的话判断在什么位置，并最终达到故障排除目的。

4.2 区域增强级信息完好性监测评测方案

区域增强级信息完好性监测(LALIIM)目的是实时监测GNSS的信号质量，与普通用户相比，LALIIM拥有高增益抛物面伺服跟踪天线系统，可以直接在时域和射频进行实时GNSS完好性监测。本节首先介绍LALIIM的这个优势，然后在此基础上提出LALIIM方案。

4.2.1 GNSS高增益抛物面伺服跟踪天线系统作用

GNSS高增益抛物面伺服跟踪天线系统可以通过扩大天线有效接收面积的信号收集接收作用，和低噪声放大器(low noise amplifier, LNA)的低噪声放大作用，提高接收射频GNSS信号的载噪比，直接实现不解扩接收，它是LALIIM不可缺的重要设备。4.1.1节也曾经引用过GPS的IS-GPS-200E规定：在L1的20.46 MHz带宽上的C/A码信号到达地面的最小功率设计为−158.5 dBW[17]，考虑实际的典型微带天线接收增益最多为4 dBic[7]，但GNSS接收机的背景噪声谱密度也通常达到−201 dBW/Hz[7]，在L1的20.46 MHz带宽上噪声功率为−128 dBW。因此L1的C/A码在GPS接收机射频前端的载噪比约为−26.5 dB，如表4.1所示。

表4.1 GPS的C/A码射频信号接收功率(20.46 MHz带宽)

参数(L1的C/A码)	功　率
地面接收功率(全向天线)	−158.5 dBW
典型微带天线接收增益	4 dBic
GNSS接收机的背景噪声谱密度	−201 dBW/Hz
GPS在L1的C/A码带宽	20.46 MHz
GPS接收机的背景噪声(20.46 MHz)	−128 dBW
GPS的C/A码射频信号载噪比	−26.5 dB

1.1.3节的GNSS不足及发展趋势中论述到GNSS被噪底深深埋没的开放性GNSS信号导致其固有的脆弱性，这也是GNSS完好性的产生根源。常规途径是无法在时域上

观测到比噪声功率还弱 450 倍的 GNSS 信号的。如图 4.5 所示的功率谱密度(power spectral density,PSD)所示。

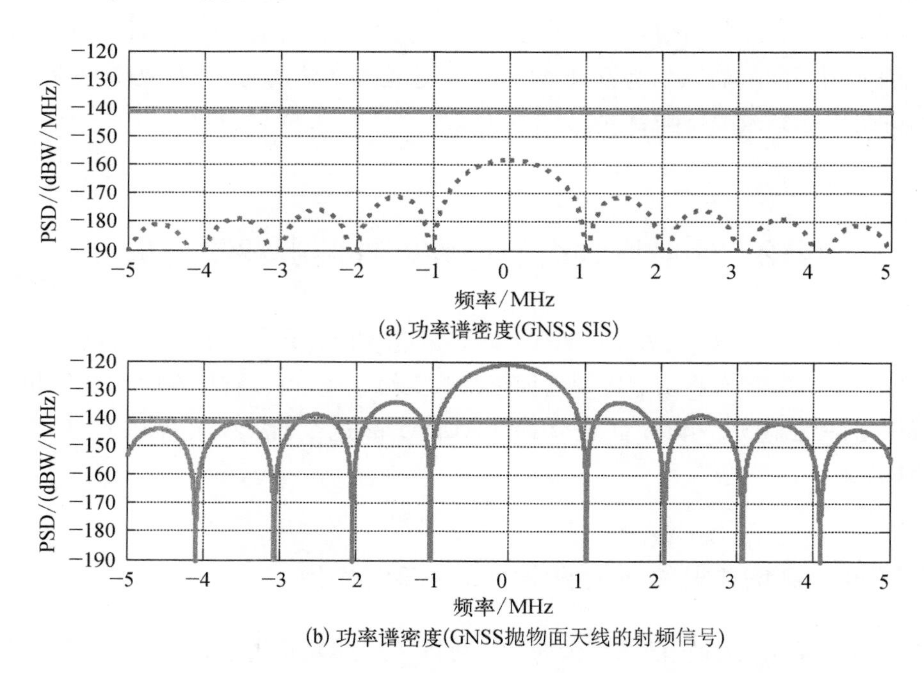

图 4.5　GNSS 抛物面天线接收空间信号前后及背景噪声功率谱密度

有很多 GNSS 分析是建立在将射频信号进行带限、采样和量化(bandlimiting, sampling and quantizing,BSQ)[131]下变频到数字中频信号进行正交载波剥离和多普勒去除,在获得的待分析基带(baseband)信号基础上进行分析(基带分析),但射频信号解扩到基带会导致频谱等部分信息丢失,而且也引入了滤波、调制、量化编码等很多非线性 BSQ 误差因素[131-134],在地面上直接观测原始的 GNSS 射频信号(不进行其他任何转换)显然是非常有利于 GNSS 完好性监测的,因此 LALIIM 大多是建立在地面监测站基础上的。但如图 4.5 所示,拥有较大有效接收面积的抛物面天线,可以实现在射频端将处于噪底(横直线)之下的不可见 GNSS 信号(上图虚线标示曲线)直接提升到噪底之上的可见 GNSS 信号(下图实线标示曲线),因此有效接收面积较大的抛物面天线是直接在时域和射频进行信号质量完好性监测的有力工具。

4.2.2　区域增强级信息完好性监测方案

依据 4.1 节应用信号分析理论分别从时域、谱域、调制域、相关域、码域、电文域和应用域提炼出相应的 LALIIM 评测指标,本小节在 GNSS 高增益抛物面伺服跟踪天线系统等重要设备的基础上设计了 LALIIM 方案,如图 4.6 所示。

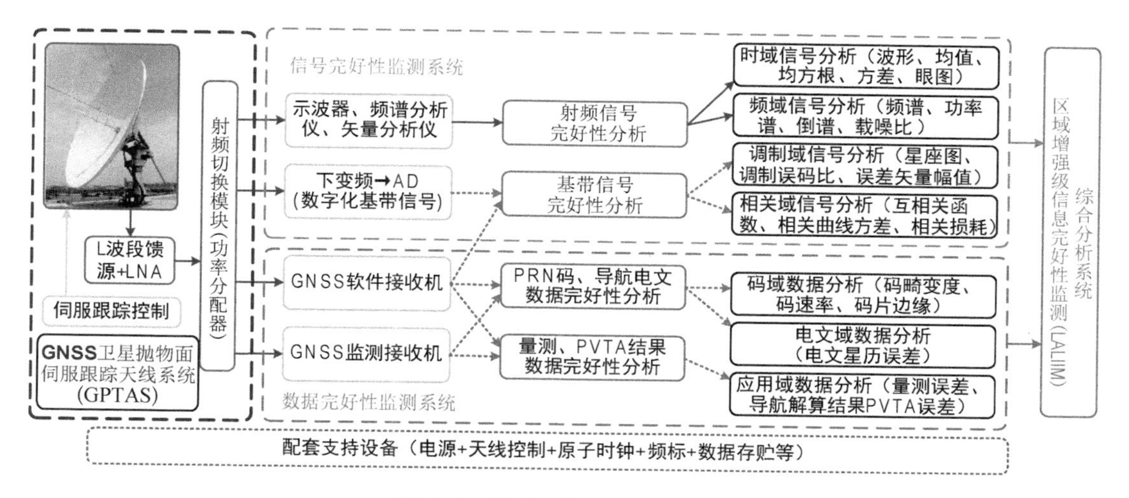

图 4.6　GNSS 的 LALIIM 方案

整个 LALIIM 方案由 GPTAS(左侧长划线围成部分)、信号完好性监测系统(上面长划线围成部分)、数据完好性监测系统(中间长划线围成部分)、LALIIM 综合分析系统(最右边实线框)和配套支持设备(最下面虚线框)五个部分组成。

其中 GPTAS 由大口径抛物面天线体、L 波段馈源、LNA、伺服跟踪控制器、射频切换模块(或功率分配器)和馈线等组成,实现对指定 GNSS 某颗卫星的跟踪和射频信号收集与分发。

信号完好性监测系统由上半部分的射频信号完好性分析(实线)和下半部分的基带信号完好性分析(虚线)组成,射频信号完好性分析主要用示波器、频谱分析仪和矢量分析仪进行实时的时频信号分析,即分别采用波形图、均值、均方根、方差和眼图等方法进行时域信号分析,和采用频谱、功率谱、倒谱和载噪比等方法进行频域信号分析;基带信号完好性分析主要通过下变频将射频变换到模拟中频然后进行带限、采样和量化为数字基带信号并在调制域和相关域进行基带信号分析,相关域信号分析指标有互相关函数、相关曲线方差和相关损耗;调制域信号分析指标有星座图、MER 和 EVM。

数据完好性监测系统由上半部分的 PRN 码、导航电文数据完好性分析和下半部分的量测、PVTA 结果数据完好性分析组成(分析流程用虚线表出),PRN 码、导航电文数据通过 GNSS 软件接收机获得,在码域进行码畸变度、码速率和码片边缘等数据完好性分析;在电文域进行电文星历误差统计等数据完好性分析;量测(伪距、CP、DS)误差和 PVTA 结果数据通过 GNSS 监测接收机获得,在 GNSS 用户应用域进行数据完好性分析。

LALIIM 综合分析系统综合信号完好性监测和数据完好性监测的结果,并参考其他台站差分信息和其他可用资源对 GNSS 的实时完好性进行全面评判,并实时分发完好性给用户。

配套支持设备包括电源、天线控制需要下载的实时星历、原子时钟和频标及数据存储回放等支撑系统运行设备。

4.3 GPTA - SQMS设计与实现

通常GNSS接收机是通过PRN码解扩获得载噪比增益,例如,处于噪底下(CNR约为-20 dB)的8 MHz带宽上L1的C/A码信号经过C/A码解扩到400Hz带宽上可获得43 dB的增益,这时接收机的CNR约为23 dB[7],通常是无法进行射频和时域观测的。如4.2.1节所说GNSS高增益抛物面伺服跟踪天线系统可直接在时域和射频对被噪声湮没的微弱GNSS信号进行实时GNSS完好性监测分析,本节详细介绍了SJTU-GNC团队的3.2米GNSS卫星抛物面伺服跟踪天线和信号质量监测系统(GNSS steerable parabolic tracking antenna for signal quality monitoring system,GPTA - SQMS)的功能、设计过程、安装和测试情况。

4.3.1 国际GNSS监测抛物面天线简介

为实现实时的射频和时域GNSS信号观测,国际上各大GNSS提供商和有些大型研究机构均建设了各自的GNSS信号监测系统,架设了伺服天线系统跟踪监测各种GNSS信号,图4.7分别为国际上几个典型的抛物面天线,通过它们都公开发表了一些各大GNSS系统信号的监测研究成果,但国内研究单位对这种原始信号的监测研究比较少,对GNSS信号的实时完好性质量监测更是少见报道。

(a) (b) (c) (d) (e) (f)

图4.7 国际GNSS监测抛物面天线图

1. Stanford Dish

图 4.7(a)[135]是位于斯坦福大学射电科学场(radio science field)的 150 英尺(约 45.7 m)的"Stanford Dish" L 波段抛物面反射碟形天线(parabolic reflector dish antenna),该天线增益达 52 dB,天线其后连接有矢量信号分析仪。

2. Galileo 在英国和荷兰监测站

欧洲 Galileo 系统在试验卫星 GIOVE-A 和 GIOVE-B 发射之后,欧洲空间技术研究中心(European Space Research and Technology Center,ESTEC)在英国南部地区汉普郡的奇尔波顿天文台(Chilbolton observatory)和荷兰诺德韦克(Noordwijk)监测站设置 GNSS 信号监测系统[136, 137],图 4.7(b)[138]显示的是安装在 Chilbolton 增益约为 47 dB 的 25 m 抛物面天线,主要完成对 Galileo 卫星发射的导航信号的各项性能在轨测试和评估。

3. 德国深空天线

图 4.7(c)[139]是位于德国魏尔海姆(Weilheim)的德国宇航中心(German Aerospace Center;Deutsches zentrum für Luftund Raumfahrt,DLR)下属的德国空间运行中心(German Space Operations Center ,GSOC)的 30 m 抛物面天线,曾经于 2009 年在不知道 L5 信号特性时成功地首次独立监测接收到 GPS 卫星的 L5 新测试信号,体现了抛物面天线提升噪底下 GNSS 信号载噪比的作用,抛物面天线为高精确的 GNSS 信号的质量监测和分析奠定了基础[139]。

4. 德国地面监测站

图 4.7(d)[140]是位于德国 Leeheim 的 7 m 和 12 m 两个 SHF-1 超高频可控抛物面反射天线地面监测站,天线测量幅度不确定性±1 dB[141]。这对天线曾经于 2007 年跟踪监测过北斗第一颗 MEO 卫星开始发射的三个频率信号,分别为 B2(1 207 MHz)、B3(1 268 MHz)和 B1(1 561 MHz)[142]。

5. 法国可控抛物面天线

图 4.7(e)[140]是位于法国土鲁斯(Toulouse)的法国国家空间研究中心(Centre National d'Études Spatiales,CNES)2.4 m L 频段(1.1~1.7 GHz)可控抛物面跟踪天线(CNES tracking antenna,2.4 m steerable parabolic dish)。

6. Stanford 可控抛物面天线

图 4.7(f)[140]是美国斯坦福大学 GPS 导航实验室(GPS Lab)的斯坦福 GNSS 监测站(Stanford GNSS Monitor Station,SGMS)的 L 波段 1.8 m 可控抛物面天线,用于分析各个 GNSS 系统的信号异常及特点。

4.3.2 GPTA-SQMS 系统介绍

GPTA-SQMS 是 SJTU-GNC 实验室承担的"十二五"国家高技术研究发展计划

(863计划)项目子课题"GNSS脆弱性分析及信号传输环境研究"的分课题。GPTA-SQMS的系统方案及各部分组成类似于图4.6所示的LALIIM方案,也包括如图4.8所示的GPTAS(长划线围成部分)和配套支持设备(最下面虚线框)四大部分组成。GPTA-SQMS的信号质量监测(signal quality monitoring,SQM)的内容更加广泛:不但包括完好性性能监测,还包括了精度性能、可用性性能、连续性性能和脆弱性性能监测分析。

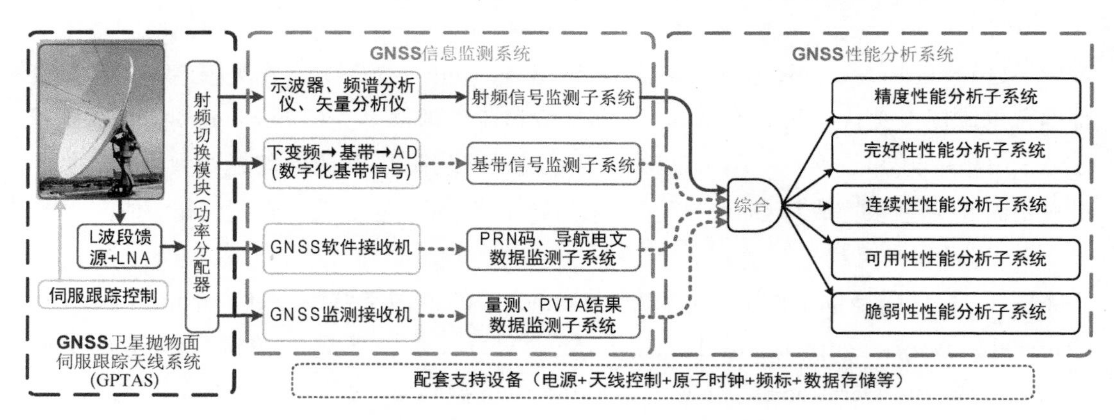

图4.8 GPTA-SQMS系统组成框图

1. GNSS卫星抛物面伺服跟踪天线系统构成

图4.9标示了GPTA-SQMS系统的关键部分,即GNSS卫星抛物面伺服跟踪天线系统(GPTAS)的各个部件连接情况,中间虚线将整个GPTAS分成室外和室内两个部分,室外部分位于上海交通大学航空航天学院实验楼四楼的楼顶的2 m高台上,室内部分位于2楼实验室。室内和室外分别由三种线缆相连,分别是最上面第一条实箭头线标示的GNSS射频信号通路、中间第二条虚箭头线标示的伺服跟踪天线控制和响应信号通路和最下面第三条点划箭头线标示的天线方位和俯仰伺服电机的380 V电力通路,第一条射频信号通路是独立于其他两条通路的,第三条电力通路受第二条通路控制。

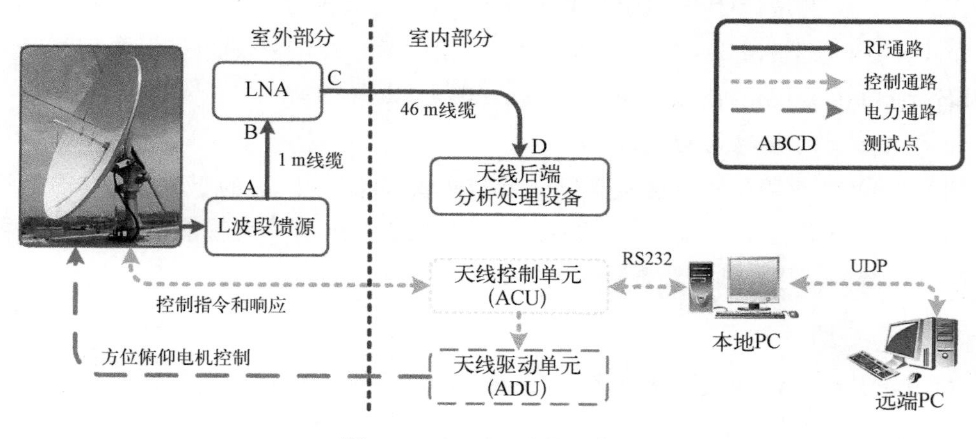

图4.9 GPTAS连接示意图

具体地，GPTAS射频信号通路是需要监测的GNSS信号通道，在安装调试过程中有ABCD四个测试点，由天线体汇集接收GNSS信号到L波段馈源输出(测试点A)，并通过1 m射频电缆连接到LNA的输入端口(测试点B)，LNA输出端口(测试点C)经过46 m射频电缆连接到后端分析处理设备输入端口(测试点D)；GPTAS伺服跟踪天线控制和响应信号通路是控制抛物面天线跟踪转动及跟踪指定GNSS系统需要监测的GNSS卫星的控制和响应通路，天线控制单元(ACU)接收抛物面天线系统实时状态，通过RS232串口发送给本地控制PC主机，本地PC比对根据GNSS星历文件解算的卫星LOS信息和抛物面天线系统实时状态的差异值Δ，通过ACU控制天线驱动单元(ADU)驱动方位和俯仰伺服电机调整抛物面天线体指向，直到Δ达到指定精度，完成天线实时跟踪对准卫星的功能。此外本GPTAS也对远端PC开放了UDP协议，从而实现在远端PC控制天线的功能；GPTAS方位和俯仰伺服电机的380 V电力通路中的核心部件ADU受ACU控制，完成抛物面天线的传动、支撑及工作平台。

图4.10(a)是GPTAS在楼顶的室外部分天线体附近的外景图；(b)是远观效果图(圆圈所标示的是GPTAS天线体)；(c)标示了GPTAS室内安装在机架上的主体部分，最上面的模块是ACU，ACU下面是ADU，再下面是天线后端分析处理设备，此处为频谱分析仪，其输入即为46 m线缆RF通路的室内端点(测试点D)，最下面依次是集中控制的KVM键盘、显示和鼠标(keyboard, video, mouse)及运行GPTAS控制软件的本地PC的主机。

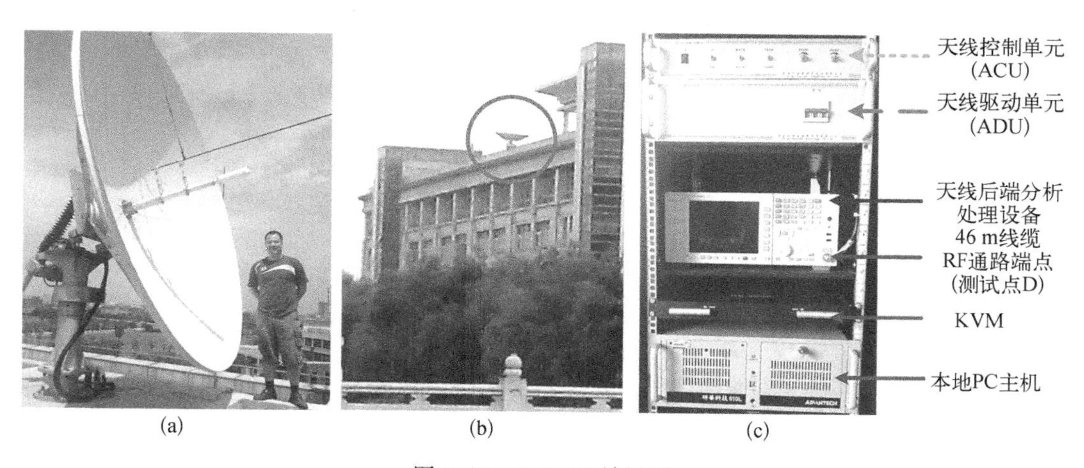

图4.10 GPTAS效果图

GPTAS根据GNSS卫星星历预报跟踪GNSS卫星并收集放大GNSS射频信号提供用户进行完好性监测等处理。GPTAS实现的主要功能如下。

a. 根据GNSS卫星星历进行轨道计算功能；

b. 程序跟踪功能：可通过目标卫星的星历文件或时间角度文件对指定卫星进行跟踪；

c. 记忆跟踪功能：基于曾经跟踪过的历史数据，如曾经跟踪过的某颗星、某天跟踪的历史记录信息等的回放；

d. 手动控制功能：指定某个方位及仰角实现卫星信号定向接收，以便于跟踪 GEO 卫星，并给出上下左右的图形化界面便于微调步进给定的某个角度跟踪卫星；

e. 系统时间和天线实时位置显示功能：GPTAS 通过一个 GPS 接收机实现上星历预报时刻卫星位置的读取和跟踪，并将 UTC 时间显示在界面上，此外还实时显示抛物面天线的指向(方位角和俯仰角)；

f. 远端控制功能，远端 PC 可通过 UDP 协议对天线实施控制；

g. 故障检测和错误告警功能：可实现时间同步差错、限位和过顶指示、编码器错误等故障检测和报警。

此外还预留了步进跟踪功能接口和跟踪自动转换功能的潜力。图 4.11 是运行本地 PC 主机上的 GPTAS 软件主界面截图。

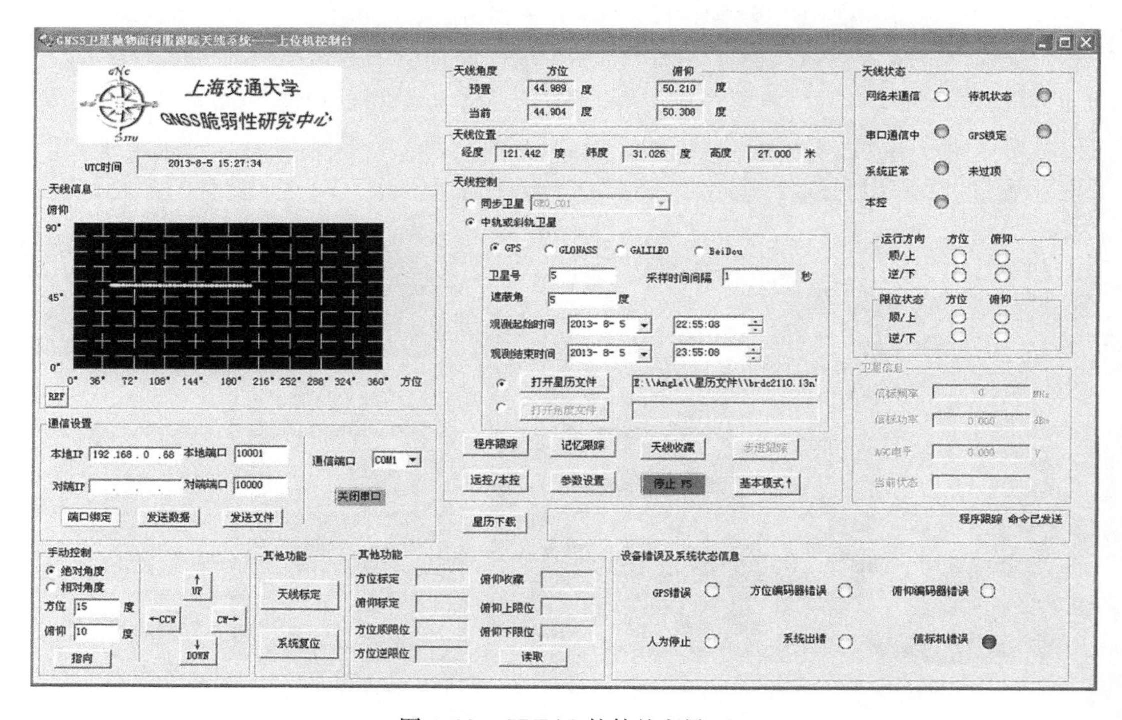

图 4.11　GPTAS 软件的主界面

2. GNSS 卫星抛物面伺服跟踪天线系统性能指标

GPTAS 为 GNSS 完好性监测分析提供 GPS、GLONASS、BDS 和 Galileo 等 GNSS 导航卫星的真实空间信号。GPTAS 根据被跟踪的导航卫星的星历文件对指定 GNSS 卫星进行跟踪，系统可以预设大于 24 小时包含指定卫星切换的跟踪。GPTAS 设计的主要指标如表 4.2 所示。

表4.2 GPTAS主要指标

序号	分类	项目	设计要求	GPTAS实际指标
1	静态指标	反射体的直径	2.4 m	3.2 m
2		工作频段	1 100～1 700 MHz	1 100～1 700 MHz
3		接收增益	28.8 dBi@1 500 MHz	31.3 dBi@1 500 MHz
4		3 dB波束宽度	5.5°@1 200 MHz	4.5°@1 200 MHz
5		极化方式	RHCP	RHCP
6		VSWR(驻波比)	<1.4∶1	≤1.38
7	LNA	增益	≥31 dB	45.7 dB
8		增益平坦度	≤1 dB/40 MHz	0.8 dB/40 MHz
9		噪声温度	<66.8 K	<60 K
10	跟踪指标	方位转动范围	0°～360°	1.52°～358.79°
11		俯仰转动范围	0°～90°	3.66°～88.085°
12		方位角速度	≥1.2°/S	2.84°/S
13		俯仰角速度	≥1.2°/S	1.22°/S
14		定角精度	≤0.075°	0.011°、0.011°
15		跟踪精度(相对于星历预报值)	≤0.55°@1 200 MHz	0.076°@1 200 MHz(A) 0.101°@1 200 MHz(E)

4.3.3 GNSS卫星抛物面伺服跟踪天线系统设计

在国内,GPTAS没有货架产品的生产销售,通信卫星的抛物面伺服跟踪天线大部分都是针对发射有信标的GEO通信卫星,可以通过信标接收机进行步进跟踪,但GNSS导航卫星不发射信标,且绝大部分都是MEO卫星,还有少量IGSO和GEO卫星。此外在设计、安装及调试过程中遇到了很多探索性的问题,GPTAS是由SJTU-GNC团队通过与中国亚太移动通信卫星有限责任公司和航天恒星空间技术应用有限公司联合开发研制的GPTAS。

1. 链路计算及LNA参数设计

本小节介绍GPTAS重要指标及通过链路计算确认关键设备LNA参数。

1) GNSS导航信号中心频点

GPTAS的目标是为GNSS完好性监测分析提供GPS、GLONASS、BDS和Galileo等GNSS导航卫星的真实空间信号,虽然GPTAS的工作频段指标要求是1 100～1700 MHz,但GNSS信号通常位于表4.3所示中心频点上的40 MHz带宽内。

表4.3 GPTAS中心频点

GNSS	GPS	GLONASS	BDS(BeiDou)		Galileo
			IOC	FOC	
中心频点/MHz	L1: 1 575.42 L2: 1 227.60 L5: 1 176.45	L1: 1 598.062 5 ～1 604.25 L2: 1 242.937 5 ～1 247.75 L3: 1 197.648 ～1 212.255	B1: 1 561.098 B2: 1 207.14 B3: 1 268.52	B1: 1 575.42 B2: 1 191.795 B2a: 1 176.45 B2b: 1 207.14 B3: 1 268.52	E1: 1 575.42 E5: 1 191.795 E5a: 1 176.45 E5b: 1 207.14 E6: 1 278.75

2）链路计算因素

卫星发射功率 P_{SV} 为 27 W(14.3 dBW)，但每颗卫星只是在朝向地球的一个很小的偏轴角(21.3°)方向发射信号[7]，会有一个卫星天线偏轴角增益 P_{α}(14.7 dB)。因此卫星等效全向辐射功率(equivalent isotropic radiated power，EIRP) P_{EIRP}，有时也称为有效全向辐射功率(effective isotropic radiated power，EIRP)，它指卫星发射机供给天线的功率与在给定方向上天线偏轴角增益的乘积，表 4.4 示出了 P_{EIRP}(29.0 dBW)，是用 dB 值表示为

$$P_{EIRP}(\mathrm{dB}) = P_{SV} + P_{\alpha} \tag{4-24}$$

GNSS 卫星信号到达地表的功率 P_{Earth}(通常约为−130.5 dB)可表示为下式：

$$P_{Earth}(\mathrm{dB}) = P_{EIRP} - l_a - l_t = P_{SV} + P_{\alpha} - l_a - l_t \tag{4-25}$$

式中，传播大气损耗 l_a 通常为 0.5 dB；距离 P_{SV} 为 25 240 km 的 GNSS 信号在自由空间传播距离损耗 l_t 为 $1/4\pi P_{SV}^2$(−159.0 dB)，因此 GNSS 卫星信号到达地表的功率 P_{Earth} 约为−130 dB，如表 4.4 所示。

表 4.4 GPTAS 链路计算

链路计算因素(用 dB 表示)			L1 C/A 码
参数名称		符号	
卫星发射机功率		P_{SV}	14.3 dBW(27 W)
卫星天线偏轴角增益(21.3°)		P_{α}	+14.7 dB
卫星等效全向辐射功率(EIRP)		P_{EIRP}	29.0 dBW
传播大气损耗		l_a	−0.5 dB
自由空间传播距离损耗		l_t	−159.0 dB
GNSS 信号到达地表功率		P_{Earth}	−130.5 dB
天线抛物面增益	直径 2.4 m	$G_{A-2.4\,m}$	+30.4 dB
	直径 3.2 m	$G_{A-3.2\,m}$	+32.9 dB
1 m+46 m 线缆损耗		l_c	−25 dB
噪声功率(300 K)			−201 dBW/Hz
噪底(40 MHz)		N_0	−125 dBW
GPTAS 输出端载噪比		CNR_D	−0.1 dBW+ G_{LNA} ≥30 dB
LNA 增益		G_{LNA}	≥30.1 dB

GNSS 卫星信号经由抛物面天线阵面反射后由螺旋天线接收，再经 LNA 放大，并送至用户设备，GNSS 的空间信号经由链路如下所示：

天线阵面 → 螺旋天线 → 1 m 馈线 → LNA → 46 m 馈线 → 用户设备 (4-26)

因此 GPTAS 输出端(图 4.9 中测试点 D)的载噪比 CNR_D 用 dB 值表示为

$$CNR_D(\mathrm{dB}) = P_{Earth} + G_A + G_{LNA} - l_c - N_0 \tag{4-27}$$

式中，G_A 为抛物面收集接收扩大天线有效接收面积产生的增益；G_{LNA}为 LNA 增益；l_c 为 1 m 馈线和 46 m 馈线导致的馈线损耗总和（≤25 dB）；N_0 为常温（300 K）下热噪声功率（噪底）。在常温（300 K）下热噪声功率（噪底）系数为−201 dBW/Hz[7]，在导航信号高带宽模式（40 MHz）时噪底即为−125 dBW（−201+76）。

3）抛物面增益

GPTAS 的抛物面可以收集接收扩大天线有效接收面积，对 GNSS 信号产生的抛物面增益 G_A，以 GPS 的 L1 频点 C/A 码信号为例，G_A 计算公式如下：

$$G_A = \left(\frac{\pi d_A}{\lambda_{L1}}\right)^2 \cdot e_A \tag{4-28}$$

式中，d_A 为抛物面天线反射面直径，λ_{L1} 为 GNSS 的 L1 频点信号波长，e_A 为天线效率（通常取值范围是 0.55～0.90），取 e_A 为 0.70 得到抛物面天线直径分别为 3.2 m 和 2.4 m 时的抛物面增益 G_A（设计中是按照 2.4 m 的式（4-30）测算）：

$$G_{A-3.2\,m} = 32.9\ \text{dB} \quad (e_A = 0.7,\ \text{L1} = 1\,575.42\ \text{MHz}) \tag{4-29}$$

$$G_{A-2.4\,m} = 30.4\ \text{dB} \quad (e_A = 0.7,\ \text{L1} = 1\,575.42\ \text{MHz}) \tag{4-30}$$

4）LNA 增益

还是以 GPS 的 L1 频点 C/A 码信号为例进行测算，将设计的 LNA 增益 G_{LNA}与 GPS 卫星和传输链路有关参数转列到表 4.4 中[7]。假设 1 m 馈线和 46 m 馈线导致的馈线损耗总和 l_c 为 25 dB，将式（4-25）的 P_{Earth}、式（4-30）的 $G_{A-2.4\,m}$及前面介绍的 40 MHz 噪底参数代入式（4-27）得到 GPTAS 输出端的载噪比 CNR_D：

$$\begin{aligned} CNR_D(\text{dB}) &= P_{Earth} + G_A + G_{LNA} - l_c - N_0 \\ &= (-130.5) + 30.4 + G_{LNA} - 25 - (-125) = G_{LNA} - 0.1\ \text{dB} \end{aligned} \tag{4-31}$$

通过上述链路计算，最终由式（4-31）计算得到要求的 LNA 增益 G_{LNA}：

$$G_{LNA}(\text{dB}) = CNR_D + 0.1 \tag{4-32}$$

类比于 GPS C/A 码，在 40 MHz 导航带宽内，通常在使用中要求载噪比至少 CNR≥30 dB 才能够清晰地看到频谱的最低点，根据式（4-32）得到 $G_{LNA} \geq 30.1$ dB，考虑裕量，选择 LNA 增益 G_{LNA}应至少为 31 dB。

5）LNA 噪声温度

LNA 的噪声系数（noise figure，NF）会降低 GPTAS 的载噪比，根据测算 LNA 增益相同的要求（载噪比至少 CNR≥30 dB），根据式（4-31）可得 NF 相关计算公式：

$$CNR_D - NF = G_{LNA} - 0.1\ \text{dB} - NF \geq 30\ \text{dB} \tag{4-33}$$

将前面测算的 $G_{LNA} \geqslant 31$ dB 代入式(4-33)得到

$$NF \leqslant G_{LNA} - 0.1 - 30 \text{ dB} = 0.9 \text{ dB} \tag{4-34}$$

噪声温度(noise temperature,NT)和 NF 的换算关系如下[143]:

$$\text{NT}(K) = 290 \cdot (10^{\frac{\text{NF}}{10}-1}) \tag{4-35}$$

将 NF≤0.9 dB 代入式(4-35)得到 NT≤66.8 K,在满足 LNA 增益条件下,尽可能选择 NF 较低的 LNA 型号。根据初步测算和先期调研,LNA 产品的 NF 值常在 1.5 dB 以下,即 NT<120 K,因此 NT≤66.8 K 能够满足 GPTAS 需求。

6) LAN 增益平坦度

对于 GNSS 应用,额外的要求是增益平坦度(gain flatness,GF)。希望在每一个 GNSS 信号的 40 MHz 带宽内,不差于 1 dB。

2. 天线结构及天馈系统

GPTAS 天线结构主要从载荷强度和抛物面电性能误差两方面考虑,即天线结构必须在要求的载荷作用下不发生破坏,满足强度和刚度的要求,同时天线在规定的载荷作用下结构变形也要能满足电性能的要求。风荷在上海这样的沿海楼顶和其他山头等地方是天线的主要载荷之一。GPTAS 对天线的要求是 8 级风(上限风速为 20.7 m/s)下保精度工作,12 级风(上限风速 36.9 m/s)下处于朝天收藏状态时不被破坏。根据天线效率的要求,反射面天线的表面均方根误差一般不超过波长的 1/30~1/60(GNSS 的 L 波段为 3 mm)。以此作为判断天线正常工作的主要依据之一。为此经有限元离散后天线结构的有限元模型如图 4.12(a)所示,应用有限元分析软件 ANSYS10.0 对天线结构进行了计算和分析后表明,在各种工况下天线结构满足强度要求,在 8 级风速下,天线主面的轴向均方根误差均不超过 1 mm,因而该天线结构满足型面精度要求。

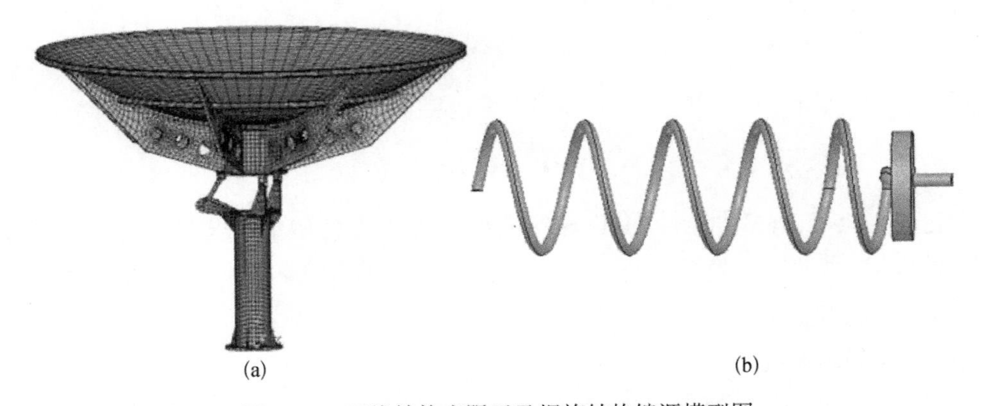

图 4.12 天线结构有限元及螺旋结构馈源模型图

GPTAS 接收 L 波段右旋圆极化天线(RHCP)的 GNSS 信号,天线采用前馈单反射面标准抛物面,主面结构采用直径为 3 200 mm 的标准抛物面。为了满足交叉极化等性能要求，减小损耗和阻塞效益，馈源的设计采用如图4.12(b)所示背射式螺旋结构。

3. 伺服控制系统

GPTAS采用闭环伺服控制方案驱动电机旋转带动安装在天线转台上的抛物面天线跟踪GNSS卫星，其工作原理如图4.13所示。

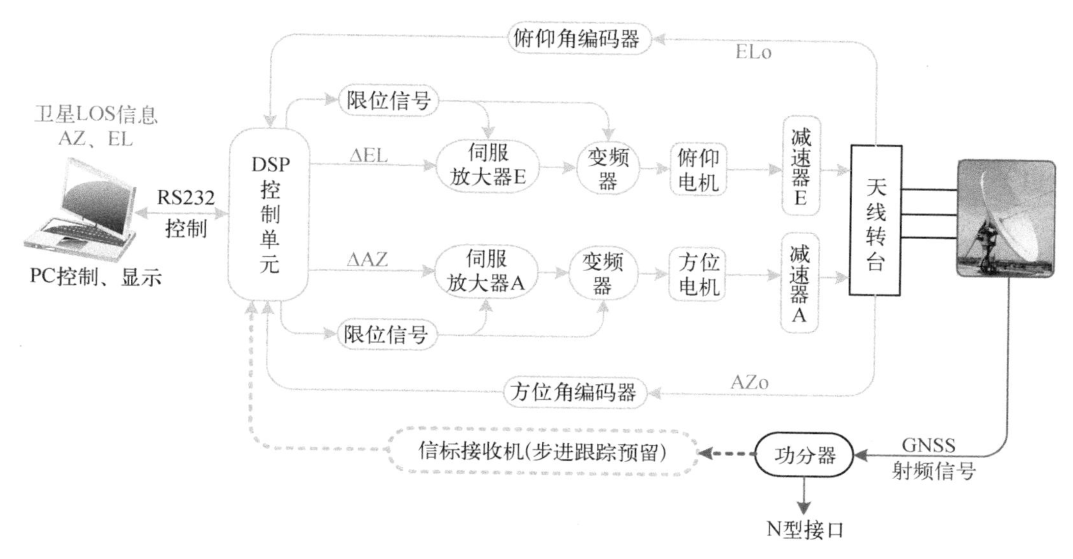

图4.13　伺服控制系统原理图

本地PC根据GNSS星历解算预测需要跟踪的卫星LOS信息(方位角AZ和俯仰角EL)，通过RS232串口发送到DSP控制单元，DSP控制单元将它与方位角和俯仰角编码器获得的天线实时指向AZo和ELo进行比较，得到误差角ΔAZ=AZ−AZo和ΔEL=EL−ELo，并生成与此误差角成正比的误差信号为ΔUAZ，ΔUEL。经伺服放大后，送天线驱动器，驱动天线向减小误差信号方向转动，直至ΔUAZ和ΔUEL→0。此时抛物面天线对准目标，停止转动，如此持续跟踪卫星，期间方位角和俯仰角均受DSP控制单元生成的限位信号控制。天线输出的GNSS射频信号可分一路到信标接收机进行处理，以实现步进跟踪功能，但当前GNSS卫星没有信标信号，只是预留了这个接口。

4. GNSS卫星程序跟踪方案及软件设计

GPTAS原设计方案类似于对通信用的GEO卫星进行步进跟踪的抛物面天线系统，所涉及的步进跟踪需要持续跟踪卫星播发导频信号的极值，即按一定的时间间隔使天线在方位面(或俯仰面)内以一个微小的角度作阶跃状转动，通过计算机在预定的时间间隔内对导频信号接收电平作增减及幅度判别，并据此决定天线转动的方向和大小，直到搜索到最大电平，使天线进入平衡状态，经过一段时间后，再开始进入跟踪状态，如此周而复始地进行工作。但各大卫星导航系统现在均未公布其用于导航卫星跟踪的导频信号具体参数(也没有发现公开报道的相关文献)，而且MEO和IGSO导航卫星很可能没有导频信号，无法通过步进跟踪对所有GEO、MEO和IGSO导航卫星进行实时跟踪。因而在本课题中考虑用程序跟踪的办法解决导航卫星跟踪问题。

程序跟踪是将卫星的星历数据和天线平台地理坐标与姿态数据一并输入本地计算机，计算机对这些数据进行处理、运算、比较，得出卫星轨道和天线实际角度在标准时间内的角度差值，然后将此值送入伺服控制器，驱动天线，消除误差角。不断地比较、驱动，使天线持续指向卫星。程序跟踪是根据预测的卫星轨道信息和天线波束的指向信息来驱动跟踪系统的，完全按照星历的轨道预报计算结果持续驱动天线到预先计算好的位置。这就需要根据 GPS、GLONASS、BeiDou 和 Galileo 四大卫星导航系统及其增强系统的各种不同星历格式分别进行轨道预报计算，以实现所有导航卫星的实时跟踪。SJTU-GNC 课题组对伺服天线自动跟踪中轨导航卫星的方法及系统已经申请了国家发明专利[144]。

GPTAS 的程序跟踪采用图 4.13 的 DSP 作为控制器，软件程序由主程序、定时采样程序、DSP 与周边资源的数据交换程序、上位机控制程序四个部分组成。

a. 主程序：完成系统的初始化、I/O 接口控制信号、DSP 内部各个控制模块寄存器的设置等，然后进入循环程序。流程图如图 4.14 所示。

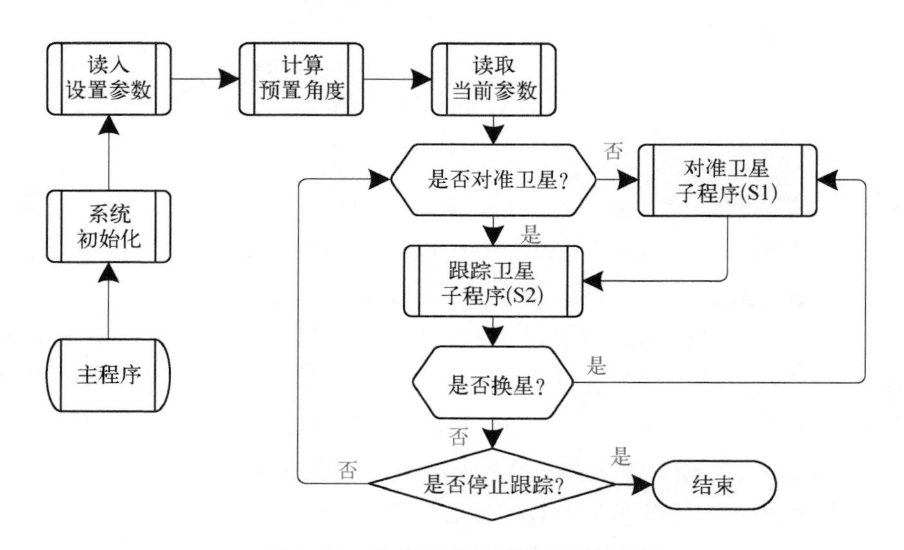

图 4.14 GNSS 卫星跟踪软件流程图

b. 定时采样程序：实现电流环、速度环控制的采样以及矢量控制、PWM 信号生成、各种工作模式选择和 I/O 的循环扫描。

c. 数据交换程序：主要包括与上位机通信程序、Flash 中的参数存储、控制键盘的值的读取和显示程序。其中，通信采用串行通信接口，根据特定的通信协议接收上位机的指令，并根据要求传送参数。

d. 上位机控制程序：含有串行通信接口(RS232)和网络接口(ethernet)，实时控制图形界面天线系统。

4.3.4 GNSS 卫星抛物面伺服跟踪天线系统安装与测试

1. 天线系统安装及校准

GPTAS 安装在 SJTU－GNC 所在实验大楼的四楼楼顶，但附近有如图 4.15 所示的其他相对位置较高楼顶墙群、CORS 站天线、中央空调外机、风洞实验排风口、冷暖水管等永久性建筑和设备，对于天线 LOS 有很强的遮蔽作用。

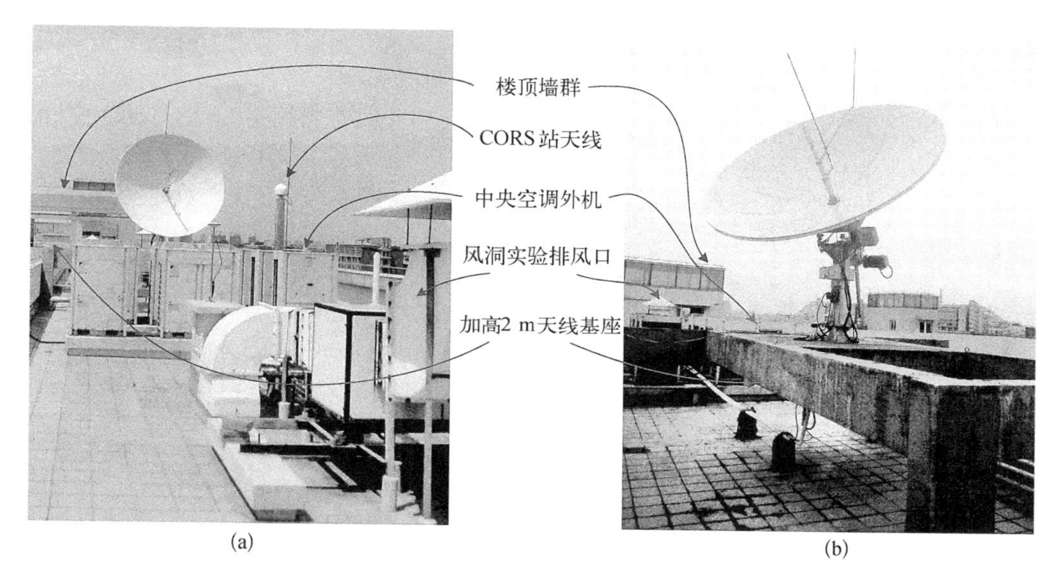

图 4.15　GPTAS 安装环境

综合考虑射频线缆长度、楼顶承重情况（自重约 380 kg）及周边视线遮蔽等情况确定安装位置，初步测算对抛物面天线的掩蔽角为 35°以上，很不利于跟踪监测卫星，因此在楼顶承重梁间修建 2 m 高的天线基座，安装后保证掩蔽角＜5°。

天线的抛物面安装好后需要校准方位和俯仰角度编码器与天线面实际指向，由于 GNSS 卫星不发射信标，GPTAS 采用安装 Ku 波段（频率范围 12～18 GHz，波长范围 25.00～16.67 mm）的馈源，并调整天线方位和俯仰角，令其指向发射有信标信号且已知位置的 GEO 通信卫星，通过接收的信标信号校准天线体指向，校准后再换回 L 波段馈源，完成标校工作。Ku 频率比 L 波段高一个数量级，半功率角度很窄，Ku 波段卫星标校指向精度满足表 4.3 提出的指标要求。

2. 天线系统远场法测试

GPTAS 测试包括天馈部分测试和跟踪指向等其他性能测试。天馈部分测试有一部分如驻波比、阻抗匹配等在安装好后进行，但更主要是采用远场法出厂前进行。远场法进行天馈测试时，在 150 m 外的远场信号塔上用螺旋天线分别发射 Agilent 的 E8257D 信号源的 L 波段各个功率稳定的连续单载波信号，到达被测接收天线，经天线主面、喇叭、双工器，由高频电缆连接至 RS 的 FSU－43 频谱分析仪。待测天线的转动角度与频谱仪的扫描时间存在一一对应关系，通过转动待测天线，频谱仪的显示器就实时记录待测天线的方向图，利用绘图仪打印测试结果。天线方向图类似于图 4.2(a)所示的频谱图，只是天线方向图中不是带宽，而是指的波束，所有类似于 3 dB 带宽在方向图中称为 3 dB 波束宽度。从测得的天线方向图中可以读出 FSL 值、方位及俯仰面的半功率波束宽度（$\theta_{3dB\text{-}AZ}$和$\theta_{3dB\text{-}EL}$），并利用经验公式计算得到天线增益[145]：

$$G = 10\lg\left(\frac{27\,000}{\theta_{3dB\text{-}EL} \times \theta_{3dB\text{-}AZ}}\right) \tag{4-36}$$

用此远场法分别测试了 1.1 GHz、1.207 14 GHz、1.5 GHz、1.561 098 GHz、1.604 25 GHz、1.7 GHz 时天线的第一旁瓣和增益。

3. 天线测试结果

图 4.16 是应用 R&S 的 ZVH4 手持式天馈线分析仪对 GPTAS 测试结果。图 4.16(a)是 GPTAS 在 1.1～1.7 GHz 要求频段内驻波比测试结果，GPTAS 全系统最大 VSWR 出现在 1.526 GHz 处，对应最大值为 1.38。图 4.16(b)是 GPTAS 阻抗匹配史密斯圆图(Smith chart)测试结果，圆图中的横坐标代表反射系数的实部，纵坐标代表虚部，圆形线代表等电阻圆，阻抗圆上横坐标上半部分电抗呈感性，横坐标下半部分电抗呈容性。L1 频点所在 50 MHz 带宽测试结果（小圆圈）位于坐标原点（阻抗匹配点）附近表明阻抗基本匹配。

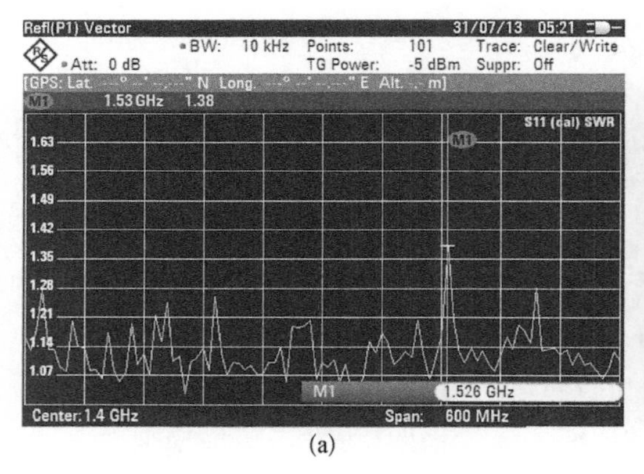

(a)

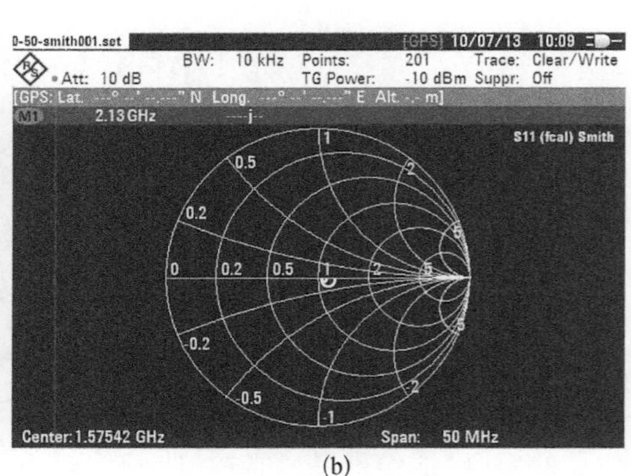

(b)

图 4.16 GPTAS 驻波比和阻抗测试

图 4.17(a)和(b)分别是 1.561 098 GHz 在方位角和俯仰角实测方向图，方向图横坐标是频谱仪的扫描时间，也就是扫完整张图天线转台方位轴或俯仰轴所用的时间。测试时天线转台方位和俯仰的转速为 0.144°/s，250 s 对应的就是 36°。所以测试每幅图绘制的是天线±18°的方向图。

天线增益和第一旁瓣测试结果如表 4.5 所示。

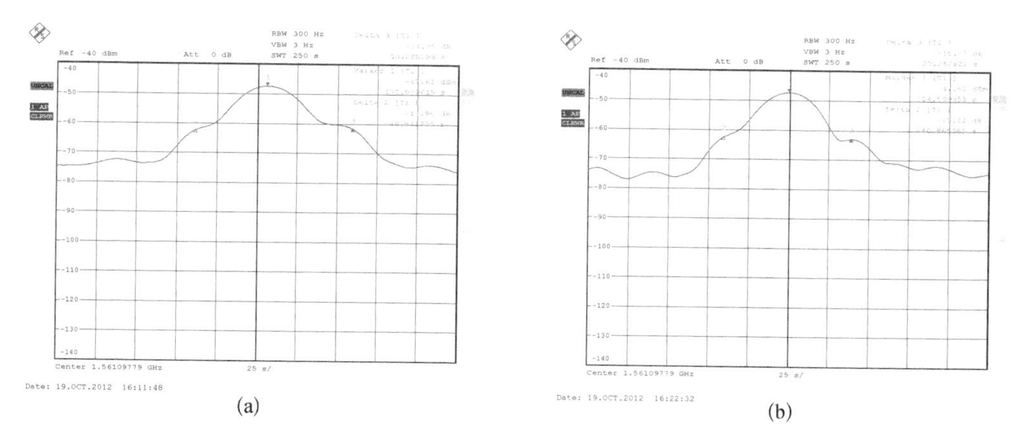

图 4.17 天线 1.561 098 GHz 方位(左)和俯仰(右)实测方向图

表 4.5 天线增益和第一旁瓣测试结果

频率/GHz	θ_{3dB-AZ} /(°)	θ_{3dB-EL} /(°)	天线增益 /dB	第一旁瓣/dB			
				AZ		EL	
				L	R	L	R
1.1	5.5	5.95	29.16	31.52	28.89	27.16	27.05
1.207 14	5.44	5.47	29.57	21.01	21.02	29.02	17.99
1.5	4.54	4.4	31.3	15.38	14.22	17.25	17.24
1.561 098	4.06	3.87	31.92	14.3	14.96	15.67	15.22
1.604 25	4.142	3.96	32.16	17.02	14.33	21.05	17.28
1.7	4.223	4.05	31.98	14.06	14.07	14.09	14.14

4.4 真实 GNSS 信号监测分析

本节应用 SJTU－GNC 团队的 3.2 m GPTAS 跟踪监测分析几大 GNSS 系统的各种(GEO、MEO、IGSO)卫星在多个频点发射的真实 GNSS 射频信号，并进行了分析比较。

以下是于北京时间 2013 年 5 月 18 日下午通过 GPTAS 在上海交通大学航空航天学院实验楼二楼室内，对 GPS、GLONASS、BDS、Galileo 和 QZSS 等 GNSS 导航卫星的真实空间信号进行实际频谱监测结果，频谱观测仪器是 Agilent 的 N9020A 信号分析仪，观测频率范围是 20～13.6 GHz，配置有 P13 前置＋35 dB 的预放(Preamp)选件，可以观测低达－165 dBm 以上和微弱信号，N9020A 信号分析仪的参考电平因为各个信号功率不同而有所不同。有时为了便于比较，将细节显示更多，频谱图像的毛刺也会比较多，显示随机噪声也会比较丰富，这仅仅是因为 VBW 和 RBW 等 N9020A 信号分析仪的设置不同引起的。各个 GNSS 星座卫星的频谱图形分别讲述，汇总的频谱比较参考表 4.6。

表 4.6　GNSS 实测频谱比较表

GNSS	GPS			GLONASS		BDS(BeiDou)			Galileo			QZSS	
SV 类型	MEO			MEO		IGSO	GEO	MEO	MEO			IGSO	
SV 号	6	19	1	18	17	7	3	11	12 (FM2)	20 (FM4)	11 (PFM)	QZS-1	
频点	L1	L2	L5	L1P	L2P	B1	B2	B3	E1	E5	E6	L1	L2
PML/dBm	−80.72	−90.67	−76.4	−80.1	−78.96	−100.63	−97.38	−81.95	−80.92	−70.29	−79.01	−84.09	−83.52
FSL/dBm	8.24	5	10			10	10	9	10	9	5	7	7
主瓣峰值电平(Peak Main-lobe Level, PML)；第一旁瓣电平(the First Side-lobe Level, FSL)													

4.4.1　GPS 信号频谱监测分析

图 4.18(a)是实测的 GPS 的 SV6 号卫星的 L1、(b)是 SV19 号卫星的 L2，(c)是 SV01 号卫星的 L5 频谱情况。为便于比较，所有三个子图带宽 span 都设置为 50 MHz，(a)和(b)子图幅度每格显示为 5 dB，(c)子图每格显示为 2 dB。

图 4.18(a)展示 GPS 的 L1 频谱可以清晰地看到主瓣较窄的 C/A 码频谱叠加在下面主瓣较宽的 P(Y)码频谱上，但右边出现三个较高幅度的未知来源波形，而且抛物面天线转向其他在 L1 频点也还是存在，只是幅度会有些变化，可能是周边电磁环境干扰引起的。L1 的 C/A 码主瓣峰值电平(PML)和第一旁瓣电平(FSL)分别为−80.72 dBm 和约8 dB；图 4.18(b)可看到 GPS 的 L2 频谱上主要是主瓣较宽的 P(Y)码频谱，其 PML 和 FSL 分别为−90.67 dBm 和 5 dB，可见 P(Y)码的频谱幅度比 C/A 码低约 10 dB；图 4.18(c)是新发送的 SV01 号卫星的 L5 频谱，调制有民用的生命安全应用(safety-of-life，SoL)新信号，其 PML 和 FSL 分别为−76.4 dBm 和约 10 dB，L5 信号比 L1 的 C/A 码信号还高 4 dB以上。

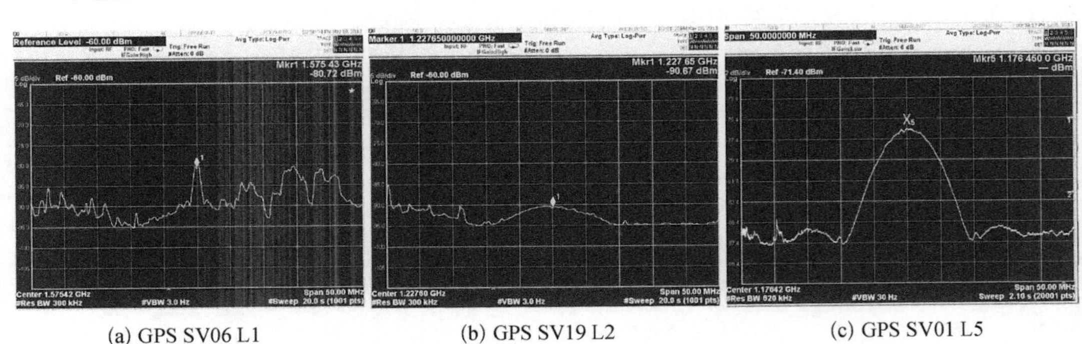

(a) GPS SV06 L1　　(b) GPS SV19 L2　　(c) GPS SV01 L5

图 4.18　GPS 实测频谱

4.4.2 GLONASS 信号频谱监测分析

图 4.19 是 2013 年 5 月 18 日实测的 GLONASS 的 SV18 号卫星在中心频点为 1 600.30 MHz的 L1P 信号(左边(a)子图)和 SV17 号卫星中 1 247.80 MHz 的中心频点上 L2P 信号(右边(b)子图)频谱情况,GLONASS 采用 FDMA 方式,即使同属 L1 或者 L2 频点,卫星发射的频率也可能是不相同的。N9020A 信号分析仪带宽 span 都设置为 20 MHz,幅度每格显示均为 5 dB。

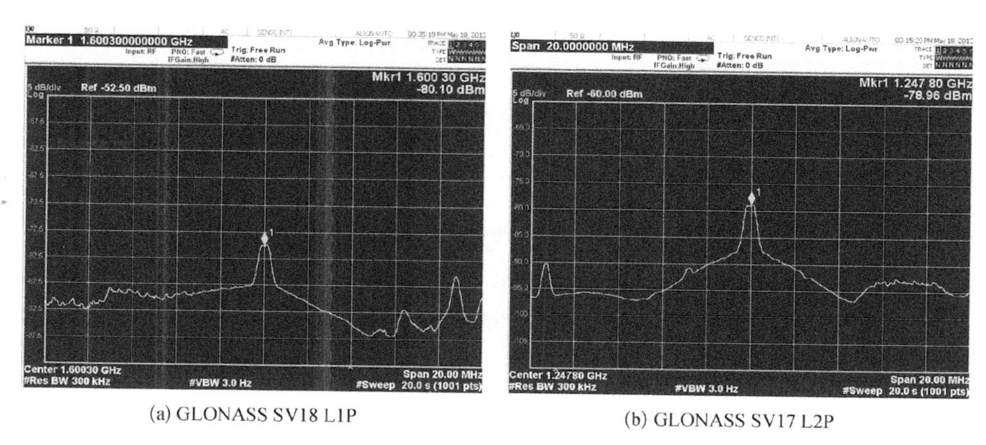

(a) GLONASS SV18 L1P　　(b) GLONASS SV17 L2P

图 4.19　GLONASS 实测频谱

两个子图的 PML 分别为-80.10 dBm 和-78.96 dBm,都高于 GPS 的 L1 和 L2 信号,但低于 L5 信号的 PML,两个子图的频谱也类似于 GPS 的 L1 信号,但频谱比较干净,基本都看不到旁瓣信号,左边(a)子图展示的 L1P 信号还有左右不对称现象,也可能是左边正好有宽频干扰导致。

4.4.3 BDS 信号频谱监测分析

图 4.20 是 2013 年 5 月 18 日上海实测的 BDS 频谱,从左至右分别为 7 号 IGSO 卫星的 B1 信号、3 号 GEO 卫星的 B2 信号和 11 号 MEO 卫星的 B3 信号,其实每颗卫星都发送这三种信号,图 4.20 只是选取三幅作为代表。B1 信号明显呈现出左右不对称现象,而且每颗卫星的 B1 信号也都如此。B1 和 B2 的带宽 span 都设置为 20 MHz,B3 信号的带宽 span 设置为 50 MHz。

从三幅子图可看出 B3 信号的 PML 为-81.95 dBm,与 GPS 的 L1 和 GLONASS 的 L1P 和 L2P 信号幅度水平相当,但 B1 和 B2 的 PML 分别为-100.63 dBm 和-97.38 dBm,远远低于其他 GNSS 信号,适当提高 BeiDou 的信号功率有助于推广 BeiDou 应用。从表 4.6 可知 B1、B2 和 B3 信号的 FSL 均为 10 左右。

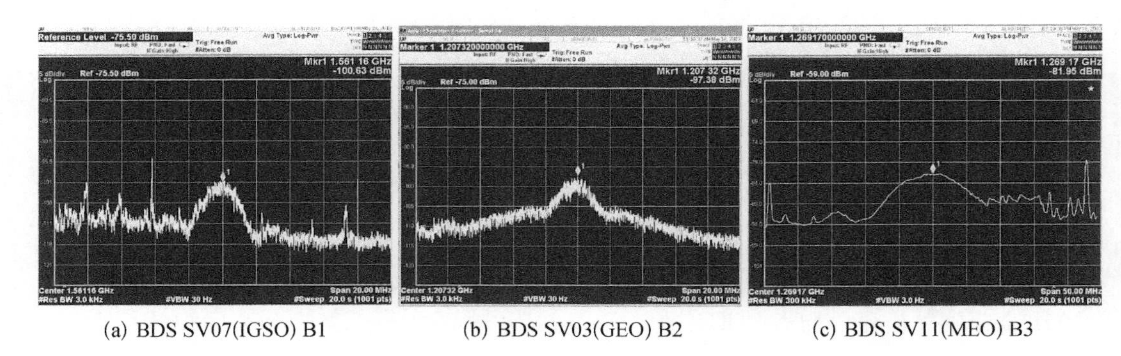

(a) BDS SV07(IGSO) B1　　(b) BDS SV03(GEO) B2　　(c) BDS SV11(MEO) B3

图 4.20　BDS 实测频谱

4.4.4　Galileo 信号频谱监测分析

已经在轨的现有四颗 Galileo 卫星很难再有机会在上海同时观测到，图 4.21 中频谱是 2013 年 5 月 24 日深夜分别观测结果。从左至右的三幅子图分别是 Galileo 的 E1、E5 和 E6 信号频谱，他们分别来自 Galileo 的 12 号(FM2)、20 号(FM4)和 11 号(PFM)卫星。N9020A 信号分析仪带宽 span 都设置为 50 MHz，幅度每格显示均为 5 dB。

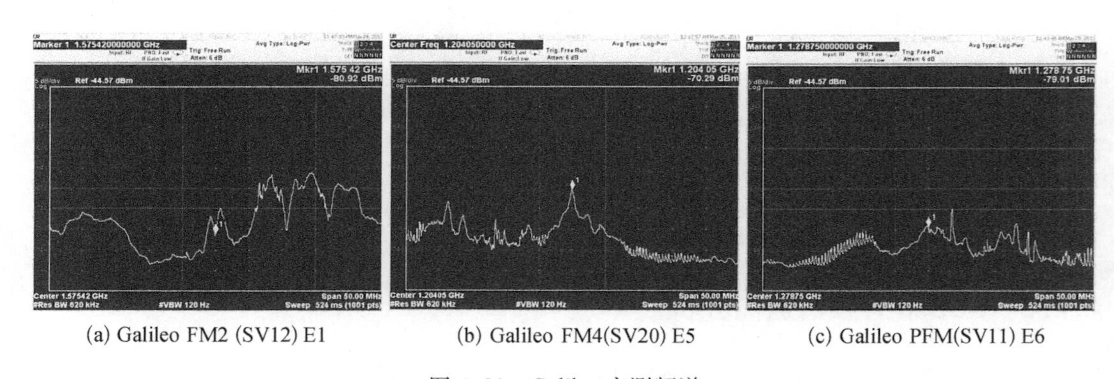

(a) Galileo FM2 (SV12) E1　　(b) Galileo FM4(SV20) E5　　(c) Galileo PFM(SV11) E6

图 4.21　Galileo 实测频谱

Galileo 的 E1 频点与 L1 相同，所以也存在前面 GPS 的 L1 频谱中所说的三个较高幅度的未知来源波形，E5 前段和 E6 后段都存在着周期振荡状的频谱形状。

E1 和 E6 信号的 PML 分别为－80.92 dBm 和－79.01 dBm，也与 GPS 的 L1 和 GLONASS 的 L1P 和 L2P 信号幅度水平相当，但 E5 信号的 PML 达到－70.29 dBm，这在所有观测的 GNSS 信号中是最高的，强信号很可能会给其他 GNSS 系统带来系统兼容问题。E1 和 E5 信号 FSL 均为 10 左右，但 Galileo 卫星 PFM 的 E6 信号的 FSL 不足 5，E6 大部分被噪声湮没。

4.4.5 QZSS 信号频谱监测分析

2013 年 5 月 31 日下午观测了日本 QZSS 唯一在轨的 IGSO 卫星 QZS－1 发射的 GNSS 信号，其中 L1 和 L2 信号如图 4.22 所示。

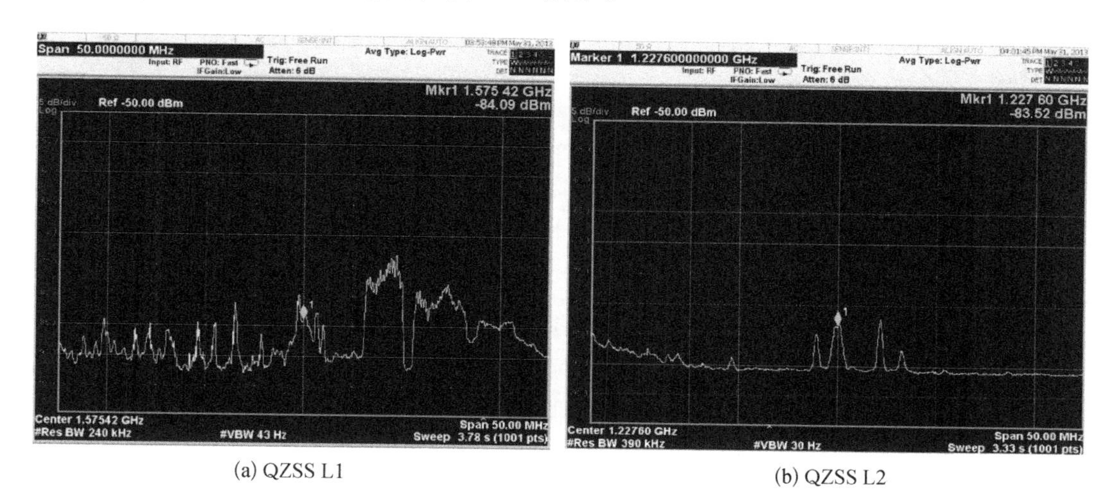

(a) QZSS L1　　(b) QZSS L2

图 4.22　QZSS 实测频谱

相对于除了 BeiDou 以外的三大 GNSS 系统，QZSS 信号要弱一些，但 L1 和 L2 信号的 PML 也分别达到－84.09 dBm 和－83.52 dBm，FSL 均为 7 左右。观察(a)子图所示的 QZS－1 的 L1 信号频谱主瓣形状不太正常，L1 信号右侧也有三个干扰信号，(b)子图所示的 QZS－1 的 L2 信号频谱连续有 4 个相接的幅度差别不大主瓣，也难以解释信号来源。

以上实时观测的 GPS、GLONASS、BDS、Galileo 和 QZSS 等 GNSS 导航卫星的真实空间信号是经过 GPTAS 的 46 m 衰减后在室内观测结果，其 PML 绝对值有不准确之嫌，观测频谱 PML 的相对比较值更有意义。解决这个问题的办法还可以是先校准这些损耗值，再在观测值基础上进行弥补。此外，以上观测都是某个时刻的频谱情况，LALIIM 应当持续观测。

第5章 终端应用级用户完好性监测

终端应用级用户完好性监测(terminal application level user integrity monitoring, TALUIM)位于GNSS用户段(US),是GNSS用户的最终体验,也是完好性监测的落脚点,是最直接、及时和便捷的完好性监测方法。在实际的用户完好性监测中用户可以利用的资源不仅包括GNSS接收机,还包括使用接收机的用户可以得到的用户辅助导航资源(例如,飞机用户除了GNSS接收机还有高度计及惯导等其他导航资源可用),这就形成了本书5.2节将要介绍的两类TALUIM,即5.2.1节的接收机自主完好性监测和5.2.2节的用户辅助完好性监测。

本章按照终端用户接收机的射频环境、基带处理和量测解算三个监测位置划分不同阶段的TALUIM,并依照监测主体有无其他导航资源辅助归纳为RAIM和UAIM两大分类。全面系统地归纳和分析了现有的各种RAIM方法,介绍了RAIM中广为应用的一致性检测理论。分析了RANSAC-RAIM方法,并针对RANSAC-RAIM算法计算效率较低的不足进行改进,提出了对卫星子集进行基于GDOP预检验排除法和动态无阈值LOS矢量预检验筛选的FRANSAC-RAIM,依据真实的民航飞行场景下仿真结果表明,改进的FRANSAC-RAIM方法不但具备检测多差错和小差错的能力,而且运算效率提高了1倍以上,缩短了TTA,对于RAIM完好性告警需求意义重大。

前面2.6节的GNSS完好性监测指标主要是以TALUIM为核心建立的完好性监测指标,因此本章介绍的TALUIM评测指标也以图2.15所示右边部分完好性监测的5个核心输出指标为评价标准,他们分别是:故障检出率、TTA、PL、HMI和AL。

具体说来,本章首先在5.1节按照终端用户接收机的射频环境、基带处理和量测解算三个监测位置,分别介绍各自的完好性监测展开位置及监测途径:接收机的射频域完好性,包括载噪干比(carrier to noise plus interference ratio, CNIR)评估、电磁环境(IJS)监测和观测环境(多径)监测三个方面;接收机的基带域完好性,通过分析噪声对码环(delay locked loop, DLL)、锁频环(frequency lock loop, FLL)和锁相环(phase locked loop, PLL)的影响判断监测完好性;接收机的量测解算主要从导航解(PVTA)及其解算所需要的量测信息(码域、伪距域、CP域)两个方面进行一致性判断监测完好性。一致性判断也是完好性监测的主要方法,同时也是本章重点研讨的内容;然后在5.2节介绍TALUIM两大分类,依据终端完好性监测主体仅仅只是用户本身一台GNSS接收机并且综合用户的其他导航资源进行辅助分成RAIM和UAIM,并对他们分别进行简要介绍。UAIM中的差分辅助GNSS完好性监测是第7章的主要内容;本章在5.3节介绍TALUIM的一致性检测理论。将现有主要使用的RAIM方法归纳为从导航解检测使用的解的最大距离(maximum separation of solutions, MSS)法和从量测检测的残差矢量法(residuals vector, RV)(包括伪距比较法、最小二乘残差法、奇偶矢量法),并进行全面系统的分析,此外还重点介绍广泛用于计算机图形和视觉估计中的RANSAC;5.4节介绍现有RANSAC-RAIM方法,RANSAC估计结合应用于GNSS完好性监测使RANSAC-RAIM方法具备检测多差错和小差错的能力,但RANSAC算法在卫星数目较大时运算量非常大;为解决RANSAC算法运算量较低的问题,提高RANSAC-RAIM实用性,本章在5.5节提出GNSS FRANSAC-RAIM方法,主要改进是对参与RANSAC运算的卫星子集进行GDOP预检验排除法和动态无阈值LOS矢量预检验筛选,排除对完好性监测意义不大的卫星组合。FRANSAC-RAIM提高TALUIM效率50%以上;本章在5.6节依据真实的民航飞行轨迹加载各种GNSS差错的场景下对RANSAC-RAIM和提出的FRANSAC-RAIM进行仿真比较分析,并对其中关键的卫星内外点判别阈值T_{SV}和残差阈值T_r选取进行深入的探讨。仿真结果表明GNSS FRANSAC-RAIM方法不但具备检测多差错和小差错的能力,而且运算效率提高1倍以上,缩短TTA,对于RAIM完好性告警需求意义重大。

5.1 终端应用级用户完好性监测展开位置及途径

分析TALUIM及其性能提升之前,先查看GNSS各种应用的终端用户接收机结构。图5.1是GNSS通用接收机原理结构图,图中两根竖虚线将整个结构分成了射频、基带和量测解算三个大部分,射频部分主要是进行GNSS的RF处理(左边部分表示射频处理流程),包括带限、采样和量化过程,将数字中频IF信号传输给下级;基带部分主要进行N通道的基带数字信号处理,得到GNSS伪距、伪距率和CP量测(ρ, $\Delta\rho$, Φ)和导航电文传送给下级(中间部分表示基带处理流程);量测解算部分根据量测进行导航解算,得到导航解PVTA(右边表示量测解算(MS)处理流程)。

TALUIM也按照接收机这三个监测位置部分的完好性监测可分为射频环境完好性监测、基带处理完好性监测和量测解算完好性监测三大类完好性方法。他们的完好性监测目标分别如下。

a. 接收机的射频环境完好性监测主要监测射频域完好性(radio frequency RAIM, RFRAIM),包括CNIR评估、电磁环境(IJS)监测和观测环境(多径)监测三个方面,射频

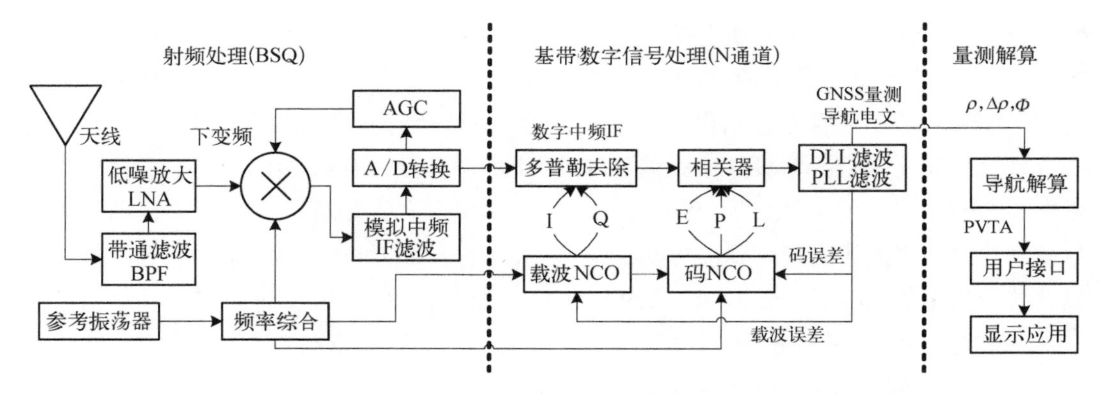

图 5.1　GNSS 通用接收机原理结构图

域完好性通过阵列天线和 AGC 增益检测等检测和增强完好性。

b. 接收机基带处理完好性监测主要监测基带域完好性（baseband RAIM，RFRAIM），主要通过伪码波形畸变监测、相关器输出功率检测和载噪比密度 C/N0 监测开展完好性监测，其中载噪比密度 C/N0 直接影响到 DLL 伪距误差监测、PLL 的 CP 误差监测和 FLL 的 DS 误差监测。

c. 接收机的量测解算完好性监测主要从量测域完好性（measurement RAIM，MRAIM）和 PVTA 导航解算域完好性（solution RAIM，SRAIM）两个方面进行一致性判断监测完好性，量测域又包括伪距域和 CP 域。量测解算一致性判断是业界进行完好性监测的主要研究对象和主要完好性监测方法。

下面分别对射频环境完好性监测、基带处理完好性监测和量测解算完好性监测三大类 TALUIM 完好性方法进行说明。

5.1.1　射频环境完好性监测

接收机的射频环境完好性监测主要监测射频域完好性，包括 CNIR 评估、电磁环境（IJS）监测和观测环境（多径）监测三个方面。

1. 载噪干比评估

载噪干比（CNIR）与信噪干比（signal to noise plus interference ratio，SNIR）分别指已调信号的功率（包括传输信号的功率和调制载波的功率）和传输信号的功率与噪声加干扰功率和的比值。SS 和 CS 及大气环境（电离层与对流层）的引起的 GNSS 信号变化，以及多径、干扰、遮蔽、接收机热噪声等引起的导航故障都可导致 CNIR 和 SNIR 的波动和变化，因此 CNIR 和 SNIR 都是检测 GNSS 信号及干扰的重要指标，也是接收机最容易获取的直观因素，可用于 GNSS 完好性监测。通常在基带才使用 SNIR，此处是考虑射频前端所以使用 CNIR。可以通过长期观测和经验，对 GNSS 接收机设置一个 CNIR 阈值范围，实时 CNIR 值超出此范围看成是有完好性故障的可能。

2. 电磁环境监测

1.1.3节讲述GNSS的三大漏洞中最主要的不足是其被噪底深深埋没的开放性GNSS信号导致其固有脆弱性，极易受到IJS，并针对IJS分别列举了近期实例。射频信号解扩到基带上，不但会给GNSS信号引入新的误差，而且也会导致IJS部分频谱等信息丢失，不便于IJS检测和GNSS完好性监测。因此射频前端部分的电磁环境的监测也是GNSS完好性监测重要考量。SJTU-GNC团队正在进行的GNSS脆弱性863课题也主要是针对以电磁干扰为主的脆弱性成因及缓解方法研究，国际上的干扰及其检测和消除(interference, detection & mitigation, IDM)也是GNSS的一个研究热点。

3. 观测环境监测

射频前端的观测环境主要是指多径的影响。2.2.2节对其成因和模型进行了介绍，消除多径的最简易方法是进行规避，如给天线加扼流圈等，但有时无法规避时只有进行抑制。多径信号会引起信号衰落，使接收信号与参考信号的相关函数产生畸变，从而在伪距和载波测量值中引入误差。在时域信号处理领域，多径抑制技术主要分为三类：第一类是从相关器考虑，即通过采用对多径信号不敏感的窄相关技术减小多径误差；第二类是时域信号处理和估计技术，即利用基准相关函数对直达信号和多径信号的参量进行最大似然和自适应滤波等估计，并据此消除多径信号的影响；第三类中频域的信号处理技术，特别是4.1.2介绍的倒谱技术非常适用于多径信号(混响)的抑制[119]。

4. 射频域完好性增强方法

射频域完好性监测增强办法是在射频前端(包括预处理)加强对射频噪声和干扰(多径)等探测，如发现信号波形畸变等就可以及时告警。此外还有阵列天线和AGC增益检测等检测和完好性增强方法。

1) 阵列天线技术

阵列天线技术对有方向性的IJS检测和抑制非常有效。阵列信号处理是用传感器阵列来接收空间信号，与传统的单个定向传感器相比，具有灵活的波束控制、高的信号增益、极强的干扰抑制能力以及高的空间分辨能力等优点。增加一个接收天线就多了一套卫星量测，如波束控制阵天线和自适应调零天线技术等自适应天线阵列技术可使得天线增益图中的零陷指向外部IJS源，从而完成空域滤波的作用，这种技术对于宽带和窄带的IJS检测和抑制都是有效的。图5.2是由7个圆心带天线的GNSS的L1频点(1 575.42 MHz)微带贴片半边全向的天线组成半径为一倍波长的均匀圆阵列(uniform circular array, UCA)及其方向图，其(a)子图是7阵元UCA天线阵列实物参照图[146]，(b)子图和(c)子图分别是本书据此绘制的7阵元UCA天线阵列各个阵元的相对位置图和方向图。由(c)子图可看出天线阵在法向上有最大接收(或发射)方向，也有规律地在某些方向出现零点方向，依此可以对有方向性的IJS进行有效的检测和抑制。

2) AGC增益检测技术

图5.1的GNSS通用接收机原理结构图的下变频过程中就存在一个闭环负反馈框图

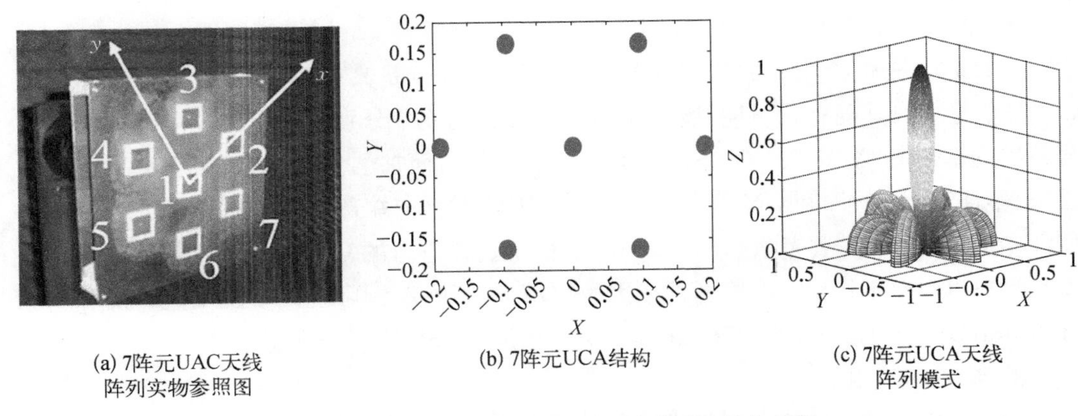

(a) 7阵元UAC天线阵列实物参照图

(b) 7阵元UCA结构

(c) 7阵元UCA天线阵列模式

图 5.2 GNSS 的 7 阵元 UAC 天线阵列及其方向图

是自动增益控制(automatic gain control,AGC),AGC 利用线性放大和压缩放大的有效组合随信号强度自动地调整输出的幅度,从而扩大信号接收的动态范围。而在 GNSS 接收机中,卫星信号功率远低于噪底功率,因而 AGC 增益不是由信号功率电平驱动,而完全是由环境噪声和干扰决定,因此 AGC 电平幅度可作为监测 GNSS 干扰的有力工具,AGC 电平监测也就可作为不必要完好性监测的重要手段。

5.1.2 基带处理完好性监测

接收机的基带处理完好性监测主要监测基带域完好性,通过分析噪声对 DLL、FLL 和 PLL 的影响判断监测基带域完好性。

1. 基带域完好性

GNSS 接收机的基带中频捕获跟踪阶段也是噪声和干扰(多径)探测的关键阶段,通常可以从以下三个方面进行完好性监测。

a. 伪码波形畸变监测。从图 5.1 的基带处理中看到包含的重要部分就是相关器,这可应用 4.1.2 节所说的相关域信号分析进行伪码相关峰对称性的验证及其他相关指标进行完好性监测。

b. 相关器输出功率检测。虽然可用 SNR 检测干扰,但监测直接依赖于卫星信号的捕获与跟踪,这就限制了 SNR 的干扰检测能力。相关器输出功率检测可作为完好性监测依据,主要有相关器输出功率变化、相关器输出功率方差和相关后的 FFT 运算。

c. 载噪比密度 C/N0 监测。从图 5.1 的基带处理看到相关器前也包含了中频处理,通常是用 CNR 信息作为导航接收处理的线性性能最基本参数之一。但各个 GNSS 系统,同一个 GNSS 系统不同频点,同一频点的不同 GNSS 信号的带宽不尽相同,业界为了统一指标常用 CNR 与接收机的滤波器带宽 B 的比值,即载噪比密度 C/N0 来表征,接收机通常将 C/N0 作为测量值输出。载噪比密度 C/N0 与 CNR 的关系如下[147, 148]：

$$C/N0_{\text{dB-Hz}} = \text{CNR}_{\text{dB}} - 10\lg B \tag{5-1}$$

C/N0 单位为 dB- Hz，式(5-1)中的 B 为接收机的滤波器带宽。一般在 GNSS 接收机中从相干积分 IQ 支路中把 I 路解调下来的数据作为信号，把 Q 路的能量作为噪声，多次统计平均后来估计载噪比密度 C/N0。C/N0 在相关处理中影响到各个锁定环路 DLL、PLL 和 FLL 的环路跟踪特性，从而分别导致接收机判读的伪距误差、CP 误差和 DS 误差。通过监测 C/N0 可以发现 GNSS 信号导致差错的倾向，并适时提出完好性告警。

第一个伪码波形畸变监测方法和第二个相关器输出功率检测方法其实和上面射频域完好性监测及前面 LALIIM 的信号完好性方法中介绍的类似，也可通用，此处不再作详细叙述。下面对载噪比密度C/N0对各个锁定环路 DLL、PLL 和 FLL 的环路跟踪特性影响作一介绍。

2. 载噪比密度对相关处理环路误差影响

图 5.1 的基带处理相关器在相关的过程中的三种锁定环路是 GNSS 接收中的捕获跟踪不可或缺的器件，它们分别为 DLL、PLL 和 FLL。DLL 把码相位差变成时钟延迟信号，PLL 和 FLL 分别把载波相位差和频率差转变成压差控制压控振荡器（voltage controlled oscillator，VCO）。不同的接收机在分析处理 GNSS 信号过程中根据应用有相干（coherent）和非相干（non-coherent）两种捕获跟踪方式，在下面载噪比密度C/N0对相关处理三种环路误差影响时将分别考虑相干和非相干情况。非相干积分只考虑实部，忽略了 CP 偏差；相干积分估算了 CP 偏差，非相干处理复杂度降低，实现较为简单，但相比相干处理性能有一定下降。有文献分别对载噪比密度 C/N0 对各个锁定环路误差进行了深入分析[7, 15]。

1) DLL 伪距误差监测

非相干处理时，延迟锁定环 DLL 噪声对宽相关峰采样鉴别函数（超前、滞后相关器采样差值）影响，导致的时间估计误差（伪距误差）可表示为

$$\sigma_{\Delta\tau\text{-NC}} = c\sqrt{\text{var}\{\Delta\hat{\tau}\}} = cT_{\text{C}}\sqrt{\frac{B_{\tau,1}d}{2(C/N0)}\left(1+\frac{2}{T_{\text{CO}}(C/N0)}\right)} \tag{5-2}$$

式中，c 为光速（3.0×10^{8} m/s）；T_{C} 为码宽（对于 C/A 码为 1×10^{-6}）；d 为相关器间距（此处设为 1）；T 为积分时间（平均时间，通常小于一个导航数据位 D 的时长约 20 ms，以保证跟踪时 D 的 ±1 跳变不损失能量，此处设为 10 ms）；C/N0 为载噪比密度（单位为 dB - Hz），$B_{\tau,1}$ 为 DLL 的滤波器带宽（$B_{\tau,1}=1/(2T)$）；$\left(1+\frac{2}{T_{\text{CO}}(C/N0)}\right)$ 项被称为平方损耗。

相干处理时，没有平方损耗项目，载噪比密度 C/N0 与码环锁定导致的伪距误差关系为式(5-3)，其他各项参数意义与式(5-2)相同：

$$\sigma_{\Delta\tau\text{-C}} = cT_C\sqrt{\frac{d}{4T(\mathrm{C/N0})}} = cT_C\sqrt{\frac{B_{\tau,1}d}{2(\mathrm{C/N0})}} \tag{5-3}$$

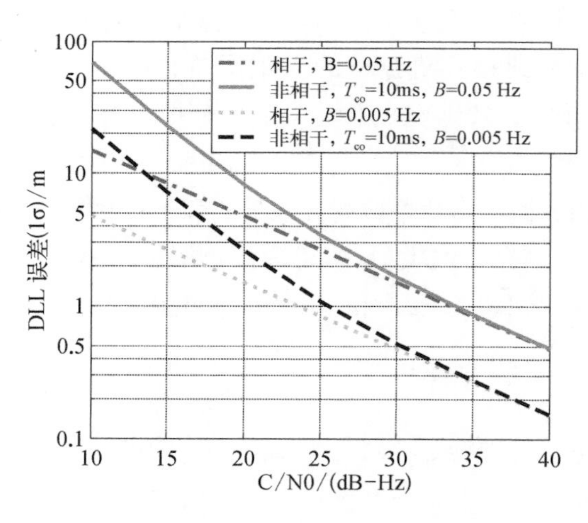

图 5.3　载噪比密度 C/N0 与延迟锁定环(DLL)锁定误差关系

图 5.3 仿真了以 m 为单位的码环锁定误差(即伪距误差，纵轴)与载噪比密度 C/N0(横轴，此处设置范围是[10：5：50])的变化关系。

其中虚线和点划线是在相干处理时 DLL 滤波器带宽 $B_{\tau,1}$ 分别为 0.005 Hz 和 0.05 Hz 时的误差关系曲线，长划线和实线是在非相干处理时 $B_{\tau,1}$ 分别为 0.005 Hz 和 0.05 Hz 时对应误差关系曲线。由图 5.3 可以得出三点结论：① 载噪比密度 C/N0 越小，码环锁定误差越大；② DLL 滤波器带宽 $B_{\tau,1}$ 越大，码环锁定误差越大，这也说明在组合导航时有速度辅助的 DLL 滤波器带宽小到 0.005 Hz 时能给环路锁定带来好处；③ 平方损耗使非相干 DLL 在载噪比 C/N0<25dB-Hz 时误差急剧增大。

2) PLL 的 CP 误差监测

PLL 以最常用的科斯塔环(Costas，又称同相正交环或边环)为例进行分析。非相干科斯塔 PLL 导致 CP 误差为 $\sigma_{\Delta\theta}$，转化为以 m 为单位的伪距误差为

$$\sigma_{\text{PLL-NC}} = \lambda\sigma_{\Delta\theta} = \lambda\sqrt{\mathrm{var}\{\Delta\hat{\theta}\}} = \lambda\sqrt{\frac{B_{\theta,1}}{(\mathrm{C/N0})}\left(1+\frac{1}{2T_C(\mathrm{C/N0})}\right)}\quad(\mathrm{m}) \tag{5-4}$$

式中，c 为光速(3.0×10^8 m/s)；λ 为载波波长($\lambda_{L1}=c/f_{L1}$)；$B_{\theta,1}$ 为科斯塔 PLL 噪声等效带宽(此处取 5 Hz 和 15 Hz)；T_C 为积分时间(此处设为 10 ms)；C/N0 为载噪比密度(单位为 dB-Hz)。

相干锁相环 PLL 没有平方损耗项：

$$\sigma_{\text{PLL-C}} = \lambda\sigma_{\Delta\theta} = \lambda\sqrt{\mathrm{var}\{\Delta\hat{\theta}\}} = \lambda\sqrt{\frac{B_{\theta,1}}{(\mathrm{C/N0})}}\quad(\mathrm{m}) \tag{5-5}$$

图 5.4 仿真了单位为度的锁相环 PLL 锁定误差(纵轴)与载噪比密度 C/N0(横轴，此处设置范围是[10：5：50])的变化关系。

其中虚线和点划线是在相干处理时科斯塔 PLL 噪声等效带宽 $B_{\theta,1}$ 分别为 5 Hz 和 15 Hz 时的误差关系曲线，长划线和实线是在非相干处理时 $B_{\theta,1}$ 分别为 5 Hz 和 15 Hz 时对应误差关系曲线。由图 5.4 也可以得出与 DLL 类似结论：PLL 的噪声等效带宽越大则相位偏差越大；载噪比 C/N0 越小，相位误差越大；平方损耗使非相干 PLL 在载噪比 C/N0<25 dB-Hz 时相位误差急剧增大。

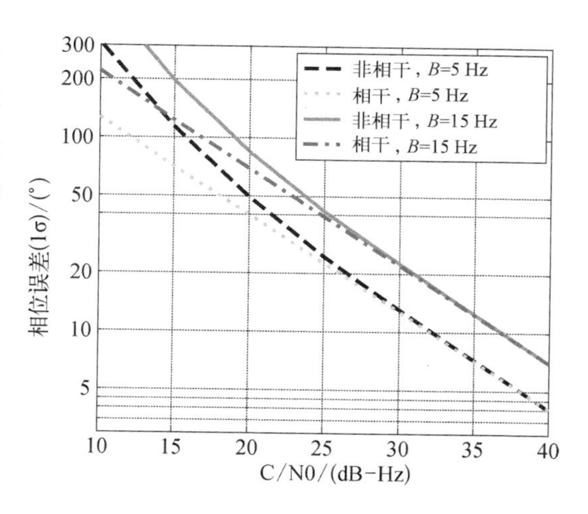

图 5.4　载噪比密度 C/N0 与锁相环(PLL)锁定误差关系

3) FLL 的 DS 误差监测

FLL 以叉积鉴相器(cross product discriminator)为例说明。非相干叉积鉴相器 FLL 误差导致载波频率误差为

$$\sigma f_{\mathrm{FLL}}=\sqrt{\mathrm{var}\{\Delta\hat{f}\}}=\sqrt{\frac{B_{f,1}N^3}{2\pi^2(N-1)^2(T_{\mathrm{B}})^2(C/N0)}\left(1+\frac{N(N-1)}{2(C/N0)T_{\mathrm{B}}}\right)}\quad(\mathrm{Hz}) \tag{5-6}$$

式中，$B_{f,1}$ 是 FLL 环路带宽(环路滤波器的单边噪声带宽，此处设为 10 Hz)；T_{B} 是数据位的时间间隔(此处设为 10 ms)；N 是信号采样非相干求和取平均的个数(此处分别取 5、10 和 20)；C/N0 为载噪比密度(单位为 dB-Hz)。

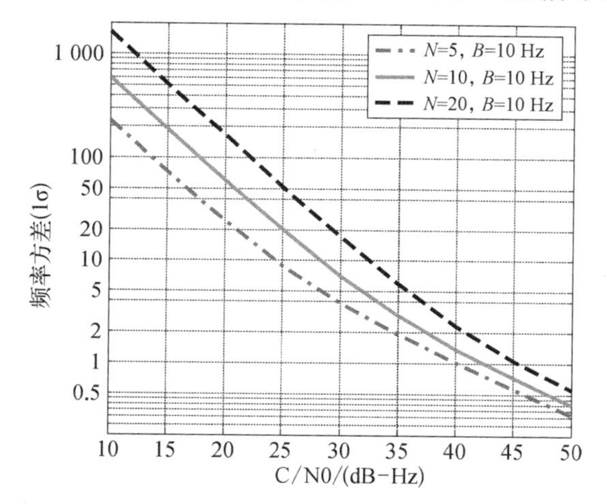

图 5.5　载噪比密度 C/N0 与延迟锁频环(FLL)锁定误差关系

图 5.5 仿真了 FLL 锁定误差与载噪比密度 C/N0 的变化关系。

图 5.5 中点划线、实线和长划线分别为信号采样非相干求和取平均的个数 N 为 5、10 和 20 时的曲线关系图。由图 5.5 结合式(5-6)可知给定环路带宽 $B_{f,1}$ 下，高 C/N0 时，频率方差大致与 N 成正比，与 C/N0 和$(T_{\mathrm{B}})^2$ 成反比；低 C/N0 时，频率方差大致与 N^3 成正比，与$(C/N0)^2$ 和$(T_{\mathrm{B}})^3$ 成反比。

5.1.3　量测解算完好性监测

接收机的量测解算完好性监测主要从 MRAIM 和 PVTA 的 SRAIM 两个方面进行

一致性判断监测完好性，量测域又包括伪距域和 CP 域。量测解算一致性判断是业界进行完好性监测的主要研究对象和主要完好性监测方法。本书将在后面的 5.3 节进行详细介绍，此处只是点到为止。

1. 导航解算域完好性

导航解算域完好性(SRAIM)是最直观的 RAIM 方法，最早的 RAIM 就是从 PVTA 导航解(navigation solution)，主要是位置解(position solution)展开完好性监测的，如后面 5.3.2 节介绍的 MSS 法是基于导航解的，属于解算域的 SRAIM 范畴。

2. 量测域完好性

导航量测域完好性(MRAIM)是现在普遍应用也是研究得最为深入的一种 RAIM 方法，如后面 5.3.3 节介绍的 RV 法就是最典型的方法。上面说的 SRAIM(从导航解检测的 MSS 法)是一种穷举法，而 RV 法是从量测检测的残差矢量法，是一种批量处理方法，比较量测的残差矢量优于比较导航解(效率高)。5.4 节介绍的 RANSAC－RAIM 和 5.5 节介绍的 FRANSAC－RAIM 都是基于量测残差矢量展开的，属于 MRAIM 范畴。

MRAIM 按量测的种类主要分为伪距域完好性(pseudorange-based RAIM，PRAIM)方法和载波相位域完好性(carrier phase-based RAIM CRAIM)两类。其中 CRAIM 建立在 CP 检测的基础上，比 PRAIM 的 FD 能力强，代价就是要进行整周模糊度解算。

5.1.4 小结

综合上面所介绍的 TALUIM 展开位置及途径，图 5.6 直观地展示了其逻辑关系。

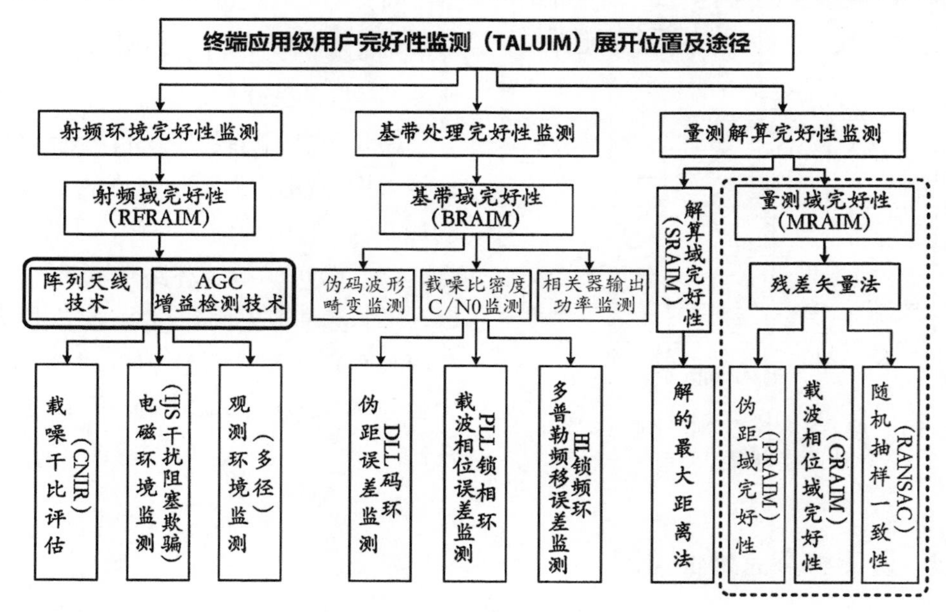

图 5.6　TALUIM 展开位置及途径

在射频环境完好性监测、基带处理完好性监测和量测解算完好性监测三种监测位置中，当前GNSS业界在接收机端的RAIM监测主要是在最后面的量测解算展开一致性判断完好性监测，这其中研究得最多的是最右边虚线框中所示的MRAIM的残差矢量完好性监测方法，而其中PRAIM监测是很多接收机采用的方法。本章5.4节以后将主要针对最右边的RANSAC完好性监测方法展开，它归属于MRAIM范畴。

5.2 终端应用级用户完好性监测分类

上面5.1节主要是从TALUIM在射频环境完好性监测、基带处理完好性监测和量测解算完好性监测三种监测展开位置角度介绍了GNSS接收机完好性监测的技术途径，本节依据终端完好性监测主体仅仅只是用户本身一台GNSS接收机并且综合用户的其他导航资源进行辅助，介绍TALUIM的RAIM和UAIM两大分类。

5.2.1 接收机自主完好性监测

接收机自主完好性监测(RAIM)在1.2.2节已经作过介绍，此处进行归纳。卫星导航系统完好性监测的主要方法是外部监测和RAIM。GEAS小组[149]定义了将来完好性的概念：① GNSS完好性通道(GIC)；② 相对RAIM(RRAIM)；③ 绝对RAIM(ARAIM)。这些将来完好性概念都包括RAIM，RAIM是最直接、最及时和便捷的方法。RAIM的优势是不依赖于其他任何附加的地面或者空中完好性通道就可以实时监测源于各个导航段的差错，特别适合于那些当前和即将建设的完好性增强系统覆盖不到的区域使用。

RAIM是从用户接收机端自身确定GNSS解的完好性，RAIM算法是对所有的量测或部分解的多个导航解进行相互比较以确保它们的一致性。通常RAIM算法都是通过冗余的量测(利用残差矢量)检测量测的相对一致性，以此可以确定最可能失效的通道(卫星)。这种基于残差矢量的RAIM算法有两个重要假定前提：一是假设卫星单差错(多卫星同时出现差错的概率被忽略)；二是假设量测误差服从独立高斯分布[150]。

常规的RAIM算法包括图5.6右边部分的量测解算完好性监测，主要是SRAIM和MRAIM。SRAIM中MSS法提出最早，近来也出现利用广泛应用计算机视觉中的RANSAC模型参数估计方法进行完好性监测的SRAIM方法；MRAIM以量测的残差矢量完好性监测方法为代表，包括PRAIM和FRAIM，最常用的PRAIM又分为伪距比较法、最小二乘残差法和奇偶法三种完好性监测RAIM方法。以上常规的RAIM方法将在5.3节的一致性检测理论中一一介绍。其他RAIM算法还包括Brown于1986年提出基于卡尔曼滤波(Kalman filtering，KF)的RAIM算法[76]，它是利用历史观测量提高效果，但此法必须给出先验误差特性，而实际误差特性很难准确预测，如果预测不准，反而会降低效果，因此没有被普遍采用。

5.2.2 用户辅助完好性监测

用户辅助完好性监测(user assistant integrity monitoring，UAIM)是指 GNSS 用户利用用户或周边可以利用的导航资源作为辅助冗余信息，与 GNSS 量测或导航解一起估计研判 GNSS 完好性的方法。UAIM 应用周边可利用的冗余信息，无需外部配套设施，投资小，应用方便灵活，不会额外增加太多的完好性监测成本，但因为有更多的量测信息，特别是利用其他接收机或者其他导航方法独立获得的量测和导航信息，却可以最大限度地增强 GNSS 完好性监测的服务性能，值得广泛开展研究。现实中航空等 GNSS 应用领域很早就已经开始实际应用 UAIM 完好性方法，如同时利用气压计和时钟改进模型等信息辅助的气压高度表辅助和时钟改进模型辅助 RAIM 算法等 UAIM 方法[76]。可以进行辅助的信息有很多种，如其他 GNSS 接机差分辅助信息、其他 GNSS 系统接机辅助信息、包括陀螺(gyros)和加速度计(accelerators)的 INS 信息、气压计(barometer)、里程表(odometer)、地磁场磁强计(earth-field magnetometer)、手机移动网络(mobile network)和无线局域网(wireless fidelity，Wi-Fi)等。按照辅助信息的来源可以分成很多种 UAIM 方法。

1. 空基增强系统

空基增强系统(airborne based augmentation system，ABAS)，也称为机载增强系统，是指航空中综合 GNSS 接收机内部的冗余信息和航空器机载设备获取的其他辅助信息(如气压高度表、惯导等)用于增强导航的组合系统[95]。ABAS 的完好性监测(故障检测和故障排除)属于航空中的 UAIM 方法。FAA 已将使用气压高度表辅助纳入其技术标准规程 TSO-C-29，这种方式无需外部配套设施，投资小，应用方便灵活。

2. 差分辅助 GNSS 完好性监测

当前完好性监测只考虑了卫星观测数量、频率多样性、多星座的冗余，没考虑接收机的冗余、空间分布的冗余、时间的冗余等时空冗余信息的利用。本书提出差分辅助完好性监测(difference assistant GNSS integrity monitoring，DAIM)是综合利用 GNSS 接收机能得到的不同频点、不同 GNSS 系统、不同接收机、不同卫星和不同时间历元的差分信息辅助当前 GNSS 信息进行完好性监测判断的方法。第 7 章分析差分 RAIM 对 GNSS 完好性性能的增强作用，对应用 GNSS 的 CP 差分进行姿态测量的完好性问题和 DAIM 方法进行深入分析。

3. 惯导辅助 GNSS 完好性监测

INS 也称作惯性参考系统，是一种不依赖于外部信息、也不向外部辐射能量(如无线电导航)的自主式导航系统。GNSS/INS 组合导航系统是导航中最常用也是研究得最多的一种组合导航系统。GNSS 和 INS 优缺点互补，结合两者优点的 GNSS/INS 组合导航系统可以提供连续、高带宽频率输出、长时精度和短时精度都比较高、导航参数比较全面(位置、速度、时间、姿态、角速率、加速度测量)。组合系统 GNSS/INS 通常有松组合、紧组合和超紧组合三种组合导航模式[94],都可用于惯导辅助 GNSS 完好性监测。本书将他们通称为惯导辅助 GNSS 完好性监测(INS assistant GNSS integrity monitoring,IAIM)。第6章分析了惯导辅助对于 GNSS 完好性监测的作用,并按照信息融合所处理的三个多传感器信息结构层次(数据层、特征层、决策层),将 IAIM 分成三层结构。针对不同的判决参量,分别阐述了相应的 IAIM 算法,设计了 IAIM 方案。

4. 空时阵列辅助 GNSS 完好性监测

在5.1.1节介绍的阵列天线技术具有灵活的波束控制、高的信号增益、极强的干扰抑制能力以及高的空间分辨能力,可用于增强有用方向的 GNSS 信号,抑制 IJS 的影响。阵列天线技术也增强了 GNSS 故障检测和排除能力,可以辅助提升 GNSS 完好性监测性能。本书称其为空时阵列辅助 GNSS 完好性监测(space-time array assistant integrity monitoring,STAIM)。

5.3 一致性检测理论

在用户终端检测 GNSS 完好性的问题,提炼到理论高度实际是数学上的一致性检测问题,本书构建的 GNSS 完好性理论体系中第三级,即 GNSS 的 TALUIM 就是建立在冗余量测和导航解的一致性检测理论基础上的。本小节分别介绍了基于一致性检测理论的 RAIM 方法,并将他们归纳为从导航解检测使用的 MSS 法和从量测检测的 RV 法(伪距比较法、最小二乘残差法、奇偶矢量法),此外还重点介绍了广泛用于计算机图形和视觉估计中的 RANSAC。

5.3.1 一致性及一致性检测

一致性(consistency)也称为相容性或自洽性,是指某个理论体系或者数学模型的内在逻辑一致,不含悖论(矛盾)。也就是说按照诸多样本自身的逻辑推演时,自己可以证明自己正确而不矛盾。从语义上说:当一个命题 S 是由许多命题组成时,如果所有命题可同时为真,则 S 是一致的,否则 S 是不一致的[151]。

用数理统计语言表述一致性[152]:设 $\hat{\theta}_n$ 是 θ 的一系列估计量,如果对于任意的正数 $\varepsilon > 0$ 都有

$$\lim_{n\to\infty} P\{|\hat{\theta}_n - \theta| < \varepsilon\} = 1 \tag{5-7}$$

则称 $\hat{\theta}_n$ 是 θ 的一致估计量。若 $\hat{\theta}$ 是 θ 的无偏估计 ($E(\hat{\theta}) = \theta$),如果有

$$D(\hat{\theta}) \to 0(n \to \infty) \tag{5-8}$$

则称 $\hat{\theta}$ 是 θ 的一致估计量。只要总体的 $E(X)$ 和 $D(X)$ 存在，一切样本矩和样本矩的连续函数都是相应总体的一致估计量。由大数辛钦定律可以证明：样本平均数 $\bar{X}$ 是总体均值 μ 的一致估计量，样本的方差 S^2 及二阶样本中心矩 B_2 都是总体方差 σ^2 的一致估计量。

一致性检测就是要检测样本或者数据是否存在自相矛盾(非一致性)。TALUIM 就是通过对终端的诸多量测或解算结果进行一致性检测。RAIM 算法都至少需要 5 颗可见卫星来检测故障，至少需要 6 颗卫星来识别并排除故障[33]。

5.3.2 解的最大距离法

解的最大距离(MSS)法是由 Brown 于 1988 年提出来的较早的 RAIM 算法(从导航解检测差错)，MSS 方法是通过如图 5.7 所示比较可见卫星全集和其子集分别估计得到的位置来实现的[153]。RAIM 要求最少要有 5 颗卫星，为简单计算，假设有(1，2，3，4，5)共 5 颗卫星可见，当前的 GNSS 定位误差大约为 $R<10$ m，图5.7(a)表示是没有卫星出错的情况，所有 5 种四星组合得到的位置解全在以真值为圆心，以 R 为半径的误差圆内，5 个位置解两两之间最大距离 D(max)不会超过 $2R$。不失一般性，图 5.7(b)子图表示的是假定 3 号的 SV_3 卫星出现故障，5 种四星组合得到的位置解中只有(4，5，1，2)不包含差错的 SV_3 卫星，必然会落在误差圆内，但其他位置解都受到 SV_3 卫星影响，不能保证落在误差圆内，5 个位置解两两之间最大距离 D(max)会增大。将 2R 作为位置解最大距离 D(max)的判决门限，可以检测出来是否存在差错卫星。若 D(max)超过了 $3R$ 则可确定哪个位置存在故障。

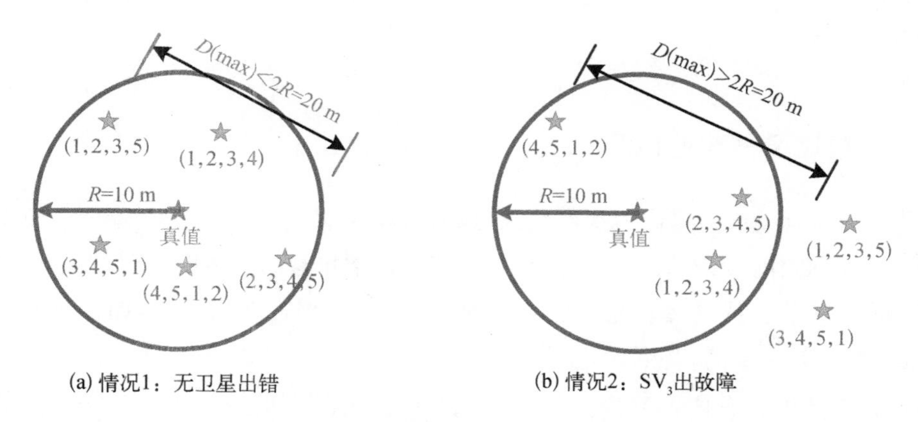

图 5.7　解的最大距离 RAIM 法示意图

MSS 方法属于 SRAIM 方法，原理很直观，实现起来比较麻烦，特别是可见卫星较多的时候，数学分析过程很复杂。例如，n 个可见卫星，用 m 个即可定位解算($m=4$)，多余卫星观测数 $r=n-m$。因此可以得 n 选 4 的四星解的数量 C_n^m 为

$$C_n^m = \frac{n!}{m!(n-m)!}, \quad n = m + r \tag{5-9}$$

C_n^m 个解两两之间的距离个数为 D_n^m ：

$$D_n^m = \frac{C_n^m (C_n^m - 1)}{2!} \tag{5-10}$$

可见卫星 $n=5\sim12$ 时，$r=1\sim8$，$C_5^4\sim C_{12}^4$ 分别为 5、15、35、70、126、210、330 和 495 个导航解，两两解的距离个数 $D_5^4\sim D_{12}^4$ 分别为 10、105、595、2 415、7 938、21 945、54 285 和 122 265 个，最大距离的求取比较工作量是非常大的，而且 MSS 故障检测的判决门限不太好确定，加之 MSS 过于乐观，经常会出现故障检测不出来的情况。后来发展的奇偶矢量法相对容易且 FD 结果可靠得多，因而 MSS 方法没有被推广开来。

MSS 方法只适用于单差错的情况，但 MSS 方法后来被 Pervan 等[154]和 Blanch 等[155]推广到多卫星同时出现差错的情况，并发展为多假设解距离（multiple hypothesis solution separation，MHSS）法。MHSS 包含允许同时出现多个差错量测的 MHSS 保护级（MHSS-PL）计算过程，同时也可附带 FDE 过程。MHSS 的计算量也很可观。

5.3.3 残差矢量法

MRAIM 是现在普遍应用也是研究得最为深入的一种 RAIM 方法（从量测检测），残差矢量法（RV）就是最典型的方法。在 GNSS 的 RAIM 领域，RV 法就是先确定一个与量测和导航目标解相关的检测统计量，再将它与各颗卫星的量测变换进行比较求取残差，通过对各个相应残差的分析判断对应卫星量测的完好性情况。

残差检测也称为非一致性度量，或者说是奇异值度量，属于一致性检测理论的一种实现方法。残差检测是衡量序列中每一个样本与整个样本序列分布差异性的一种方式[156]。5.3.2 节 MSS 的 SRAIM 方法是一种穷举法，求解和比较的工作量较大，而 RV 法是从量测检测的残差矢量法，是一种批量处理方法，比较量测的残差矢量法效率优于 SRAIM 的 MSS 法。

RV 法包括三种常用方法，分别是 Lee 于 1986 年提出的伪距比较法、Parkinson 于 1988 年提出的最小二乘残差法和 Sturza 于 1988 年提出的奇偶矢量法[33]。三种方法仅利用当前伪距观测量，被称为快照法。对于存在一个故障偏差情况，三种方法都有较好效果，并且具有等效性，且都要求量测误差服从独立高斯分布。其中奇偶矢量法就是针对高维复杂的序列样本寻找一种映射函数，将高维样本序列（包括已知样本和未知新样本）的每一个样本，一一对应地映射到奇偶空间进行残差检测的方法，奇偶矢量法计算相对简单，是美国航空无线电技术委员会 RTCASC-159 推荐的基本算法，被 GNSS 业界普遍采用。

1. 伪距比较法

Lee 于 1986 年提出伪距比较法，其原理很巧妙。同样假设有 n 个可见卫星，用 m 个即可定位解算($m=4$)，多余卫星观测数 $r=n-m$。由此可以构造 GNSS 线性化伪距量测方程组如式(5-11)：

$$\boldsymbol{y}=\boldsymbol{H}\boldsymbol{x}+\boldsymbol{\varepsilon} \tag{5-11}$$

式中，$\boldsymbol{y}$ 是 n 维(n 颗可见卫星)伪距观测值的观测偏差矢量；$\boldsymbol{x}$ 是用户位置和时间构成的 4 维估计偏差矢量，$\boldsymbol{\varepsilon}$ 是量测误差，$\boldsymbol{H}$ 是 $\boldsymbol{x}$ 和 $\boldsymbol{y}$ 的线性关联矩阵。

以如图 5.8(a)所示的真实位置为 x 的一个接收天线有 $n=6$ 颗可见卫星($SV_1\sim SV_6$)场景(六星场景)为例，伪距比较法的残差求取过程如下：此时 GNSS 线性化伪距量测方程组(5-11)由 6 个方程组成，随意选取参与位置解算的 4 颗卫星(如虚线标示 $SV_3\sim SV_6$)的方程(对于检测差错来说选取哪 4 个都没关系)，解算出一个导航位置解 $x0$，再由 $x0$ 和量测得到的另外两颗卫星 SV_1 和 SV_2 的 LOS 矢量就可预测出没有参与解算的另外两颗卫星 SV_1 和 SV_2 的伪距 $p1$ 和 $p2$(长划线所示)，它们与真实的伪距观测值 $o1$ 和 $o2$(虚线标示)进行比较，得到两个伪距的差值(也就是残差矢量) $y1=p1-p1$ 和 $y2=p2-o2$。如果两个残差 $y1$ 和 $y2$ 都比较小(一致性)，就可以认为 GNSS 卫星都是无故障的，如果一大一小或者都很大则很可能存在故障卫星。

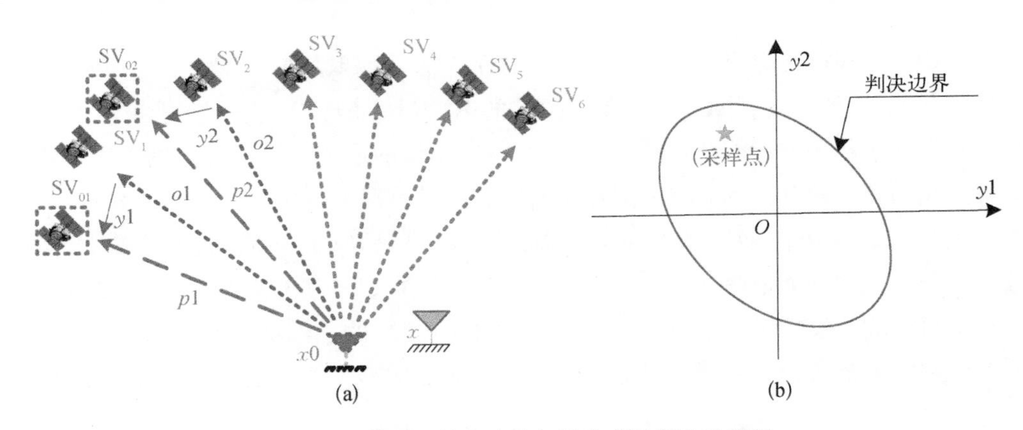

图 5.8　伪距比较法残差矢量生成及判决示意图

可见，六星场景对 GNSS 的 RAIM 完好性判断来说有残差 $y1$ 和 $y2$ 两个自由度(degrees of freedom，DOF)，伪距比较法就是在以残差 $y1$ 和 $y2$ 构成的如图 5.8(b)所示二维空间平面进行一致性检测，先确定判决边界(decision boundary)椭圆，如果实测的($y1$，$y2$)采样点落在判决边界椭圆之内则为无差错，如果落在判决边界椭圆之外提醒用户完好性缺失。如果可见卫星更多，则自由度 DOF 更高，判决边界将是三维的椭球或更高维数的封闭曲面包含空间中。

伪距比较法难点在于判决边界不好确定，尤其是在高维情况下不太好实现。

2. 最小二乘残差法

Parkinson于1988年提出最小二乘残差法的RAIM解算方法是在伪距比较法基础上应用最小二乘原理的一种批量式求解方法。GNSS线性化伪距量测方程组式(5-11)的最小二乘位置解 $\hat{\boldsymbol{x}}_{\mathrm{LS}}$ 为

$$\hat{\boldsymbol{x}}_{\mathrm{LS}} = (\boldsymbol{H}^{\mathrm{T}}\boldsymbol{H})^{-1}\boldsymbol{H}^{\mathrm{T}}\boldsymbol{y} \tag{5-12}$$

将 $\hat{\boldsymbol{x}}_{\mathrm{LS}}$ 代入式(5-11)可得到最小二乘估计的观测偏差矢量 $\hat{\boldsymbol{y}}_{\mathrm{LS}}$：

$$\hat{\boldsymbol{y}}_{\mathrm{LS}} = \boldsymbol{H}\hat{\boldsymbol{x}}_{\mathrm{LS}} = \boldsymbol{H}(\boldsymbol{H}^{\mathrm{T}}\boldsymbol{H})^{-1}\boldsymbol{H}^{\mathrm{T}}\boldsymbol{P}\boldsymbol{y} \tag{5-13}$$

式(5-13)与式(5-11)求差即得到最小二乘残差矢量 $\boldsymbol{w}$：

$$\begin{aligned}\boldsymbol{w} &= \boldsymbol{y} - \hat{\boldsymbol{y}}_{\mathrm{LS}} = \boldsymbol{y} - \boldsymbol{H}\hat{\boldsymbol{x}}_{\mathrm{LS}} = \boldsymbol{y} - \boldsymbol{H}(H^{\mathrm{T}}\boldsymbol{H})^{-1}\boldsymbol{H}^{\mathrm{T}}\boldsymbol{y} = [\boldsymbol{I} - \boldsymbol{H}(\boldsymbol{H}^{\mathrm{T}}\boldsymbol{H})^{-1}\boldsymbol{H}^{\mathrm{T}}]\boldsymbol{y} \\ &= [\boldsymbol{I} - \boldsymbol{H}(\boldsymbol{H}^{\mathrm{T}}\boldsymbol{H})^{-1}\boldsymbol{H}^{\mathrm{T}}](\boldsymbol{H}\boldsymbol{x} + \boldsymbol{\varepsilon}) = [\boldsymbol{I} - \boldsymbol{H}(\boldsymbol{H}^{\mathrm{T}}\boldsymbol{H})^{-1}\boldsymbol{H}^{\mathrm{T}}]\boldsymbol{\varepsilon} = \boldsymbol{S}\boldsymbol{\varepsilon}\end{aligned} \tag{5-14}$$

式中，$\boldsymbol{S} = [\boldsymbol{I} - \boldsymbol{H}(\boldsymbol{H}^{\mathrm{T}}\boldsymbol{H})^{-1}\boldsymbol{H}^{\mathrm{T}}]$ 为最小二乘残差矢量 $\boldsymbol{w}$ 与量测误差 $\boldsymbol{\varepsilon}$ 的转换矩阵。由最小二乘残差矢量 $\boldsymbol{w}$ 构造卫星伪距残差平方和(sum of squared errors，SSE)：

$$\mathrm{SSE} = \boldsymbol{w}^{\mathrm{T}}\boldsymbol{w} = u_1^2 + u_2^2 + \cdots + u_{n-4}^2 \tag{5-15}$$

式中，u_i^2 是 $\boldsymbol{w}^{\mathrm{T}}\boldsymbol{w}$ 的各个元素。SSE服从自由度为 $(n-4)$ 的卡方分布(Chi-square distribution)，常记为 χ^2 分布。在无故障卫星和有故障卫星存在时，SSE呈现出不同的统计特性，可以作为检测当前观测量中是否存在故障的依据。Parkinson推荐使用由SSE构造的 T_x 作为检测统计量(test statistic)[33]：

$$T_x = \sqrt{\mathrm{SSE}/(n-4)} \tag{5-16}$$

根据PFA和PMD要求以及可见卫星的数目，可预先计算得到检测门限 T_D。并比较 T_x 和 T_D 可以进行RAIM完好性判断：

$$\begin{cases} T_x < T_D: & \text{无故障} \\ T_x \geqslant T_D: & \text{有故障} \end{cases} \tag{5-17}$$

最小二乘残差法除了进行故障检测，还可进一步进行故障识别。检测到故障存在可以通过子集比较法来识别故障：子集比较法是从当前的 n 颗可见卫星中依次剔除一颗卫星，计算余下 $(n-1)$ 颗卫星构成的子集检测统计量，因为共有 n 个这样的子集，所以有 n 个故障检测统计量，n 个故障检测统计量中最小的那个对应着被剔除的那颗卫星最有可能是故障源。

3. 奇偶矢量法

Sturza于1988年提出奇偶矢量法的RAIM解算方法是在最小二乘残差法基础上，将故障检测的残差矢量 $\boldsymbol{w}$ 从 n 维的伪距空间 $\boldsymbol{y}$ 正交变换到 $n-4$ 维的奇偶空间 $\boldsymbol{p}$ 进行RAIM判断的完好性方法。从奇偶空间 $\boldsymbol{p}$ 进行FDE比伪距空间的 $\boldsymbol{w}$ 要容易得多。美国

航空无线电技术委员会 RTCASC－159 已经将奇偶矢量法作为推荐的 RAIM 基本算法。

最小二乘残差法中 $n\times1$ 伪距残差矢量 $\boldsymbol{w}$ 的 n 个元素中有 4 种限制(与 4×1 向量 x 的 4 个未知分量相关联)，这 4 种限制会掩蔽感兴趣的不一致信息。因而作为一致性检测并不很理想。进行正交变换以消除这些因素，将伪距残差矢量 $\boldsymbol{w}$ 中包含的信息变换到奇偶矢量 $\boldsymbol{p}$ 中。

奇偶变换 $\boldsymbol{P}$ 是$(n-4)\times n$ 矩阵，$\boldsymbol{P}$ 将 $\boldsymbol{y}$ 变换为 $\boldsymbol{p}(\boldsymbol{p}=\boldsymbol{Py})$，$\boldsymbol{P}$ 可通过 $\boldsymbol{H}$ 矩阵 QR 分解获得，$\boldsymbol{P}$ 的各行相互正交，大小归一，并与 $\boldsymbol{H}$ 的各列相互正交。由于有这些规定的特性，伪距 $\boldsymbol{y}$ 变换的奇偶矢量 $\boldsymbol{p}$ 就具有特殊性质，特别是相对于噪声来说更是如此：如果量测误差矢量 $\boldsymbol{\varepsilon}$ 独立随机且服从高斯分布 $N(0,\sigma^2)$，则 $\boldsymbol{p}=\boldsymbol{Py}$，$\boldsymbol{p}=\boldsymbol{P\varepsilon}$ 且有

$$\boldsymbol{p}^{\mathrm{T}}\boldsymbol{p}=\boldsymbol{w}^{\mathrm{T}}\boldsymbol{w}=\mathrm{SSE} \tag{5-18}$$

把 $\boldsymbol{y}$ 变换为奇偶矢量 $\boldsymbol{p}$ 的同一变换矩阵 $\boldsymbol{P}$ 也把伪距残差矢量 $\boldsymbol{w}$ 或量测误差矢量 $\boldsymbol{\varepsilon}$ 变换为奇偶矢量 $\boldsymbol{p}$，也就是说在伪距空间和奇偶空间的残差平方和是相同的。通常奇偶矢量法中的检测统计量是选取为归一化奇偶差矢量的幅值 $|\boldsymbol{p}/\sigma|^2$。对于 5 颗可见卫星，$|\boldsymbol{p}/\sigma|^2$ 服从高斯分布。对于 6 颗或者以上可见卫星，$|\boldsymbol{p}/\sigma|^2$ 服从自由度为$(n-4)$的 χ^2 分布。

PFA 对应无故障假设 H_0：$E(\boldsymbol{\varepsilon})=0$ 下的中心 χ^2 分布(图 5.9(a)上右方尾部所示)：

$$H_0:E(\boldsymbol{\varepsilon})=0,\quad |\boldsymbol{p}/\sigma|^2\sim\chi^2(n-4) \tag{5-19}$$

PMD 对应有故障假设 H_1：$E(\boldsymbol{\varepsilon})\neq0$ 下非中心 χ^2 分布(图 5.9(a)下左方尾部所示)：

$$H_1:E(\boldsymbol{\varepsilon})\neq0,\quad |\boldsymbol{p}/\sigma|^2\sim\chi^2(n-4,\lambda) \tag{5-20}$$

式中，$k=(n-4)$ 为自由度，λ 为 $E(\boldsymbol{\varepsilon})\neq0$ 时 χ^2 分布非中心化参数：$\lambda=km^2=(n-4)m^2$，m 为归一化均值。

以水平面内奇偶矢量法判决过程总结此 RAIM 残差矢量法的一致性检测过程的四个步骤如下(参见图 5.9(b))。

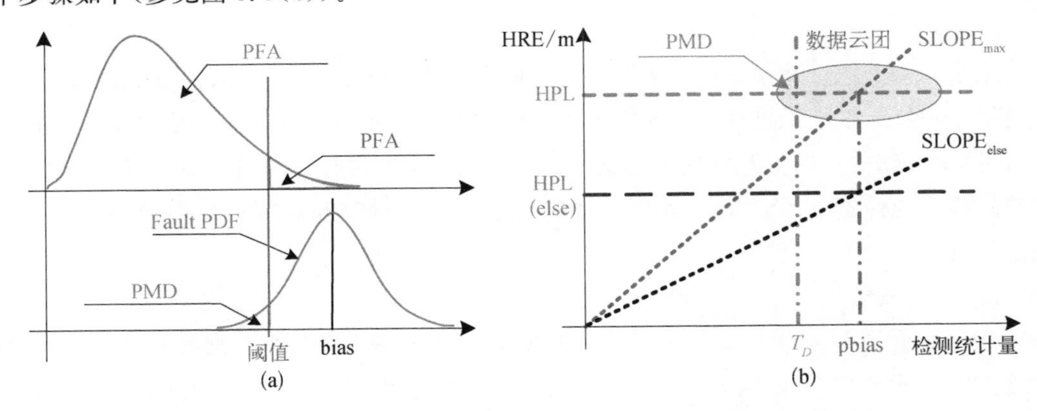

图 5.9　有无故障下 2 自由度卡方分布密度函数及奇偶矢量法示意图

步骤1：求取最大特征斜率 $SLOPE_{max}$。每根过原点的斜虚线是水平径向误差(horizontal radial error,HRE)与无噪声情况下检测统计量(归一化奇偶差矢量的幅值 $|\boldsymbol{p}/\sigma|^2$) 的线性关系线，它确定了对每颗可见卫星的特征斜率线，其斜率 SLOPE(i)是线性关联(也代表几何分布)矩阵 $\boldsymbol{H}$ 的函数：

$$\text{SLOPE}(i)=\sqrt{\boldsymbol{A}_{1i}^2+\boldsymbol{A}_{2i}^2}/\sqrt{\boldsymbol{S}_{ii}},\quad i=1,\ 2,\ \cdots,\ n \tag{5-21}$$

式中，$\boldsymbol{A}=(\boldsymbol{H}^{\mathrm{T}}\boldsymbol{H})^{-1}\boldsymbol{H}^{\mathrm{T}}$，$\boldsymbol{S}=[\boldsymbol{I}-\boldsymbol{H}(\boldsymbol{H}^{\mathrm{T}}\boldsymbol{H})^{-1}\boldsymbol{H}^{\mathrm{T}}]$ 为最小二乘残差矢量 $\boldsymbol{w}$ 与量测误差 $\boldsymbol{\varepsilon}$ 的转换矩阵。最大的斜率 SLOPE(i)对应着 $SLOPE_{max}$线(虚斜线)。

步骤2：计算奇偶空间的临界偏差 pbias。图5.9(b)右边的点划竖直线对应奇偶空间的 PFA 和 PMD 的最小检测偏差 pbias，这个取值与高斯分布 $N(0,\ \sigma^2)$ 的量测误差矢量 $\boldsymbol{\varepsilon}$、量测几何布局、GNSS 应用允许的差错概率有关，具体地说由 NVS、GNSS 的 UERE(即卫星伪距测量的标准偏差)及允许的 PMD 有关：

$$\text{pbias}=\sigma_{\text{UERE}}\sqrt{\lambda} \tag{5-22}$$

步骤3：算出 HPL。$SLOPE_{max}$线与奇偶空间的临界偏差 pbias 交点对应的 HRE 称为 HPL。

$$\text{HPL}=\text{SLOPE}_{\max}\times\text{pbisa} \tag{5-23}$$

各颗卫星的斜率 SLOPE(i)都对应有自己的 HPL，但 $SLOPE_{max}$线是整个时刻所有卫星的最大 HPL。数据云团(cloud of data)描述了斜率最大的卫星($SLOPE_{max}$)有了偏差时发生的散布。检测门限 T_D 切割出来的数据云团左侧部分的数据百分比等于 PMD。

步骤4：根据如2.4节介绍的不同 GNSS 应用对 GNSS 完好性的需求所给出的 HAL 与计算出的 HPL 进行比较判断完好性：

$$\begin{cases}\text{HPL}<\text{HAL}: & \text{无故障}\\ \text{HPL}\geqslant\text{HAL}: & \text{有故障}\end{cases} \tag{5-24}$$

对于给定 HRE，斜率最大的卫星具有最小的检测统计量 $|\boldsymbol{p}/\sigma|^2$，因而是最难检测的，也是最可能出故障的卫星。

5.3.4 随机抽样一致性检测

1. RANSAC 概述

RANSAC 可以从一组包含外点(离群点、局外点、异常点、差错点，outlier)的内点(内群点、局内点，inlier)观测数据集中，通过迭代方式估计数学模型的参数，是一种鲁棒的一致性检测方法。RANSAC 算法最早由 Fischler 和 Bolles 于1981年提出用于三点确定摄像机姿态的估计[157]，现在无论在计算机视觉领域还是在其他学科的估计问题中都有广泛的应用[158]，据 EI(Engineering Village)索引统计，截至 2013 年 8 月 8 日此文献已被引用 4 914 次。

有关 RANSAC 详情请参阅附录 B 的随机抽样一致性(RANSAC)。

RANSAC 方法与最小二乘法等经典模型估计法相比较，最小二乘法是尽量用所有的数据去拟合估计模型参数，在没有大的差错或者差错是高斯平滑的情况下这种方法是最优的；RANSAC 方法是尽量用最可靠的内点(排除所有可疑的外点)去拟合估计模型参数，在有多差错和不规则差错(如突变误差)时凸显优势。可以打个形象的比喻：各种方法用在 RAIM 的完好性监测(差错或者坏点检测)就好比是判案中在一群人中找罪犯，最小二乘法就像是从人性本善的无罪推定出发，认为大家都是好人，在真的没有罪犯时是一个美好的大同世界，有罪犯存在时大家很容易受伤害；而 RANSAC 检测是从人性本恶的有罪推定出发，怀疑每个人都可能是罪犯，每个人努力证明自己或他人清白无罪，要逐个排除，尽管大家过得很累但好人不容易受到伤害。很难定论哪一种方法更好，更应该说他们分别适用于不同的场合。

附录 B 是 RANSAC 的更进一步介绍。

2. RANSAC 算法实例

为了清晰地了解 RANSAC 一致性估计方法，本书仿真了一些 RANSAC 算法实验结果罗列于图 5.10。下面分别说明：图 5.10(a)是用最小二乘法和 RANSAC 方法分别去拟合一条直线，样点的上半部分是原直线，下半部分加入了 0～15 的均匀分布的噪声，拟合结果表明，噪声导致最小二乘拟合直线偏离了真值直线，但噪声对 RANSAC 拟合的直线没有什么影响，直线很好地表现了真值。可见，最小二乘法是尽量去适应包括外点在内的所有点，而 RANSAC 能得出一个仅仅用内点计算出模型，且概率足够高。但是，RANSAC 并不能保证结果一定正确，为了保证算法有足够高的合理概率，必须小心地选择算法的参数。图 5.10(b)在 xy 的[−3, 3]构成的平面内随机产生了很多外点(直线外加号表示)，而直线附近小范围内均匀产生一些内点(直线附近加号表示)，内外点数量共 300 个采样点，内点占比为 15%，通过设置适当参数的 RANSAC 方法估计出的外点和内点，可以看到在存在很多外点的情况下，RANSAC 拟合的直线效果也非常优秀。图 5.10(c)是用了一些实际的二维平面数据点拟合直线的情况，图 5.10(d)是在三维平面上仿真 1 000 个采样点，内点占比为 25%时拟合平面的结果。

由图 5.10 的四个子图可看出，RANSAC 方法在外点很多的情况下，只要参数设置适当，能非常准确地估计模型参数，排除不一致的外点。经典的最小二乘法，可以根据某种给定的目标方程估计并优化模型参数以使其最大程度适应于所有给定的数据集，但这些方法都没有包含检测并排除异常数据的方法，他们都基于平滑假设。但是在很多实际情况下，平滑假设无法成立，数据中可能包含无法得到补偿的严重错误数据，这时候此类模型参数估计方法将无法使用。RANSA 却能从包含大量外点的数据集中鲁棒地估计出高精度的参数。RANSAC 方法应当是比较胜任 GNSS 的 FDE，完成 GNSS 完好性监测任务。

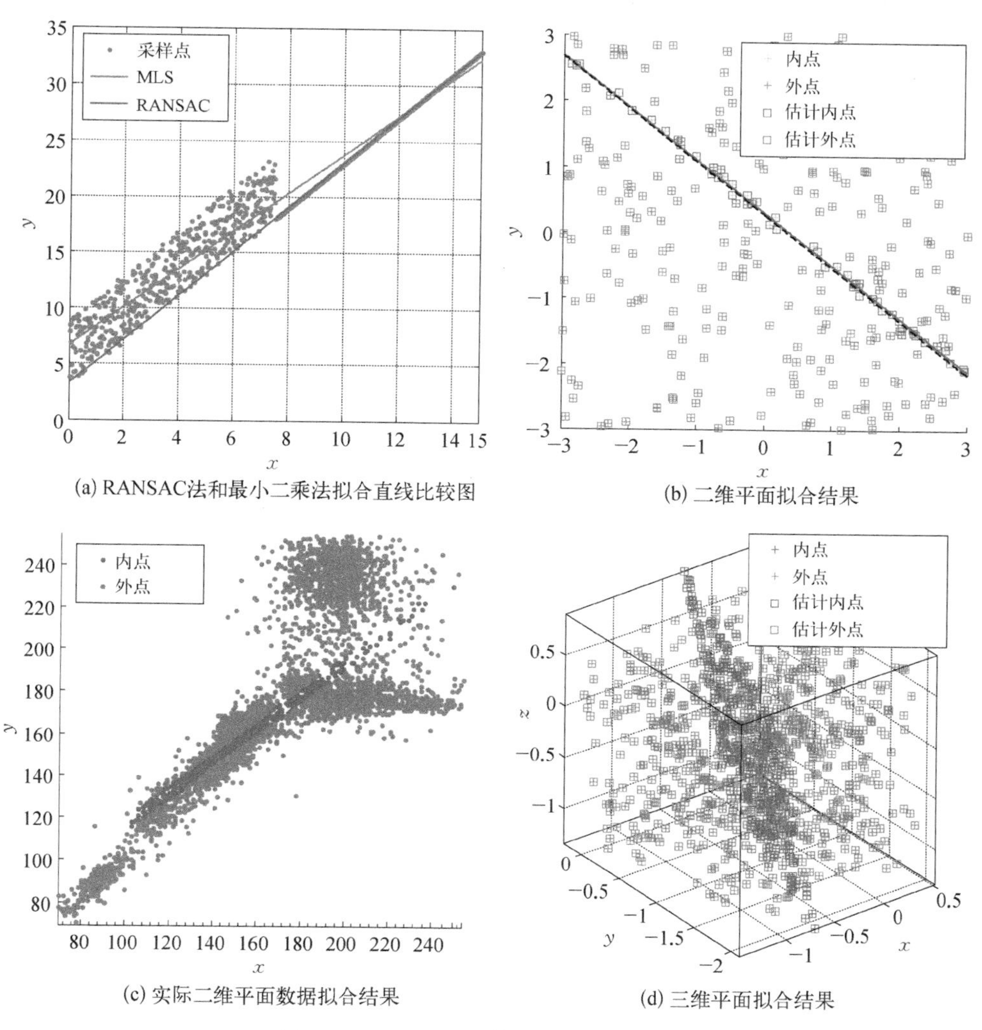

图 5.10 RANSAC 估计方法仿真实例

5.4 随机抽样一致完好性监测

本节介绍随机抽样一致完好性监测算法(RANSAC-RAIM),RANSAC 一致性估计结合应用于 GNSS 完好性监测使 RANSAC-RAIM 方法具备检测多差错和小差错的能力,但 RANSAC 算法在卫星数目较大时运算量非常大。

5.4.1 RANSAC-RAIM 方法

Schroth 等于 2008 年的欧洲导航年会(ENC GNSS 2008)上最早提出将广泛用于计

算机图形和视觉估计中的 RANSAC 方法应用于 GNSS 完好性监测的思想[159]，本书将其称为 RANSAC - RAIM 算法，有文献在 GNSS 的 GPS 和 Galileo 两个全星座组合系统（平均 18 颗，最少 13 颗 NVS）中，分别对单卫星差错和多卫星差错下 RANSAC - RAIM 的故障检出率与所加差错幅度进行了仿真分析，证实了 RANSAC - RAIM 方法具备检测多差错和小差错的能力，且鲁棒性很好，但 RANSAC - RAIM 算法在卫星数目较大时运算量非常大[159]。RANSAC - RAIM 算法原理框图如图 5.11 所示。

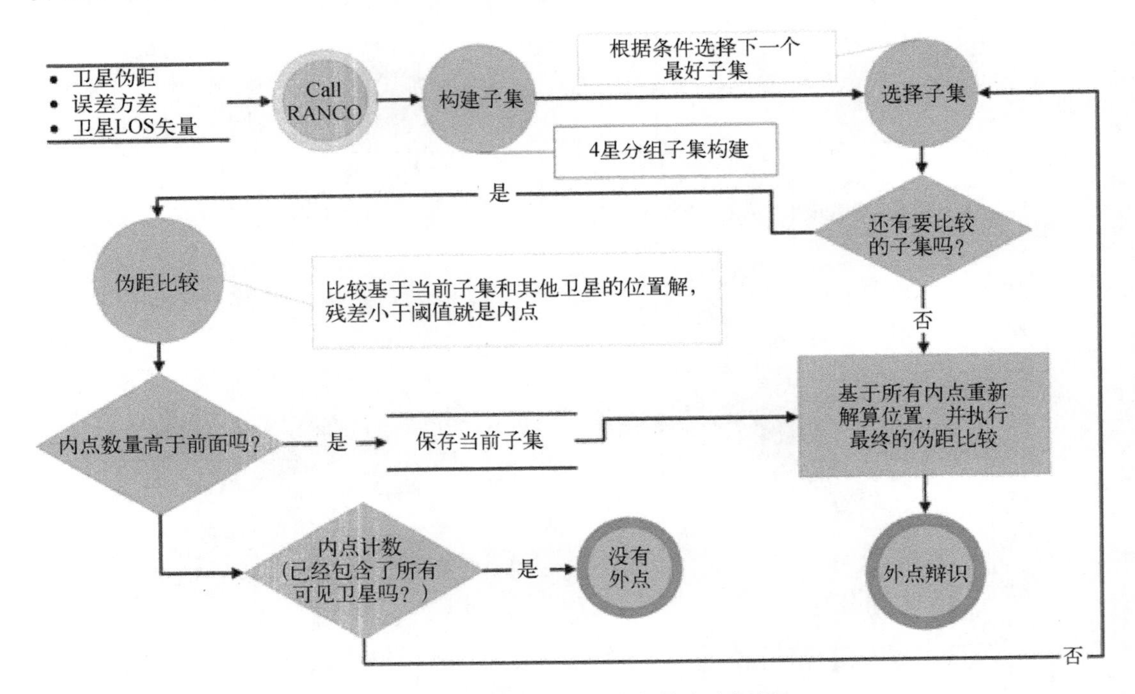

图 5.11　随机抽样一致完好性方法框图

RANSAC - RAIM 算法中以判定卫星量测是内点还是外点作为核心过程，RANSAC - RAIM 算法的运算过程依然源于式（5 - 11）的 GNSS 线性化伪距量测方程组（$\boldsymbol{y} = \boldsymbol{Hx} + \boldsymbol{\varepsilon}$），以下总结六个内外点判断步骤。

步骤 1：获取输入参数（y_i、$\boldsymbol{h}_i^{\mathrm{T}}$、$\sigma$），$i$ 表示卫星序号（第 i 维），$i \in [1, n]$。

根据式（5 - 11）得到的每一维的单颗卫星伪距 y_i：

$$y_i = \boldsymbol{h}_i^{\mathrm{T}}\boldsymbol{x} + \varepsilon_i, \quad i \in [1, n] \tag{5-25}$$

式中，$\boldsymbol{h}_i^{\mathrm{T}}$ 是 n 颗可见卫星组成线性关联矩阵 $\boldsymbol{H}$ 的第 i 个 LOS 矢量的转置（1×4）；$\boldsymbol{x}$ 是用户位置和时间构成的 4 维估计偏差矢量（4×1）；ε_i 是第 i 颗卫星对应的量测误差。图 5.11 所示的 RANSAC - RAIM 算法的三个输入包括每颗卫星的 LOS 矢量 $\boldsymbol{h}_i^{\mathrm{T}}$、伪距 y_i 及量测误差的方差 σ，σ 也称为 GNSS 的 UERE，式（2 - 40）有其计算方法。

步骤 2：对伪距进行 4 星子集分组（S_j），j 表示第 j 个 4 星组，$j \in [1, N]$。

RANSAC - RAIM 算法将所有输入的卫星伪距随机进行 4 星分组，所有 n 颗可见卫星选取 4 颗，得到 4 星子集分组 S_j，n 选 4 有 $N = C_n^4$ 种组合。S_j 可组合为 4 个伪距构成的矢量矩阵 $\boldsymbol{y}_j$ 和 4×4 阶的 4 星线性关联矩阵 $\boldsymbol{H}_j$。

步骤 3：伪距比较求 $n-4$ 个残差构成的残差矢量 $\boldsymbol{w}$。

用 4 星子集分组 S_j 通过最小二乘法求解用户位置 $\boldsymbol{x}_j$：

$$\boldsymbol{x}_j = (\boldsymbol{H}_j^{\mathrm{T}} \boldsymbol{H}_j)^{-1} \boldsymbol{H}_j^{\mathrm{T}} \boldsymbol{y}_j \tag{5-26}$$

根据另外 $n-4$ 颗卫星的 $\boldsymbol{h}_i^{\mathrm{T}}$ 算出 $\boldsymbol{x}_j$ 到另外 $n-4$ 颗卫星的伪距预测值 y_{ji}：

$$y_{ji} = \boldsymbol{h}_i^{\mathrm{T}} \boldsymbol{x}_j, \quad i \in [1, n-4] \tag{5-27}$$

将伪距预测值 y_{ji} 与真实的 $n-4$ 个量测伪距值 y_i 分别求差分，得到对应 4 星子集分组 S_j 的 $n-4$ 个残差 w_i，$i \in [1, n-4]$：

$$w_i = y_{ji} - y_i = \boldsymbol{h}_i^{\mathrm{T}} \boldsymbol{x}_j - y_i, \quad i \in [1, n-4] \tag{5-28}$$

残差矢量 $\boldsymbol{w}$：$(w_1, w_2, \cdots, w_{n-4})$ 由 $n-4$ 个残差 w_i 构成。残差矢量 $\boldsymbol{w}$ 的渐进无偏一致估计量 $\mathrm{var}(\boldsymbol{w})$ 可表示为[152]

$$\mathrm{var}(\boldsymbol{w}) = \sqrt{\frac{1}{n-4} \sum_{i=1}^{n-4} (w_i)^2} \tag{5-29}$$

步骤 4：判断 4 星子集分组(S_j)是内点还是外点。

设定残差阈值 T_{r}(通常是几倍的 UERE 量测误差的方差 σ)，并通过与残差矢量渐进无偏一致估计量 $\mathrm{var}(\boldsymbol{w})$ 比较初步判断 4 星子集分组(S_j)归属：

$$\begin{aligned} &\mathrm{var}(\boldsymbol{w}) \geqslant T_{\mathrm{r}}: \quad \text{内点集合} \\ &\mathrm{var}(\boldsymbol{w}) < T_{\mathrm{r}}: \quad \text{外点集合} \end{aligned} \tag{5-30}$$

如果子集 S_j 包含差错卫星，则解算的用户位置 $\boldsymbol{x}_j$ 将有较大偏差，因而与 S_j 对应的 $n-4$ 个残差 w_i 都将受到污染，S_j 包含的 4 星归入可重复元素的外点集合(outliers sets)并对每颗卫星进入的次数计数；如果 4 星子集分组(S_j)是内点，则将这 4 星送入可重复元素的内点集合(inliers sets)，也对每颗卫星进入的次数计数。然后回到第二步选取另一个 4 星子集分组循环操作，直到如下终止条件：

$$j = N = C_n^4, \text{外点集合是 } \phi \tag{5-31}$$

将所有 $N = C_n^4$ 种 4 星子集分组全部依次检测一遍后，如果外点集合是空集 ϕ，则说明所有卫星没有故障，可以终止检测并得到无差错结论，否则继续下面步骤。

步骤 5：将外点集合计数结果，按每颗卫星 i 出现频数 f_{SV_i} 排序，再设定卫星内外点判别阈值 T_{SV}，按式(5 - 32)比较后最终识别出差错卫星：

$$\begin{cases} f_{\mathrm{SV}_i} \geqslant T_{\mathrm{SV}}: & \text{有差错卫星} \\ f_{\mathrm{SV}_i} < T_{\mathrm{SV}}: & \text{健康卫星} \end{cases} \tag{5-32}$$

将所有满足 $f_{\mathrm{SV}_i} \geqslant T_{\mathrm{SV}}$ 的有差错卫星构成外点子集 S_{outliers}，通知用户他们可能有差错告警，实现 GNSS 的 RAIM 完好性监测功能；而且从 n 颗可见卫星中排除判别出的差错卫星后得到健康的内点卫星子集 S_{inliers}。

步骤 6：最终为了保险起见将内点子集 S_{inliers} 中所有样点用最小二乘法解算最准确的位置结果 $\boldsymbol{x}_{\mathrm{inliers}}$，并与所有外点子集 S_{outliers} 中的卫星进行残差判断，超出残差阈值 T_{r} 的被最终确定为外点，小于阈值 T_{r} 的也不再纳入内点。

由此可见，RANSAC－RAIM 算法是比较严格的一致性判别算法，包含有外点嫌疑的该 4 星子集分组的所有卫星都将被舍弃，但健康的卫星也有机会通过其他健康的 4 星子集分组进入内点子集 S_{inliers}。RANSAC－RAIM 算法在实现 RAIM 的故障检测同时也实现了故障识别和故障排除。

RANSAC－RAIM 算法先随机抽取部分样本组成伪距子集解算出 GNSS 导航解，再算出与其他卫星的伪距与真实量测差分出残差再进行比较（这部分与 5.3.3 小节介绍的伪距比较法相同），然后再在量测域的残差矢量上开展 RANSAC 完好性监测，属于 MRAIM 范畴。

5.4.2 RANSAC－RAIM 参数选择

参考附录 B.4 可知，RANSAC 运算过程中需要选取三个重要参数，它们对运算结果有重大作用和影响。这三个参数的选择一直是 RANSAC 算法重点和难点所在[158]。它们分别是抽样次数、距离阈值和终止阈值。

1. 抽样次数

RANSAC－RAIM 为了覆盖所有的卫星量测，同时不放过任何可疑的差错卫星，尽可能选取最小的子集，在 GNSS 完好性监测中，最少 4 颗卫星可进行 GNSS 导航解算，因而选取抽样次数为 4。

2. 距离阈值

RANSAC－RAIM 选取的距离阈值就是式（5－30）中的残差阈值 T_{r} 和式（5－32）中的卫星内外点判别阈值 T_{SV}。残差阈值 T_{r} 通常是几倍于 GNSS 的 UERE 量测误差的方差 σ，内外点判别阈值 T_{SV} 的选取与 NVS 及可能的差错卫星数目有关，也非常依赖于经验。这两个值对于 RANSAC－RAIM 的故障检出性能非常关键，T_{r} 和 T_{SV} 太大则都起不到故障检测的作用（小的误差无法检测到）；太小则条件过于苛刻（误警概率会很高），后面的实际运算中还将谈到这个问题。

3. 终止阈值

RANSAC-RAIM终止的条件有两个，如式(5-31)所示：一是所有4星子集分组都已经轮循检测一遍($N=C_n^4$种4星组合全覆盖)；二是外点集合是空集ϕ，则说明所有卫星都没有差错(都在内点子集S_{inliers}中)。

5.4.3 RANSAC-RAIM算法运算量评估

RANSAC-RAIM有其独到之处，但正如上面看到的判定卫星量测是内点还是外点的过程非烦琐，特别是在卫星数目较大时运算量非常大。下面进行RANSAC-RAIM算法的运算量定量分析。

参考前面的计算过程，n颗可见卫星的4星子集分组(S_j)有n选4($N=C_n^4$种组合)个循环，每个循环涉及的运算如下。

a. 1次4星子集分组S_j求解用户位置$\boldsymbol{x}_j$(式(5-26))：1次4阶的最小二乘法运算包括3个乘法和一个4阶矩阵求逆(invert)运算。因为$m\times n$阶矩阵求逆的计算量CI(computation$_\text{I}$($m\times n$))包含加法和乘法的为[160]

$$\text{computation}_\text{I}(m\times n)=4n^3+4m^2n+4mn^2-4n^2-m^2-mn \tag{5-33}$$

对于$n\times n$阶方阵求逆的加法和乘法的次数computation$_\text{I}$($n\times n$)为

$$\text{computation}_\text{I}(n\times n)=12n^3-6n^2 \tag{5-34}$$

所以4×4阶矩阵求逆的加法和乘法的次数为864，因此S_j解算用户位置$\boldsymbol{x}_j$的运算次数为computation$_\text{I}(4\times 4)=867$。

b. $n-4$个式(5-27)的卫星的伪距预测值y_{ji}求取：$n-4$个乘法运算。

c. $n-4$个式(5-28)的残差w_i求取：$n-4$个减法运算。

d. 残差矢量$\boldsymbol{w}$的模$|\boldsymbol{w}|$计算：$n-4$个乘法、$n-5$个加法、一个开方运算。

不计残差阈值T_r、卫星内外点判别阈值T_SV、残差矢量模$|\boldsymbol{w}|$、卫星频数比较及其他运算，也不区别加减法、乘法和开方运算，上述单个循环计算量总和约为$4n+851$，整个RANSAC-RAIM的计算量CRR(computation$_\text{RR}$)：

$$\text{computation}_\text{RR}=C_n^4\times(4n+851) \tag{5-35}$$

5.5 快速随机抽样一致完好性监测

为解决RANSAC算法运算量较低的问题，提高RANSAC-RAIM实用性，本节提出了GNSS的快速随机抽样一致完好性监测算法(FRANSAC-RAIM)，主要是改进对参与

RANSAC 运算的卫星子集分组，并进行预检验筛选，排除对完好性监测意义不大的卫星组合。FRANSAC - RAIM 完好性监测效率提高了 50%以上。

5.5.1 FRANSAC - RAIM 方法

现实中 GNSS 完好性是对时间要求很强的 GNSS 实时监测，但从表 5.2 看出：随着 NVS n 增多，RANSAC - RAIM 的运算量呈现几何级数(n^3)增长(主要是 4 星子集分组 S_j 时 n 选 4 的排列组合数增长及解算位置时矩阵求逆的运算量)，很耗费运算资源。但实际上只有那些卫星几何配置好的卫星组合对卫星差错才有较强的敏感性，对需要进行的完好性监测意义重大，相反，即使选择了那些几何配置不好的卫星组合，对关心的完好性监测也意义不大，而且还耽误运算资源，延长 TTA，因为有其他好的几何配置卫星组合已经可以更准确地检验这些卫星状况(同样包含这些卫星，只是分在不同的 4 星子集分组 S_j 组合中)。所以选择正能量大的子集对 RANSAC - RAIM 算法就成为一个非常重要的问题，事实上也有很大的效率提升空间。因此，为提高运算效率，加快 RANSAC 完好性算法的速度，在众多的卫星中，对穷举法的所有卫星组合进行预检验，只选出那些卫星几何配置好的卫星组合参与运算。这也是本书提出的 FRANSAC - RAIM 动机和目标。但有一点必须保证的是最后选出的所有卫星组合各个子集的并集包含所有可见卫星，否则这颗可见卫星没有被检验的机会。

5.5.2 子集预检验筛选

在 FRANSAC - RAIM 中主要考虑的是子集预检验筛选方法的运算效率。参考 5.4.3 节的 RANSAC - RAIM 算法运算量评估，从式(5 - 35)可知，运算量 CRR(computation_{RR})中为了进行伪距比较求逆是无法避免的，也就只能减少参与运算的 4 星子集分组 S_j 数量，也就是只能从 C_n^4 中精选能代表，最好是刚好能代表全部卫星的组合。因此本书下面的 4 星子集分组预检验筛选主要是针对式(5 - 26)中的 C_n^4 个 4×4 阶的 4 星线性关联矩阵 $\boldsymbol{H}_j$ 展开。

本书介绍 GDOP、LOS 矢量和奇异值分解(singular value decomposition, SVD)三种预检验方法。

1. GDOP 预检验

GDOP 是 GNSS 导航中很常用的一个重要参数，2.1.4 节作过介绍，通常 GDOP 是描述量测误差和位置确定误差之间卫星几何构型影响关系。进行子集筛选最容易想到的途径就是 GDOP，GDOP 预检验方法又可分为正选法和排除法两种操作方式，具体操作分述如下。

1) GDOP 预检验正选法

GDOP 预检验正选法是先确定 GDOP 的阈值 T_{GDOP}，直接计算所有 C_n^4 个 4 星子集分组 S_j 构成的 4×4 阶 4 星线性关联矩阵 $\boldsymbol{H}_j$ 的 $GDOP_j$，并分别与阈值 T_{GDOP} 进行比较，满足式(5-36)条件的子集 S_j 进入优选子集分组集合 S_p 参与 FRANSAC-RAIM 运算，否则被直接舍弃。

$$GDOP_j < T_{GDOP} \tag{5-36}$$

图 5.12(a)说明了 GDOP 预检验正选法的优选流程，被直接舍弃的 4 星子集分组 S_j 都是卫星几何配置不好的组合，对于 GNSS 完好性监测意义不大，而且所舍弃组合中的所有卫星一定会在其他几何构型更好的 4 星分组中再次出现，所以根本不用担心它们没有机会接受再检验。对于有特别需求的卫星组合可以通过绿色通道直接置入优选子集分组集合 S_p 中。

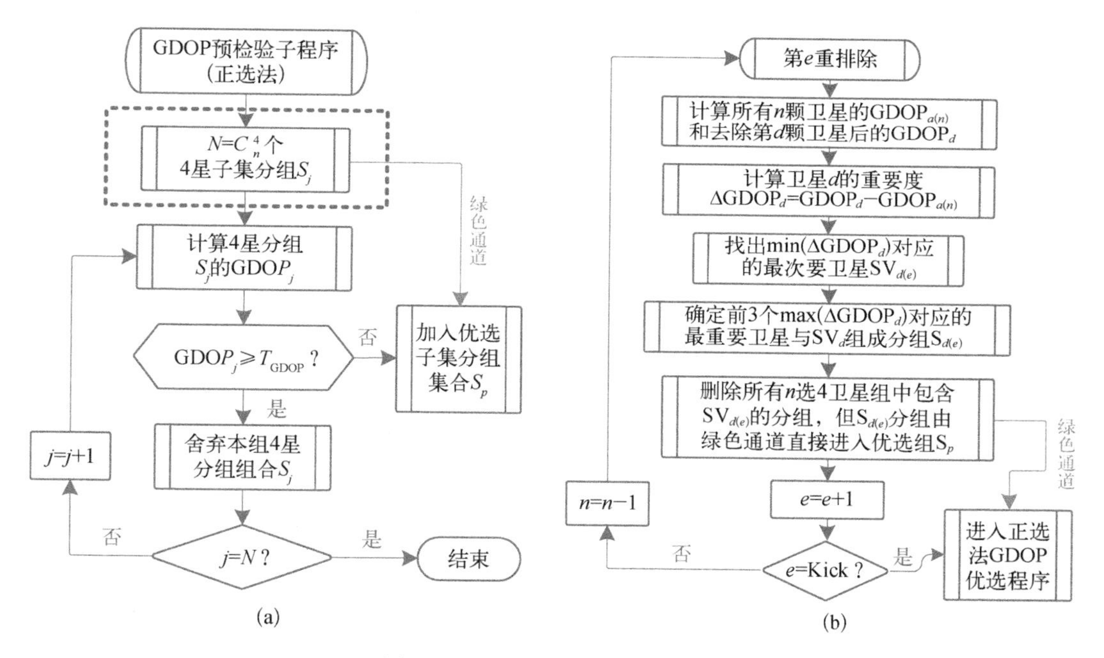

图 5.12 GDOP 预检验流程框图

参照 2.1.4 节 GDOP 的式(2-24)定义可以看到其实每次 GDOP 的求取都是包含 $(\boldsymbol{H}^{\mathrm{T}}\boldsymbol{H})^{-1}$ 的 4 阶方阵求逆过程的，即 GDOP 运算量与 4 阶方阵求逆运算量相当，因此 GDOP 预检验正选法相当于将 FRANSAC-RAIM 主程序算法中的 4 星子集分组 S_j 求解用户位置 $\boldsymbol{x}_j$ 的求逆过程搬移到预检验中来，只是省去了其解算后的一些伪距预测和残差求取比较等过程，所以 GDOP 预检验正选法对整个 FRANSAC-RAIM 的效率提高并不是很大。

2) GDOP 预检验排除法

为此本书设计了 GDOP 预检验排除法，它是在 GDOP 预检验正选法的基础上将图

5.12(a)n 颗可见卫星的 $N=C_n^4$ 种 4 星子集分组(虚线框所示部分)再去掉 Kick 个最次要卫星得到的。

图 5.12(b)展示了 GDOP 预检验排除法的去除 Kick 个最次要卫星的流程：因为 FRANSAC - RAIM 运算中最小子集为 4 颗卫星，为保证每颗卫星都有机会被检测，Kick 应当满足式(5-37)的条件：

$$\text{Kick} \leqslant 3 \tag{5-37}$$

因此 Kick 只能取 1、2 和 3，也就是最多 3 重排除。在第 e 重排除循环中，首先计算所有 n 颗卫星组成全集可见卫星的 $\text{GDOP}_{a(n)}$ 和 n 个去除第 d 颗卫星后的 GDOP_d，并根据式(5-38)计算第 d 颗卫星的重要度因子 ΔGDOP_d，

$$\Delta\text{GDOP}_d = \text{GDOP}_d - \text{GDOP}_{a(n)} \tag{5-38}$$

重要度 ΔGDOP_d 是一个正值，值越大表征了第 d 颗卫星在整个可见卫星全集的几何构型中的重要性越强。根据 ΔGDOP_d 由大到小排列可将全部 n 颗卫星进行重要程度排序，找出排在最后一名对应 $\min(\Delta\text{GDOP}_d)$ 的最次要卫星 $\text{SV}_{d(1)}$，由最次要卫星 $\text{SV}_{d(1)}$ 和排在前 3 位的 3 个最重要的卫星 $\max(\Delta\text{GDOP}_d)$ 构造保机会的最次要卫星 4 星子集分组 $S_{d(1)}$，然后在 n 颗可见卫星的 4 星子集分组中删除所有包含最次要卫星 $\text{SV}_{d(1)}$ 的分组，但单独将 $S_{d(1)}$ 通过绿色通道直接置入优选子集分组集合 S_p 中，以保证最终最次要卫星 $\text{SV}_{d(1)}$ 也有较好的几何构型组合机会参加 FRANSAC - RAIM 运算。依此再在不包含最次要卫星 $\text{SV}_{d(1)}$ 的 $n-1$ 颗卫星中选出次次要卫星 $\text{SV}_{d(2)}$ 和再次要卫星 $\text{SV}_{d(3)}$，并分别再剔除一批包含它们的 4 星子集分组组合，同时分别加入保机会的 2 颗卫星组合。这样就完成了 3 重最次要卫星排除算法，然后再进入如 GDOP 预检验正选法的 GDOP 优选程序，完成 GDOP 预检验排除算法。

再分析 GDOP 预检验排除法运算量，原本 n 颗可见卫星的 $N=C_n^4$ 种 4 星子集分组。第 1 重排除时，在 n 颗可见卫星的 4 星子集分组中删除所有包含最次要卫星 $\text{SV}_{d(1)}$ 的分组数为 C_{n-1}^3，但增加了保机会的 1 个最次要卫星 4 星子集分组 $S_{d(1)}$，因此减少的分组为 C_{n-1}^3-1；同理第 2 重和第 3 重排除分别减少 C_{n-2}^3-1 和 C_{n-3}^3-1 个分组，GDOP 预检验排除法的 4 星子集分组数量总共减少了 ΔN_{GDOP}：

$$\Delta N_{\text{GDOP}} = (C_{n-1}^3-1)+(C_{n-2}^3-1)+(C_{n-3}^3-1) = C_{n-1}^3+C_{n-2}^3+C_{n-3}^3-3 \tag{5-39}$$

代价是 1～3 重排除分别增加了 $n+1$、n 和 $n-1$ 个 GDOP 求取和解算，因为 GDOP 运算量与 4 阶方阵求逆运算量相当，也就是说增加了 $3n$ 个 4 阶方阵求逆的运算量，按照式(5-34)计算的 4×4 阶矩阵求逆的加法和乘法的次数为 864 折算，n 颗卫星 GDOP 预检验排除法的 GDOP 代价运算量 ΔCG 约为

$$\Delta CG = 3n \times 864 = 2\,592n \tag{5-40}$$

整个 FRANSAC - RAIM 算法单个循环计算量总和依然按式(5 - 35)中 $4n+851$ 计算,因此带 GDOP 预检验排除法的 FRANSAC - RAIM 的计算量 CFR - GDOP (computation$_{\text{FR-GDOP}}$)约为式(5 - 41):

$$\text{computation}_{\text{FR-GDOP}} = [C_n^4 - (C_{n-1}^3 + C_{n-2}^3 + C_{n-3}^3 - 3)] \times (4n + 851) + \Delta CG \tag{5-41}$$

2. LOS 矢量预检验

RANSAC - RAIM 方法的 C_n^4 种 4 星子集分组存在大量几何配置不好的卫星组合,特别是在多模导航等卫星数量很多的情况下,有些 4 星子集分组可能在一个平面上,或者有两个相对于 GNSS 用户是在同一个方向,这种组合对差错的敏感性很差,必须从 C_n^4 种子集中清除出去,提高对实时告警需求很高的 GNSS 的 RAIM 完好性运算效率。LOS 矢量预检验方法是一个很有创意的方法,是矢量相关性在子集预检验上的应用,而且 LOS 预检验方法计算简单可靠,效率很高,可优选作为 FRANSAC - RAIM 方法的前端预检验方法或与其他预检验方法组合使用。LOS 矢量很接近(视向重合度较大)的两颗卫星的 LOS 矢量相关值很大(相关性程度很高),LOS 矢量共线性(collinear)高。LOS 预检验实际上是排除 LOS 矢量共线性(视向重合)大的子集。

在数学中,可以用两个矢量 $\boldsymbol{a}(x_1, y_1, z_1)$ 和 $\boldsymbol{b}(x_2, y_2, z_2)$ 的夹角 θ 的余弦值 $\cos\theta$ 的大小来表征两个矢量的接近(相关)程度,类似于式(4 - 20)所示的归一化互相关函数,可通过两个矢量的点积和模来计算两个矢量的相关系数 CCF:

$$\text{CCF} = \cos\theta = \frac{\boldsymbol{a} \cdot \boldsymbol{b}}{|\boldsymbol{a}||\boldsymbol{b}|} = \frac{x_1 x_2 + y_1 y_2 + z_1 z_2}{\sqrt{(x_1^2 + y_1^2 + z_1^2)}\sqrt{(x_2^2 + y_2^2 + z_2^2)}} \tag{5-42}$$

两个矢量 $\boldsymbol{a}$ 和 $\boldsymbol{b}$ 的点积(也称数量积)是 $\boldsymbol{a}$ 和 $\boldsymbol{b}$ 在欧几里得空间的标准内积,也等于其中一个向量的模与另一个向量在这个向量的方向上的投影的乘积,可见点积其实是两具矢量的相关运算。CCF 取值为[-1, 1],CCF 数值越大则表明越相关,自相关时值为最大(1),方向相反时为最小(-1),矢量正交时为 0。

如图 5.13(a)所示,SV_3 和 SV_4 两颗相距较近的卫星夹角 θ 较小,SV_1 和 SV_2 两颗相距较远的卫星夹角 γ 较大,当夹角 $\gamma > 90°$ 时(钝角),矢量点积为负值。在 GNSS 应用中 n 颗可见卫星组成的线性关联矩阵 $\boldsymbol{H}$ 中的各个行向量,两两按照式(5 - 42)求相关得到的一个 $n \times n$ 阶矩阵称为 LOS 矢量相关系数矩阵 COR。它直观地表现了各颗卫星的邻近程度。

表 5.1 列举了一个典型的 7 颗 GPS 卫星组成的线性关联矩阵 $\boldsymbol{H}$,去掉第 4 列代表时间偏差的全 1 数据后,按式(5 - 42)两两求相关系数 CCF 得到 LOS 矢量相关系数矩阵 COR。因为相关系数矩阵 COR 是对称阵,所以只需要考查表 5.1 的下三角(▽)就可以了。

表 5.1 GNSS 典型线性量测关联矩阵和 LOS 矢量相关系数矩阵

(a) 线性关联矩阵 ***H***

	1	2	3	4
1	−0.55	−0.33	−0.76	1
2	−0.39	0.53	−0.76	1
3	−0.68	0.72	0.16	1
4	−0.88	0.23	−0.41	1
5	−0.42	−0.78	−0.45	1
6	0.21	0.71	−0.66	1
7	0.52	−0.53	−0.66	1

(b) 对称相关矩阵

	1	2	3	4	5	6	7
1	1	0.62	0.01	0.73	0.84	0.15	0.40
2	0.62	1	0.52	0.77	0.09	0.80	0.02
3	0.01	0.52	1	0.70	−0.35	0.26	−0.84
4	0.73	0.77	0.70	1	0.38	0.25	−0.31
5	0.84	0.09	−0.35	0.38	1	−0.35	0.50
6	0.15	0.80	0.26	0.25	−0.35	1	0.17
7	0.40	0.02	−0.84	−0.31	0.50	0.17	1

1）有阈值 LOS 预检验

为了选出相邻较近的卫星两两组合，具体操作时可按照有阈值和无阈值 LOS 预检验两种方法遴选，如图 5.13(b)框图记录了上述预检验流程，在左下角查找最邻近卫星框中，有阈值 LOS 预检验按第❶项操作(第❷项是无阈值操作)。

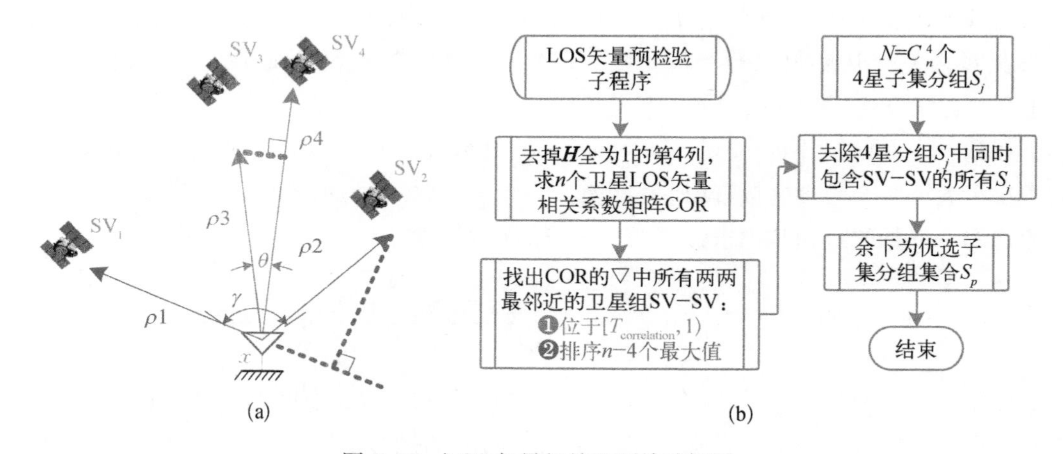

图 5.13 LOS 矢量相关及预检验框图

有阈值 LOS 预检验可设置相关系数阈值 $T_{\text{correlation}}$(根据卫星的多少设定，卫星较多时很多卫星比较靠近)，选出满足式(5-43)的卫星组：

$$CCF \in [T_{\text{correlation}}, 1) \tag{5-43}$$

例如，针对表 5.1 的 7 颗 NVS 情况，设置阈值为 0.8，在▽阵中有 1～5 和 2～6 卫星的两个 CCF 都在 0.8 以上，表明他们相距较近。因此可以在 $N = C_n^4$ 个 4 星子集分组 S_j 中删除同时包含这两组卫星的所有组合，余下的为优选子集分组集合 S_p。因为只是舍弃了同时包含两颗相近卫星情况，所以还会有大量的组合分别包含这两颗相近卫星，和 GDOP 预检验正选法的优选流程一样，也根本不用担心它们没有机会接受再检验。LOS

矢量预检验方法完成。

下面再分析LOS矢量预检验计算量大小。由上面流程及公式看出，LOS矢量预检验只是一些基本的运算，不包含运算量惊人的求逆过程，而且求取LOS矢量相关系数矩阵COR只需要一次 n 阶矩阵就全部完成。虽然LOS矢量预检验没有付出多大的代价，但效果却比较好。因为每挑选出一对相近卫星就可去除 C_{n-2}^{2} 个4星子集分组，所以选出 t 对相近卫星就可去除 $t\times C_{n-2}^{2}$ 个4星子集分组。

对于有阈值LOS矢量预检验，NVS越大(特别是对于多模情况)，相关系数阈值 $T_{\text{correlation}}$ 设置越低，就可剔除更多的邻近卫星对，计算提高效果就越好。通常单星座(如GPS)可见卫星大于7，每次都能找到 $t=2$ 组以上很邻近的卫星组，因此有阈值LOS矢量预检验法的4星子集分组数量总共减少了 $\Delta N_{\text{LOS-T}}$ 约为

$$\Delta N_{\text{LOS-T}} = t\times C_{n-2}^{2} \tag{5-44}$$

与上面GDOP预检验方法的计算量一样，LOS矢量预检验在基本不需要什么代价的基础上，整个FRANSAC-RAIM算法单个循环计算量总和依然按式(5-35)中 $4n+851$ 计算，带有阈值LOS矢量预检验法的FRANSAC-RAIM算法计算量CFR-LOS-NT(computation$_{\text{FR-LOS-T}}$)约为

$$\text{computation}_{\text{FR-LOS-T}} = (C_{n}^{4} - t\times C_{n-2}^{2})\times(4n+851) \tag{5-45}$$

2) 无阈值LOS预检验

在实际仿真运算时发现有阈值LOS矢量预检验的相关系数阈值 $T_{\text{correlation}}$ 不太好把握，特别是对于卫星数量变化时，不太好选择，普遍设置过于保守。因而本书设计了根据NVS数量 n 设置的无阈值LOS矢量预检验方法：基本分组是4颗卫星组成一组，当 $n>4$ 时就必定开始有相对来说更加邻近的卫星，完全可以直接去掉同时包含邻近这两颗卫星的分组(它们会分别出现在几何配置更好的卫星组合中)。这样 n 颗卫星最少可以找出 $t=n-4$ 组相邻较近的卫星2卫星组。由此设置动态的无阈值LOS矢量预检验法的4星子集分组数量总共减少了 ΔN_{LOS} 约为

$$\Delta N_{\text{LOS}} = (n-4)\times C_{n-2}^{2} \tag{5-46}$$

与上面GDOP预检验方法的计算量一样，LOS矢量预检验在基本不需要什么代价的基础上，整个FRANSAC-RAIM算法单个循环计算量总和依然按式(5-35)中 $4n+851$ 算，带有动态无阈值LOS矢量预检验法的FRANSAC-RAIM算法计算量CFR-LOS(computation$_{\text{FR-LOS}}$)约为

$$\text{computation}_{\text{FR-LOS}} = [C_{n}^{4} - (n-4)\times C_{n-2}^{2}]\times(4n+851) \tag{5-47}$$

3. SVD预检验

还有一类很有特色的方法可取代GDOP求解及判断作为子集预检验筛选，它是线

性代数中常用到的SVD的方法。SVD是特征值分解的更普遍情况，特征值分解只适用于方阵，但SVD对任意矩阵都适用。将 $m \times n$ 阶 GNSS 线性化伪距量测矩阵 $\boldsymbol{H}$ 作 SVD：

$$\boldsymbol{H} = \boldsymbol{USV}^{\mathrm{T}} \tag{5-48}$$

$m \times m$ 阶矩阵 $\boldsymbol{U}$ 和 $n \times n$ 阶矩阵 $\boldsymbol{V}$ 分别是 $\boldsymbol{H}$ 的奇异向量，而 $m \times n$ 阶对角矩阵 $\boldsymbol{S}$ 是 $\boldsymbol{H}$ 的奇异值，其对角线上有 r 个非负非0的奇异值 s_r 是由大到小排列的，其中 $r = \mathrm{rank}\,(\boldsymbol{H})$ 为 $\boldsymbol{H}$ 的秩，各个奇异值元素 s_r 分别表示在各个方向上将导航位置和时间空间矢量的变化转化到伪距量测空间的变化时在各个方向上变化幅度，对于GNSS完好性监测理想的情况是各向同性，这样在所有方向上的差错都可以检测出来，否则就不成比例，在某些方向存在盲点，因此用SVD的奇异值对称程度可衡量线性化伪距量测矩阵 $\boldsymbol{H}$ 的完好性监测方向对称性(方向畸变性)。为此可构造RAIM方向畸变因子(RAIM direction distortion factor，RDDF)如：

$$\mathrm{RDDF} = \max(s_r)/\min(s_r) \tag{5-49}$$

RDDF越大表明各向畸变程度越大，越不利于全方向故障检测，最理想的情况是RDDF=1，这时GNSS完好性监测各向同性。

SVD子集预检验筛选法也可以先确定RDDF的阈值 T_{RDDF}，然后分别计算所有 C_n^4 个4星子集分组 S_j 构成的 4×4 阶4星线性关联矩阵 $\boldsymbol{H}_j$ 的RAIM方向畸变因子 RDDF_j，并分别与阈值 T_{RDDF} 进行比较，满足式(5-50)条件的子集 S_j 进入优选子集分组集合 S_p 参与FRANSAC-RAIM运算，否则被直接舍弃。

$$\mathrm{RDDF}_j < T_{\mathrm{RDDF}} \tag{5-50}$$

SVD子集预检验筛选法本质上与GDOP子集预检验筛选方法是一样的，也还有其他正交分解方法，但SVD是最可靠的，不过SVD计算量消耗非常大(是其他如QR分解的十倍以上)，也无益于本书FRANSAC-RAIM方法提高效率的初衷，故本书最终没有采用，但作为原理性和很有特色的子集检测方法，此处还是对SVD子集预检验筛选作了简单介绍。

5.5.3 FRANSAC-RAIM算法运算量比较

为了清晰地说明带GDOP预检验排除法和带有动态无阈值LOS矢量预检验的两种FRANSAC-RAIM与RANSAC-RAIM算法的计算效率改善程度，分别综合绘制了图5.14的计算复杂度图、图5.15的改善程度对比图和表5.2的计算复杂度总结表。

图5.14分别根据式(5-35)用实线绘制了RANSAC-RAIM算法(以下简称RR)的计算量CRR(computation$_{RR}$)和NVS n的关系;根据式(5-41)用虚线绘制了带GDOP预检验排除法的FRANSAC-RAIM算法(以下简称FR-GDOP)的计算量CFR-GDOP(computation$_{FR-GDOP}$)和NVS n的关系;根据式(5-47)用长划线绘制了带有动态无阈值LOS矢量预检验法的FRANSAC-RAIM算法(以下简称FR-LOS)计算量CFR-LOS(computation$_{FR-LOS}$)和NVS n的关系。

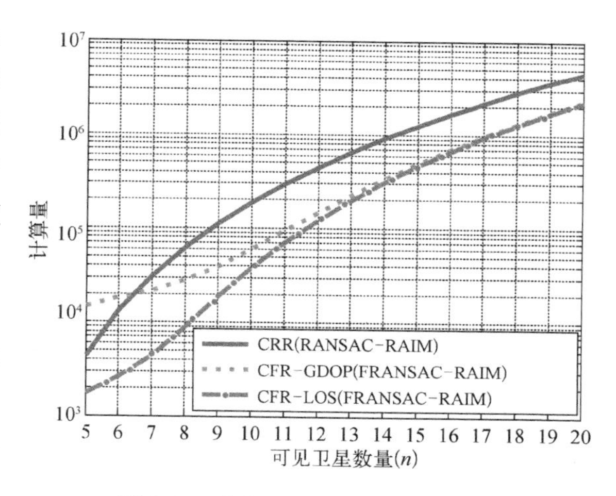

图5.14 RANSAC-RAIM及快速算法计算复杂度比较图

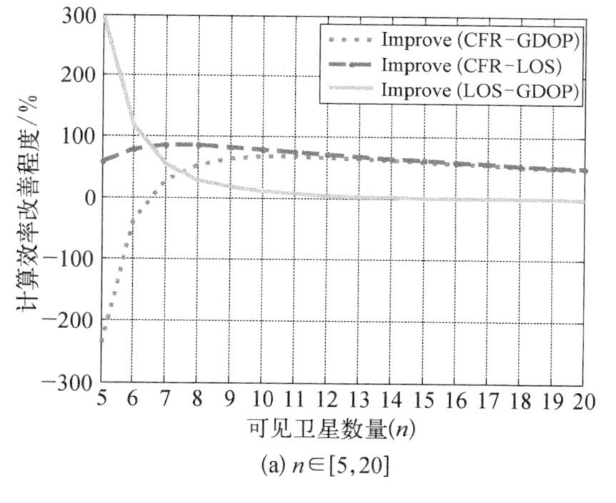

(a) $n\in[5,20]$

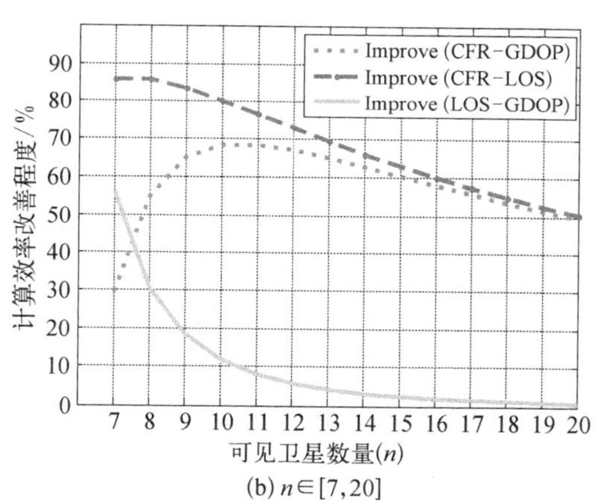

(b) $n\in[7,20]$

图5.15 两种FRANSAC-RAIM算法计算效率改善程度对比图

这三张图表都是分析NVS为5～20颗时各方法的计算量,与图5.14一样,图5.15(a)和(b)分别用虚线和长划线绘制FR-GDOP和FR-LOS在RR基础上的改善比例,实线是FR-LOS比FR-GDOP优越程度。在NVS比较少时两种快速方法的改善效果相差很大,导致图5.15(a)掩盖了后面NVS比较大时的变化趋势,图5.15(b)专门绘制了局部情况。

由图5.14、图5.15和表5.2可总结下面两条结论。

结论1:3种算法的计算量都是随着NVS的n值立方(n^3)增长。表5.2列举了3种方法的计算量值,处于$1.74\times10^3\sim4.51\times10^6$,以RR的计算量CRR(computation$_{RR}$)为例,当NVS n增长时计算复杂度急剧增加,当可见卫星NVS为15颗时计算量就已经达到了1.24 M次,后级相对前级计算量CRR的运算增长大致相当于NVS n的立方(n^3)的一点几倍关系。FR-GDOP和FR-LOS的运算量增长也服从这样的关系。

表 5.2　RANSAC - RAIM 及快速算法计算复杂度总结表

可见卫星数量(n)		5	6	7	8	9	10	11	12	13	14	15	16	17	18	19	20
子集数 $N=C_n^4$		5	15	35	70	126	210	330	495	715	1 001	1 365	1 820	2 380	3 060	3 876	4 845
减少子集数量 ΔN	FR - GDOP	3	12	31	62	108	172	257	366	502	668	867	1 102	1 376	1 692	2 053	2 462
	FR - LOS	3	12	30	60	105	168	252	360	495	660	858	1 092	1 365	1 680	2 040	2 448
CFR - GDOP 运算代价		1.30×10^{4}	1.56×10^{4}	1.81×10^{4}	2.07×10^{4}	2.33×10^{4}	2.59×10^{4}	2.85×10^{4}	3.11×10^{4}	3.37×10^{4}	3.63×10^{4}	3.89×10^{4}	4.15×10^{4}	4.41×10^{4}	4.67×10^{4}	4.92×10^{4}	5.18×10^{4}
计算复杂度	CRR	4.36×10^{3}	1.31×10^{4}	3.08×10^{4}	6.18×10^{4}	1.12×10^{5}	1.87×10^{5}	2.95×10^{5}	4.45×10^{5}	6.46×10^{5}	9.08×10^{5}	1.24×10^{6}	1.67×10^{6}	2.19×10^{6}	2.82×10^{6}	3.59×10^{6}	4.51×10^{6}
	CRR 运算增长(n^3)		1.74	1.48	1.35	1.27	1.22	1.19	1.16	1.14	1.13	1.11	1.10	1.09	1.09	1.08	1.08
	CFR - GDOP	1.47×10^{4}	1.82×10^{4}	2.17×10^{4}	2.78×10^{4}	3.93×10^{4}	5.98×10^{4}	9.38×10^{4}	1.47×10^{5}	2.26×10^{5}	3.38×10^{5}	4.93×10^{5}	6.98×10^{5}	9.67×10^{5}	1.31×10^{6}	1.74×10^{6}	2.27×10^{6}
	CFR - LOS	1.74×10^{3}	2.63×10^{3}	4.40×10^{3}	8.83×10^{3}	1.86×10^{4}	3.74×10^{4}	6.98×10^{4}	1.21×10^{5}	1.99×10^{5}	3.09×10^{5}	4.62×10^{5}	6.66×10^{5}	9.33×10^{5}	1.27×10^{6}	1.70×10^{6}	2.23×10^{6}
CFR 效率改善 Δ/CRR/%	GDOP	−237.59%	−38.49%	29.60%	55.02%	64.84%	68.05%	68.23%	66.95%	64.99%	62.74%	60.39%	58.06%	55.80%	53.64%	51.60%	49.67%
	LOS	60.00%	80.00%	85.71%	85.71%	83.33%	80.00%	76.36%	72.73%	69.23%	65.93%	62.86%	60.00%	57.35%	54.90%	52.63%	50.53%
	LOS - GDOP	297.59%	118.49%	56.12%	30.69%	18.49%	11.95%	8.14%	5.78%	4.24%	3.20%	2.47%	1.94%	1.55%	1.26%	1.04%	0.86%

结论2：FR－GDOP和FR－LOS在RR基础上有较大改善，FR－LOS改善性能一直比FR－GDOP好，但随着NVS数量n的增大，两者改善程度趋于一致并最终稳定在50%以上的水平。整体来说，从图5.14和图5.15可看出FR－GDOP和FR－LOS的计算量在RR基础上都有很大降低，随着NVS数值n由5～20变化，FR－GDOP和FR－LOS的改善都经历一个由低到高再降低的过程，峰值分别出现在$n=11$时的68.23%和$n=7$或8时的85.71%，后来两种方法都分别趋于平稳一致，在$n=20$时同步达到约50%的改善程度。但当NVS数值n不大时判别很大：NVS为5时，FR－LOS效率提高60%，而FR－GDOP效率反而降低了238%，此后两者逐步趋平，到$n=20$时FR－LOS改善性能只比FR－GDOP好不到1%。

5.6 随机抽样一致完好性监测仿真验证

为求简便，以下将RANSAC－RAIM方法和提出的FRANSAC－RAIM统称为RANSAC完好性监测方法。本节依据真实的民航飞行轨迹加载各种GNSS差错的场景，并分别针对RANSAC完好性监测方法进行仿真比较分析，以验证提出的FRANSAC－RAIM方法的故障检测能力和提高运算速度实现及时告警的优越性。

5.6.1 航空场景及仿真条件

仿真场景以中国国际航空公司的空客321飞机于2013年1月1日(UTC时间18:05:11.875～10:13:02.680共计7 670.805 s)执飞杭州萧山机场B航站楼(120.442 128，30.235 190，0)至北京首都机场T3(116.612 518，40.069 048，0)航班采集的真实飞行轨迹为仿真场景基础，整段时间数据输出并不均匀，共有5 796组采样数据，通过50 Hz插值(间隔0.02 s)后生成连续飞行数据。图5.16展示了整个飞行阶段2小时7分钟的经度、纬度和高程(longitude，latitude and altitude，LLA)及三维飞行轨迹图。

起飞(takeoff)和着陆(touchdown)是航空中对GNSS完好性导航需求最高的两个关键阶段，如图5.17(a)为起飞阶段(250～600 s)相对高程由0 m提升到2 300 m的第1平台的高程变化，(b)为着陆触地阶段(7 250～7 450 s)相对高程由第3平台约500 m降落至0 m的高程变化。本节后续仿真也只针对起飞离地阶段进行分析(历元间隔为0.02 s，因此350 s有17 500历元)。

仿真过程是将飞行轨迹数据按格式导入北京华力创通科技股份有限公司生产的GPS/BD－2多频点(B1、B3、L1、L2四个信号，但本仿真只用到B1和L1)高动态实时测试信号模拟器(HWA－RNSS－7400)，GNSS信号模拟器外形如图5.18(a)所示，(b)是外部注入飞行轨迹GPS/BeiDou双星座场景导航和观测数据生成软件仿真界面，(c)是监控平台控制软件界面。

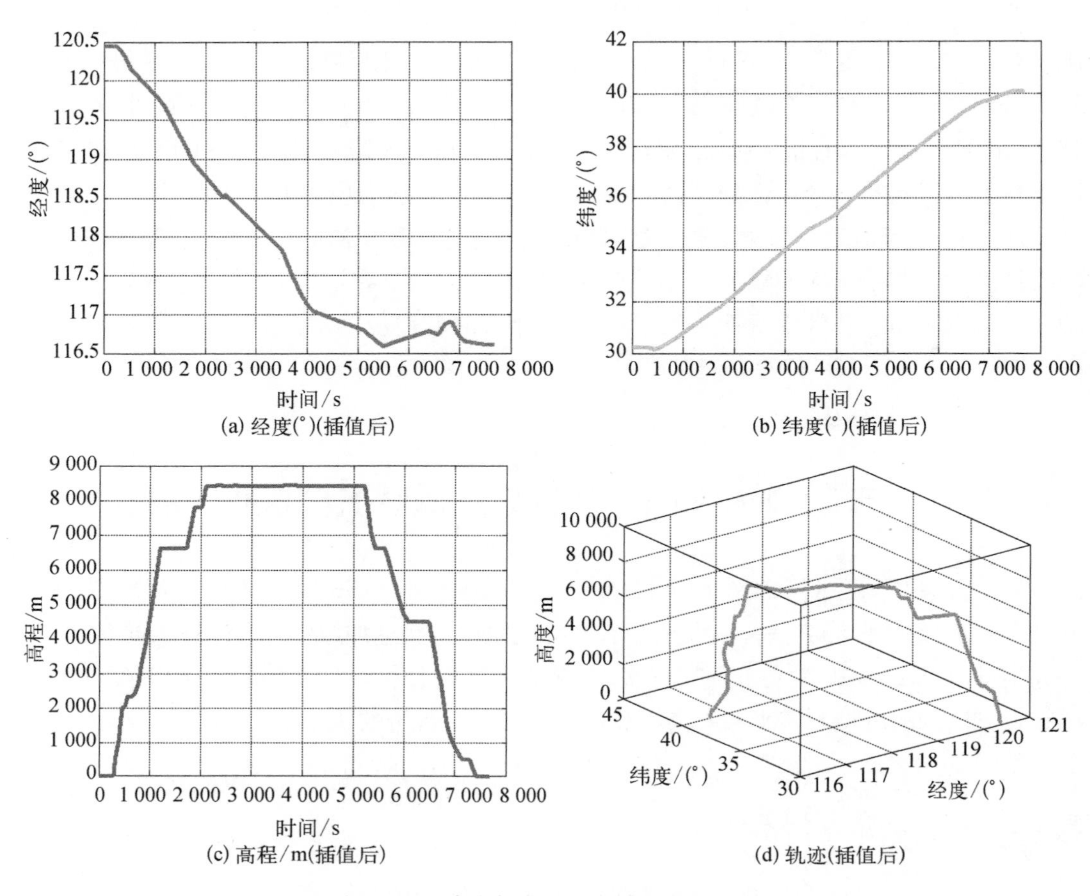

(a) 经度(°)(插值后)　(b) 纬度(°)(插值后)　(c) 高程/m(插值后)　(d) 轨迹(插值后)

图 5.16　真实航空经纬高及三维轨迹图

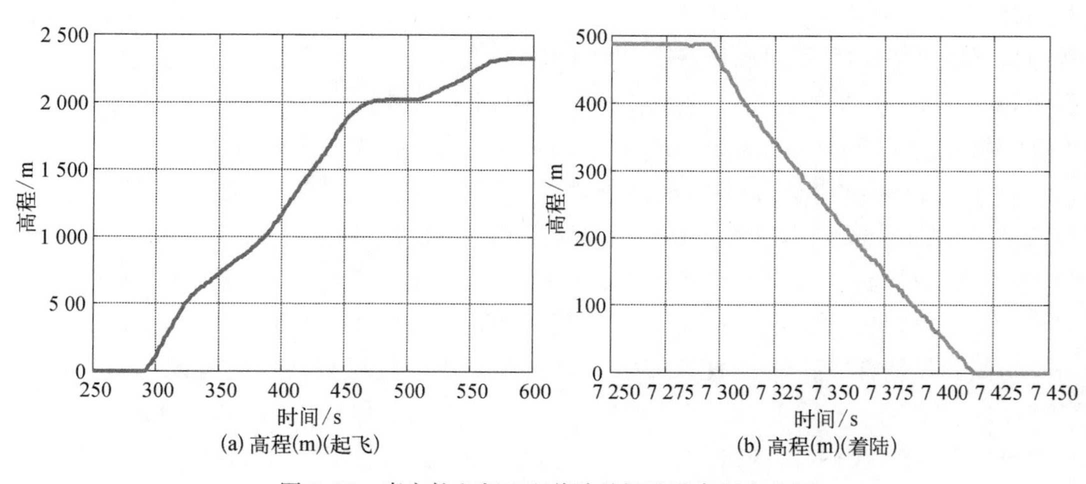

(a) 高程(m)(起飞)　(b) 高程(m)(着陆)

图 5.17　真实航空起飞和着陆关键阶段高程变化图

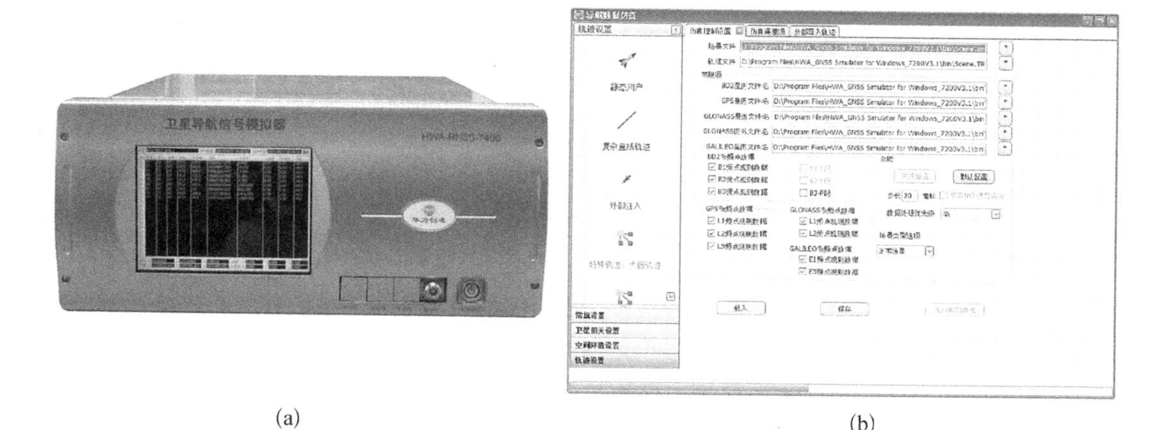

(a)

(b)

模拟器监控平台

文件(F) 查看(V) 设置(S) 显示(D) 工具(T) 窗口(W) 帮助(H)

BD2_B1　GPS_L1

时间显示窗口.

开始时间: 2013-06-16 10:00:00
当前时间: 2013-06-16 10:00:33
结束时间: 2013-06-16 10:05:50
运行时间: 00:00:33
持续时间: 0 00:05:50
Z计数域:
已过周计数: 0
周计数: 389
周内秒计数(1.5s): 24022
周内秒计数(s): 36033

星下轨迹图.

GPS
BD2
GLO

地面轨迹文本显示窗口.

项目名称	项目数值
时间	389 36031.8200
ECEF_X	-2794028.8780
ECEF_Y	4755359.6250
ECEF_Z	3192475.6490
速度X	52.9090
速度Y	52.8250
速度Z	-32.1630
加速度X	-13.6050
加速度Y	-13.9500

观测数据文本显示窗口.

通道号	卫星号	状态	伪距	伪距速度	伪距加速度	伪距加加速度	多普勒	载波相位
4	BD2-4	打开	38219050.8693	27.2454	-17.0228	0.0000	-141.87	1250461294
5	BD2-5	打开	39075099.5673	37.3074	-23.6191	0.0000	-194.27	1278469669
6	BD2-7	打开	37290119.3835	-6.0261	19.9629	0.0000	31.38	1220068307
7	BD2-8	打开	36572038.0940	169.8792	20.4536	0.0000	-884.61	1196573955
1	GPS-1	打开	20176739.0471	42.0669	-7.5818	0.0000	-221.06	666202737
2	GPS-3	打开	24799390.9796	583.6857	-39.9635	0.0000	-3067.29	818835345
3	GPS-7	打开	21126245.0551	404.1238	21.2799	0.0000	-2123.69	697553858
4	GPS-8	打开	20691117.6555	-105.8486	17.6698	0.0000	556.24	683186674
5	GPS-11	打开	20498273.0805	334.1151	-18.3446	0.0000	-1755.79	676819253
6	GPS-17	打开	24060801.0131	-434.4595	35.3108	0.0000	2283.10	794448169

卫星数据文本显示窗口.

卫星号	导航系统	卫星类型	PDOP	VDOP	HDOP	坐标_X	坐标_Y	坐标_Z	卫星钟差	电离层延迟
GPS-17	GPS	MEO	0.0000	0.0000	0.0000	13412910.8036	22369812.5640	5826326.6782	19677.7128	6.71842
GPS-19	GPS	MEO	0.0000	0.0000	0.0000	-18526395.4719	-2860906.6393	18870004.3464	-100262.7882	9.11406
GPS-20	GPS	MEO	0.0000	0.0000	0.0000	-21298669.5937	12948073.3985	-9259190.7068	23332.8772	7.87947
GPS-28	GPS	MEO	0.0000	0.0000	0.0000	5614515.2839	14165087.1348	22353085.4032	65266.9552	6.07703
GPS-32	GPS	MEO	0.0000	0.0000	0.0000	-25871125.4584	4271889.6391	-1450540.0866	-156045.7147	6.99405
BD2-1	BD-2	GEO	0.0000	0.0000	0.0000	-32378741.4970	27006048.7408	262.7275	45507.0074	4.63507
BD2-2	BD-2	GEO	0.0000	0.0000	0.0000	-1202072.3165	42145518.0817	-21958.5592	40640.8506	5.24954
BD2-3	BD-2	GEO	0.0000	0.0000	0.0000	-14880887.5766	39449723.0671	-14316.5578	34172.0758	4.40641
BD2-4	BD-2	GEO	0.0000	0.0000	0.0000	-39663734.4706	14299415.1903	10350.9084	-1357.5192	6.07403
BD2-5	BD-2	GEO	0.0000	0.0000	0.0000	-41713952.6808	6134421.0142	15641.0169	-1357.5192	7.57208
BD2-7	BD-2	IGSO	0.0000	0.0000	0.0000	7948860.7740	34525196.8382	22848282.8760	-34214.8048	4.86095

卫星星空图. | 地面轨迹窗口. | 时间显示窗口. | 观测数据文本显示窗口. | 星下轨迹图. | 卫星数据文本显示窗口. | 地面轨迹文本显示窗口.

输出窗口

类型	日期	时间	信息内容
	2013年0...	03时05分39秒	启动
	2013年0...	03时12分28秒	启动

(c)

图 5.18　GNSS 信号模拟器及仿真软件界面图

仿真 GPS/BeiDou 双星座场景，GPS 按 31 颗卫星全星座仿真，BeiDou 按照 BDS 星座 ICD 规划[104, 105]的 14 颗卫星 IOC 亚太区域系统 BeiDou14（5 颗 GEO+5 颗 IGSO+4 颗 MEO 卫星）仿真（参见 3.3.2 节），GPS 和 BeiDou14 两大系统的地面轨迹及三维空间星座可参见图 3.2。仿真中可见卫星为 17 颗（GPS 和 BeiDou 分别是 10 颗和 7 颗，因为分析过程只持续了约 6 分钟，可见卫星都没有增减和更替），卫星分布视图如图 5.19(a)所示，(b)是飞机起飞离地阶段 350 s 的地面经纬度轨迹图。

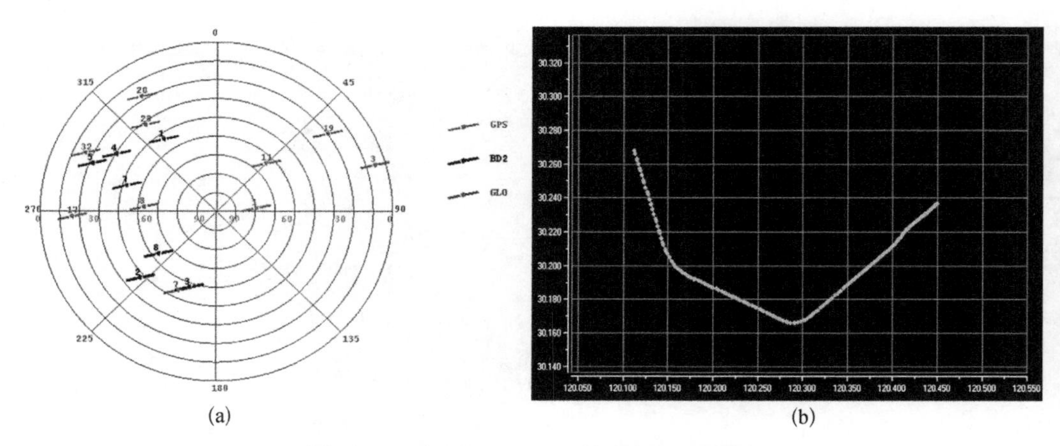

图 5.19　GPS/BeiDou 卫星视图及地面轨迹

5.6.2　差错仿真

真实的 GNSS 卫星故障出现概率比较低，不容易捕捉到，因此 GNSS 差错的仿真研究也是 GNSS 完好性监测研究的重要内容，通常完好性研究得较多的 TALUIM 都是建立在仿真差错的基础上的。本书第 2 章按照 GNSS 信号流程详细分析了可能导致完好性问题的 GNSS 各种差错及模型，本节仿真总的 GNSS 差错(fault)也按照 2.2.2 小节介绍的 3 种时变特性划分进行仿真综合设置：即随机性很强的噪声误差(noise error)、突发性很强的常值偏差(bias)、随时间缓慢变化的马尔可夫过程(MP)。

$$\text{fault} = \text{error} + \text{bias} + \text{MP} \tag{5-51}$$

1. *误差*

仿真中通过 GNSS 信号模拟器设置各种场景误差，为真实体现 GNSS 误差，GPS 和 BeiDou 两种星座的各种误差参数幅度量级依照 2.2.2 小节介绍的，正常模式下 GPS 单频 C/A 码接收机的 SPS 典型的星历、星钟、电离层和对流层模型选择仿真误差模型设置(参见表 2.1)，最终保证 GPS 和 BeiDou 总的典型 UERE 都大致稳定在推荐的 7.1 m，这个值也就是后续 RANSAC 完好性监测方法中所需要的量测误差的方差 σ。各种误差(error)仿真情况如图 5.20 所示，四个子图分别为第 3 号卫星的星钟、电离层和对流层和随机误差时序图。

2. *偏差*

本书的完好性监测都是基于快照方法进行评估，为方便统计 RANSAC - RAIM 方法完好性监测性能，在同一个飞机起飞的轨迹上仿真 GNSS 卫星可见情况，通过分别在同一卫星的不同时间历元(单差错)或多个卫星(同时并发多差错)的伪距量测上，随机叠加等幅的脉冲偏差，脉冲幅度为整数倍的 σ，脉冲出现位置和突变方向都是随机产生的，如图 5.21 所

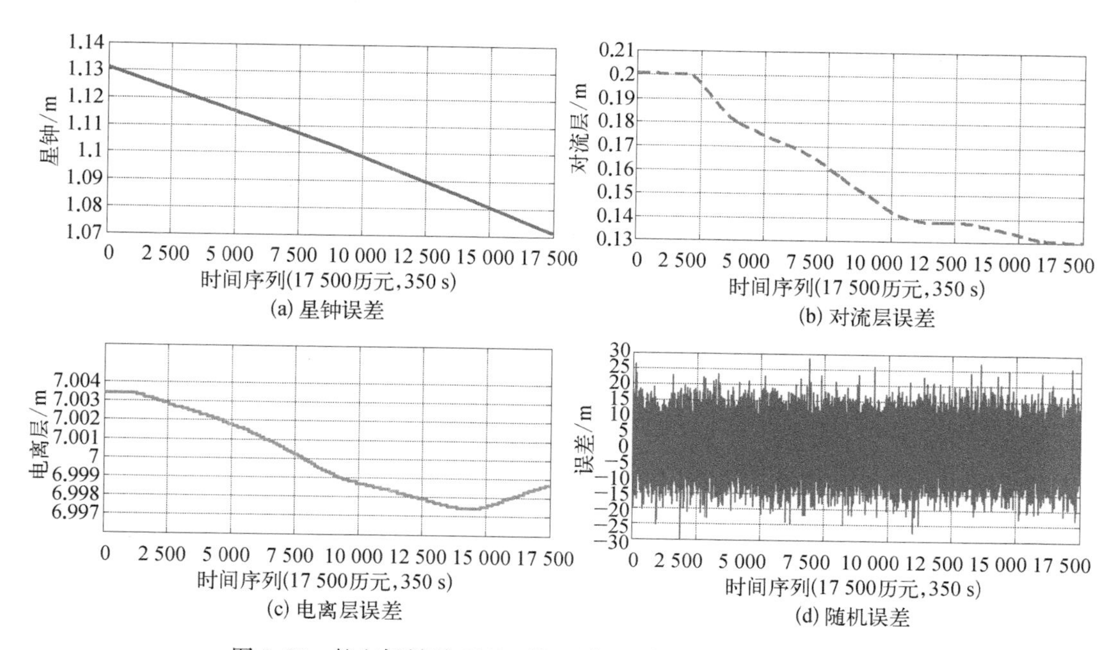

图 5.20　航空场景时 GNSS 第 3 颗卫星各种误差仿真情况示例

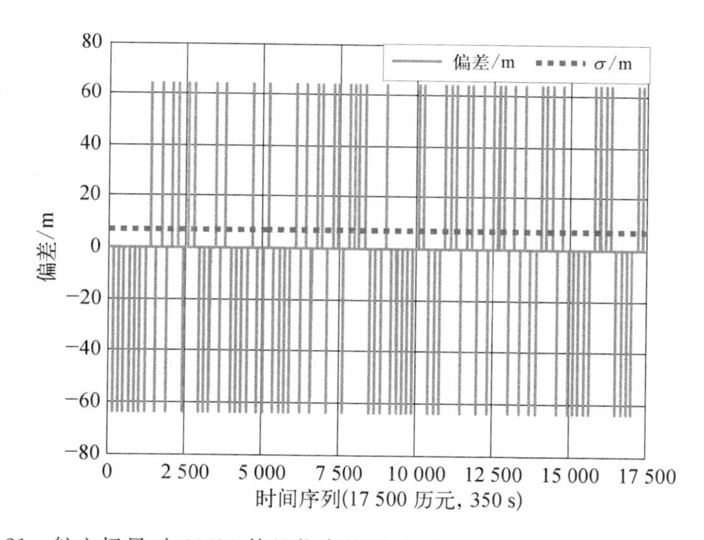

图 5.21　航空场景时 GNSS 偏差仿真情况示例(100 biases，b=9σ，PRN=30)

示是在 9 号卫星(PRN 号为 30)上仿真 100 个幅度为 9σ 的独立偏差例子。单差错偏差和同时并发多差错偏差也是 GNSS 完好性告警的重点故障排除对象。

3. 二阶马尔可夫过程

2.2.2 节介绍过多径误差可用二阶马尔可夫过程随机数模型简化之；一些其他差错(包括 SA 误差)也可看成是一个二阶马尔可夫过程；GNSS 定位误差可拟合为一个二阶马尔可夫过程。因此本书误差仿真中也在各个卫星伪距上特意叠加了一个二阶马尔可夫过程误差，用于较真实地仿真多径和接收机等其他误差因素。如图5.22(a)是均值为0，方差为0.2 m的17 500点二阶马尔可夫序列。

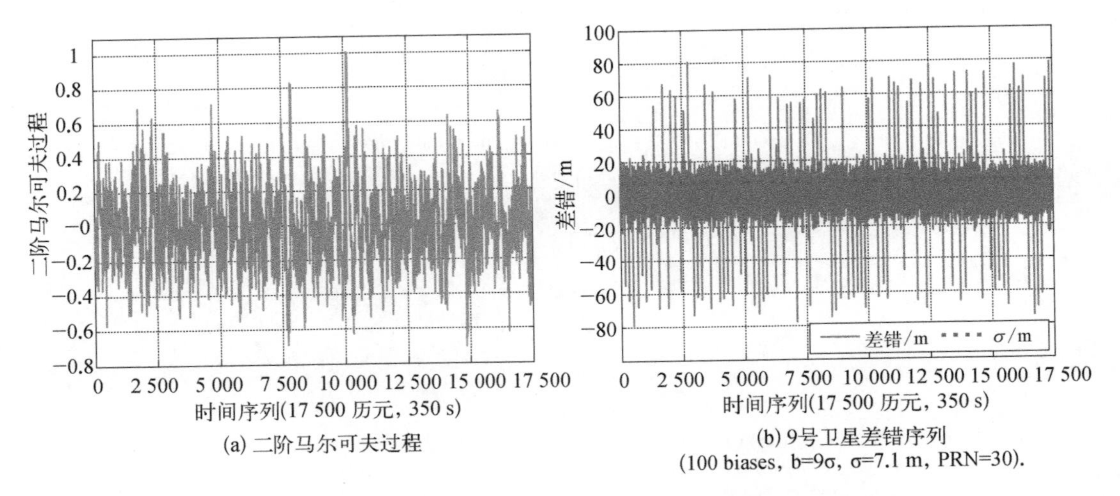

图5.22 航空场景GNSS二阶马尔可夫差错及所有差错综合仿真效果

如图5.22(b)是综合式(5-51)中的所有误差、偏差和二阶马尔可夫过程后加在9号卫星(PRN号为30)上的差错序列。

5.6.3 结果比较

两种FRANSAC-RAIM算法(FR-GDOP及FR-LOS)都是在RANSAC-RAIM的大规模n选4卫星子集分组随机抽样运算前进行预检验筛选，以排除对完好性监测意义不大的卫星组合。大量不同参数设置的仿真结果表明FR-GDOP及FR-LOS和RR运算效果和计算精度基本保持一致，只是如5.5.3节比较的那样运算速度提高了50%以上。因此下面所展示的RANSAC-RAIM算法结果，实际上包含两种快速方法。

1. *单差错*

本小节针对实际的航空350 s起飞过程所观测到如图5.19所示的$n=17$颗GPS/BeiDou卫星，在其第9颗卫星(PRN号为30)伪距上叠加如图5.22(b)所示的综合差错序列，其中包含有图5.21所示的100个幅度为9σ(63.9 m)、位置和突变方向均随机出现的独立单偏差(single fault)。仿真按5.4.1节介绍的RANSAC-RAIM方法中最为关键的六个内外点判断步骤进行，涉及其中重要的两个阈值选取，他们分别是残差阈值T_r和卫星内外点判别阈值T_{SV}。

残差阈值T_r利用式(5-30)确定n选4个卫星子集分组($N=C_{17}^4=2380$)中那些残差var($\boldsymbol{w}$)过限的分组进入外点集合，仿真中也按整数倍σ来设定，理想情况应当按照偏差大小来设置残差，在未知偏差大小时按照希望检测出的差错大小来设置。图5.23(a)

展示了某历元 N 个卫星子集分组的残差判断情况，本次单差错仿真中设置 $T_r = 9\sigma = 63.9$ m(如虚线所示)。

卫星内外点判别阈值 T_{SV} 是对外点集合中每颗卫星出现频数 f_{SV_i} 进行统计排序后，利用式(5-32)最终确定 $n=17$ 颗卫星中过限者可能有差错，归入外点子集 $S_{outliers}$，健康卫星归入内点卫星子集 $S_{inliers}$。图 5.23(b)是某历元卫星差错识别情况，圆点实线和星号虚线分别是原始和排序后的卫星出现频数序列，本次单差错仿真中设置 $T_{SV}=290$（如长划线所示），图中可以很清晰地判断出 9 号卫星出现了差错，由此可提醒警告用户，实现 GNSS 完好性监测功能，进一步利用去掉差错卫星的 $S_{inliers}$ 再进行导航解算就可实现 FDE，可见 RANSAC-RAIM 方法是可以同时实现差错的检测和差错的排除。

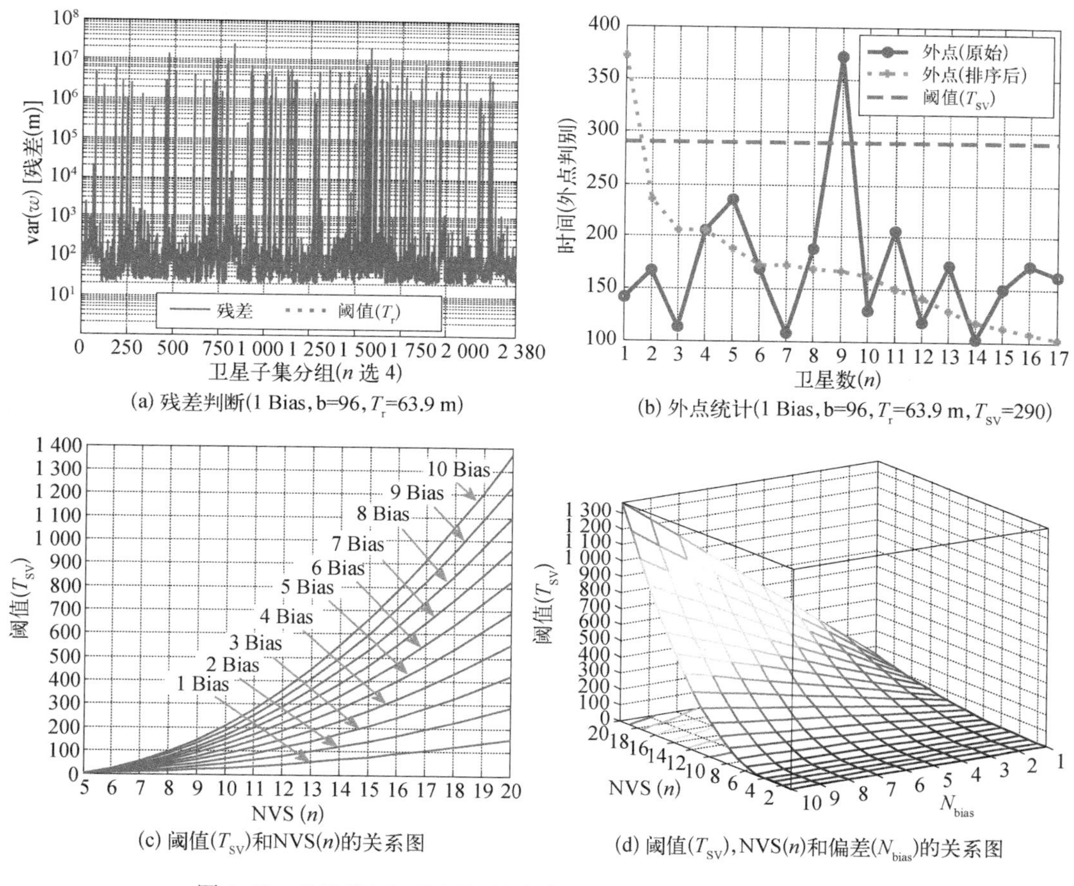

图 5.23 RANSAC-RAIM 算法残差和卫星内外点 2 个阈值判断

残差阈值 T_r 和卫星内外点判别阈值 T_{SV} 要相互配合，谨慎选择。如果设置过大，将无法正常判断差错卫星；如果设置过小，健康卫星也被错误排除，误警很高。在仿真过程中发现 T_{SV} 的选定尤其重要，下面对它进行简要说明。

假设单差错情况，n 颗可见卫星中有 1 颗差错卫星 SV_f，针对某颗健康卫星 SV_h，C_n^4

个 n 选 4 卫星子集分组中有 C_{n-2}^{2} 个分组同时包含 SV_f 及 SV_h，T_{SV} 可以选择如式(5－52)所示的稍大于 C_{n-2}^{2} 的值；对于多差错情况，假设差错数量为 N_{bias} 时，按式(5－54)计算 T_{SV}，其等式右端第 1 项 C_{n-2}^{2} 是包含 N_{bias} 中 1 个差错数量，第 2 项和第 3 项是在第 1 项中多归入的，分别包含 N_{bias} 中 2 个和 3 个差错的分组，所以要减去。

$$T_{SV} \geqslant C_{n-2}^{2}, \quad \text{单差错} \tag{5-52}$$

$$T_{SV} \geqslant 2C_{n-2}^{2} - C_{n-3}^{1}, \quad \text{双差错} \tag{5-53}$$

$$T_{SV} \geqslant N_{bias} \times C_{n-2}^{2} - (N_{bias}-1) \times C_{n-3}^{1} - (N_{bias}-1), \quad N_{bias} \geqslant 3\text{ 个差错} \tag{5-54}$$

据此可得到如表 5.3 所示的 RANSAC－RAIM 方法中卫星内外点确定理论阈值 T_{SV}，图 5.23(c)和(d)直观地绘制了卫星频数阈值 T_{SV} 与 NVS 及出现差错数量 N_{bias} 三者之间的关系。

表 5.3　RANSAC－RAIM 卫星内外点确定理论阈值一览表

卫星内外点判别理论阈值 T_{SV}		NVS(n)															
		5	6	7	8	9	10	11	12	13	14	15	16	17	18	19	20
差错卫星数量(N_{bias})	1	3	6	10	15	21	28	36	45	55	66	78	91	105	120	136	153
	2	3	8	15	24	35	48	63	80	99	120	143	168	195	224	255	288
	3	3	10	20	33	49	68	90	115	143	174	208	245	285	328	374	423
	4	3	12	25	42	63	88	117	150	187	228	273	322	375	432	493	558
	5	3	14	30	51	77	108	144	185	231	282	338	399	465	536	612	693
	6	3	16	35	60	91	128	171	220	275	336	403	476	555	640	731	828
	7	3	18	40	69	105	148	198	255	319	390	468	553	645	744	850	963
	8	3	20	45	78	119	168	225	290	363	444	533	630	735	848	969	1 098
	9	3	22	50	87	133	188	252	325	407	498	598	707	825	952	1 088	1 233
	10	3	24	55	96	147	208	279	360	451	552	663	784	915	1 056	1 207	1 368

由图表可知：理论上 T_{SV} 随着 NVS 及 N_{bias} 的增长而变大，T_{SV} 与 N_{bias} 基本是正比关系，而 T_{SV} 随 NVS 增长得更快一点(影响力更大一些)。当可见卫星 $n=17$ 时，1 和 2 个差错下理论上的卫星频数阈值 T_{SV} 应当分别为 105 和 195，但在本书的众多仿真中发现：因为有偏差之外的其他噪声等影响，最小的卫星频数都大于 100，可见 T_{SV} 设置值要比理论值大很多才能得到比较理想的结果(本书单差错仿真图 5.23 中设置 $T_{SV}=290$)。在实际应用中应当根据实际情况综合考虑卫星内外点判别阈值 T_{SV} 和残差阈值 T_r，靠经验值和试验后确定，这也是 RANSAC－RAIM 方法的一个难点所在。

图 5.24 展现了单差错条件下，飞机在用 RANSAC－RAIM 方法进行 FDE 前后的 GNSS 导航位置估计效果和误差对比。左部分三个子图(a)(c)(e)是 FDE 前没有

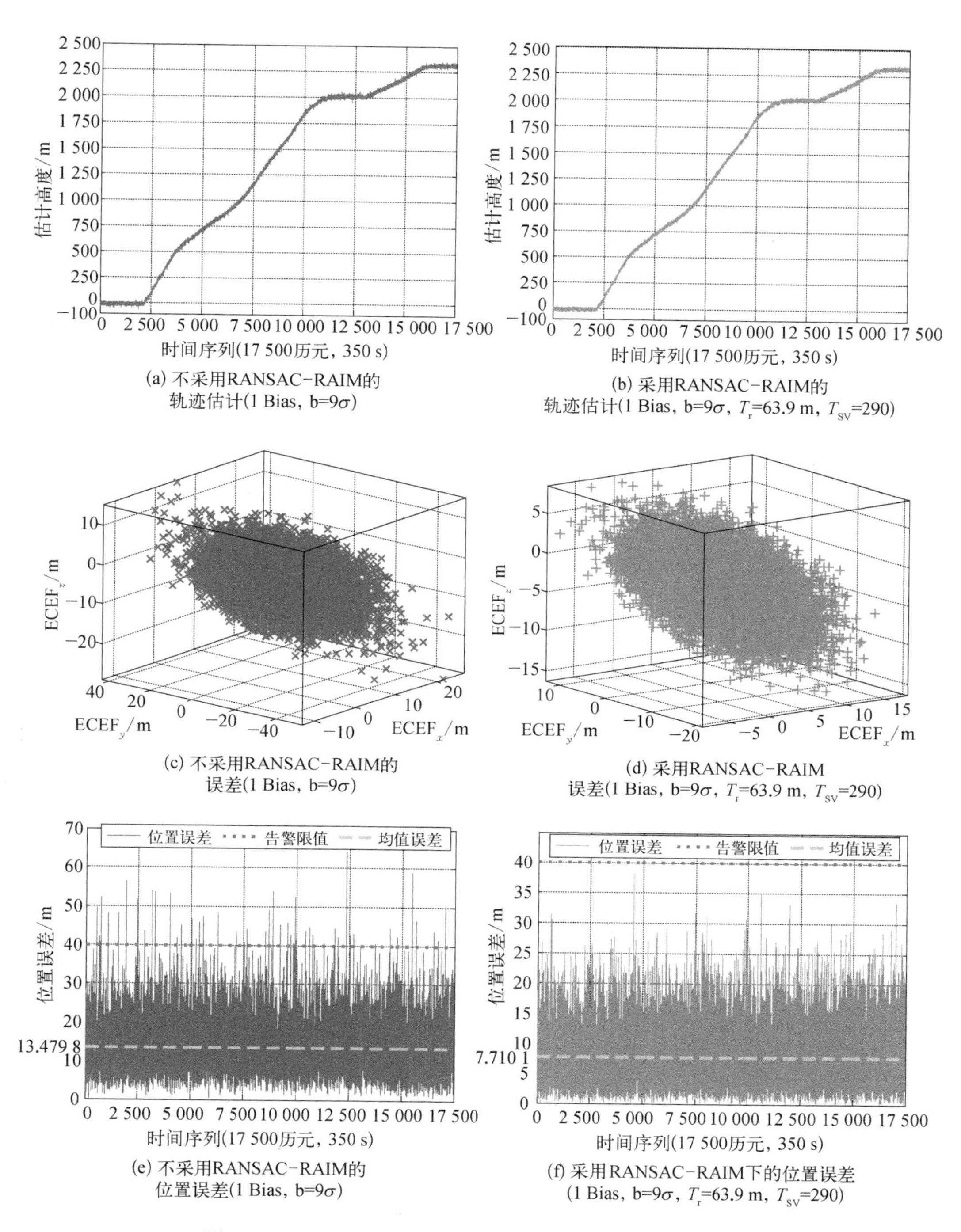

图 5.24　RANSAC - RAIM 及快速算法 FDE 前后效果比较

RANSAC - RAIM 完好性监测处理时 GNSS 直接用最小二乘法解算结果，右部分三个子图(b)(d)(f)是经过完好性监测 FDE 处理后解算的结果。

图 5.24(a)(b)展示了高程方向情况，(a)子图有很多因差错导致的毛刺突起，在经过

RANSAC－RAIM 完好性方法 FDE 后的(b)子图中毛刺基本被剔除；(c)(d)子图反映的是飞机 350 秒起飞阶段 ECEF 坐标下 XYZ 三个轴向的 GNSS 导航解算误差大小分布。(c)子图偏差很大的离群点，经过 RANSAC－RAIM 完好性方法 FDE 后，在(d)子图中已经被排除，此外误差大小分布从左边[45，100，45]范围，缩小到了右边 FDE 后的[30，40，30]范围，说明 RANSAC－RAIM 方法不仅可以排除大的偏差，还检测和去除了一些噪声级相对大点的误差，也就是说连同消除了部分随机误差和马尔可夫过程等差错的影响；(e)(f)子图绘制了 RANSAC－RAIM 方法前后所有 17 500 历元的误差序列，更清晰地说明了 RANSAC－RAIM 方法的改善情况：由图 2.12 可知航空起飞阶段导航需要满足 RNP0.3 规范，对应表 2.3 中的 APV－Ⅱ精密进近阶段的水平和垂直 AL 分别为 40 m 和 20 m，没有 RANSAC－RAIM 时，(e)子图的误差很多超过了 40 m 的长划线所标示的 AL，误差均值约为 13.48 m，而 RANSAC－RAIM 完好性监测 FDE 后的(f)子图显示误差全部在 AL 以下，且误差均值降约为 7.71 m。

为验证 RANSAC－RAIM 方法针对不同幅度偏差的检测能力，本书每次在整个350 s 起飞阶段的 17 500 历元中随机选取 100 个历元，加入如图 5.21 所示等幅(整数倍 σ)偏差，进行 RANSAC－RAIM 完好性监测和排除可得到该幅度偏差下的 PFD 和 PFA，分别对 2σ～21σ 的幅度偏差仿真得到相应结果绘制到了图 5.25(a)，表 5.4 展示了各个概率的具体数值。由图表可知：在单差错情况下，当偏差幅度在 3σ 以下时 PFD 较低，且 PFA 较高，如 2σ 时 PFD 仅 10%，但 PFA 达到 22.1%，但随着偏差幅度增大，PFD 迅速提高，在 5σ 时已经达到 99%，但 PFA 下降缓慢，直到 21σ 偏差时 PFA 才达到 0。

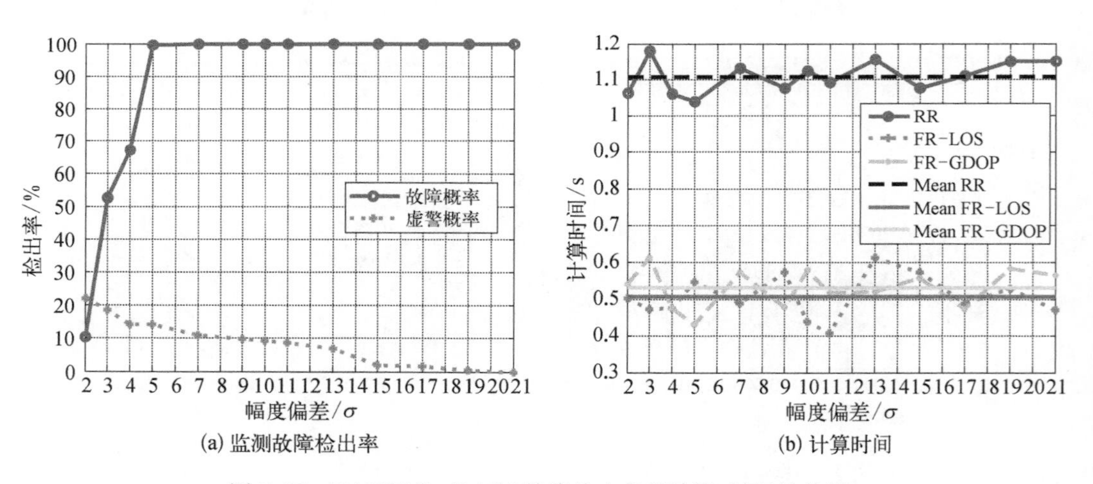

图 5.25　RANSAC－RAIM 故障检出率及计算时间(单差错)

两个快速 FRANSAC－RAIM 方法(FR－LOS 和 FR－GDOP)的 PFD 和 PFA 性能与 RANSAC－RAIM 基本相同，因此图中没有专门列出。但正如前面 5.5 节分析一样，图 5.25(b)展示了两个快速方法在计算时间上的优良改善性能。本书仿真所用的计算机和软件平台如下。

a. 台式电脑：宏基 Acer(Aspire - AG3731)，主要配置为 Intel 奔腾双核 E5400 的 CPU(主频 2.7 GHz)，2 GB 内存 DDR3；

b. 操作系统：Windows7Home Basic(32 位)；

c. 运行软件：Mathworks Matlab R2012a。

图 5.25(b)对应比较的每个时间样值点是 17 500 历元运算的平均时间，最上方实线所示的 RR 方法平均为 1.1 s，下面波动较大虚线表示的 FR - LOS 和波动相对较小长划线表示的 FR - GDOP 平均值分别为 0.51 s 和 0.53 s，且 FR - LOS 的提高效果最好。

2. 并发多差错

本书也仿真了并发多差错的情况，本书以两个同时发生的双偏差(double faults)为例，和上面单差错比较情况一样，图 5.26 和表 5.4 分别展示了 RANSAC - RAIM 方法的故障检测能力和提高运算速度实现及时告警的优越性。

表 5.4　RANSAC - RAIM 故障检出率及计算时间比较表

偏差	偏差倍数/σ	2	3	4	5	7	9	10	11	13	15	17	19	21	均值
	幅度偏差/m	14.2	21.3	28.4	35.5	49.7	63.9	71	78.1	92.3	106.5	120.7	134.9	149.1	
单差错	PFD/%	10.0	53.0	67.0	99.0	100	100	100	100	100	100	100	100	100	86.9
	PFA/%	22.1	18.7	14.3	14.2	10.9	9.7	9.2	8.7	7.0	2.0	1.5	0.5	0.0	9.1
	运算时间 RR/s	1.07	1.18	1.06	1.04	1.13	1.08	1.13	1.09	1.16	1.08	1.11	1.15	1.15	1.11
	运算时间 FR - LOS/s	0.50	0.47	0.48	0.55	0.49	0.57	0.44	0.41	0.61	0.57	0.49	0.53	0.47	0.51
	运算时间 FR - GDOP/s	0.54	0.61	0.48	0.43	0.57	0.48	0.58	0.52	0.52	0.56	0.47	0.58	0.56	0.53
双偏差	PFD/%	6.0	21.0	46.0	69.0	91.0	93.0	95.0	97.0	98.0	99.0	100	100	100	78.1
	PFA/%	44.5	32.4	28.2	22.8	20.6	19.1	16.0	16.8	15.5	14.2	13.5	12.3	12.0	20.6
	运算时间 RR/s	1.12	1.12	1.08	1.08	1.02	1.02	1.04	1.16	1.13	1.10	1.13	1.13	1.09	1.09
	运算时间 FR - LOS/s	0.57	0.49	0.57	0.42	0.37	0.44	0.52	0.44	0.51	0.57	0.52	0.44	0.46	0.49
	运算时间 FR - GDOP/s	0.48	0.51	0.53	0.54	0.56	0.51	0.54	0.53	0.54	0.48	0.61	0.53	0.45	0.53

PFD：故障检出概率；PFA：虚警概率；
RR (RANSAC - RAIM)：随机抽样一致完好性监测算法；
FR - LOS (fast RANSAC - RAIM with line of sight)：带有动态无阈值 LOS 矢量预检验法的快速随机抽样一致完好性监测算法；
FR - GDOP (fast RANSAC - RAIM with geometric dilution of precision)：带 GDOP 预检验排除法的 FRANSAC - RAIM 算法

与单差错相比，图 5.26(a)说明双差错情况时 PFD 整体都要小一些，而 PFA 整体都要大一些，并且双差错时 PFD 直到 17σ 偏差才达到 100%；PFA 在 2σ 时高达 44.5%，此后缓慢下降，在仿真的 21σ 范围内一直高于 12%。

图 5.26(b)呈现的 RANSAC - RAIM 计算时间，同样说明两个快速的 FR - LOS 和 FR - GDOP 方法比 RR 方法速度提高 50%以上，且 FR - LOS 的提高效果最好。另外从

表 5.4 还可看到，多差错和单差错的 RANSAC－RAIM 方法运算时间其实没有太大的区别，从均值看多差错 FDE 速度比单差错稍微快一点。

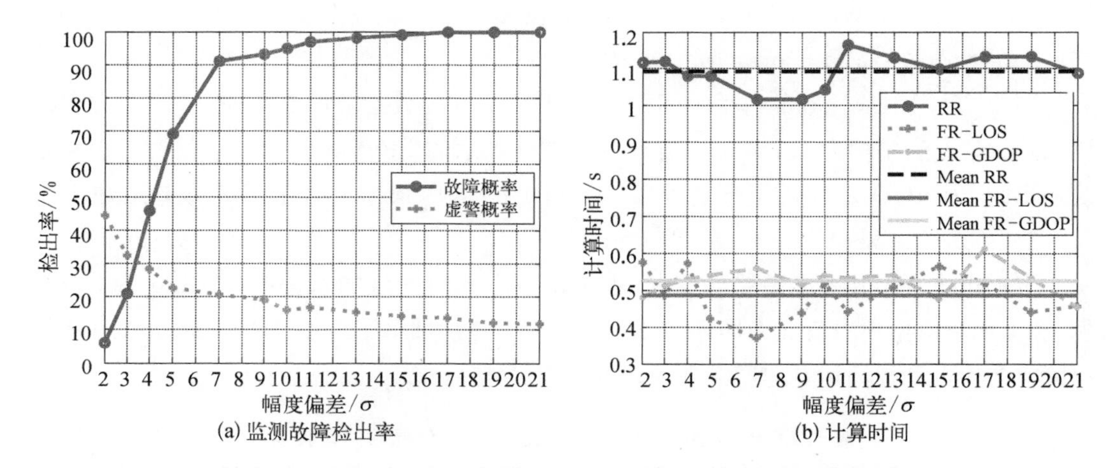

(a) 监测故障检出率　　(b) 计算时间

图 5.26　RANSAC－RAIM 故障检出率及计算时间比较（双差错）

其实从 RANSAC 方法的本身机理来说，RANSAC－RAIM 方法就是非常适用于多差错情况下的故障检测，这在理论部分已经作了充分说明。

5.6.4　RANSAC 完好性监测方法总结

综合上面对 RANSAC 完好性监测方法的仿真和分析结果可以得到以下结论。

a. FRANSAC－RAIM 方法比 RANSAC－RAIM 方法在保持计算精度一致基础上，运算速度提高了 50%以上，对 GNSS 完好性及时告警有明显优势，且 FR－LOS 的提高效果比 FR－GDOP 还要稍微好一些。

b. RANSAC 完好性监测方法具有多 FD 能力（可以检测并发现多差错）：卫星越多（特别是多模多差错）时，越能凸显 RANSAC－RAIM 的优势。

c. RANSAC 完好性监测方法具有小 FD 能力（可以检测噪声级的小偏差）。这取决于两个门限阈值的配合设置：即残差阈值 T_r（通常是几倍的 UERE 量测误差的方差 σ）和卫星内外点判别阈值 T_{SV}。

d. RANSAC 完好性监测方法同步完成 FDE 和 RAIM 告警：RANSAC－RAIM 算法在实现 RAIM 的 FD 同时也实现了差错识别和差错排除。

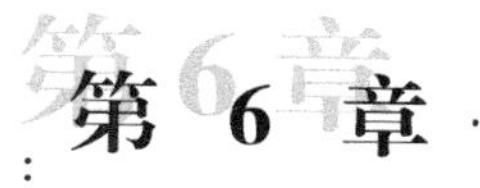

第 6 章 惯导辅助GNSS完好性监测

本章和第 7 章内容都归属于三级 GNSS 完好性监测分类中 TALUIM 的用户辅助完好性监测。

俗语说“爬山越岭要互助，渡江过河要齐心”。除了本书前面重点论述的实时三维的 PVTA 十参数传感器 GNSS 外，完成导航功能的其他传感器种类还有很多，从 20 世纪 20 年代的仪表导航开始，已先后出现了无线电定位系统、INS、多普勒导航系统等众多导航系统。本书接下来的两章内容就是研究在 GNSS 传感器以外的导航信息辅助下，多源组合完好性服务性能增强的监测方法和程度。

力量源于团结，协作性能的提升却需要智慧。按照其他辅助导航信息是否属于 GNSS，将外源导航信息分为“异质(传感器观测的不是同一个物理量)”和“同质(传感器观测的是同一物理现象)”[69]。第 6 章以信息融合技术为基础，研究 GNSS 以外的“异质”导航信息辅助情况下 GNSS 完好性监测性能提升；第 7 章以差分处理技术为基础，研究 GNSS 在“同质”其他 GNSS 导航信息辅助情况下 GNSS 完好性监测性能增强。

从理论上说，任何外部导航信息对 GNSS 服务性能提升都有一定的好处，但性能提升的程度则与外部导航信息的组合方法有很大的相关性，不当的组合方法甚至会污染 GNSS 有效信息，适得其反，因此很有必要深入研究有效融合问题。还有很多其他辅助导航信息可供多源组合应用以缓解 GNSS 自身不可调和的问题。其他辅助导航信息可以有两个来源：其一是用户自身，包括 GNSS 自身多频信号，还有如航空用户中的其他气压表、惯性测量单元等用户自身其他设备，其二是另外的导航信息和系统，如其他 GNSS(多模)、差分系统、INS 和其他声光电磁导航设备。其中尤以 INS 和全球卫星导航系统以其全球、全天候的特点得到广泛的推广和应用。因此本书也重点阐述以 IAIM 的原理和方法，其原理和方法同样适用于其他导航方法辅助 GNSS 完好性监测。

本章主要研究在 GNSS 以外的“异质”导航信息辅助情况下 GNSS 完好性监测性能提升情况。先引入旨在有效融合多传感器信息的“信息融合技术”所涉及的原理和方法；然后介绍 INS 的构成、特性、优缺点，以及误差特性；并深入分析三类不同组合深度的 GNSS/INS 组合导航系统(松组合、紧组合和超紧组合系统)的信息流向和运行机理；按照信息融合所处理的三个多传感器信息结构层次，分别选取对应的数据层增量比较法完好性监测、特征层连贯法完好性监测和决策层快照法完好性监测三种 IAIM 算法进行详细分析说明；并设计了 IAIM 方案以综合这些各有特色的完好性监测方法，使完好性监测性能最大化。

具体而言，为了寻求在 GNSS 以外(多传感器观测的不是同一个物理量)的导航传感器件(本章主要指 INS)辅助下完好性监测服务性能提升的途径，本章在 6.1 节首先介绍旨在有效融合多传感器的信息的“信息融合技术”所涉及的原理和方法；GNSS/INS 组合导航系统是导航中最常用也是研究得最多的一种组合导航系统。在 6.2 节全面介绍 INS 的构成、特性、优缺点，以及误差特性；随后在 6.3 节深入分析三类不同组合深度的 GNSS/INS 组合导航系统(松组合、紧组合和超紧组合系统)的信息流向和运行机理；依据 6.1 节所述的信息融合所处理的三个多传感器信息结构层次(数据层、特征层、决策层)，在 6.4 节分别选取对应的三种 IAIM 算法(数据层增量比较法完好性监测、特征层连贯法完好性监测、决策层快照法完好性监测)进行详细分析说明，并设计 IAIM 方案以综合这些各有特色的完好性监测方法，使完好性监测性能最大化。

6.1 信息融合技术

随着微电子技术、信号检测与处理技术、计算机技术、网络通信技术以及控制技术的飞速发展，各种面向复杂应用背景的多传感器系统大量涌现。在这些多传感器系统中，信息表现形式的多样性、信息数量的巨大性、信息关系的复杂性，以及要求信息处理的及时性、准确性和可靠性，使利用计算机技术对获得的多传感器信息在一定准则下加以自动分析、优化综合以完成所需的估计与决策，即多传感器信息融合(information fusion，IF)技术得以迅速发展。

6.1.1 信息融合技术的概念及发展

信息融合又可称作多传感器融合(multi-sensor fusion，MSF)，是利用计算机技术对按时序获得的若干传感器的观测信息在一定准则下加以自动分析、综合以完成所需的决策和估计任务而进行的信息处理过程。按照这一定义，多传感器系统是信息融合的硬件基础，多源信息是信息融合的加工对象，协调优化和综合处理是信息融合的核心。信息融合是将不同来源、不同模式、不同媒质、不同时间、不同地点、不同表示形式的信息进行综合，最后得到对被感知对象的更精确描述。融合多传感器的信息可以得到单个传感器难以得到的性能。信息融合的功能特点可以概括为：提高信息的可信度和目标的可探测性、扩大时间和空间搜索范围、降低推理模糊程度、改进探测性能、增加目标特征矢量的维数、提高空间分辨率、增强系统的容错能力和自适应性,使信息获取时间缩短,加快处理速度,从而提高整个系统的性能。

6.1.2　信息融合原理

信息融合是对多源信息的综合处理过程。信息融合原理的实质就是模仿人脑综合处理复杂问题的过程,各种传感器的信息可能具有不同的特征,如实时的或非实时的、快速变化的或缓慢变化的、确定的或模糊的、相关的或互补的,也有相互矛盾的。信息融合就是要充分利用这些信息资源,经由对通过传感器得来的及其他已经掌握的信息合理使用和支配,对空间或时间上冗余或互补的信息,依据某种准则进行组合,以获得被测对象的一致性解释或描述。信息融合技术的基本目标是利用多传感器系统的优势,推导出更多的信息,提高多传感器系统的功效。多传感器信息融合与经典信号处理方法也有本质上的区别,其中的关键是信息融合所处理的多传感器信息具有更复杂的结构层次,并且能在不同的信息层次上出现,如数据层、特征层、决策层等[69]。

1. 数据层融合结构

如图6.1所示,首先将全部传感器的观测数据融合,然后从融合的数据中提取特征向量,并进行判断识别。数据层的融合要求传感器是同质的(传感器观测的是同一物理现象),如果多个传感器是异质的(观测的不是同一个物理量)[69],那么数据只能在特征层或决策层进行融合。

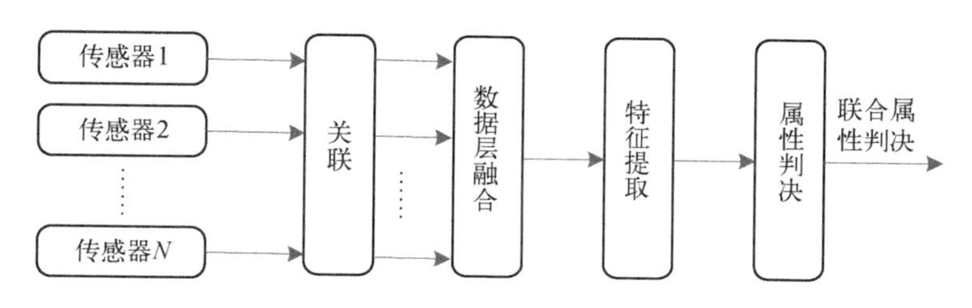

图6.1　数据层融合结构

数据层融合是直接在采集到的原始数据层上进行的融合,在各种传感器的原始测量未经处理之前就进行数据的综合和分析,这是最低层次的融合。这种融合的优点是能保持尽可能多的现场数据,提供其他融合层次所不能提供的细微信息。但它所要处理的传感器数据量太大,故处理代价高、处理时间长、实时性差。这种融合是在信息的最底层进行的,传感器原始信息的不确定性、不完全性和不稳定性要求在融合时有较高的纠错能力。

2. 特征层融合结构

如图6.2在特征层融合方法中,它先对来自每个传感器的原始信息进行特征提取来获得每个传感器的特征向量,然后对特征信息进行融合。在这种方法中,必须把特征向量分成有意义的群组。

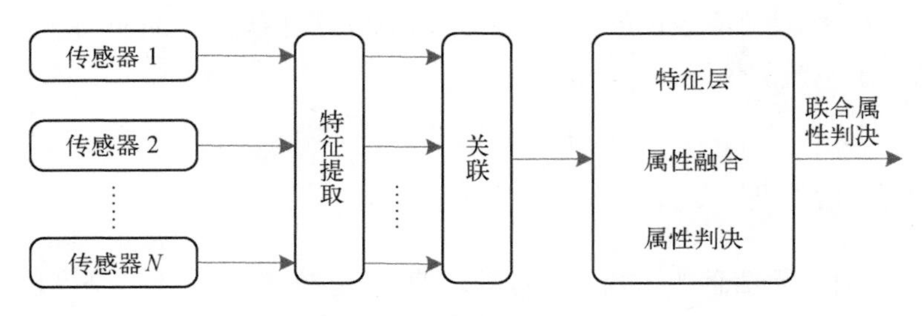

图 6.2 特征层融合结构

3. 决策层融合结构

图 6.3 表示决策层融合结构，在这种方法中，将每个传感器采集的信息变换(其中包括预处理、特征抽取、识别或判决)，以建立对所观察目标的初步结论，最后根据一定的准则以及每个判定的可信度作出最优决策。决策层融合从具体决策问题的需求出发，充分利用特征级融合所提取的测量对象的各类特征信息，采用适当的融合技术来实现。决策级融合通常采用的方法主要有表决法、贝叶斯方法、D-S 证据方法、广义证据推理理论等。

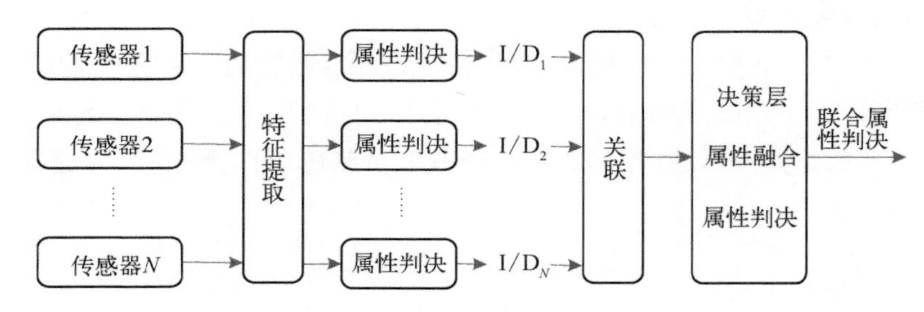

图 6.3 决策层融合结构

在传感器信息融合系统中，从传感器和融合中心信息流的关系来看，信息融合的结构可分为串行、并行、串并行混合和网络四种形式。

6.1.3 信息融合的方法

概括地说，多传感器信息融合技术就是指通过一定的算法“合并”来自多个信息源的信息，以产生比单个传感器所得到数据更可靠、更准确的信息，并根据这些信息作出最可靠的决策。信息融合依据实际应用领域可分为同类多源信息融合和不同类多源信息融合，其实现方法可分为符号处理方法和数据处理方法。同类多源信息融合的应用场合有多传感器检测，多传感器目标跟踪、分类等，其特点是实现的功能单一，多源信息用途一致，所用的方法是以各种算法为主的数据处理方法，一般称它们为检测融合或估计融合。对不同类多源信息融合的应用场合，如目标的多维属性识别、威胁估计，其特点是多源信息从不同的侧面描述目标、事件，通过推理能获得更深刻和更完善的环境信息，所用的方法以专家系统为主。与此相应，理论研究也分为两大部分，与同类信息融合响应的数据处理方法研究，特别是发展各种最优、次优分散或部分分散式算法，在目前研究中占有很大比重，原有的分散决策论、分散控制、分散滤波方法都能加以利用并得到发展。对不同类多源信息进行融合的符号处理方法，其理论研究难度较大，主要以专家系统为主。

当前，国内外的信息融合方法主要有下面几种。

1. 卡尔曼滤波信息融合方法

基于各种信息融合方法结合卡尔曼滤波可以构成多种算法，而卡尔曼滤波在多传感器信息融合中的作用，已不仅仅局限于一种算法，而是一种系统的思想，是一种行之有效的系统的解决方案。基于信息融合的卡尔曼滤波方法已成为一个发展方向。基于信息融合的卡尔曼滤波主要有两种方法：一种是先融合后滤波，即集中式卡尔曼滤波，这种方法信息量充分，但滤波器的阶次高、计算量大，不利于实时应用，而且它不具有容错性。另一种是先滤波后融合，即分散式卡尔曼滤波。这种方法的优点是各个滤波器的阶次相对较低，各滤波器之间的并行运算使得运算速度较快，便于实时应用，而且它具有容错性，它与集中式卡尔曼滤波相比具有更好的鲁棒性和可靠性。将基本的集中滤波和分散滤波结合可形成多种融合结构，如混合式融合结构和多级式融合结构。

2. 加权平均信息融合方法

信号级融合的最简单、最直观方法是加权平均，该方法将一组传感器提供的冗余信息进行加权平均，并将结果作为融合值。另外还有在最小均方误差、最小二乘和极大似然等最优条件下，根据各个传感器所得到的测量值以自适应的方式寻找其对应的权值，使融合值达到最优的自适应加权融合算法。

3. 贝叶斯估计信息融合方法

贝叶斯估计是融合静态环境中多传感器底层信息的常用方法。它使传感器信息依据概率原则进行整合，测量不确定性以条件概率表示。贝叶斯推理方法解决了传统推理方法的某些缺点，它把每个传感器看作一个贝叶斯估计器，用于将每一个目标各自的关联概率分布综合成一个联合后验分布函数，然后随观测值的到来，不断更新假设的该联合分布的似然函数极大或极小值进行信息的最后融合。其主要缺点是定义先验似然函数比较困难；当有多个可能的假设和多个条件相关事件时，计算复杂；要求对立的假设彼此不相容，无法分配总的不确定性。

4. Dempster - Shafer 证据理论

Dempster - Shafer 证据理论是一种不精确推理理论，是贝叶斯方法的扩展，贝叶斯方法必须给出先验概率，而证据理论则能够处理由这种不知道引起的不确定性。它采用概率区间和不确定区间来取多证据下假设的似然函数，允许对一块数据支持和似是而非之间存在的不确定事件定义等级，从而客观地描述不确定事件。它采用信任函数而不是概率作为度量，通过对一些事件的概率加以约束以建立信任函数，当约束限制为严格的概率时，它就进而称为概率论。

5. 模糊逻辑法

针对信息融合中所检测的目标特征具有某种模糊性的现象，利用模糊逻辑方法来对检测目标进行识别和分类。建立标准检测目标和待识别检测目标的模糊子集是此方法的研究基础。

6. 神经网络方法

神经网络是一种试图仿效生物神经系统处理信息的新型计算模型，一个神经网络由多层处理单元或节点组成，可以用各种方法互联。基于神经网络的融合优于传统的聚类方法，尤其是当输入数据中带有噪声和数据不完整时。

7. 专家系统方法

专家系统是一组计算机程序，它获取专家在某个特定领域内的知识，然后根据专家的知识或经验导出一组规则，由计算机作出本应由专家作出的结论。专家系统方法是处理不同类多源信息融合的主要方法。

6.2 惯性导航系统

GNSS/INS 组合导航系统是导航中最常用也是研究得最多的一种组合导航系统。本小节全面介绍了惯性导航系统(INS)的构成、特性、优缺点，以及误差特性。

INS 也称作惯性参考系统，有时也简称惯导，工作时不依赖外界信息，也不向外界辐射能量，不易受到干扰破坏，是一种自主式导航系统。其工作环境不仅包括空中、地面，还可以在水下。惯性导航的基本工作原理是以牛顿力学定律为基础，通过测量载体在惯性参考系的加速度，将它对时间进行积分，且把它变换到导航坐标系中，就能够得到在导航坐标系中的速度、偏航角和位置等信息。INS 属于推算导航方式，即从一已知点的位置根据连续测得的运动体航向角和速度推算出其下一点的位置，因而可连续测出运动体的当前位置。INS 中的陀螺仪用来形成一个导航坐标系，使加速度计的测量轴稳定在该坐标系中，并给出航向和姿态角；加速度计用来测量运动体的加速度，经过对时间的一次积分得到速度，速度再经过对时间的一次积分即可得到距离[2]。

6.2.1 惯导系统的组成

INS 由惯性测量单元、惯性平台(inertial platform，IP)、惯导计算机和控制显示器等组成，惯性测量单元包括陀螺仪和加速度计。三个陀螺仪用了测量载体的三个维度的转动运动；三个加速度计用了测量载体三个维度的平移运动的加速度。惯导计算机根据测得的加速度信号计算出载体的速度和位置数据。控制显示器显示出各种导航参数。此处主要介绍陀螺仪、加速度计和惯性平台。

1. 陀螺仪

陀螺仪有很广泛的应用，其使用目的有两个：一个是用陀螺仪来建立一个参考坐标系，另一个是用它来测量运动物体的角速度。陀螺仪种类多种多样，按陀螺转子主轴所具有的进动自由度数目可分为二自由度陀螺仪和单自由度陀螺仪；按支承系统可分为滚珠轴承支承陀螺，液浮、气浮与磁浮陀螺，挠性陀螺（动力调谐式挠性陀螺仪），静电陀螺（electrically suspended gyro，ESG）；按物理原理分为利用高速旋转体物理特性工作的转子式陀螺和利用其他物理原理工作的半球谐振陀螺、微机械陀螺（micro electro mechanical systems，MEMS，也称为微机电系统或微电子机械系统）、环形激光陀螺（ring laser gyroscope，RLG）和光纤陀螺（fiber optic gyroscope，FOG）等。激光陀螺测量动态范围宽、线性度好、性能稳定，具有良好的温度稳定性和重复性，在高精度的应用领域中一直占据着主导位置。由于科技进步，成本较低的光纤陀螺和微机械陀螺精度越来越高，是未来陀螺技术发展的方向。

2. 加速度计

加速度计是INS的核心元件之一。依靠它对比力的测量，完成惯导系统确定载体的位置、速度以及产生跟踪信号的任务。载体加速度的测量必须十分准确地进行，而且是在由陀螺稳定的参考坐标系中进行。在不需要进行高度控制的惯导系统中，只要两个加速度计就可以完成上述任务，否则应该有三个加速度计。加速度计的基本工作原理为牛顿第二定律。按照输入与输出的关系，加速度计可分为普通型、积分型和二次积分型；按物理原理可分为摆式和非摆式，摆式加速度计包括摆式积分加速度计、液浮摆式加速度计和挠性摆式加速度计，非摆式加速度计包括振梁加速度计和静电加速度计；按测量的自由度可分为单轴、双轴、三轴；按测量精度可分为高精度（优于 $10\times10^{-4}\ \mathrm{m/s^2}$）、中精度（$10\times10^{-3}\ \mathrm{m/s^2}\sim10\times10^{-2}\mathrm{m/s^2}$）和低精度（低于 $0.1\ \mathrm{m/s^2}$）三类。

此外，MEMS技术的发展促使微加速度计制作技术越来越成熟，国内外都将微加速度计开发作为MEMS技术产品化的优先项目。与通常的加速度计相比，微加速度计具有体积小、重量轻、成本低、功耗低、可靠性高等优点，因此可被广泛运用于航空航天、汽车工业、工业自动化及机器人等领域，也给微加速度计的发展带来了新的机遇。常见的微加速度计按敏感原理的不同可分为：压阻式、压电式、隧道效应式、电容式以及热敏式等；按照工艺方法又可分为体硅工艺微加速度计和表面工艺微加速度计。

3. 惯性平台

惯性平台是INS的核心部件，它的作用是为整个惯性系统提供载体比力的大小和方向，或者说，把载体的比力按希望的坐标系分解为相应的比力分量，按完成这个工作的两种惯性平台结构方案可将INS分为两大惯导系统。一是“平台方式”，称为“平台式惯导系统”；二是“捷联方式”，称为“捷联式惯导系统”。

1) 平台式惯性导航系统

惯性平台是利用陀螺仪在惯性空间使台体保持方位不变的装置，又称陀螺稳定平台。

它是 INS 中的重要部件。用它可在载体上建立一个不受载体运动影响的参考坐标系。如图 6.4 所示。

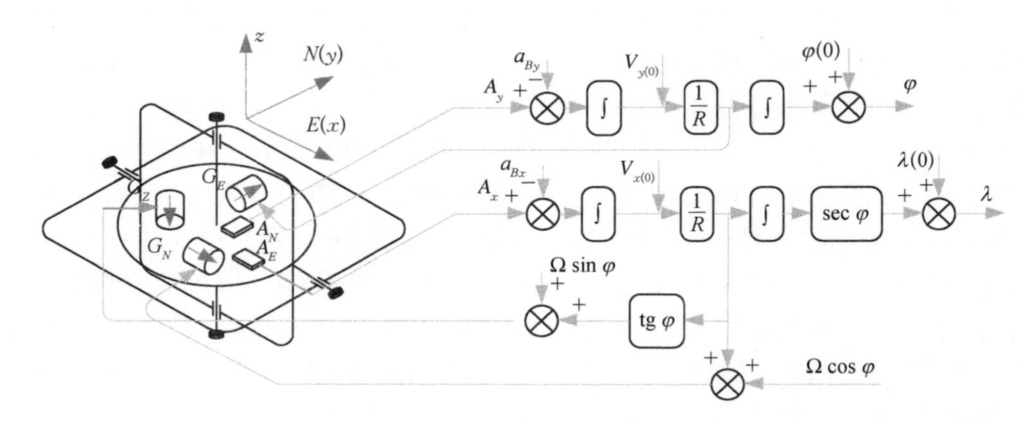

图 6.4　平台式惯性导航系统原理图

惯性平台由台体、三个单轴陀螺仪、内框架、外框架、力矩电机、角度传感器和伺服电子线路等组成。台体通过内框架和外框架支撑在基座上，基座与载体固连。如果沿 x 轴存在干扰力矩，就会使内框架和台体绕 y 轴转动。台体上的 y 单轴陀螺仪感受转动角速度，单轴陀螺仪处于积分陀螺的工作状态，输出与台体转角成正比的信号，通过 y 伺服电子线路加给 y 力矩电机。y 力矩电机输出与干扰力矩相反方向的力矩，使台体向原来的方向转动。当 y 力矩电机输出的力矩与干扰力矩相互抵消时，台体不再转动，在惯性空间的方位保持不变。当 x、z 轴存在干扰力矩时道理相同。载体转动时，台体在惯性空间的方位不变，装在 x、y、z 轴上的角度传感器输出载体相对于惯性坐标系的转角。惯性平台也可用两个双轴陀螺仪（双自由度陀螺仪）等构成。INS 中的加速度计装在惯性平台的台体上，这个平台隔离了载体角运动对测量加速度的影响。但还需要建立惯性平台的地理参考坐标系，即平台应保持水平（称为水平对准）和对准北向（称为方位对准）。利用台体上的加速度计和惯性平台组成的回路可使平台跟踪地垂线。当台体有倾角时，加速度计测出重力的分量并输出信号，经电子线路（积分器）和单轴积分陀螺加给力矩电机，使台体反向转动，恢复水平。载体的加速度对台体水平位置的影响可利用舒拉摆的原理加以排除。

2）捷联式惯性导航系统

捷联式惯性导航系统（strap-down inertial navigation system，SINS）是惯性测量元件（陀螺仪和加速度计）直接装在载体上，用导航计算机把测量信号变换为导航参数的一种导航技术，是一种依赖于计算的"数学平台"也叫"软件平台"。现代电子计算机技术的迅速发展为捷联式惯性导航系统创造了条件。SINS 原理框图如图 6.5 所示。由陀螺和加速度计组成的惯性组件 IMU 与载体直接固连，三轴陀螺仪和加速度计的输入轴安装要严格保持正交并与载体坐标系完全一致，用以测量载体的角运动与线运动信息。从图中可以看出，“数学平台”是捷联式惯导系统的核心，它以陀螺仪测量的载体角速度解算姿态矩阵，获取姿态和航向信息，并用姿态阵把加速度计的输出从载体坐标系变换到导航坐标系，进行导航解算。SINS进行坐标变换必须实时计算，因而要求计算机具有很高的运算速度和较大的容量。

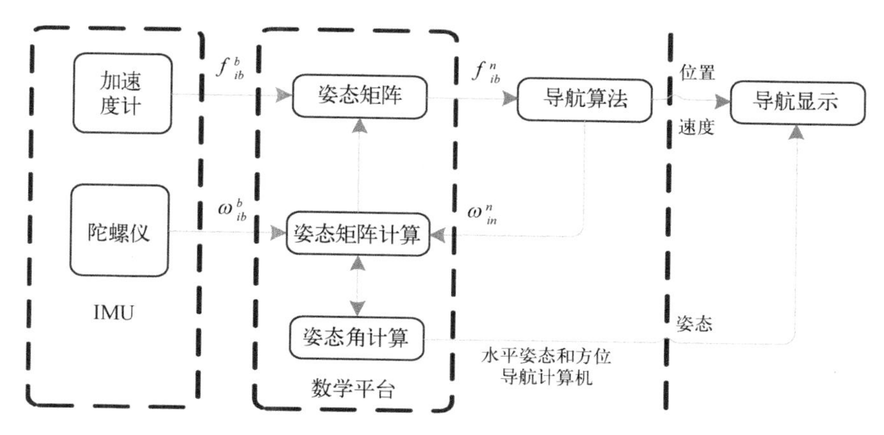

图6.5　SINS原理框图

SINS与平台式惯性导航系统比较有两个主要的区别：一是SINS省去了惯性平台，陀螺仪和加速度计直接安装在载体上，使系统体积小、重量轻、成本低、维护方便。但陀螺仪和加速度直接承受载体的振动、冲击和角运动，因而会产生附加的动态误差。这对陀螺仪和加速度计就有了更高的要求。二是SINS需要用计算机对加速度计测得的载体加速度信号进行坐标变换，再进行导航计算得出需要的导航参数(航向、地速、航行距离和地理位置等)。

SINS根据所用陀螺仪的不同分为两类：一类采用速率陀螺仪，如单自由度挠性陀螺仪、激光陀螺仪等，他们测得的是载体的角速度，这种系统称为速率型SINS；另一类采用双自由度陀螺仪，如静电陀螺仪，它测得的是载体的角位移。这种系统称为位置型SINS。通常所说的SINS是指速率型SINS。

SINS初始对准的任务是给定导航参数的初始值，计算初始时刻的变换矩阵。捷联式加速度计测量的重力加速度信号和捷联式陀螺仪测得的地球自转角速度信号经计算即可得出初始变换矩阵。就可靠性、体积、重量和成本而言，捷联系统优于平台系统。但通常平台系统精度优于捷联系统。

6.2.2　惯导系统优缺点

INS具有如下四个优点(自主性、全范围、全信息和输出速率高)和四个缺点[2]。

1. INS主要优点

a. INS是不依赖于任何外部信息，也不向外部辐射能量的自主式系统，故隐蔽性好，也不受外界电磁干扰的影响。

b. 可全天候、全球、全时间地工作于空中、地球表面乃至水下。

c. 能提供位置、速度、航向和姿态角数据，所产生的导航信息连续性好而且噪声低。

d. 数据更新率高、短期精度和稳定性好。

2. INS 主要缺点

a. 由于导航信息经过积分而产生，定位误差随时间而增大，长期精度差。

b. 每次使用之前需要较长的初始对准时间。

c. 设备的价格较昂贵。

d. 不能给出时间信息。但惯导有固定的漂移率，这样会造成物体运动的误差，因此射程远的武器通常会采用指令、GPS 等对惯导进行定时修正，以获取持续准确的位置参数。

6.2.3 惯导系统误差

1. INS 误差源及分类

1) INS 误差源

INS 的主要误差源有以下五类。

a. 结构误差：这种误差与全套系统结构有关，如平台上各元件的机械校准误差，包括惯性仪表的安装误差和表读因子误差。

b. 实际元件误差：这是实际惯性仪表与其设计性能间的偏差，包括陀螺的漂移和加速度计的零位误差。

c. 机械编排误差：为了简化整个系统机械编排作了近似所产生的误差。

d. 操作方法误差：在特殊情况下采用的方法所产生的误差，它包括精确校准时采用设备不够理想出现的误差和装调仪表时方法不完善所引起的偏差等。

e. 由机动航行产生的误差：该误差与加速度的变化有关，因此对巡航状态下的航行体来说，这一误差主要取决于载体机动过程中机动大小及其持续时间，包括载体角运动所引起的动态误差。

2) INS 误差分类

对上述 INS 的几种主要误差源进行分类，则 INS 的主要误差可分为以下四类。

a. 数学模型的近似性所引起的误差：当 INS 的数学模型建立得不够精确时会引起系统误差。数学模型的选取应达到其近似性可以忽略的程度，否则就应该探讨更精确的数学模型。

b. 惯性仪表的误差：惯性仪表（包括陀螺及加速度计）由于原理、加工与装配工艺的不完善等均可造成仪表输出的误差，从而导致系统的误差。在实际中，这部分误差在系统误差中占很大一部分。

c. 导航计算机的算法误差：当加速度计与陀螺的输出被采集到计算机中以后，剩下的工作由计算机承担，而所有的导航计算都存在着算法误差，从而导致系统的误差。对于捷联惯导系统，计算误差主要是姿态航向系统的计算误差（数学平台的计算误差）。

d. 初始对准误差：系统初始对准的误差是由惯性仪表的误差及初始对准过程中的算法误差等所造成。

2. INS基本误差特性

从系统的主要误差源可以看出，惯导系统的基本误差可以概括为两大类：确定性的和随机性的误差。

1）确定性的误差源引起的误差特性

惯导系统确定性误差源引起的误差特性包括三种振荡，即舒勒周期振荡、地球周期振荡和傅科周期振荡[2]。但需要注意的是有些误差虽然从性质上来说是振荡的，但因振荡周期很长，远远大于一次工作时间，此时，系统工作时间误差是随时间增长的。确定性误差源引起的误差特性可以设法通过补偿加以消除。

2）随机误差源引起的系统误差

INS补偿了确定性误差之后，随机误差源成为影响系统精度的主要误差源。系统的随机误差很多，主要讨论陀螺漂移和加速度计的偏差。

（1）陀螺漂移

陀螺是运载体角运动的测量器件，对惯导系统的姿态误差产生直接的影响。陀螺的误差主要体现为随机漂移，随机漂移是十分复杂的随机过程，大致可概述为三种分量。

a. 逐次启动漂移：它取决于启动时刻的环境条件和电气参数的随机性等因素，一旦启动完成，这种漂移便保持在某一固定值上，但这一固定值是一个随机变量，所以这种分量可用随机常数来描述。

b. 慢变漂移：陀螺在工作过程中，环境条件、电气参数都在作随机改变，所以陀螺是漂移在随机常数分量的基础上以较慢的速率变化。由于变化比较缓慢，变化过程中前后时刻上的漂移值有一定的关联性，即后一时刻的漂移值程度不等地取决于前一时刻的漂移值，两者的时间点靠得越近，这种依赖关系就越明显。这种分量可用一阶马尔可夫过程来描述。

c. 快变漂移：表现在上述两种分量基础上的杂乱无章的高频跳变。不管两时间点靠得多近，该时间点上的漂移值依赖关系十分微弱或几乎不存在。这种漂移分量可抽象为白噪声过程。

（2）加速度计数学模型

与陀螺漂移误差模型的分析类似，加速度计误差模型可分为三种分量。但在组合导航设计中，一般只考虑随机常值漂移，而忽略相关误差。这是由于这种分量相对较小，同时也为了使滤波器的维数尽量低些。在随机误差源的作用下，系统误差是随时间振荡增长的。IMU传感器随机误差通常拟合为一阶高斯马尔可夫模型。IMU传感器随机误差

(偏差、归一化因子、噪声)都通常被假定为类似高斯马尔可夫过程的随机模型)。对于很多导航级IMU(如RLG),一阶高斯马尔可夫模型通常被用于组合系统。一阶高斯马尔可夫模型对于低价位的IMU传感器(如FOG和MEMS)也是适用的,但偶尔也有用随机游走过程拟合误差的情况[161]。

6.3 GNSS/INS组合导航系统

组合导航系统,是指把两种或两种以上不同的导航设备以适当的方式组合在一起,利用其性能上的互补特性,以获得比单独使用任一系统时更高的导航性能。惯导辅助下的GNSS/INS组合系统通常具有以下三种优势[162]:一是协合超越功能(组合系统充分利用各子系统的导航信息,形成单个子系统不具备的功能和精度);二是互补功能(各子系统取长补短,扩大使用范围);三是余度功能(测量值冗余,提高整个系统的可靠性)。

以INS和GNSS构造的组合导航系统是一种主要的组合模式,它有效地利用了惯导系统和GNSS各自的优点,进行系统间的取长补短,这种组合能有效地减小系统误差,提高系统的精度,同时还可以降低导航系统的成本,因而在航空、航天、航海、陆地战车等导航领域都得到越来越广泛的应用。

根据不同的应用要求,可以有不同层次的GNSS/INS组合导航系统,按照组合深度的不同,可以分为松组合、紧组合和超紧组合三类。

6.3.1 松组合

松组合是INS和GNSS接收机在位置、速度或姿态级别上的组合,它的组合工作模式主要体现在GNSS对INS的辅助。GNSS/INS松组合系统配置如图6.6所示,平尾箭头粗实线代表GNSS/INS松组合中,从GNSS或INS到组合滤波器的位置、速度、姿态、时间等信号流,燕尾箭头粗实线表示从组合滤波器到INS的误差修正信号流。松组合技术是以INS和GNSS输出的速度和位置信息的差值作为观测量,以INS线性化的误差方程为系统方程,通过卡尔曼滤波器对INS的速度、位置、姿态以及传感器的误差参数进行最优估计,并根据估计结果对INS进行输出或者反馈校正。松组合方式无论是在硬件设计还是组合导航软件的编制和调试上都较容易实现;但当载体运行在高动态环境时,由于未受辅助的GNSS导航滤波器无法估计IMU的全部误差参数,而典型INS算法分辨率不足,因此这种组合方式将产生相对大的导航误差[163]。

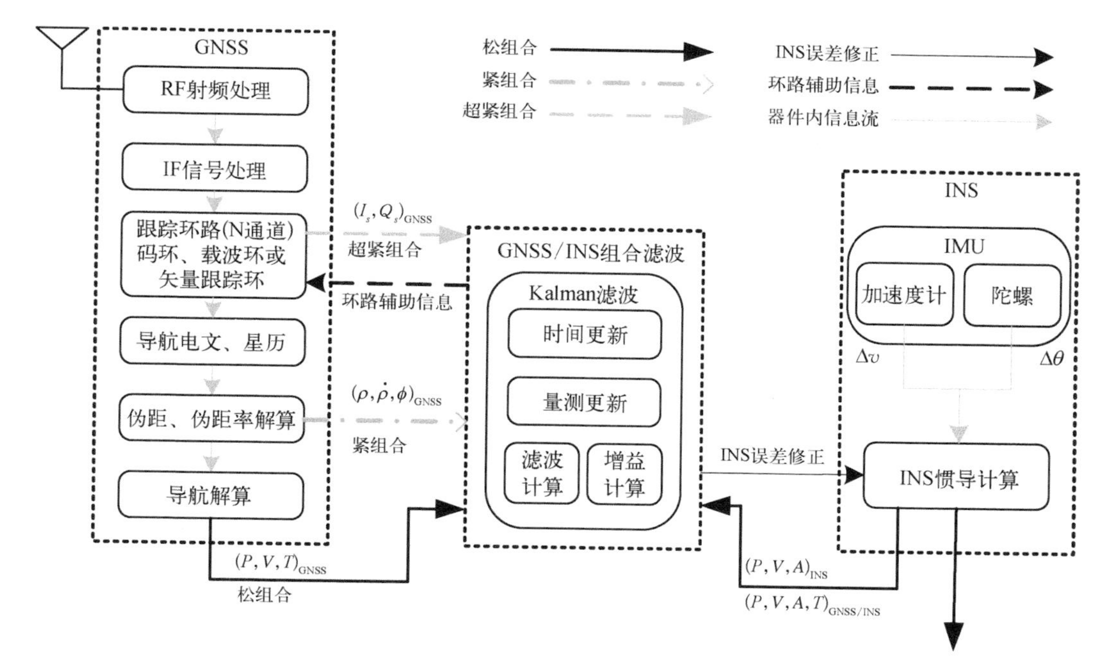

图 6.6　三种 GNSS/INS 组合导航模式

6.3.2　紧组合

紧组合是在伪距、伪距率、多普勒或载波频率级别上的耦合，是根据 GNSS 接收机提供的星历信息和 INS 解算输出的位置和速度信息，先计算得到与 INS 对应的伪距、伪距率、多普勒或载波频率，再计算其与 GNSS 接收机测量得到的伪距、伪距率、多普勒或载波频率的差值，以此差值作为组合系统的观测量，通过卡尔曼滤波器对 INS 的速度、位置、姿态以及传感器的误差参数和接收机的时钟误差进行最优估计，然后对 INS 进行校正。由于组合结构是在伪距、伪距率、多普勒或载波频率级别上的耦合，它的组合滤波器构型能够消除由 GNSS 接收机卡尔曼滤波器导致的未建模误差，从而达到本质上提高导航精度的目的。GNSS/INS 紧组合系统配置如图 6.6 所示，线型箭头点划线代表 GNSS/INS 紧组合中，从 GNSS 到组合滤波器的伪距、伪距率和 CP 信号流，INS 到组合滤波器的位置、速度、姿态信号流依然用平尾箭头粗实线表示，燕尾箭头粗实线表示从组合滤波器到 INS 的误差修正信号流。在紧组合模式中，对于短时 GNSS 卫星遮蔽、中断或卫星信号衰减，而导致的可见卫星数少于 4 颗时，组合系统仍然能够提供导航输出，避免惯性导航单独工作使捷联解算的误差积累过快的情况，保证 GNSS/INS 紧组合系统的连续导航能力[164]，而且 INS 还可以辅助 GNSS 接收机快速重新捕获信号。此外，在需要增强 GNSS 接收机抗干扰性能的应用中，GNSS/INS 紧组合系统常采用 INS 辅助 GNSS 跟踪环路。INS 的辅助反馈所包含的惯导信息可以减小 GNSS 接收机码环和载波环所跟踪载体的动态，故码环和载波环的带宽可取较窄，从而提高整个系统在高动态环境下的抗干扰能力。紧组合方式需要进行烦琐的星历计算和延迟补偿，计算量较大，降低了实时导航性能，另外还要求 GNSS 接收机必须能够给出伪距、伪距率和星历等原始测量数据。无论是松组合还是紧组合，都无法消除载体高动态的影响，也无法从本质上提高组合导航系统的抗干扰能力。

6.3.3 超紧组合

超紧组合侧重 INS 对 GNSS 接收机环路的辅助，是一种 GNSS 接收机和 IMU 在同相和正交相位信号（I_s 和 Q_s）级别上深度耦合的处理方法。超紧组合系统在接收机内部实现 INS 和 GNSS 量测信息的深度最优融合，有效提高接收机在弱信号、高动态、射频干扰环境下的性能[163]。超紧组合系统的配置如图 6.6 所示。

平尾箭头粗虚线代表 GNSS/INS 超紧组合中，从 GNSS 到组合滤波器的同相和正交相位信号（I_s 和 Q_s），燕尾箭头粗虚线表示从组合滤波器到 GNSS 的环路的辅助信号流，INS 到组合滤波器的位置、速度、姿态信号流依然用平尾箭头粗实线表示，燕尾箭头粗实线表示从组合滤波器到 INS 的误差修正信号流。超紧组合系统以矢量跟踪方式代替传统的标量跟踪环路，辅助反馈所包含的载体动态信息不仅可以减小 GNSS 接收机码环和载波环所跟踪载体的动态，从而减小码环和载波环的等效带宽，提高整个系统在高动态环境下的抗干扰能力，还可以辅助 GNSS 接收机快速重新捕获信号，提高灵敏度，增强 GNSS 的可用性和连续性[164]。在超紧组合中，需要具有参数配置可控的 GPS 接收机，或采用软件接收机方案，后者的射频前端和中频信号采集由硬件完成，而中频信号的处理则采用软件实现[94]。

6.4 惯导辅助 GNSS 完好性监测

参照前面章节使用的“分段完好性分析”思想，依据 6.1 节所述的信息融合所处理的三个多传感器信息结构层次（数据层、特征层、决策层），本节分别选取对应的三种惯导辅助 GNSS 完好性监测（IAIM），即数据层增量比较法完好性监测算法、特征层连贯法完好性监测算法、决策层快照法完好性监测算法，进行详细分析说明，并设计了 IAIM 方案以综合这些各有特色的完好性监测方法，使完好性监测性能最大化。

6.4.1 IAIM 研究现状

IAIM 方法是从 RAIM 的研究中延伸和扩展出来的，IAIM 不但可以监测 GNSS 故障,还可以监测INS故障,这项研究不仅对于GNSS/INS组合系统,而且对于其他很多导航传感器的组合系统也意义重大。

根据GNSS/INS组合导航系统的常用结构形式可以看到,通常都使用卡尔曼组合滤波,当前的IAIM方法,主体上也基本都是建立在卡尔曼组合滤波的残差检测基础上的,它们都依赖于卡尔曼滤波模型。

IAIM基本过程如下。

a. 应用卡尔曼组合滤波信息残差(有时也称为新息),去构造系统有无差错时分别服从中心和非中心χ^2分布,χ^2分布特性(参见章节5.3.3)的检验统计量。

b. 根据具体行业应用的RNP指标,包括IR、最大的允许告警率(包括PFA、PMD)、AL和TTA等(参见章节2.6.1),计算出检测门限T_D。

c. 比较检验统计量和检测门限就可判断系统是否有不可接受的差错。

根据卡尔曼组合滤波残差检测是否包含先前历史信息,IAIM方法大致可分为两类。

a. 一类是快照法[165]:IAIM的量测信息依赖于当前历元,类似于RAIM检测中的最小二乘法。出现得较早的多解分离法(multiple solutions separation, MSS)[166,167]也属于快照法的一种,其本质是把RIAM的思想应用到GNSS/INS组合系统中,与量测域进行的RAIM方法不同的是,多解分离法是在各个子集导航解算后的解算域对系统差错进行检测,是基于高斯分布的多个卡尔曼滤波解分离完好性监测方法。多解分离法还曾经成功应用于Honeywell公司的GNSS/INS组合完好性测试[168]。但多解分离法需要解算很多个卡尔曼滤波解,计算负担很重。

b. 另一类是连贯法(continuous method)[169]:连贯法IAIM在对组合导航系统进行完好性监测的时候不但使用当前的量测信息,还利用先前历史序列信息,这不但提高了快变差错的完好性监测的效率,而且时序的积累效应使连贯法IAIM对于慢变差错也敏感很多。最有代表性的连贯法IAIM是Diesel等于1996年提出的自主完好性监测外推(autonomous integrity monitoring extrapolation, AIME)法[170],AIME方法不但能检测快变的阶跃差错(step failure),而且对于慢变的斜坡差错(ramp failure)也具有较好的完好性监测性能[171];连贯法IAIM中还有一种扩展RAIM(extended receiver autonomous integrity monitoring, ERAIM)法[172],引入了卡尔曼滤波模型误差带来的完好性监测失效问题,引入了动力学模型(dynamic model),仿真分析比较了组合GPS/GLONASS/Galileo/INS、组合GPS/GLONASS/INS和组合GPS/INS的完好性监测性能,结果表明新方法完好性监测性能得到提升[173];另有一类连贯法IAIM是基于质量控制理论(参见章节3.1)的DIA方法(详见第3章),DIA的连贯法IAIM通过组合卡尔曼滤波的统计预测模型和量测模型,应用最小二乘原理得到最优估计值,Hewitson分析了GNSS/INS组合导航系统差错检测、差错辨识、可靠性和可分离等完好性监测问题[101,172]。

国内的南京航空航天大学[174-176]、上海交通大学[177-181]、空军工程大学[182-184]、南京理工大学[185]、中国民航大学[186]对于IAIM方法都发表过一些文献。

6.4.2 IAIM 三层结构

参照前面章节使用的"分段完好性分析"思想，可将 GNSS/INS 组合导航系统按照在 6.1 节(信息融合技术)所述的信息融合所处理的三个多传感器信息结构层次(数据层、特征层、决策层)，将 IAIM 分成三层结构。针对不同的判决参量，分别使用相应的 IAIM 算法，表 6.1 列出了代表 IAIM 各层的代表方法，以及这些 IAIM 算法对应优点和不足。

表 6.1 IAIM 三层结构

信息融合层	数 据 层	特 征 层	决 策 层
IAIM 算法	底层数据分析	连贯法	快照法
代表方法	增量比较法(ICM)	自主完好性监测外推(AIME) 扩展 RAIM(ERAIM) 差错探测、诊断和调节(DIA)	多解分离法(MSS)
判决参量	伪距增量、 伪距率增量	卡尔曼滤波残差(新息)、 检测统计量、检测门限	各导航子集解综合判定
优点	简单、易操作	稳定可靠、效率高、主流	经典方法
不足	可靠性低， 定性分析	计算复杂， 涉及组合滤波器	计算量大

本书接下来分别按照信息融合所处理的三个多传感器信息结构数据层、特征层、决策层这三个层次选取三种 IAIM 算法(数据层增量比较法完好性监测、特征层连贯法完好性监测、决策层快照法完好性监测)进行详细分析说明。

6.4.3 数据层增量比较法完好性监测

本小节设计了通过伪距和伪距率的增量分析惯导辅助 GNSS 的完好性监测服务性能的增量比较法。增量比较法的完好性监测方法定性分析如下。

在 IAIM 过程中，用 GNSS 给出的星历数据与惯导给出的 GNSS/INS 组合后的位置、速度计算相应于组合导航解相对于各 GNSS 卫星的伪距和伪距率 $(\rho, \dot{\rho})_{\mathrm{INS}}$。把 $(\rho, \dot{\rho})_{\mathrm{INS}}$ 与 GNSS 测量的 $(\rho, \dot{\rho})_{\mathrm{GNSS}}$ 相比较得到伪距和伪距率的增量 $(\Delta\rho, \Delta\dot{\rho})$，如图 6.7 所示。

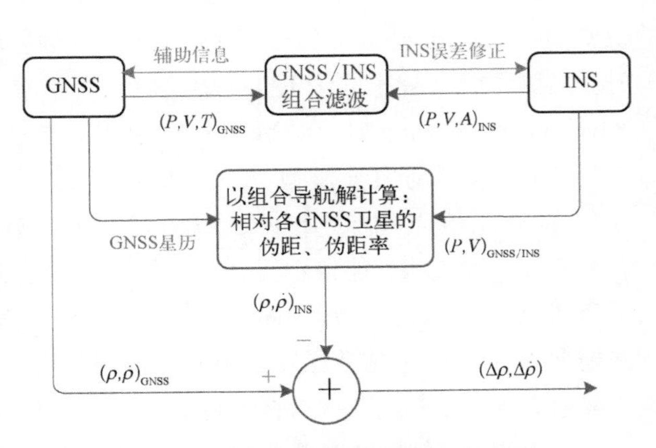

图 6.7 伪距和伪距率的增量求解框图

伪距和伪距率的增量 $(\Delta\rho, \Delta\dot{\rho})$ 是 N 维矢量，$(\Delta\rho, \Delta\dot{\rho})$ 受到 GNSS 和 INS 在 N 颗卫星方向的共同误差影响，分别代表了这些方向上的位置和速度误差，因而可以通过它们来分析惯导辅助 GNSS 的完好性监测在各个方向上的服务性能。有很多种方法可以判断伪距和伪距率的增量 $(\Delta\rho, \Delta\dot{\rho})$ 在 N 颗卫星方向上的完好性监测性能，最简单直观的方法就是求取伪距和伪距率的增量 $(\Delta\rho, \Delta\dot{\rho})$ 代表的 N 维矢量的幅值 $|\Delta\rho|$ 和 $|\Delta\dot{\rho}|$。$|\Delta\rho|$ 和 $|\Delta\dot{\rho}|$ 分别代表位置和速度在组合解算中出现差错可能性大小。

如图 6.8 所示，考虑到卫星仰角的影响，$|\Delta\rho_m|\sin\theta_m$ 和 $|\Delta\dot{\rho}_m|\sin\theta_m$ 分别代表第 m 颗卫星方向的位置和速度解算中出现差错可能性大小，其中 θ_m 是第 m 颗卫星的仰角。通过长期观测可以设定一个阈值判断卫星出现差错的相应概率。

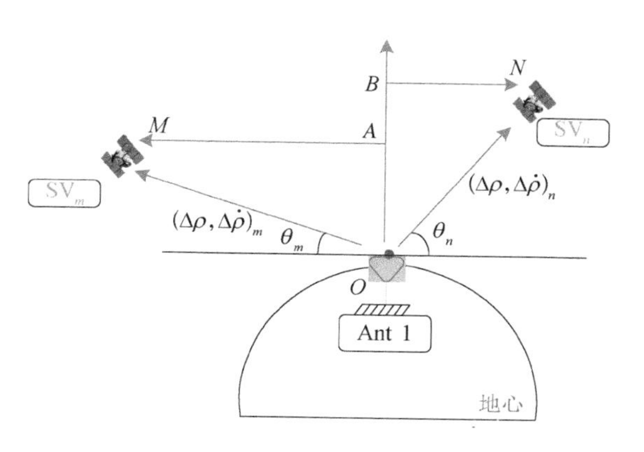

图 6.8　伪距和伪距率的增量关系示意图

基于速度量测对差错的可观性和响应速度均优于位置量测考量，伪距率增量 $\Delta\dot{\rho}$ 比伪距增量 $\Delta\rho$ 和在完好性监测方面有更好的表现。在高动态情况下更倾向于(速度)作为 GNSS/INS 组合导航完好性评估量测。

6.4.4　特征层连贯法完好性监测

特征层连贯法完好性监测以 AIME 为例说明。

在 AIME 法中，量测信息不局限于单一历元，检验统计量是基于卡尔曼滤波器更新(新息)得到的。AIME 法不但可以检测阶跃误差，还可以有效检测出慢变误差[178]。

k 时刻卡尔曼滤波器的新息为

$$\boldsymbol{r}_k = \boldsymbol{Z}_k - \boldsymbol{H}_k \hat{\boldsymbol{X}}_{k/k-1} \tag{6-1}$$

式中，$\boldsymbol{H}_k \hat{\boldsymbol{X}}_{k/k-1}$ 为伪距差的预报值，$\boldsymbol{r}_k$ 类似于最小二乘残差法中的残差量，当组合系统无故障时，它服从零均值正态分布。

$$E[\boldsymbol{r}_k] = 0 \quad E[\boldsymbol{r}_k \cdot \boldsymbol{r}_k^{\mathrm{T}}] = \boldsymbol{V}_k \tag{6-2}$$

式中，残差的方差为

$$\boldsymbol{V}_k = \boldsymbol{H}_k \boldsymbol{P}_{k/k-1} \boldsymbol{H}_k^{\mathrm{T}} + \boldsymbol{R}_k \tag{6-3}$$

式中，$\boldsymbol{P}_{k/k-1}$ 为状态矢量一步预测均方误差，$\boldsymbol{R}_k$ 为量测方差。

采用 AIME 法时，假设 $k-m$ 时刻组合系统无故障，由 $k-m$ 时刻的状态 $\hat{\boldsymbol{X}}_{k-m}^s$ 和状态方差 $\boldsymbol{P}_{k-m}^s$ 可以递推出 k 时刻的状态 $\hat{\boldsymbol{X}}_k^s$ 和状态方差 $\boldsymbol{P}_k^s$，递推方程为

$$\begin{cases}\hat{\boldsymbol{X}}_k^s = \phi_{k,\,k-1}\hat{\boldsymbol{X}}_{k-1}^s \\ \boldsymbol{P}_k^s = \phi_{k,\,k-1}\boldsymbol{P}_{k-1}^s\phi_{k,\,k-1}^{\mathrm{T}} + \boldsymbol{\Gamma}_{k-1}\boldsymbol{Q}_{k-1}\boldsymbol{\Gamma}_{k-1}^{\mathrm{T}}\end{cases} \tag{6-4}$$

根据式(6-1)和式(6-3),可知 $k-i$ 时刻卡尔曼滤波器新息:

$$\boldsymbol{r}_{k-i} = \boldsymbol{Z}_{k-i} - \boldsymbol{H}_{k-i}\hat{\boldsymbol{X}}_{k-i}^s,\ 1 \leqslant i \leqslant m \tag{6-5}$$

$k-i$ 时刻新息的方差:

$$\boldsymbol{V}_{k-i} = \boldsymbol{H}_{k-i}\boldsymbol{P}_{k-i}^s\boldsymbol{H}_{k-i}^{\mathrm{T}} + \boldsymbol{R}_{k-i} \tag{6-6}$$

构造检验统计量:

$$s_{avg} = (\boldsymbol{r}_{avg}^{\mathrm{T}})(\boldsymbol{V}_{avg}^{-1})(\boldsymbol{r}_{avg}) \tag{6-7}$$

式中,

$$\boldsymbol{r}_{avg} = (\boldsymbol{V}_{avg}^{-1})^{-1}\sum_{i=1}^{m}\boldsymbol{V}_{k-i}^{-1}\boldsymbol{r}_{k-i} \tag{6-8}$$

$$\boldsymbol{V}_{avg}^{-1} = \sum_{i=1}^{m}\boldsymbol{V}_{k-i}^{-1} \tag{6-9}$$

当组合导航系统无故障时,检验统计量 s_{avg} 服从中心 χ^2 分布;当组合导航系统有故障时,检验统计量 s_{avg} 服从非中心 χ^2 分布。根据 PFA 和 PMD 以及卫星数目,预先计算出检测门限,用于组合导航系统故障判断。针对不同的应用,可以选择不同的外推周期,外推周期越长,越有利于检测慢变误差。一些研究结果表明,AIME 法的 HPL 大大低于 MSS 法,这也是现今组合导航系统完好性监测更多使用 AIME 法的原因[187]。

6.4.5 决策层快照法完好性监测

多解分离法[166, 167]也属于快照法 IAIM 的一种。多解分离法有一组综合卡尔曼滤波器,由一个主导航滤波器和 N 个子导航滤波器(GNSS 接收 N 个卫星星号)构成,主导航滤波器包括全部 N 颗可见卫星的观测量,并且提供误差校正,N 个子导航滤波器接收的卫星观测量各少一颗,而且各个滤波器所包括的观测量不完全相同。其完好性监测系统方框图如图 6.9 所示。

多解分离法的主导航滤波器以索引 0 表示,每个子导航滤波器以索引 j 表示,χ^2 分布检验统计量为[166]

$$s_{\delta x,\,k}^2 = (\hat{x}_{j,\,k}^+ - \hat{x}_{0,\,k}^+)^{\mathrm{T}} {B_{j,\,k}^+}^{-1}(\hat{x}_{j,\,k}^+ - \hat{x}_{0,\,k}^+) \tag{6-10}$$

式中,${B_{j,\,k}^+}^{-1} = E[(\hat{x}_{j,\,k}^+ - \hat{x}_{0,\,k}^+)(\hat{x}_{j,\,k}^+ - \hat{x}_{0,\,k}^+)^{\mathrm{T}}]$ 为状态向量差的协方差,$B_{j,\,k}^+$ 为[167]

$$B_{j,\,k}^+ = P_{j,\,k}^+ - P_{0,\,k}^+ \tag{6-11}$$

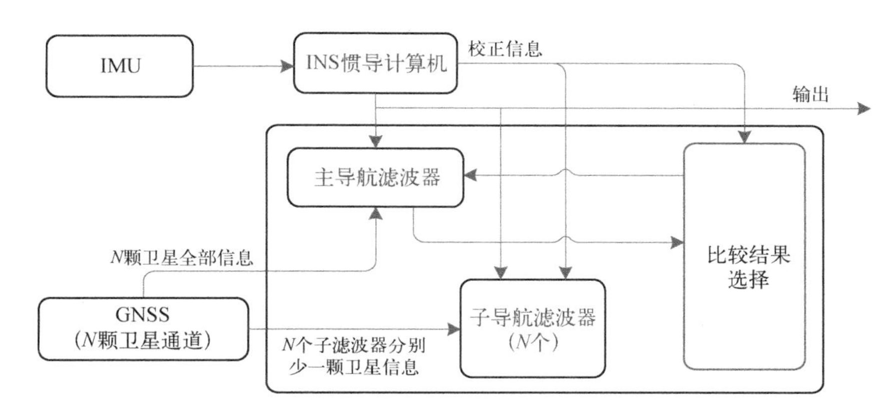

图6.9 IAIM多解分离法框图

主导航滤波器的状态不确定性比子导航滤波器的小。可以根据主导航滤波器和子导航滤波器来进行故障排除。当系统中有故障时主导航滤波器和其中一个子导航滤波器的分离解构成的检测统计量就会超过检测阈值发出告警信息。一旦故障被隔离,可进一步进行故障排除,但需要对修复的导航结果进行无故障验证,这就又需要另外一组子导航滤波器[77]。以上是隔离一个故障的情况,如果要隔离两个故障,则需要另外的子导航滤波器组。多解分离法运算量大,需要非常好的计算处理能力。

6.4.6 惯导辅助GNSS完好性监测方案设计

本书接下来分别按照信息融合所处理的三个多传感器信息结构数据层、特征层、决策层这三个层次选取三种IAIM算法(数据层增量比较法完好性监测、特征层连贯法完好性监测、决策层快照法完好性监测)分析说明。

1. 量测合理性监测

任何量测都有其合理范围,在进行完好性监测之前有必要进行量测的合理性监测,这些监测包括所使用的传感器输出量、导航中的参数等。不合理的量测和参数体现着导航系统存在故障,表明各导航子系统输出的导航信息难以直接利用,因此必须经过处理才能使用,这也正是导航系统完好性监测的差错检测、排除和修复的任务。一旦监测到超出合理范围的事件发生应当立即告警并采取相应保护和补救措施。

量测合理性监测主要是指一些野值和超常规参数的监测。

1) 导航信息野值处理

在实际导航应用中,任何测量设备都无法保证其输出的量测数据全部是正确的。也就是说,任何测量设备都不可避免地会输出一些严重偏离真值的量测结果。工程数据处理领域称这部分严重偏离真值的量测结果为野值。对于采用卡尔曼滤波的组合导航系统来说,野值带来的异常新息会以线性组合的方式对滤波估计值产生影响,同样也可能导致滤波器的可靠性和收敛速度降低，甚至使之失去稳定性。因此必须在含野值的量测值进入滤波器之前将其辨识和剔除。常用的野值识别和剔除方法有对量测值采用 3σ 准则、外推拟合法、新息判别法等。

2）超常规参数监测

日常生活中我们都知道一些基本常识，例如，车速、时间测定不会超过一定的上限，人行走时的位置通常不会在空中等。通常惯导对于加速度计和陀螺量测也应当在正常范围内，例如，IMU 中的加速度计和陀螺零偏估计不应该超出制造厂商给出的指标 5 倍（5σ 准则[77]）。GNSS 伪距和伪距率、I_s 和 Q_s 这些参数也都有一定取值范围，监测这些超出范围的参数对导航完好性监测是事倍功半的。

因此在 IAIM 处理前有必要加入量测合理性监测单元。

2. 惯导辅助 GNSS 完好性监测方案

从上面分析可知，三种 IAIM 算法（数据层增量比较法完好性监测、特征层连贯法完好性监测、决策层快照法完好性监测）相互之间的量测和参数有些是重合的，例如，增量比较法完好性监测中伪距和伪距率的增量（$\Delta\rho$，$\Delta\dot{\rho}$）在大多数 GNSS/INS 组合滤波器中都是同时存在的；多解分离法的主导航滤波器本身就是 GNSS/INS 组合计算中的主体部分。

如果能综合应用相互交织和关联的这些 IAIM 算法，将他们综合在一起并行处理，将能够发挥优势互补、资源共享的作用，增强完好性监测能力的同时提高运算速度，做到又快又好。

本章力图系统讲述 IAIM，此处设计了如图 6.10 所示的 IAIM 方案，以直观展示前面阐述的三种 IAIM 算法，明晰 IAIM 方法的信息流向，同时最终将它们综合落脚于故障检测、故障排除和故障修复中。

当然，综合各种 IAIM 方法也可能导致完好性监测更加严谨，误警率可能会提高，也可能会带来可用性降低的风险，但只要将其控制在适度的范围，这种综合也是可以接受的。

图 6.10 是在图 6.6 所展示的三种 GNSS/INS 组合导航模式（图 6.10 的中间圆端点虚线的上半部分）基础上绘制的；图 6.10 中间圆端点虚线的下半部分体现的就是三种 IAIM 算法（数据层增量比较法完好性监测、特征层连贯法完好性监测、决策层快照法完好性监测）及其综合的 IAIM 主体 IAIM 方案。

主体方案可以分为五大部分：最下面两排的几个方框是结果分析判断部分，直接输出 IAIM 完好性监测各项结果，其细节在前面对应章节有所描述，在这里只是给出一个框图示意；其中左下角是量测合理性监测单元，它应当出现在 IAIM 的最开始，也是最直接抵达完好性监测结果输出的，但图中展示空间有限，此图中也只是示意表达；出现在 IAIM 方案最显眼位置的是中间纵向排列的三个部分，从左到右依次为数据层增量比较法完好性监测、特征层连贯法完好性监测和决策层快照法完好性监测，前面相邻的几个小节也已经对它们进行过说明。

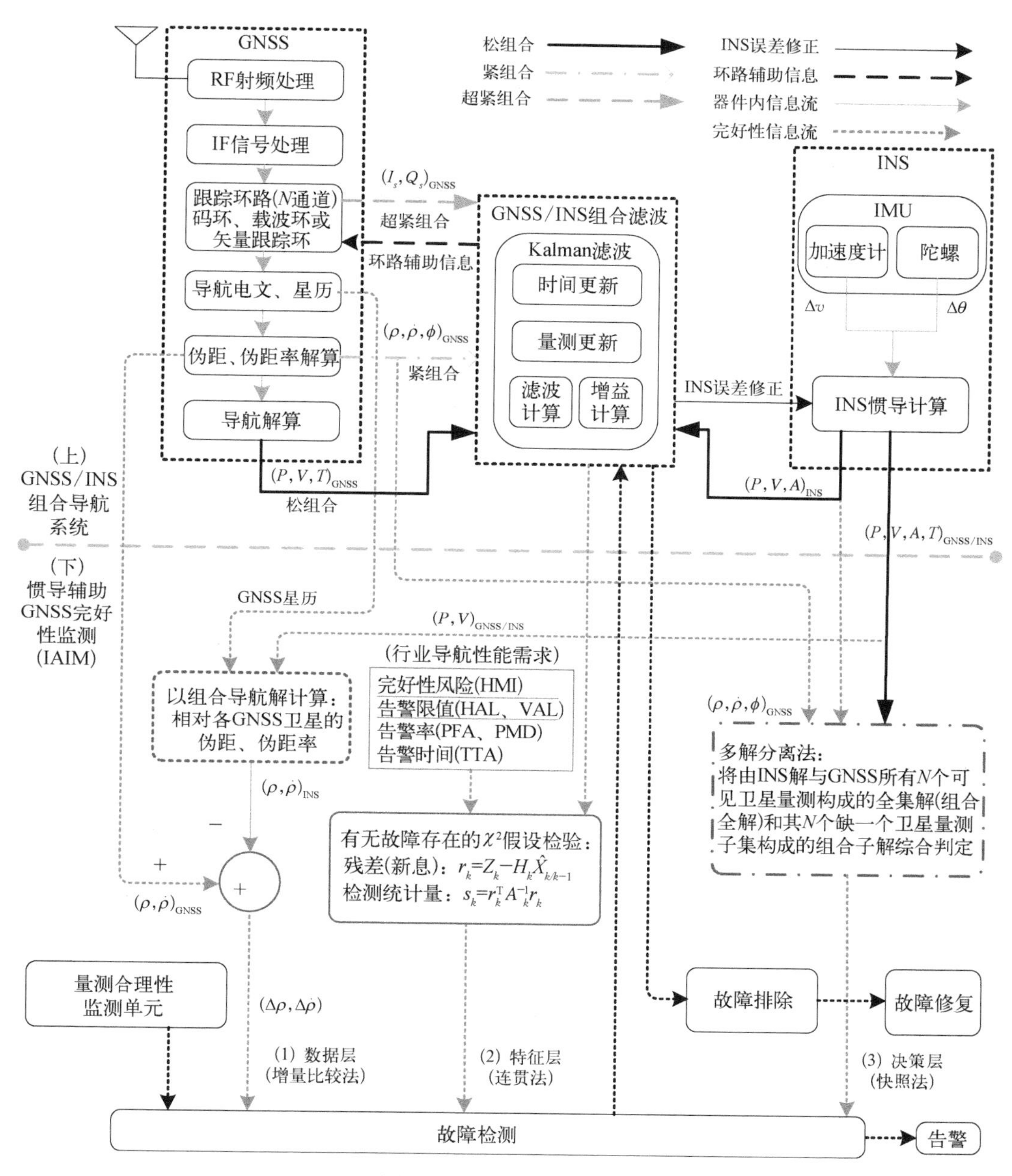

图 6.10　IAIM 方案设计

第 7 章 差分辅助GNSS完好性监测

本章和第 6 章内容都归属于三级 GNSS 完好性监测分类中 TALUIM 的用户辅助完好性监测。第 5 章介绍的是 TALUIM 中单独一个接收机的 RAIM,可以用一致性检测理论进行分析评估;但本章所属的 UAIM 如在 5.2.2 节介绍的那样按照辅助的信息包括了 ABAS、DAIM、IAIM 和 STAIM 等多种 UAIM,他们都是 GNSS 完好性辅助性能增强的重要方法和途径,他们对于完好性监测的增强作用程度及分析方法都只能按照辅助信息的不同而具体问题具体分析。第 6 章以信息融合技术为基础,研究 GNSS 以外的“异质”导航信息辅助情况下 GNSS 完好性监测性能提升;而本章以差分处理技术为基础,研究 GNSS 在“同质”其他 GNSS 导航信息辅助情况下 GNSS 完好性监测性能增强情况。

冗余信息可以包括多方面,但当前 GNSS 完好性监测增强方法更多考虑的是卫星观测数量、频率多样性、多星座的冗余,而从接收机的冗余、空间分布的冗余、时间的冗余等终端用户角度对时空冗余信息的利用来辅助增强 GNSS 完好性性能的方法很少,而这些也是 GNSS 完好性辅助性能增强研究的重要发展方向。本书只是选择 DAIM 这一种 UAIM 方法在 GNSS - AD 方面进行示例性的完好性辅助性能增强分析研究。这是出于两方面考虑:一方面是 GNSS - AD 的完好性问题很少得到业界关注,本章给出的结论和方法是 GNSS - AD 探索性理论研究的一些初步结果;二是通过 DAIM 分析了终端用户接收机有更多种差分辅助时的 GNSS - AD 完好性监测方法及性能,可以说明 UAIM 的完好性性能增强作用。

本章介绍了应用 GNSS 的 CP 差分进行姿态测量的完好性问题和 DAIM 方法,改进了 ADOP 的求解方式,提出基于 ADOP 选择卫星组合的方法,分析了 ADOP 与基线长度及卫星仰角关系,提出了 GNSS - AD 完好性监测中以姿态角为度量的 AAL 标准,给出了将 AL 从距离域转换到姿态角域的近似方程,从而将定位中的完好性方法引入到 GNSS - AD 中,实现 GNSS - AD 完好性监测方法。介绍了 GNSS - AD 中的四类单差(分别是基于两个接收机、卫星、历元和频率),利用更多种差分辅助,提出 GNSS - AD 完好性监测方法,构造两种相邻历元的双差(单星双天线SD - 1S2A 和单天线双星 SD - 2S1A 两种单差的相邻历元之间再差分),进行残差完好性监测可以分别检测源于多径和杆臂形变的差错并告警,实现完好性增强目的。

具体地说，本章首先在7.1节介绍应用GNSS的CP差分进行GNSS-AD的性能和完好性问题，GNSS-AD误差主要源于多径效应和基线的结构挠曲（杆臂形变）；然后在7.2节介绍ADOP并改进ADOP的求解方式，提出基于ADOP选择卫星组合的方法。分析ADOP与基线长度及卫星仰角关系，得出两个有意义的结论（GNSS姿态测量系统的基线长度应大于1.5 m；参考卫星的高度角应在45°～50°）；定位域的RAIM应用中AL是一个非常重要的参数。但AL通常是以距离单位来计量的。本章在7.3节提出GNSS-AD完好性监测中以姿态角为度量的AAL标准，给出将AL从距离域转换到姿态角域的近似方程，并由此得到结论：在1.5 m基线长度的GNSS姿态测量系统中，当姿态角的偏差大于0.008 2弧度（0.47°）时，测姿系统失去完好性；本章在7.4节先介绍GNSS-AD中的四类单差（分别是基于两个接收机、卫星、时间历元和频率），然后构造两类单差在相邻时间历元间的差分（Delta SD-1S2A和Delta SD-2S1A）分别辅助增强检测和排除来自接收机外以多径效应为代表的环境误差等外部误差源引起的完好性问题和来自接收机内以结构挠曲为代表的内部误差源引起的完好性问题，最终通过综合两者优势提出GNSS-AD中的差分辅助完好性监测方法，并设计详细实现步骤。

7.1 GNSS姿态测量的完好性研究

姿态是指固结在特定载体刚性平台上的载体坐标系相对于本地坐标系的调整角度。在陆地和水上交通及航空航天应用中，三维的姿态角（方位角yaw、横滚角roll和俯仰角pitch）通常依赖于附着在载体上INS获取。随着GNSS提供意想不到的导航精度级别和无处不在的导航应用，GNSS-AD精度取得了长足的进展，现在姿态测量的完好性也受到了更多的关注，特别是航空等涉及生命安全和其他基础设施等重大应用中，用户特别关心姿态测量的结果是否可信。然而，尽管现在RAIM和基于CP量测的GNSS-AD都是研究热点，但是完好性监测和RAIM的研究通常是集中在定位、测速和授时系统应用中，在GNSS-AD领域系统论述RAIM的文献不太多，本章试图在这些方面作一些尝试。

本小节主要是介绍应用GNSS的CP差分进行GNSS-AD的性能和完好性问题。

7.1.1 GNSS姿态测量性能介绍

GNSS-AD的基本思想是通过计算位于不同位置的多天线构成的基线方位计算并确定基线附着的载体的姿态参数。GNSS-AD的算法通常包括两大类：多天线和单天线。前者利用两个或者多个天线的CP干涉原理；后者通过检测接收到的信号功率的变化判别载体姿态。在两类情况下，量测的目标都是确定载体平台相对于发射信号的卫星LOS的方位[188]。量测更加精确，因而优于伪距观测。GNSS-AD方法相对于INS测姿方法来说不存在误差积累。

2.1.3 节详细介绍了 GNSS 的 PVTA 解算过程，有关测姿描述中也谈到整周模糊度解算不但是 GNSS－AD 的关键步骤，而且是 GNSS－AD 的难点所在，有关这部分的内容很多文献作过深入介绍[72, 189-192]，本书不在此赘述。GNSS－AD 的姿态角确定精度随着天线间距（基线）的增加而增大。然而，随着基线的增长，CP 的整周模糊度摸索难度也将变得更大。Cohen 给出了一对半球微带贴片天线相对定位的典型误差值：在姿态测量应用中，典型的差分伪距误差是 5 mm。Cohen 全面解释了影响姿态测量性能的关键因素，并对最重要的误差源进行了量化比较[193]，如表 7.1 所示。结果发现多径效应是限制许多 GNSS－AD 系统性能的主要误差源。其他重要的误差源包括结构挠曲（structural distortion，也称杆臂形变）误差等，总的和方根（root sum square，RSS），即方差为 5 mm。在一些商业应用中，基线长度为几米时，接收机使用普通参考晶振时 GNSS－AD 精度也可以达到 0.1°，而在当今大多数的飞行器姿态测量应用中，提供 1°级精度的姿态传感器相对来说是比较低的要求[188]。

表 7.1　GNSS 姿态测量中典型误差源大小一览表

典型误差源	伪距误差
多径效应（差分伪距误差）	≈ 5 mm
结构挠曲（弯曲，热膨胀）	特定应用
对流层	依赖于建模
载噪比	<1 mm
接收机典型错误（串扰，线偏差，通道间偏差）	<1 mm
总的 RSS 差分伪距误差（不包括失真）	≈5 mm

本书 7.4 节提出的 GNSS－AD 完好性监测也主要是针对多径效应和结构挠曲两种主要误差源开展 GNSS－AD 的完好性监测工作。

7.1.2　GNSS 姿态测量中的完好性问题

GNSS 软硬件和环境因素引起的误差也直接或间接地威胁到 GNSS－AD 系统，从 GNSS－AD 获得各个姿态参数是否正确还有待确认，重要应用同样对 GNSS－AD 系统的完好性性能也提出了较高的需求。完好性是导航系统在不能用于导航服务时，及时向用户提供有效告警的能力。通常是将 GNSS 定位应用中广为应用的 RAIM 方法应用于 GNSS－AD 系统，使系统在可见卫星达到 5 颗或者 6 颗以上时分别实现故障检测和排除，而且当卫星出现故障时也可提出告警。

GDOP 描述卫星几何构形与定位精度误差的关系，AL 也是 GNSS 定位应用的完好性监测中的一个重要指标参数。但这两个参数在 GNSS－AD 应用中都需要进行相应转化才能应用，7.2 节和 7.3 节就是分别将这两个参数转化为 GNSS－AD 中的 ADOP 和 AAL 标准时作了一些工作，并提出一些有价值的结论。

7.2 姿态精度因子

本小节介绍了姿态精度因子(ADOP)并改进了 ADOP 的求解方式,提出基于 ADOP 选择卫星组合的方法。分析了 ADOP 与基线长度及卫星仰角关系,得出两个有意义的结论(GNSS 姿态测量系统的基线长度应大于 1.5 m;参考卫星的高度角应在 45°~50°)。

7.2.1 几何精度因子

几何精度因子(GDOP)是衡量定位精度的重要标准之一,2.1.4 节已经对它的计算方法和意义进行了详细介绍,2.6.1 节中也将其作为完好性监测是星座配置的输入指标。在许多定位应用中,GDOP 是常常被用于选择好的卫星以达到期望的定位精度。RAIM 性能依赖于卫星几何分布,而且 RAIM 的可用性预测实际是在特定的 GNSS 的 URA 和卫星差错率下的卫星几何筛选[194]。通常 GDOP 是描述量测误差和位置确定误差之间卫星几何构型影响关系的 GDOP。GDOP 直观地给出了量测误差和定位精度的一个量化对应关系,因而都希望在卫星星座中选择 GDOP 值尽可能小的那颗卫星组合[74]。

7.2.2 姿态精度因子

类似于 GDOP 描述卫星几何构型与定位精度误差的关系,ADOP 是指姿态精度和伪距量测标准偏差的比例因子。ADOP 是姿态精度的有效量测。随着 GNSS 近几年的发展,人们视野中的卫星数量不再是主要问题,特别对于 GNSS - AD 来说,只要有三颗甚至两颗条件较好的卫星就可以很快确定载体姿态,因此通常情况下高效地计算 ADOP 以便优选一套好的卫星组合变得相当重要。

1. 姿态精度因子解算

下面分别求取三个姿态角俯仰角、横滚角和方位角的一维 ADOP 及总体的三维 ADOP。图 7.1 是单基线 GNSS - AD 的一维俯仰角 ADOP 求解示意图[195]。

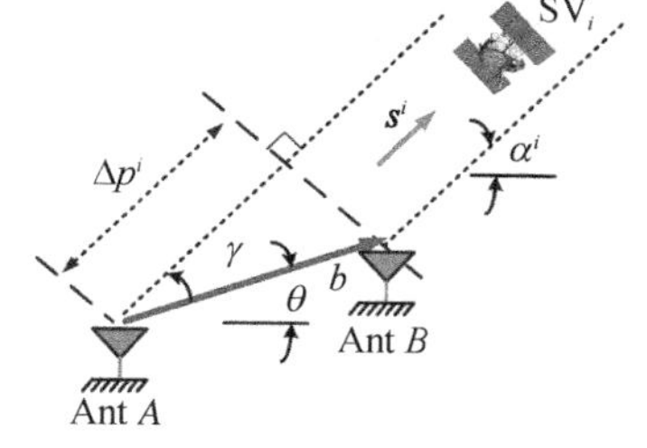

图 7.1 单基线 GNSS - AD 俯仰角 ADOP 求解示意图

图 7.1 中天线 A 指向天线 B 的矢量称作基线 $\boldsymbol{b}$;θ 是 $\boldsymbol{b}$ 的俯仰角;$\boldsymbol{s}^i$ 是 GNSS 卫星 iLOS 的单位矢量;α^i 分别是 $\boldsymbol{s}^i$ 的高度角(仰角);γ 是 $\boldsymbol{b}$ 和 $\boldsymbol{s}^i$ 的夹角;Δp^i 是 $\boldsymbol{s}^i$ 发射的卫星信号到达天线 A 和天线 B 的距离差。图7.1 所有的矢量都标示在纸平面上,所以只标示了竖直面的俯仰部分。

基线 $\boldsymbol{b}$ 的俯仰角 θ 有下面关系:

$$\theta = \alpha^i - \gamma = \alpha^i - \arccos(\Delta p^i / |\boldsymbol{b}|) \tag{7-1}$$

俯仰角 θ 对距离差 Δp^i 的偏微分为

$$\partial\theta/\partial(\Delta p^i) = (-1)/\mid \boldsymbol{b} \mid \sin\gamma \tag{7-2}$$

对于距离差 Δp^i 的微小变化，俯仰角 θ 相应改变 $\delta\theta$。由式(7-2)可得到如下方差：

$$\operatorname{var}(\delta\theta) = \operatorname{var}[\delta(\Delta p^i)]/[\mid \boldsymbol{b} \mid^2 \sin^2\gamma] \tag{7-3}$$

根据方差的比值，可求得式(7-4)的俯仰角 θ 的精度因子[34] pitch-DOP(一维俯仰角姿态精度因子)：

$$\text{pitch-DOP}^2 = \operatorname{var}(\delta\theta)/\operatorname{var}[\delta(\Delta p^i)] = 1/[\mid \boldsymbol{b} \mid^2 \sin^2\gamma] = 1/[\mid \boldsymbol{b} \mid^2 \sin^2(\alpha^i - \theta)] \tag{7-4}$$

式(7-4)与以往有的文献[195]不同之处在于其 pitch-DOP 有一个二次方。此处变化更是基于两点考虑：一是类比于定位应用中的 GDOP 定义同理类推应当有平方；另一个考虑是 ADOP 作为选星的一个辅助手段，加上平方可以选入更多的卫星，以利于测姿应用中的快速整周模糊度解算。

同理，横滚角(φ)的一维姿态精度因子 roll-DOP 和方差 $\operatorname{var}(\delta\varphi)$有如下类似表示式：

$$\operatorname{var}(\delta\varphi) = \operatorname{var}[\delta(\Delta p^i)]/[\mid \boldsymbol{b} \mid^2 \sin^2(\alpha^i - \varphi)] \tag{7-5}$$

$$\text{roll-DOP}^2 = \frac{\operatorname{var}(\delta\varphi)}{\operatorname{var}[\delta(\Delta p^i)]} = \frac{1}{\mid \boldsymbol{b} \mid^2 \sin^2(\alpha^i - \varphi)} \tag{7-6}$$

然而对于方位角的情况与俯仰角和横滚角有些不同，因为卫星 LOS 单位矢量 $\boldsymbol{s}^i$ 和基线 $\boldsymbol{b}$ 都要投影到地平面以便计算方位角(ψ)的一维姿态精度因子 yaw-DOP，涉及卫星视向 $\boldsymbol{s}^i$ 的方位角 β^i。有文献介绍了一种 yaw-DOP 的计算方法[191]，本书基于上述的两点原因也加上了平方：

$$\text{yaw-DOP}^2 = \operatorname{var}(\delta\psi)/\operatorname{var}[\delta(\Delta p^i)] = 1/[\mid \boldsymbol{b} \mid^2 \cos^2\alpha^i \cos^2\theta \sin^2(\beta^i - \psi)] \tag{7-7}$$

$$\operatorname{var}(\delta\psi) = \operatorname{var}[\delta(\Delta p^i)] \cdot \text{yaw-DOP}^2 = \operatorname{var}[\delta(\Delta p^i)]/[\mid \boldsymbol{b} \mid^2 \cos^2\alpha^i \cos^2\theta \sin^2(\beta^i - \psi)] \tag{7-8}$$

最终，由一维的俯仰角 θ 的姿态精度因子 pitch-DOP 公式(7-4)、横滚角 φ 的 roll-DOP 公式(7-6)和方位角 ψ 的 yaw-DOP 公式(7-7)组合并化简可得到 ADOP 运算式，如下面公式所示：

$$\begin{aligned}\text{ADOP}^2 &= \text{pitch-DOP}^2 + \text{roll-DOP}^2 + \text{yaw-DOP}^2 \\ &= \frac{1}{\mid \boldsymbol{b} \mid^2 \sin^2(\alpha^i - \theta)} + \frac{1}{\mid \boldsymbol{b} \mid^2 \sin^2(\alpha^i - \varphi)} + \frac{1}{\mid \boldsymbol{b} \mid^2 \cos^2\alpha^i \cos^2\theta \sin^2(\beta^i - \psi)}\end{aligned} \tag{7-9}$$

姿态角(用 A 表示)的方差 $\operatorname{var}(A)$ 也可表示为

$$\mathrm{var}(A)=\mathrm{var}(\delta\theta)+\mathrm{var}(\delta\varphi)+\mathrm{var}(\delta\psi)=\mathrm{var}[\delta(\Delta p^i)]\cdot \mathrm{ADOP}^2 \quad (7-10)$$

2. 姿态精度因子近似计算

在GNSS-AD系统中，如果要分别测量俯仰角和横滚角，理想的情况是选择一组卫星使得pitch-DOP_H和roll-DOP_H最小，要同时测量方位角则选择卫星时还要兼顾到yaw-DOP_H最小的约束。由一维的俯仰角θ的姿态精度因子pitch-DOP公式(7-4)和横滚角φ的roll-DOP公式(7-6)可知，当俯仰角和横滚角必须考虑的时候，应当选择卫星的LOS的俯仰角θ和横滚角φ大致与确定的基线垂直，以使对应姿态精度因子的值最小。

然而，当方位角必须考虑的时候，仅从一维的方位角ψ的姿态精度因子yaw-DOP公式(7-7)来看，情况相对来说也比较复杂：不但要选择卫星的LOS的方位角β^i大致与确定的基线方位角ψ垂直，还要考虑LOS高度角α^i和基线俯仰角θ的相互关系，以使方位角ψ的姿态精度因子yaw-DOP的值最小。

为简化分析，只考虑基线与地平面基本平行情况时的ADOP(简称为基线水平状态)，用ADOP_H表示，此时有基线俯仰角$\theta\approx 0$，基线横滚角$\varphi\approx 0$，因此式(7-9)可简化为式(7-11)：

$$\mathrm{ADOP}_H=\sqrt{\frac{2}{|\boldsymbol{b}|^2\sin^2\alpha^i}+\frac{1}{|\boldsymbol{b}|^2\cos^2\alpha^i\sin^2(\beta^i-\psi)}} \quad (7-11)$$

同样也可以得到其他一维姿态角的姿态精度因子如下所示：

$$\text{pitch-DOP}_H=\sqrt{\frac{1}{|\boldsymbol{b}|^2\sin^2\alpha^i}} \quad (7-12)$$

$$\text{roll-DOP}_H=\sqrt{\frac{1}{|\boldsymbol{b}|^2\sin^2\alpha^i}} \quad (7-13)$$

$$\text{yaw-DOP}_H=\sqrt{\frac{1}{|\boldsymbol{b}|^2\cos^2\alpha^i\sin^2(\beta^i-\psi)}} \quad (7-14)$$

基线水平状态下的姿态角A的方差式(7-10)可简化为$\mathrm{var}(A)_H$，见下式：

$$\begin{aligned}\mathrm{var}(A)_H&=[\mathrm{var}(\delta\theta)+\mathrm{var}(\delta\varphi)+\mathrm{var}(\delta\psi)]_H=\mathrm{var}[\delta(\Delta p^i)]\cdot\mathrm{ADOP}_H^2\\&=\frac{2\mathrm{var}[\delta(\Delta p^i)]}{|\boldsymbol{b}|^2\sin^2\alpha^i}+\frac{\mathrm{var}[\delta(\Delta p^i)]}{|\boldsymbol{b}|^2\cos^2\alpha^i\sin^2(\beta^i-\psi)}\end{aligned} \quad (7-15)$$

可以参照GDOP的计算方法来计算ADOP。在GPS的服务性能标准[102]中确定，通常情况下，在标称24卫星GPS星座中，定位域位置精度因子PDOP可接受的最大阈值不大于6(≥98%全球PDOP可用标准下)。姿态测量应用中还没有发现相关标准，因此本书也沿用类似限值标准，并将此限值标准转换到姿态测量系统的完好性监测中，得出一些定量标准。因此，参照PDOP标准，定义在基线水平状态下的姿态精度因子阈值为6，如式(7-16)所示：

$$\mathrm{ADOP}_H=\frac{1}{|\boldsymbol{b}|}\sqrt{\frac{2}{\sin^2\alpha^i}+\frac{1}{\cos^2\alpha^i\sin^2(\beta^i-\psi)}}\leqslant 6 \quad (7-16)$$

7.2.3 基于 ADOP 的姿态测量基线确定与选星算法

确定了 ADOP 的阈值后就可以根据式(7-16)的约束对姿态测量的一些指标进行量化,以指导 GNSS-AD 工作。下面初步分析姿态测量中两个重要问题:一是 GNSS-AD 系统的基线长度如何选取的问题;二是参与姿态解算中的参考卫星如何选取的问题。

1. 基线长度确定

本小节根据式(7-16)的 ADOP 约束情况,分别从各个角度分析 ADOP 值、基线长度 $|\boldsymbol{b}|$ 和卫星仰角 α^i 三者之间的制约关系。

1) 卫星可用仰角区间与基线长度关系

由式(7-16)得到在确保姿态精度因子ADOP_H 在阈值 6 以内的条件下,卫星可用仰角 α^i 的限定区间B 随基线长度 $|\boldsymbol{b}|$ 的关系。图 7.2 和表 7.2 展示了基线长度 $|\boldsymbol{b}|$ 在(0.5 m,2.876 m)变化时,卫星可用仰角 α^i 的限定区间 B 的变化情况。

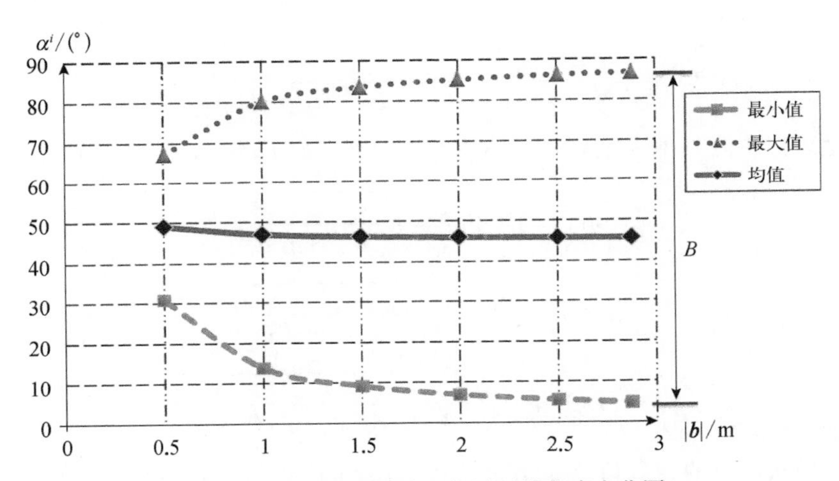

图 7.2 卫星可用仰角区间随基线长度变化图

表 7.2 卫星可用仰角区间随基线长度变化表

$\lvert\boldsymbol{b}\rvert$/m	卫星可用仰角 α^i 的限定区间/(°)			
	最 小	最 大	均 值	带 宽
0.500	30.8	67.2	49	36.4
1.000	13.8	80.1	46.95	66.3
1.500	9.1	83.5	46.3	74.4
2.000	6.8	85.2	46	78.4
2.500	5.4	86.2	45.8	80.8
2.876	4.7	86.7	45.7	82

由图表分析可知，卫星可用仰角 α^i 的限定区间 B 随基线长度 $|\boldsymbol{b}|$ 的加长而扩大，基线长度较短的时候要求卫星的仰角要高才能达到标准的 ADOP，换句话说，当基线长度 $|\boldsymbol{b}|$ 比较长时，可供选择的卫星比较多。当基线长度 $|\boldsymbol{b}|$ 在由 0.5 m 变化到 2.876 m 时，卫星可用仰角 α^i 的限定区间 B 的宽度 Span(B)在由 36.4°变到 82°，而均值位于 45°变到 50°(45, 50)。

2) ADOP 与卫星仰角关系

图 7.3 是依据式(7-11)分别绘制的 6 种基线长度 $|\boldsymbol{b}|$ 下，卫星仰角 α^i 在 3°～88°时相对应的ADOP_H 的详细变化情况。

由图 7.3 可知，ADOP_H 反比于基线长度 $|\boldsymbol{b}|$，当 $|\boldsymbol{b}|$ 为 0.5 m 时，各个方向(仰角)对应的卫星中最小的ADOP_H 都接近 5；当基线为 1 m 时，20°～75°的仰角可以保证 ADOP 在 5 以内；而在 1.5 m 时，20°～75°的仰角可以保证 ADOP 在 3 以内，最小ADOP_H(1.6)出现在仰角 α^i 为 47°方向。基线长度 $|\boldsymbol{b}|$ 大于 1.5 m 时这种区间和最小值改善不是很明显了。考虑到基线越长，整周模糊度解算问题越不复杂，因此选择基线为 1.5 m 以上基线比较合适。

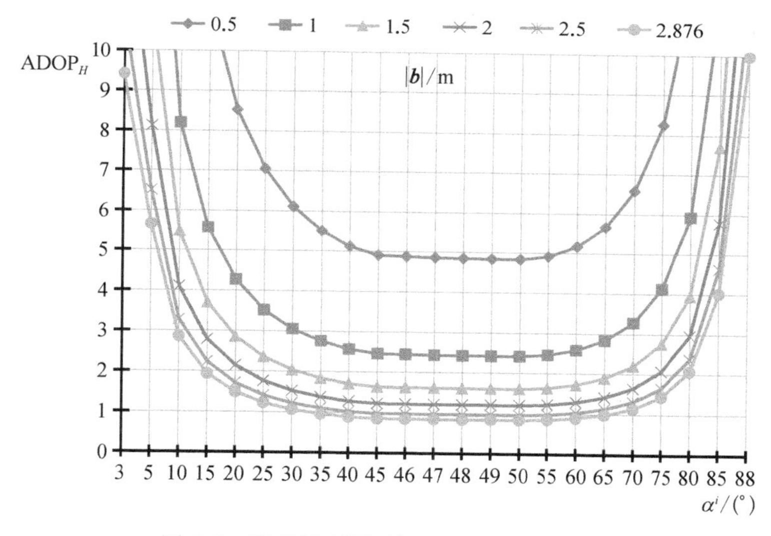

图 7.3　姿态精度因子与卫星仰角变化关系

3) ADOP 与基线长度关系

由公式(7-11)可知，基线水平状态时的ADOP_H 与基线长度 $|\boldsymbol{b}|$ 成反比，为了显示比例关系，不失一般性，假设高度角 $\alpha^i=45°$，卫星 LOS 单位矢量 $\boldsymbol{s}^i$ 和基线 $\boldsymbol{b}$ 的方位角的差值 $(\beta^i-\psi)=90°$，得到 ADOP 与基线长度 $|\boldsymbol{b}|$ 的变化关系如图 7.4 所示。横坐标为基线长度 $|\boldsymbol{b}|$(考虑取值范围是 0～5 m)，纵坐标为 ADOP 值。可见 $|\boldsymbol{b}|$ 在 1.5 m 以下时 ADOP 的值变化很快，$|\boldsymbol{b}|$ 大于 1.5 m 以后，ADOP 变化相对比较平缓。这与前面的分析结论也是一致的。然而，基线长度 $|\boldsymbol{b}|$ 越长，CP 整周模糊度解算的难度也就越大，因而 $|\boldsymbol{b}|$ 也不能选择太大，但是基线长度 $|\boldsymbol{b}|$ 大于 1.5 m 将有助于姿态测量精度的改善[196]。

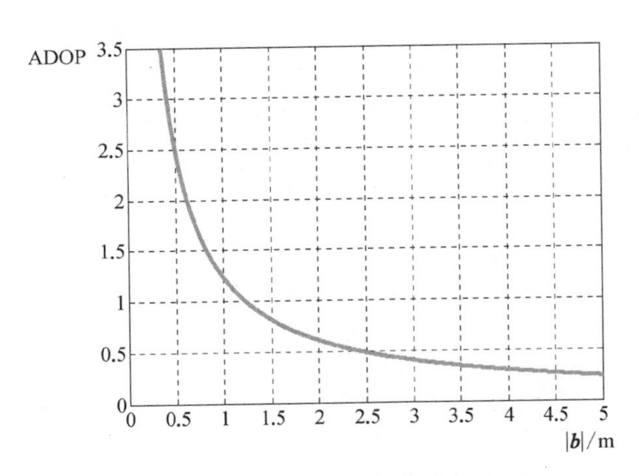

图 7.4 姿态精度因子与基线变化关系（$\alpha^i=45°$）

2. GNSS－AD 卫星选取

随着各大 GNSS 系统发展，视野中增加的 NVS 给 GNSS 导航用户带来了很多好处，然而这是在建立的所有卫星都无差错的基础上，当有个别卫星出现差错时却并非如此，正如5.3.4小节的 RANSAC 概述中谈到的，因为现在主流的 GNSS 导航解算都是类似于人性本善的无罪推定那样，基于尽量包含所有量测的最小二乘参数估计方法，所以要尽可能全面地考虑包括差错卫星在内的所有量测信息，差错卫星也就必将影响到最终的导航结果。因此在 NVS 较多时选择一个健康的卫星组合也显得比较重要，在 GNSS－AD 中 ADOP 无疑是比较容易想到的一个重要指标。

1) GNSS－AD 参考卫星选取

参考卫星是在 GNSS－AD 中最关键的卫星，也就是 ADOP 对应最小的卫星。

为分析方便，设基线放置在零度方位角方向，即 $\psi=0°$，按照上面的结论，假定基线长度 $|\boldsymbol{b}|=1.5$ m。在式(7－16)的约束下，基线水平状态时的ADOP_H 与参考卫星 SV 的视向 LOS(高度角 α^i 和方位角 β^i) 的关系如图 7.5 所示。其中 X 轴、Y 轴分别是参考卫星 SVLOS 视的高度角 α^i 和方位角 β^i，取值范围分别为(0°，90°)和(0°，360°)，取值范围的物理意义是包含基线且垂直地面的竖平面所隔开的两个对称空间，Z 轴为 ADOP 值[196，197]。图 7.5(a)表明整个基线对应的空间的 ADOP 三维图是两个并列的对称网兜形状，中间被基线上方卫星 LOS 视向的方位角的0°～180°和 180°～360°两个区间分隔，为了清楚地看到局部细节，绘制了图 7.5(b)放大图。

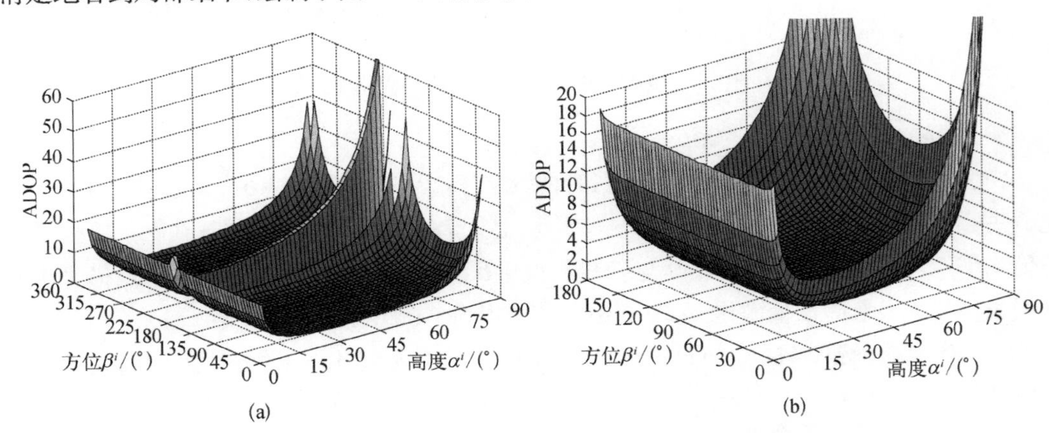

图 7.5 ADOP 与卫星视向(方位角和仰角)变化关系

只看放大的(b)子图的情况，网兜的底部位置的 Y 轴坐标大约为 90°，也就是参考卫星位于垂直于基线的平面上，这点是很自然合理的，但网兜的底部位置的 X 轴坐标与通常的经验感觉很不一致，即在 GNSS－AD 应用中，优先选择的参考卫星并不是平常直观感觉的天顶方向，而是高度角大致在(45°, 50°)方向上[197]，可明显看到，反而是在参考卫星 SV 的高度角 α^i 接近 90°时，ADOP 值取最大值，甚至接近 60。原因可从 ADOP 的运算式(7－9)分析得到，因为 ADOP 值不但与基线垂直方向的俯仰角 θ 的 pitch－DOP 和横滚角 φ 的 roll－DOP 有关(它们都和卫星高度角 α^i 的正弦值相关)，而且与基线水平的方位角 ψ 的 yaw－DOP 相关(它又和卫星高度角 α^i 的余弦值相关)。

2）基于 ADOP 的 GNSS－AD 选星方法

综合上面分析可以设计 GNSS－AD 在众多卫星中基于 ADOP 的选取合适卫星组进行 GNSS 姿态测量的方法。5 步选星步骤如下所示。

步骤 1：AD 粗判断。先进行 GNSS 姿态测量系统的基线情况进行预判断(粗判断)，主要是指 GNSS－AD 的基线大致指向(方位角 ψ、俯仰角 θ 和横滚角 φ)和从卫星星历中可计算得到的卫星相对 GNSS 用户的视向 LOS(仰角 α^i 和方位角 β^i)，基线大致指向可以从 GNSS－AD 对全部视界内可见卫星进行 AD 后确定的基线指向，先验信息或其他辅助如 INS 等手段得到。

步骤 2：剔除不适合使用的卫星。通过比较各个卫星视向 LOS 与 GNSS－AD 的基线的角度排除近似共线卫星 ($\alpha^i \approx \theta$、$\alpha^i \approx \varphi$ 或 $\beta^i \approx \psi$)，角度近似经验值大概在±5 以内。

步骤 3：计算仰角边界 B。根据公式(7－16)的约束，计算卫星可用仰角 α^i 的限定区间 $B(\alpha^i_{\min} \sim \alpha^i_{\max})$。

步骤 4：去掉仰角在边界 B 以外的卫星 ($\alpha^i \notin B$) 得到一套健康卫星。

步骤 5：选择最接近 45°～50°的卫星为最优参考卫星。

对应框图如图 7.6 所示，虚线部分表示排除非健康星的选择和操作。

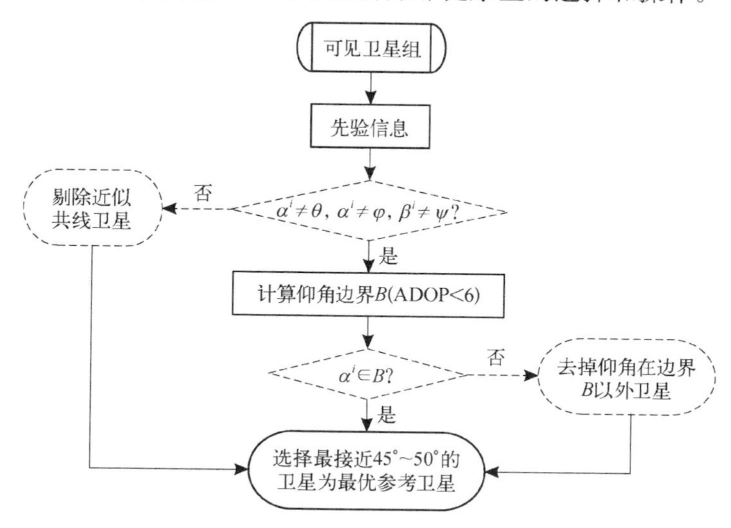

图 7.6　GNSS－AD 中基于 ADOP 的健康卫星选择方框图

7.3 GNSS-AD 完好性监测的姿态角告警限值

定位域的 RAIM 应用中 AL 是一个非常重要的参数。航空电子中使用当前实时误差边界也称为 PL 的参数确定特定的操作是否安全。对于特定的飞行操作，如果 PL 小于 AL，飞行员可以进入飞行程序，否则告警。对于 LPV-200，VAL 是 35 m。导航性能要求必须满足 VPL 低于 VAL 的限制[149]。Galileo 设定 HAL 为 12 m，VAL 为 20 m[198]。

众所周知，在定位域的 RAIM 应用中 AL 是一个非常重要的参数。但 AL 通常是以距离单位来计量的。而在 GNSS 姿态测量系统应用中，用度或弧度设置完好性监测 AAL 标准应当是一个很有意义的工作，它将使 GNSS 姿态测量系统的 RAIM 更便于操作，也更具有合理性。

为了角度化 AL，不失一般性，假设高度角 $\alpha^i = 45°$，卫星 LOS 单位矢量 $\boldsymbol{s}^i$ 和基线 $\boldsymbol{b}$ 的方位角的差值 $(\beta^i - \psi) = 90°$，这样，基线水平状态下的姿态角 A 的方差公式(7-15)可以进一步简化为式(7-17)(此处依然参照 PDOP 标准认为在基线水平状态下的姿态精度因子ADOP_H 阈值为 6)：

$$\begin{aligned} \text{var}(A)_H &= [\text{var}(\delta\theta) + \text{var}(\delta\varphi) + \text{var}(\delta\psi)]_H \\ &= \text{var}[\delta(\Delta p^i)] \cdot \text{ADOP}_H^2 = 6\text{var}[\delta(\Delta p^i)] / |\boldsymbol{b}|^2 \end{aligned} \tag{7-17}$$

由式(7-17)两边开方得到式(7-18)，这个粗略方程就可以将完好性监测 AL 从定位应用的距离单位角度化为 GNSS-AD 系统对应角度或者弧度单位的 AAL[197]。

$$\sqrt{\text{var}\,(A)_H} = \sqrt{6\text{var}[\delta(\Delta p^i)]} / |\boldsymbol{b}| \tag{7-18}$$

Cohen 指出：在 GNSS-AD 应用中，典型的差分伪距误差是 5 mm(参见表 7.1)[193]。本书暂且认定这个值就是 GNSS-AD 应用中的完好性监测 AL，即 $\delta(\Delta p^i) = 5 \times 10^{-3}$ m。不过它是适合定位应用中以距离为单位的 AL，可以通过式(7-18)角度化为 GNSS-AD 系统对应角度和弧度单位的 AAL 为 0.008 2 rad 或 0.47°(此处假定基线长度 $|\boldsymbol{b}|$ 为 1.5 m)。由此可得到粗略结论：在 1.5 m 基线长度的 GNSS-AD 系统中，当姿态角的偏差大于 0.008 2 rad(0.47°)时，系统失去完好性。

反过来，在同样条件下依然应用公式(7-18)可知，当 GNSS 姿态测量应用中 AAL 为 0.001 7 rad(0.1°)时，对于基线长度 $|\boldsymbol{b}|$ 为 1.5 m 的姿态测量系统，它的完好性监测 AL 为 1.1 mm。

7.4 差分辅助 GNSS 完好性监测算法

差分辅助 GNSS 完好性监测(DAIM)是 UAIM 的一种，也是利用冗余信息进行

GNSS完好性辅助性能增强的重要方法。本书只是选择DAIM这一种UAIM方法在GNSS-AD方面进行示例性的GNSS完好性辅助性能增强分析研究。本节先介绍了GNSS-AD中的四类单差(分别是基于两个接收机、卫星、历元和频率),利用更多种差分辅助,提出了GNSS-AD完好性监测方法,构造两种相邻历元的双差(单星双天线SD-1S2A和单天线双星SD-2S1A两种单差的相邻历元之间再差分),进行残差完好性监测可以分别检测源于多径和杆臂形变的差错并告警,实现完好性增强目的。

基于ADOP健康卫星组的选择有助于提高GNSS-AD的测姿精度,但是卫星组的选择无法应对更进一步的姿态解算过程差错,如错误的整周模糊度、如表7.1中所说的多径效应和结构挠曲两种GNSS-AD系统主要误差源等引起的GNSS-AD差错。这就需要GNSS完好性技术来实现。从2.1.3小节的GNSS-AD原理介绍可以看到GNSS-AD是建立在CP差分的基础上的。实时CP的定位精度都已经达到了厘米级,因此利用载波量测的完好性监测可以比利用源于码的伪距量测设置更小的检测阈值,检测更细微的差错变化,但这一切都是以整周模糊度解算为代价的[199]。因此完全照搬定位域中的RAIM方法实现的GNSS-AD中的完好性监测的性能是有限的,好在GNSS-AD中有多种差分存在,利用载波上的多种差分辅助可以辅助提高GNSS-AD的完好性监测性能。本节就是围绕构造这样的差分辅助增强方法开展研究。

7.4.1 四类单差

GNSS-AD中的差分分为单差和双差。单差是指来自两个不同接收机、卫星、历元或频率的相似量测的线性组合,图7.7绘制了四类单差的构造图,通过构造合适的不同单差可以分别消除各种不同的同源误差。而双差是指来自两个不同接收机、卫星、历元或频率的相似单差的差分。四类单差具体构成分别介绍如下。

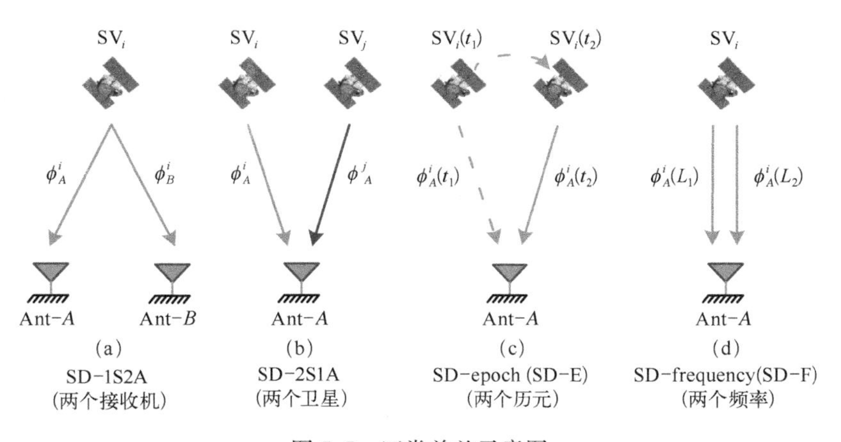

图7.7 四类单差示意图

1. 单星双天线单差

图 7.7(a)是 1 颗 SV 两个不同接收天线构成的单星双天线单差(SD from one SV and two Antennas,SD-1S2A)。设卫星 SV_i 到天线 A 和 B 的传播路径长度分别为 $\Phi_A^i(t)$ 和 $\Phi_B^i(t)$,用分数(fractional)和整数(integer)周的载波周可分别以 CP 表示为[15]

$$\Phi_A^i(t)=\phi_A^i(t)-\phi^i(t)+N_A^i+S_A^i+M_A^i+f\tau^i+f\tau_A-\beta_{\text{iono}}^i+\beta_{\text{tropo}}^i \tag{7-19}$$

$$\Phi_B^i(t)=\phi_B^i(t)-\phi^i(t)+N_B^i+S_B^i+M_B^i+f\tau^i+f\tau_B-\beta_{\text{iono}}^i+\beta_{\text{tropo}}^i \tag{7-20}$$

式中,$\phi^i(t)$ 是卫星 SV_i 播发的 GNSS 信号离开卫星时的初始相位(它是时间 t 的函数,严格地说应当用不同的时刻表示,本书用卫星上标进行区分);$\phi_A^i(t)$ 和 $\phi_B^i(t)$ 分别是接收机天线 A 和 B 在 t 时刻量测到的卫星 SV_i 所播发的 GNSS 信号相位;N_A^i 和 N_B^i 分别是 $\phi_A^i(t)$ 和 $\phi_B^i(t)$ 的两个整周模糊度;S_A^i 和 S_B^i 是源于接收机的相位噪声(如表 7.1 中的结构挠曲);M_A^i 和 M_B^i 是源于接收机环境的相位噪声(如表 7.1 中的多径效应);f 是载波频率;τ^i、τ_A 和 τ_B 分别是卫星 SV_i、接收机 A 和 B 的时钟偏差;β_{iono}^i 和 β_{tropo}^i 分别是源于电离层和对流层的 CP 延时(β_{iono}^i 前面符号是负号是因为电离层的发散效应导致 CP 是超前的缘故)。

根据 SD-1S2A 定义和式(7-19)及(7-20)可用 SD_{AB}^i 表示卫星 SV_i 到接收机天线 A 和 B 的 CP 单星双天线单差为式(7-21):

$$SD_{AB}^i=\Phi_B^i(t)-\Phi_A^i(t)=\phi_{AB}^i+N_{AB}^i+S_{AB}^i+M_{AB}^i+f\tau_{AB} \tag{7-21}$$

SD-1S2A 主要消除的同源误差来自卫星和传播途径。即源于卫星 SVi 的星钟误差 $f\tau^i$ 和信号发射初始相位 $\phi^i(t)$,因为 GNSS-AD 的基线两端的接收机相距很近,同一颗卫星 SV_i 到达他们经历的电离层和对流层可看成是相同的,因此也可消除分别源于电离层和对流层的 CP 延时 β_{iono}^i 和 β_{tropo}^i。

2. 双星单天线单差

图 7.7(b)是 2 颗不同 SV 同一个接收天线构成的双星单天线单差(SD from two SVs and one Antenna,SD-2S1A)。卫星 SV_i 和 SV_j 到天线 A 的传播路径长度分别以 CP 表示为式(7-22)和(7-23):

$$\Phi_A^i(t)=\phi_A^i(t)-\phi^i(t)+N_A^i+S_A^i+M_A^i+f\tau^i+f\tau_A-\beta_{\text{iono}}^i+\beta_{\text{tropo}}^i \tag{7-22}$$

$$\Phi_A^j(t)=\phi_A^j(t)-\phi^j(t)+N_A^j+S_A^j+M_A^j+f\tau^j+f\tau_A-\beta_{\text{iono}}^j+\beta_{\text{tropo}}^j \tag{7-23}$$

根据 SD-2S1A 定义可用 SD_A^{ij} 表示卫星 SV_i 和 SV_j 到天线 A 的双星单天线单差为

$$\text{SD}_A^{ij}=\Phi_A^j(t)-\Phi_A^i(t)=\phi_A^{ij}-\phi^{ij}+N_A^{ij}+S_A^{ij}+M_A^{ij}+f\tau^{ij}-\beta_{\text{iono}}^{ij}+\beta_{\text{tropo}}^{ij} \tag{7-24}$$

SD-2S1A 主要消除的同源误差是来自接收机的时钟误差 $f\tau_A$。

3. 单星单天线双历元单差

图7.7(c)是同一颗SV同一个接收天线在2个不同历元构成的单星单天线双历元单差(SD from different epochs,SD-epoch,SD-E)。在t_1和t_2时刻卫星SV_i到天线A的传播路径长度分别以CP表示为

$$\Phi_A^i(t_1)=\phi_A^i(t_1)-\phi^i(t_1)+N_A^i+S_A^i(t_1)+M_A^i(t_1)+f\tau^i(t_1)+f\tau_A(t_1)-\beta_{\text{iono}}^i(t_1)+\beta_{\text{tropo}}^i(t_1) \tag{7-25}$$

$$\Phi_A^i(t_2)=\phi_A^i(t_2)-\phi^i(t_2)+N_A^i+S_A^i(t_2)+M_A^i(t_2)+f\tau^i(t_2)+f\tau_A(t_2)-\beta_{\text{iono}}^i(t_2)+\beta_{\text{tropo}}^i(t_2) \tag{7-26}$$

根据SD-E定义和式(7-25)及式(7-26)可用$SD_A^i(t_{12})$表示t_1和t_2时刻卫星SV_i到天线A的单星单天线双历元单差为

$$\begin{aligned}\mathrm{SD}_A^i(t_{12})&=\Phi_A^i(t_2)-\Phi_A^i(t_1)\\&=\phi_A^i(t_{12})-\phi^i(t_{12})+S_A^i(t_{12})+M_A^i(t_{12})\\&\quad+f\tau^i(t_{12})+f\tau_A(t_{12})-\beta_{\text{iono}}^i(t_{12})+\beta_{\text{tropo}}^i(t_{12})\end{aligned} \tag{7-27}$$

SD-E是同星同天线,因此同时消除了来自接收机的时钟误差$f\tau_A$、来自卫星的星钟误差$f\tau^i$以及来自电离层和对流层的CP延时β_{iono}^i和β_{tropo}^i。更加重要的是两个相邻历元的CP单差在相位锁定期间,整周模糊度N_A^i是一样的,连续的量测可以消除整周模糊度N_A^i的影响[200],这也是SD-epoch的关键和主要优势所在。

4. 单星单天线双频单差

图7.7(d)是同一颗SV同一个接收天线在2个不同频点构成的单星单天线双频单差(SD from different frequencies,SD-frequency,SD-F)。在L_1和L_2频点时卫星SV_i到天线A的传播路径长度分别以CP表示为

$$\Phi_A^i(L_1)=\phi_A^i(L_1)-\phi^i(L_1)+N_A^i(L_1)+S_A^i(L_1)+M_A^i(L_1)+f_{L1}\tau^i+f_{L1}\tau_A-\beta_{\text{iono}}^i(L_1)+\beta_{\text{tropo}}^i(L_1) \tag{7-28}$$

$$\Phi_A^i(L_2)=\phi_A^i(L_2)-\phi^i(L_2)+N_A^i(L_2)+S_A^i(L_2)+M_A^i(L_2)+f_{L2}\tau^i+f_{L2}\tau_A-\beta_{\text{iono}}^i(L_2)+\beta_{\text{tropo}}^i(L_2) \tag{7-29}$$

根据SD-F定义和式(7-28)及式(7-29)可用$\mathrm{SD}_A^i(L_{12})$表示L_1和L_2频点时卫星SV_i到天线A的单星单天线双频单差为式(7-30):

$$\begin{aligned}\mathrm{SD}_A^i(L_{12})&=\Phi_A^i(L_2)-\Phi_A^i(L_1)\\&=\phi_A^i(L_{12})-\phi^i(L_{12})+N_A^i(L_{12})\\&\quad+S_A^i(L_{12})+(f_{L_2}-f_{L_1})(\tau^i+\tau_A)+M_A^i(L_{12})-\beta_{\text{iono}}^i(L_{12})+\beta_{\text{tropo}}^i(L_{12})\end{aligned} \tag{7-30}$$

SD－F 基于双频接收机，用双频差分技术本身就可以完全消除电离层传播延时的影响，这在很多 GNSS 应用中已经投入使用了[15]。SD－F 也是同星同天线，因此也同时消除了来自接收机的时钟误差 $f\tau_A$、来自卫星的星钟误差 $f\tau^i$ 以及来自电离层和对流层的 CP 延时 β^i_{iono} 和 β^i_{tropo}。

7.4.2 差分辅助 GNSS 完好性监测

差分辅助完好性监测（DAIM）是所有利用差分技术完成 GNSS 完好性监测方法的总称，包括综合利用 7.4.1 小节介绍的四类单差中所涉及的 GNSS 接收机能得到的不同频点、不同 GNSS 系统、不同接收机、不同卫星和不同时间历元的差分信息辅助当前 GNSS 信息进行完好性监测判断的方法。

差分技术不仅包含上面说的 CP 之间的差分，也包含由码量测得到的伪距之间的差分，不仅仅是上面说的单差，也可以是单差再进行差分（即双差 DD）和双差的差分构成的三差（triple difference，TD）等。由此可引深各种差分辅助完好性监测方法。本书考虑到历元之间的差分 SD－E 如此重要，提出的 DAIM 方法中将重点引入两类非常重要的单差在相邻时间历元间的差分，他们分别是单星双天线单差 SD－1S2A 在不同历元时刻的差分（Delta SD－1S2A）和双星单天线单差 SD－2S1A 在不同历元时刻的差分（Delta SD－2S1A）。

表 7.1 中所说的多径效应和结构挠曲两种GNSS－AD系统主要误差分别来自接收机外的环境和接收机本身部件，变化非常快且不好预测建模，很难处理。本节提出的 DAIM 是通过相邻历元的单差量测再差分处理分别检测和去除接收机外以多径效应为代表的环境误差和接收机内以结构挠曲为代表的内部误差。

由 2.2.2 小节图 2.9 所示的多径误差模型可知，多径效应误差是与接收机所处的环境和卫星仰角高度相关的，他们都是接收机外的相关因素，Delta SD－1S2A 对检测和排除接收机外的同源误差有较好的作用；结构挠曲误差是与组成基线的两台接收机天线紧密关联的，也可看成是来自接收机内部，Delta SD－2S1A 对检测和排除接收机内部的同源误差有较好的效果，本书提出的 DAIM 方法就是结合这两者的优势完成 GNSS 姿态测量中 FDE，达到完好性增强目的。

1. Delta SD－1S2A

Delta SD－1S2A 是单星双天线单差 SD－1S2A 在不同历元时刻的差分，用 $\mathrm{DD}^i_{AB}(t_{12})$ 表示，$\mathrm{DD}^i_{AB}(t_{12})$ 通过两个 SD－1S2A（$\mathrm{SD}^i_{AB}(t_1)$ 和 $\mathrm{SD}^i_{AB}(t_2)$）差分得

$$\mathrm{SD}^i_{AB}(t_1)=\phi^i_{AB}(t_1)+N^i_{AB}(t_1)+S^i_{AB}(t_1)+M^i_{AB}(t_1)+f\tau_{AB}(t_1) \tag{7-31}$$

$$\mathrm{SD}^i_{AB}(t_2)=\phi^i_{AB}(t_2)+N^i_{AB}(t_2)+S^i_{AB}(t_2)+M^i_{AB}(t_2)+f\tau_{AB}(t_2) \tag{7-32}$$

$$\begin{aligned} DD_{AB}^{i}(t_{12}) &= SD_{AB}^{i}(t_2) - SD_{AB}^{i}(t_1) \\ &= \phi_{AB}^{i}(t_{12}) + M_{AB}^{i}(t_{12}) + N_{AB}^{i}(t_{12}) + S_{AB}^{i}(t_{12}) + f\tau_{AB}(t_{12}) \\ &= \phi_{AB}^{i}(t_{12}) + [M_{AB}^{i}(t_{12})] + [N_{AB}^{i}(t_{12}) + S_{AB}^{i}(t_{12}) + f\tau_{AB}(t_{12})] \end{aligned} \quad (7-33)$$

在式(7-33)表示的Delta SD-1S2A值右边分成了三项，是借鉴了文献[201]中的周跳检测和修复方法，为了利用成熟的TALUIM定位域RAIM方法，此处将式(7-33)的Delta SD-1S2A值构造为类似于式(5-11)所表示的GNSS线性化伪距量测方程组那样的GNSS线性化CP量测方程组形式：

$$\boldsymbol{y} = \boldsymbol{H}\boldsymbol{x} + \boldsymbol{f}_M + \boldsymbol{\varepsilon} \quad (7-34)$$

$$\boldsymbol{y} = DD_{AB}^{i}(t_{12}) \quad (7-35)$$

$$\boldsymbol{H}\boldsymbol{x} = \phi_{AB}^{i}(t_{12}) \quad (7-36)$$

$$\boldsymbol{f}_M = M_{AB}^{i}(t_{12}) \quad (7-37)$$

$$\boldsymbol{\varepsilon} = N_{AB}^{i}(t_{12}) + S_{AB}^{i}(t_{12}) + f\tau_{AB}(t_{12}) \quad (7-38)$$

式中，$\boldsymbol{y} = DD_{AB}^{i}(t_{12})$是CP残差矢量；$\boldsymbol{H}\boldsymbol{x}$是CP量测矩阵项；$\boldsymbol{\varepsilon}$是在Delta SD-1S2A中可消除后面三项微小误差项，包括整周模糊度历元差分值$N_{AB}^{i}(t_{12})$、微小的结构挠曲历元差分值$S_{AB}^{i}(t_{12})$、接收机A和B钟差的历元差分值$f\tau_{AB}$及其他小的量测噪声；$\boldsymbol{f}_M$是Delta SD-1S2A主要针对检测的接收机外以多径效应为代表的环境误差，当其很小时可以归入误差项$\boldsymbol{\varepsilon}$。

随后可以应用5.3节介绍的一致性检测理论，根据式(7-34)仿照5.3.3小节的奇偶矢量法进行残差矢量的FDE。

Delta SD-1S2A消除了来自卫星和传播路径的同源误差，包括星钟、星历、码和载波不一致误差、甚至信号畸变等误差、电离层和对流层误差。因此Delta SD-1S2A差分有助于辅助增强检测和排除来自接收机外以多径效应为代表的环境误差等外部误差源引起的完好性问题。

2. Delta SD-2S1A

Delta SD-2S1A是双星单天线单差SD-2S1A在不同历元时刻的差分，用$DD_{A}^{ij}(t_{12})$表示，$DD_{A}^{ij}(t_{12})$通过两个SD-2S1A ($SD_{A}^{ij}(t_1)$和$SD_{A}^{ij}(t_2)$)差分得

$$\begin{aligned} SD_{A}^{ij}(t_1) = &\ \phi_{A}^{ij}(t_1) - \phi^{ij}(t_1) + N_{A}^{ij}(t_1) + S_{A}^{ij}(t_1) \\ &+ M_{A}^{ij}(t_1) + f\tau^{ij}(t_1) - \beta_{\text{iono}}^{ij}(t_1) + \beta_{\text{tropo}}^{ij}(t_1) \end{aligned} \quad (7-39)$$

$$\begin{aligned} SD_{A}^{ij}(t_2) = &\ \phi_{A}^{ij}(t_2) - \phi^{ij}(t_2) + N_{A}^{ij}(t_2) + S_{A}^{ij}(t_2) \\ &+ M_{A}^{ij}(t_2) + f\tau^{ij}(t_2) - \beta_{\text{iono}}^{ij}(t_2) + \beta_{\text{tropo}}^{ij}(t_2) \end{aligned} \quad (7-40)$$

$$
\begin{aligned}
\mathrm{DD}_A^{ij}(t_{12}) &= \mathrm{SD}_A^{ij}(t_2) - \mathrm{SD}_A^{ij}(t_1) \\
&= \phi_A^{ij}(t_{12}) - \phi^{ij}(t_{12}) + S_A^{ij}(t_{12}) + M_A^{ij}(t_{12}) \\
&\quad + f\tau^{ij}(t_{12}) - \beta_{\mathrm{iono}}^{ij}(t_{12}) + \beta_{\mathrm{tropo}}^{ij}(t_{12}) \\
&= (\phi_A^{ij}(t_{12}) - \phi^{ij}(t_{12})) + [S_A^{ij}(t_{12})] + [M_A^{ij}(t_{12}) \\
&\quad + f\tau^{ij}(t_{12}) - \beta_{\mathrm{iono}}^{ij}(t_{12}) + \beta_{\mathrm{tropo}}^{ij}(t_{12})]
\end{aligned} \tag{7-41}
$$

同样在式(7－41)中表示的 Delta SD－2S1A 值右边也分成了三项，可同样将式(7－41)的 Delta SD－2S1A 值构造为 GNSS 线性化 CP 量测方程组形式：

$$\boldsymbol{y} = \boldsymbol{Hx} + \boldsymbol{f}_S + \boldsymbol{\varepsilon} \tag{7-42}$$

$$\boldsymbol{y} = \mathrm{DD}_A^{ij}(t_{12}) \tag{7-43}$$

$$\boldsymbol{Hx} = \phi_A^{ij}(t_{12}) - \phi^{ij}(t_{12}) \tag{7-44}$$

$$\boldsymbol{f}_S = S_A^{ij}(t_{12}) \tag{7-45}$$

$$\boldsymbol{\varepsilon} = M_A^{ij}(t_{12}) + f\tau^{ij}(t_{12}) - \beta_{\mathrm{iono}}^{ij}(t_{12}) + \beta_{\mathrm{tropo}}^{ij}(t_{12}) \tag{7-46}$$

式中，$\boldsymbol{y} = \mathrm{DD}_A^{ij}(t_{12})$ 是 CP 残差矢量；$\boldsymbol{Hx}$ 是 CP 量测矩阵项；$\boldsymbol{\varepsilon}$ 是在 Delta SD－2S1A 中可消除的后面除了结构挠曲之外的四项微小误差项和所有其他小的误差和量测噪声，来自卫星和传播误差可通过 SD－1S2A 确认后发送给 Delta SD－2S1A 并将其影响降低到很小的级别，因此来自卫星和传播误差也可归入到误差项 $\boldsymbol{\varepsilon}$ 中进行考虑；$\boldsymbol{f}_S$ 指接收机内以结构挠曲为代表的内部误差，当其很小时也可以归入误差项 $\boldsymbol{\varepsilon}$。

随后可一致性检测理论中的奇偶矢量法进行残差矢量的 FDE。

Delta SD－2S1A 不但消除了来自接收机的时钟误差和接收机外部小环境带来的误差(包括大部分的多径效应误差)，而且去掉了相邻历元 CP 量测的整周模糊度确定误差。因此 Delta SD－2S1A 差分有助于辅助增强检测和排除来自接收机内以结构挠曲为代表的内部误差源引起的完好性问题。

3. 差分辅助 GNSS 完好性监测算法

由上面两类非常重要的单差在时间历元间的差分，即 Delta SD－1S2A(单星双天线单差 SD－1S2A 在不同历元时刻的差分 $\mathrm{DD}_{AB}^{i}(t_{12})$)和 Delta SD－2S1A(双星单天线单差 SD－2S1A 在不同历元时刻的差分 $\mathrm{DD}_A^{ij}(t_{12})$)的分析可知，他们针对各种误差分别有不同的 FDE 优势：Delta SD－1S2A 差分有助于辅助增强检测和排除来自接收机外以多径效应为代表的环境误差等外部误差源引起的完好性问题；Delta SD－2S1A 差分有助于辅助增强检测和排除来自接收机内以结构挠曲为代表的内部误差源引起的完好性问题。因此本书提出结合 Delta SD－1S2A 差分和 Delta SD－2S1A 差分两者优势的 DAIM 算法，基本可以同时辅助增强检测和排除接收机内外所有误差源引起的完好性问题。图 7.8 绘制了综合两者优势的差分辅助完好性监测方框图，其算法步骤解释如下。

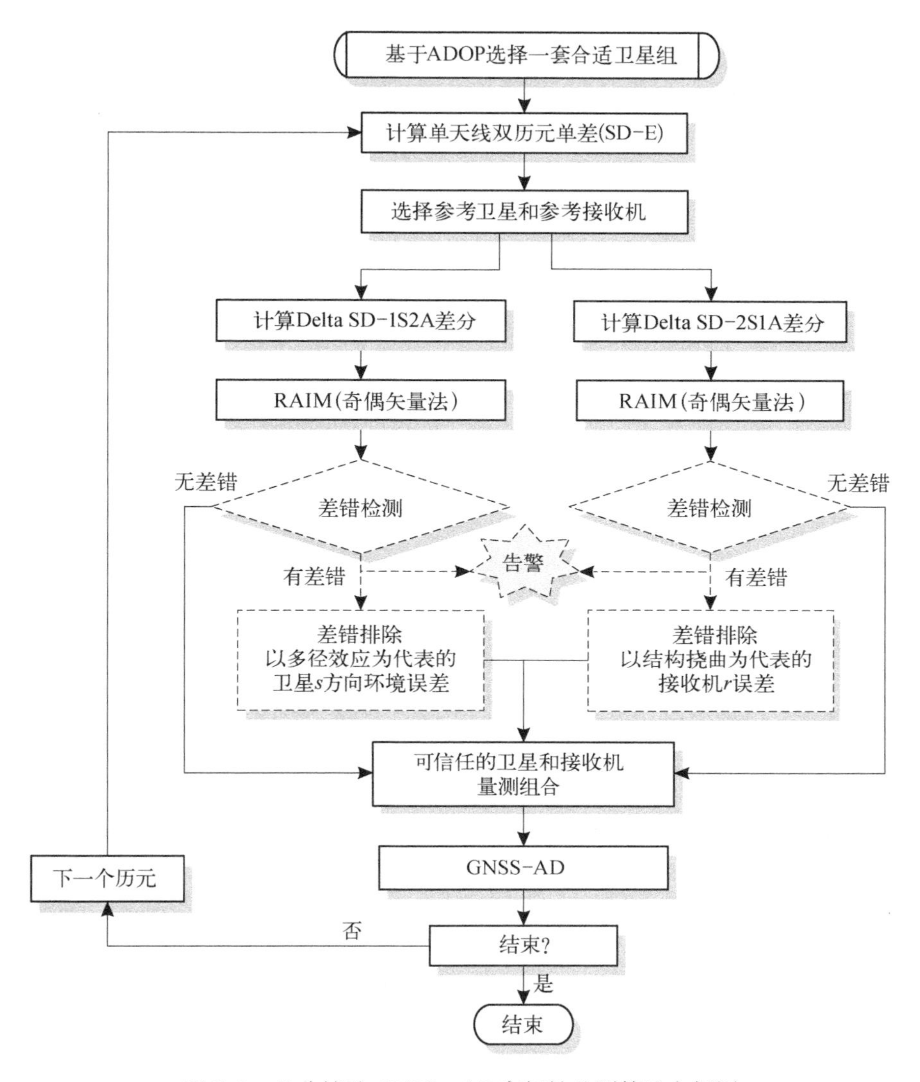

图 7.8　差分辅助 GNSS－AD 完好性监测算法方框图

步骤 1：ADOP 选星。根据 7.2.3 节介绍的基于 ADOP 的 GNSS－AD 选星方法(参见图 7.6)选择一套适合卫星组进行 GNSS－AD。

步骤 2：计算 SD－E。计算起始时间历元所有接收机对步骤一选出的所有卫星的 SD－E。

步骤 3：选择参考卫星和参考接收机。根据 7.2.3 节选择高度角最接近 45°～50°的卫星作为参考卫星，任选一个接收机(最有把握的)为参考接收机。

步骤 4：分别同步计算 Delta SD－1S2A 差分和 Delta SD－2S1A 差分。

步骤 5：FDE。分别应用一致性检测理论中的奇偶矢量法进行残差矢量的，如果有差错还要给出告警通知 GNSS－AD 用户有故障出现：Delta SD－1S2A 差分检测来自接收机外以多径效应为代表的环境误差等外部误差源引起的完好性问题，识别相应差错对应的卫星并排除之下;Delta SD－2S1A 差分检测来自接收机内以结构挠曲为代表的内部误差源引起的完好性问题,识别对应接收机天线,如果有冗余接收机天线的话排除,没有的话只能完成告警。

步骤 6：得到一组可信任的卫星和接收机量测组合。通过上述步骤隔离有问题的卫星和接收机,得到可以信任的一组 CP 量测(满足完好性)。

步骤 7：GNSS－AD。通过上面得到的可信任量测组合解算姿态。回复到步骤 2 计算下一个时间历元,如此循环直到结束。

参考文献 Reference

[1] Wikipedia [EB/OL]. Last update: (Access: 2013). http://en. wikipedia. org/wiki/Wikipedia.

[2] 百度百科 [EB/OL]. Last update: (Access: 2013). http://baike. baidu. com/.

[3] 曹冲. 卫星导航常用知识问答[M]. 北京：电子工业出版社，2010.

[4] 李跃. 导航与定位：信息化战争的北斗星[M]. 2 版. 北京：国防工业出版社，2008.

[5] 战兴群，苏先礼，张炎华. 卫星导航系统发展现状及卫星可见性分析[C]//2012 年船舶通信导航学术会议，湖北宜昌，2012.

[6] 百度百科. 卫星导航系统[EB/OL]. Last update: (Access: May 28, 2012). http://baike. baidu. com/view/901834. htm.

[7] Misra P, Enge P. Global Positioning System Signals, Measurements and Performance [M]. 2nd ed. Massachusetts: Ganga-Jamuna Press, 2006.

[8] 伊朗专家解密俘获美无人机过程：重设其 GPS 坐标[EB/OL]. Last update: (Access: 2011-12-17). http://news. sina. com. cn/w/2011-12-17/004023646300. shtml.

[9] 美国大学生开发欺骗装置成功劫持无人机 [EB/OL]. Last update: (Access: 2012-7-5). http://news. china. com. cn/rollnews/2012-07/05/content_15008001. htm.

[10] 曹冲. 与 GPS 相似的卫星导航系统与技术[卫星导航系统及其应用专论之二][J]. 通信市场，2003(4): 4.

[11] 太阳活动 2013 年达峰值 GPS 系统将受强烈干扰[EB/OL]. Last update: (Access: 2011-12-06). http://scitech. people. com. cn/h/2011/1206/c227887-1810270093. html.

[12] 刘钝，冯健，邓忠新，等. 中国区域电离层相关结构对卫星增强系统的影响[J]. 全球定位系统，2009(4): 14-19.

[13] 刘钝，冯健，邓忠新，等. 电离层闪烁对全球导航卫星系统(GNSS)的定位影响分析[J]. 全球定位系统，2009(6): 1-8.

[14] DOD/DHS/DOT. 2010 Federal Radionavigation Plan [R]. 2011.

[15] Kaplan E D, Hegarty C J. Understanding GPS: Principles and Applications [M]. 2nd ed. Artech House, 2006.

[16] Command A F S. Air Force Space Command Capstone Requirements Document for Global Position, Velocity, and Time Determination Capability (Draft) [S]. 1997.

[17] Wing G P S. IS-GPS-200, Revision E, Navstar GPS Space Segment/Navigation User Interfaces [R]. 2010.

[18] Da R, Lin C F. Failure detection and isolation structure for global positioning system autonomous integrity monitoring [J]. Journal of Guidance, Control, and Dynamics, 1995, 18 (2): 291 - 297.

[19] Stanton B J, Strother R. Analysis of GPS monitor station outages [C]//Proceedings of the 20th International Technical Meeting of the Satellite Division of The Institute of Navigation (ION GNSS 2007), Fort Worth Convention Center, Fort Worth, TX 2007: 176 - 183.

[20] Oehler V, Luongo F, Boyero J P, et al. The Galileo integrity concept [C]//Proceedings of the 17th International Technical Meeting of the Satellite Division of The Institute of Navigation (ION GNSS 2004), Long Beach, CA 2004: 604 - 615.

[21] Garc A Á M, Medel C H, Merino M M R. Galileo navigation and integrity algorithms [C]//Proceedings of the 18th International Technical Meeting of the Satellite Division of The Institute of Navigation (ION GNSS 2005), Long Beach, CA 2005: 1315 - 1326.

[22] Medel C H, Virgili L P, Garcia A M, et al. SISA computation algorithms and their applicability for Galileo integrity [C]//Proceedings of the 15th International Technical Meeting of the Satellite Division of The Institute of Navigation (ION GPS 2002), Portland, OR 2002: 2173 - 2184.

[23] Blomenhofer H, Ehret W, Blomenhofer E. Performance analysis of GNSS global and regional integrity concepts [C]//Proceedings of the 16th International Technical Meeting of the Satellite Division of The Institute of Navigation (ION GPS/GNSS 2003), Portland, OR 2003: 991 - 1001.

[24] Bossche M V D, Bourga C, Lobert B. Galileo integrity monitoring network: Simulation and optimization [C]//Proceedings of the 17th International Technical Meeting of the Satellite Division of The Institute of Navigation (ION GNSS 2004), Long Beach, CA 2004: 654 - 659.

[25] Viearsson L, Pullen S, Green G, et al. Satellite autonomous integrity monitoring and its role in enhancing GPS user performance [C]//ION GPS 2001, 2001: 11 - 14.

[26] Mcgraw G, Murphy T. Safety of life considerations for GPS modernization architectures [C]//Proceedings of the 14th International Technical Meeting of the Satellite Division of The Institute of Navigation (ION GPS 2001), Salt Lake City, UT 2001: 632 - 640.

[27] Rodriguez-Perez I, Garcia-Serrano C, Catalan C C, et al. Inter-satellite links for satellite autonomous integrity monitoring [J]. Advances in Space Research, 2011, 47 (2): 197 - 212.

[28] Braff R, Shively C. GPS integrity channel [J]. Navigation, 1985 - 1986, 32(4): 334 - 350.

[29] Ochieng W, Sheridan K, Han X, et al. Integrity performance models for a combined Galileo/GPS navigation system [J]. Journal of Geospatial Engineering, 2001, 3 (1): 21 - 32.

[30] Lee Y C. New concept for independent GPS integrity monitoring [J]. Navigation, 1988, 35(2): 239 - 254.

[31] Lage M E, Elrod B D. Gaim — ground augmented integrity monitoring for GPS [C]//Proceedings of the 1993 National Technical Meeting of The Institute of Navigation (ION NTM 1993), San Francisco, CA 1993: 497 - 505.

[32] 杨元喜,任夏,许艳. 自适应抗差滤波理论及应用的主要进展[J]. 导航定位学报,2013,1(1): 9 - 15.

[33] Parkinson B, Jr J J S, Axelrad P, et al. Global Positioning System: Theory and Applications

(volume two) [M]. Washington, D. C.: AIAA (American Institute of Astronautics and Aeronautics), 1996.

[34] Su X L, Z han X, Fang H. Receiver autonomous integrity monitoring for GPS attitude determination with carrier phase FD/FDE algorithms [C]//23rd International Technical Meeting of the Satellite Division of the Institute of Navigation (ION GNSS 2010), Portland, Oregon, 2010: 2168 - 2181.

[35] Teunissen P J G, Kleusberg A, et al. GPS for Geodesy [M]. 2nd ed. Berlin: Springer Verlag, 1998.

[36] Teunissen P J G. Minimal detectable biases of GPS data [J]. Journal of Geodesy, 1998, 72 (4): 236 - 244.

[37] Ochieng W, Sheridan K, Sauer K, et al. An assessment of the RAIM performance of a combined Galileo/GPS navigation system using the marginally detectable errors (MDE) algorithm [J]. GPS Solutions, 2002, 5 (3): 42 - 51.

[38] Verhagen S. Performance analysis of GPS, Galileo and integrated GPS-Galileo [C]//ION GPS 2002, Portland, OR USA: The Institute of Navigation, 2002: 2208 - 2215.

[39] Falin W, Kubo N, Yasuda A. Performance evaluation of GPS augmentation using quasi-zenith satellite system [J]. Aerospace and Electronic Systems, IEEE Transactions on, 2004, 40 (4): 1249 - 1260.

[40] Hewitson S, Wang J L. GNSS receiver autonomous integrity monitoring (RAIM) performance analysis [J]. GPS Solutions, 2006, 10 (3): 155 - 170.

[41] GEAS. GNSS Evolutionary Architecture Study, Phase Ⅰ — Panel Report [R]. 2008.

[42] GEAS. GNSS Evolutionary Architecture Study, Phase Ⅱ — Panel Report [R]. Washington, D. C., USA: Federal Aviation Administration, 2010.

[43] 周其焕. 卫星导航的陆基增强和完好性监控技术[J]. 民航经济与技术,1993. 02: 22 - 26.

[44] 周其焕. 全球导航完好性通道(GNIC)方案讨论[J]. 中国民航学院学报,1993,9(3): 78 - 90.

[45] 陈惠萍. 卫星导航系统中的 RAIM 技术[J]. 中国民航学院学报,1996(4): 46 - 51.

[46] 陈家斌,袁信. 组合系统接收机自备完善性监测和导航性能研究[J]. 航空电子技术,1996(3): 44 - 49,35.

[47] 陈家斌,袁信. 气压高度表辅助下 GPS 接收机自备完善性监测可用性研究[J]. 航空学报,1996(5): 50 - 54.

[48] 陈家斌,袁信. GPS/GLONASS 组合接收机自备完善性监测和导航性能研究[J]. 中国惯性技术学报,1996(4): 9 - 15.

[49] 廖向前,黄顺吉. 奇偶矢量法用于 GPS 的故障检测与隔离[J]. 电子科技大学学报,1997(3): 39 - 43.

[50] 秘金钟,李毓麟. RAIM 算法研究[J]. 测绘通报,2001(3): 7 - 9.

[51] 陈金平. GPS 完善性增强研究[D]. 郑州: 解放军信息工程大学,2001.

[52] 王永超. 卫星导航外部辅助的完好性监测技术研究[D]. 北京: 北京航空航天大学,2006.

[53] 刘慧芹. 广域差分 GPS 完好性监测研究[D]. 上海: 同济大学,2007.

[54] 卢德兼. 多星座 GNSS 完好性监测算法研究[D]. 北京：北京大学，2008.

[55] 牛飞. GNSS 完好性增强理论与方法研究[D]. 郑州：解放军信息工程大学，2008.

[56] 李娟，张军，朱衍波，等. 空间信号完好性监测技术研究[J]. 航空电子技术，2010，41(2)：9－12.

[57] 朱衍波，张淼艳，张军. 加权 RAIM 可用性预测方法研究[J]. 遥测遥控，2009，30(1)：1－6.

[58] 陈海龙，张朱刘. 地基增强系统的完好性监测方法[P]. 中国，CN102073054A，2011－05－25.

[59] 王志鹏，张军，朱衍波，等. 多接收机局域机场监视系统的完好性算法[J]. 上海交通大学学报，2011(7)：1041－1045，1049.

[60] 张军. 空域监视技术的新进展及应用[J]. 航空学报，2011(1)：1－14.

[61] Su X L，Z han X，Q in F，et al. BeiDou receiver autonomous integrity monitoring (RAIM) performance analysis [C]//26th International Technical Meeting of the Satellite Division of the Institute of Navigation (ION GNSS 2013)，Nashville Convention Center，Nashville，Tennessee：2013：348－360.

[62] 蒋凯. 卫星导航系统完好性指标分析与算法研究[D]. 长沙：国防科学技术大学，2011.

[63] 王淑芳，孙妍. 卫星自主完好性监测技术[J]. 测绘学院学报，2005，22(4)：266－268.

[64] 边朗，韩虹，蒙艳松刘，等. 卫星自主完好性监测(SAIM)技术研究与发展建议[C]//CSNC2011，第二届中国卫星导航学术年会，上海，2011.

[65] 韩虹，张立新. 卫星导航系统的导航性能及信号完好性监测方法[J]. 空间电子技术，2007(4)：7－11，53.

[66] Xu H L，Wang J，Zhan X. GNSS satellite autonomous integrity monitoring (SAIM) using inter-satellite measurements [J]. Advances in Space Research，1 April 2011，2011，47(7)：1116－1126.

[67] 荆帅，战兴群，苏先礼. ARAIM 算法应用于 LPV－200 服务[J]. 测控技术，2012(11)：75－79.

[68] Su X L，Z han X，Niu M，et al. Receiver autonomous integrity monitoring (RAIM) performances of combined GPS/BeiDou/QZSS in urban canyon [J]. IEEJ Transactions on Electrical and Electronic Engineering，2014，9(3)：275－281.

[69] 何友，王国宏，陆大绘，等. 多传感器信息融合及应用 [M]. 2 版. 北京：电子工业出版社，2007.

[70] 谢钢. GPS 原理与接收机设计[M]. 北京：电子工业出版社，2009.

[71] 王惠南. GPS 导航原理与应用[M]. 北京：科学出版社，2003.

[72] 王永泉. 长航时高动态条件下 GPS/GLONASS 姿态测量研究[D]. 上海：上海交通大学，2008.

[73] Boxiong W，Chuanrun Z，Xingqun Z. GPS-based attitude determination raim method study and optimize [C]//Mechatronics and Automation (ICMA 2009)，2009：4561－4565.

[74] Wu C H，Su W H，Ho Y W. A study on GPS GDOP approximation using support-vector machines [J]. IEEE Instrumentation and Measurement Society，2010(99)：1－9.

[75] Parkinson B W，Spilker J J. Global Positioning System：Theory and Applications (Volume One) [M]. Washington，D. C.：AIAA (American Institute of Astronautics and Aeronautics)，1996：793.

[76] Parkinson B W，Spilker J J，Axelrad P，et al. Global Positioning System：Theory and Applications (Volume II) [M]. Washington，D. C.：AIAA，1996.

[77] Groves P D. Principles of GNSS, Inertial, and Multi-Sensor Integrated Navigation Systems [M]. Artech House Publishers, 2007.

[78] 朱虹,关永,田健仲,等.单点GPS定位误差建模研究[J].微计算机信息,2008,24(16):3.

[79] 严凯,战兴群,苏先礼. GNSS测量数据仿真生成[J].计算机测量与控制,2013(1):213-216.

[80] (日)上出洋介,(巴西)简进隆.日地环境指南[M].徐文耀,译.北京:科学出版社,2010:580.

[81] 游广芝. GPS导航定位中的误差分析与修正[D].哈尔滨:哈尔滨工业大学,2007.

[82] 章红平,平劲松,朱文耀,等.电离层延迟改正模型综述[J].天文学进展,2006,24(1):16-26.

[83] Braasch M S. A signal model for GPS [J]. Navigation, 1990, 37(4): 363-378.

[84] Kobayashi M, Ingels F, Bennett G. Determination of the probability density function of GPS (global positioning systems) positioning error [C]//Proceedings of the 48th Annual Meeting of The Institute of Navigation (ION AM 1992), Dayton, OH 1992: 219-232.

[85] Pervan B S. Navigation integrity for aircraft precision landing using the global positioning system [D]. Palo Alto: Stanford University, 1996.

[86] Bhatti U I, Ochieng W Y. Failure modes and models for integrated GPS/INS systems [J]. Journal of Navigation, 2007, 60 (2): 327-348.

[87] Ilcev D. Development and characteristics of african satellite augmentation system (ASAS) network [J]. Telecommunication Systems, 2011: 1-17.

[88] Icao Navigation Systems Panel (NSP) A. International standards and recommended practices, aeronautical telecommunications (annex 10 to the convention on international civil aviation), volume I (radio navigation aids), sixth edition [R]. 2006.

[89] Ober P B. Integrity Prediction and Monitoring of Navigation Systems [D]. Leiden, Netherlands, TU Delft, 2003.

[90] CSNO Last update: (Access: 2013). www. beidou. gov. cn.

[91] Kaplan E P. GPS原理与应用 [M].寇艳红,译. 2版.北京:电子工业出版社,2007.

[92] 欧吉坤.相关观测情况的可靠性研究[J].测绘学报,1999,28(3):6.

[93] Feng S. Integrity Monitoring for GNSS, Presentation in Shanghai Jiao Tong University [R]. 2012.

[94] 金德琨,敬忠良,王国庆,等.民用飞机航空电子系统[M].上海:上海交通大学出版社,2011.

[95] (RNPSORSG) I R S O R S G. Performance Based Navigation Manual, Volume I (Concept and Implementation Guidance) Working Draft 5. 1 - Final [R]. 2007.

[96] 王党卫.基于性能导航(PBN)技术研究[J].现代导航,2013(1):5-10.

[97] 中国民用航空局.中国民航基于性能的导航实施路线图[R]. 2009.

[98] Hewitson S. Quality Control for Integrated GNSS and Inertial Navigation Systems [D]. Kensington: The University of New South Wales, 2006.

[99] Hewitson S. GNSS receiver autonomous integrity monitoring: A separability analysis [C]// Proceedings of the 16th International Technical Meeting of the Satellite Division of The Institute of Navigation (ION GPS/GNSS 2003), Portland, OR 2003: 1502-1509.

[100] 《数学辞海》编辑委员会.数学辞海(第五卷)[M].山西:中国科学技术出版社、东南大学出版社、

山西教育出版社,2002.

[101] Hewitson S, Lee H K, Wang J L. Localizability analysis for GPS/Galileo receiver autonomous integrity monitoring [J]. Journal of Navigation, 2004, 57 (2): 245 - 259.

[102] DOD. Global Positioning System Standard Positioning Service Performance Standard [S]. 4th ed. 2008.

[103] Teunissen P J G. Quality control in integrated navigation systems [J]. IEEE Aerospace and Electronic Systems Magazine, 1990, 5 (7): 35 - 41.

[104] 中国卫星导航系统管理办公室.北斗卫星导航系统发展报告(1.0 版)[S].2011.

[105] CSNO. Report on the Development of BeiDou (Compass) Navigation Satellite System (v1.0) [R]. Beijing, China: China Satellite Navigation Office, 2011.

[106] Kogure S. QZSS: The japanese quasi-zenith satellite system — program updates and current status [C]//ION GNSS 2011, Portland, Oregon: 2011: 913 - 945.

[107] JAXA. Quasi-zenith satellite system navigation service interface specification for QZSS (IS-QZSS) v1.4 [R]. Japan Aerospace Exploration Agency, 2012.

[108] Rao V G, Lachapelle G, Kumar S B V, et al. Analysis of irnss over indian subcontinent [C]//ION ITM 2011, Washington: Inst Navigation, 2011: 1150 - 1162.

[109] Neelakantan N. Overview of indian satellite navigation programme [C]//Fifth Meeting of the International Committee on Global Navigation Satellite Systems (ICG), Turin, Italy: Indian Space research Organization, 2010.

[110] Su X L, Zhan X, Niu M, et al. Receiver autonomous integrity monitoring availability and fault detection capability comparison between BeiDou and GPS [J]. Journal of shanghai Jiaotong University (Science), 2014, 19 (3): 313 - 324.

[111] Su X L, Du G, Zhan X, et al. A composite integrity evaluation method of global navigation satellite systems [J]. Defence Science Journal, 2013.

[112] Su X L, Zhan X, Niu M, et al. Performance comparison for combined navigation satellite systems in asia-pacific region [J]. Journal of Aeronautics Astronautics and Aviation, Series A, 2012, 44 (4): 249 - 258.

[113] JAXA. Multi-GNSS demonstration campaign [EB/OL]. Last update: (Access: 2012 - 06 - 18). http://www.multignss.asia/campaign.html.

[114] 彭启琮,邵怀宗,李明奇.信号分析导论[M].北京:高等教育出版社,2010:396.

[115] (美)香农,通信的数学理论[M].沈永朝,译.上海:上海市科学技术编译馆,1965.

[116] (美)维纳,控制论(或关于在动物和机器中控制和通信的科学)[M].郝季仁,译.2 版.北京:科学出版社,1985.

[117] Mitelman A M. Signal Quality Monitoring for GPS Augmentation Systems [D]. Stanford: Stanford University, 2005.

[118] Hegarty C J, Ross J T. Initial results on nominal GPS L5 signal quality [C]//Proceedings of the 23rd International Technical Meeting of The Satellite Division of the Institute of Navigation (ION GNSS 2010), Portland, OR 2010: 935 - 942.

[119] 苏先礼.语音去混响研究[D].成都：四川大学,2006.

[120] 焦文海,丁群,李建文,等. GNSS开放服务的监测评估[J].中国科学：物理学力学天文学,2011(5)：521－527.

[121] 王康,高远航.使用星座图监测数字信号的系统质量[J].中国有线电视,2008(11)：1146－1148.

[122] 温怀疆. HFC网络中数字信号的测量及星座图分析[J].现代电视技术,2005(4)：146－150.

[123] Niu M, Zhan X, Liu L, et al. A class of slce-based spreading codes for GNSS use [J]. IEEE Transactions on Aerospace and Electronic Systems, 2013, 49 (1): 698－702.

[124] DOT, FAA. Specification: Performance Type One Local Area Augmentation System Ground Facility [S]. 1999.

[125] Mitelman A M, Phelts R E, Akos D M, et al. A real-time signal quality monitor for GPS augmentation systems [C]//Proceedings of the 13th International Technical Meeting of the Satellite Division of The Institute of Navigation (ION GPS 2000), Salt Lake City, UT 2000: 862－871.

[126] 杨志群.一种基于多相关器处理算法的卫星导航信号质量监测实现技术[C]//CSNC2010,第一届中国卫星导航学术年会,北京：2010.

[127] 金国平,王梦丽,范建军,等.卫星导航信号质量监测系统的现状及设计思路[J].桂林电子科技大学学报,2012(5)：358－363.

[128] 卢晓春,周鸿伟. GNSS空间信号质量分析方法研究[J].中国科学：物理学 力学 天文学,2010,40(5)：528－533.

[129] 成芳,卢晓春,王雪.卫星信号码/载波相位一致性对定位精度影响分析[C]//CSNC2010,第一届中国卫星导航学术年会,北京：2010.

[130] CSNO. Monitoring and assessment parameters for GNSS (draft) [EB/OL]. Last update: September, 2012, (Access: 2012 - 11 - 07). http://www.beidou.gov.cn/2012/11/07/20121107d74954ae09a543d983a0fbc9ab85414b.html.

[131] Betz J W, Shnidman N R. Receiver processing losses with bandlimiting and one-bit sampling [C]//Proceedings of the 20th International Technical Meeting of the Satellite Division of The Institute of Navigation (ION GNSS 2007), Fort Worth Convention Center, Fort Worth, TX 2007: 1244－1256.

[132] Betz J W. Bandlimiting, sampling, and quantization for modernized spreading modulations in white noise [C]//Proceedings of the 2008 National Technical Meeting of The Institute of Navigation, The Catamaran Resort Hotel, San Diego, CA 2008: 980－991.

[133] Hegarty C J. Analytical model for GNSS receiver implementation losses [C]//Proceedings of the 22nd International Technical Meeting of The Satellite Division of the Institute of Navigation (ION GNSS 2009), Savannah International Convention Center, Savannah, GA 2009: 3165－3178.

[134] Pratt A R, Avila-Rodriguez J A. Time and amplitude quantisation losses in GNSS receivers [C]//Proceedings of the 22nd International Technical Meeting of The Satellite Division of the Institute of Navigation (ION GNSS 2009), Savannah International Convention Center, Savannah, GA 2009: 3179－3197.

[135] 150-foot (45.7 meters) Stanford dish (parabolic reflector dish antenna) [EB/OL]. Last update: (Access: 2016-03-15). http://www.stanford.edu/~siegelr/dish/dish.html.

[136] Rooney E, Gatti G, Malik M, et al. GIOVE-B chilbolton in-orbit test: Initial results from the second Galileo satellite [J]. Inside GNSS, September/October 2008, 2008: 30-35.

[137] Tiberius C, Boon F, Marel H V D, et al. Galileo down to a millimeter: Analyzing the GIOVE-A/B double difference [J]. Inside GNSS, September/October 2008, 2008: 40-44.

[138] System for acquisition and analysis of GIOVE-B navigation signals at in-orbit test station, chilbolton, uk [EB/OL]. Last update: (Access: 2016-03-15). http://www.stfc.ac.uk/Chilbolton/About+us/24844.aspx.

[139] Dlr's 30 m parabolic antenna at weilheim [EB/OL]. Last update: (Access: 2016-03-15). http://www.dlr.de/en/desktopdefault.aspx/tabid-5105/8598_read-16927/.

[140] Lo S, Chen A, Enge P, et al. GNSS album: Images and spectral signatures of the new GNSS signals [J]. Inside GNSS, May/June 2006, 2006: 46-56.

[141] Issler J L, Ries L, Lestarquit L, et al. Spectral measurements of GNSS satellite signals need for wide transmitted bands [C]//Proceedings of the 16th International Technical Meeting of the Satellite Division of The Institute of Navigation (ION GPS/GNSS 2003), Portland, OR 2003: 445-460.

[142] Grelier T, Ghion A, Dantepal J, et al. Compass signal structure and first measurements [C]//Proceedings of the 20th International Technical Meeting of the Satellite Division of The Institute of Navigation (ION GNSS 2007), Fort Worth, TX, United states, 2007: 3015-3024.

[143] Noise temperature, noise figure and noise factor [EB/OL]. Last update: (Access: 2013) http://www.satsig.net/noise.htm.

[144] 战兴群,荆帅,苏先礼,等. 伺服天线自动跟踪中轨导航卫星的方法及系统[P]. 201310245605.9,2013.

[145] 林昌禄. 天线工程手册[M]. 北京:电子工业出版社,2002.

[146] De Lorenzo D, Lo S, Enge P, et al. Calibrating adaptive antenna arrays for high-integrity GPS [J]. GPS Solutions, 2011: 1-10.

[147] 计国,徐永霞,白旭平. 不同载噪比条件下误码性能测试分析[J]. 兵工自动化,2009,28(12):46-48.

[148] 黄劲松,刘峻宁,刘成宝,等. GPS 信号载噪比研究[J]. 武汉大学学报(信息科学版),2007,32(5):427-430,434.

[149] Walter T, Enge P, Blanch J, et al. Worldwide vertical guidance of aircraft based on modernized GPS and new integrity augmentations [J]. Proceedings of the IEEE, 2008, 96 (12): 1918-1935.

[150] Kirkko-Jaakkola M, Traugott J, Odijk D, et al. A RAIM approach to GNSS outlier and cycle slip detection using L1 carrier phase time-differences [C]//Signal Processing Systems, 2009. IEEE Workshop on, 2009: 273-278.

[151] 维基百科 [EB/OL]. Last update: (Access: 2013). http://zh.wikipedia.org/wiki/Wikipedia.

[152] 王永德，王军. 随机信号分析基础[M]. 2版. 北京：电子工业出版社，2003：252.

[153] Brown R G, Mcburney P W. Self-contained GPS integrity check using maximum solution separation [J]. Navigation, 21-25 Sept. 1987, 1988, 35 (1): 41-54.

[154] Pervan B S, Pullen S P, Christie J R. A multiple hypothesis approach to satellite navigation integrity [J]. Journal of the Institute of Navigation, 1998, 45 (1): 61-71.

[155] Blanch J, Ene A, Walter T, et al. An optimized multiple hypothesis raim algorithm for vertical guidance [C]//Fort Worth, TX, United states: Curran Associates Inc., 2007: 2924-2933.

[156] 王莉. 基于转导推理思想的一致性预测器[D]. 青岛：中国海洋大学，2011.

[157] Fischler M A, Bolles R C. Random sample consensus: A paradigm for model fitting with applications to image analysis and automated cartography [J]. Communications of the ACM, 1981, 24 (6): 381-395.

[158] 吴福朝. 计算机视觉中的数学方法[M]. 北京：科学出版社，2008.

[159] Schroth G, Ene A, Blanch J, et al. Failure detection and exclusion via range consensus [C]// European Navigation Conference (ENC GNSS 2008), Toulouse, France: 2008.

[160] 李益永，杨庆之. 广义逆矩阵几种算法的复杂度比较[J]. 南开大学学报(自然科学版)，2012(5)：7-13.

[161] Tanikawara M, Kubo Y, Sugimoto S. Modeling of sensor error equations for GPS/INS hybrid systems [C]//Kyoto, Japan: Institute of Systems, Control and Information Engineers, 2009: 91-96.

[162] 秦永元，张洪钺，汪叔华. 卡尔曼滤波与组合导航原理[M]. 西安：西北工业大学出版社，1998：344.

[163] 王立端. 星载GNSS/INS超紧组合技术研究[D]. 上海：上海交通大学，2010.

[164] 叶萍. MEMS IMU/GNSS超紧组合导航技术研究[D]. 上海：上海交通大学，2011.

[165] Nikiforov I. Integrity monitoring for multi-sensor integrated navigation systems [C]//Proceedings of the 15th International Technical Meeting of the Satellite Division of The Institute of Navigation (ION GPS 2002), Oregon Convention Center, Portland, OR 2002: 579-590.

[166] Brenner M. Integrated GPS/inertial fault detection availability [J]. Proceedings of IOIV GPS-95 — the 8th International Technical Meeting of the Satellite Division of the Institute of Navigation, Pts 1 and 2, 1995: 1949-1958.

[167] Young R S Y, Mcgraw G A. Fault detection and exclusion using normalized solution separation and residual monitoring methods [J]. Navigation, 2003, 50 (3): 151-170.

[168] Call C, Ibis M, Mcdonald J, et al. Performance of honey well's inertial/GPS hybrid (high) for RNP operations [C]//2006 IEEE/ION Position, Location, and Navigation Symposium San Diego, CA, United states: Institute of Electrical and Electronics Engineers Inc., 2006: 244-255.

[169] Lee Y C, O'Laughlin D G. A performance analysis of a tightly coupled GPS/inertial system for two integrity monitoring methods [C]//Proceedings of the 12th International Technical Meeting of the Satellite Division of The Institute of Navigation (ION GPS 1999), Nashville, TN

Published in Navigation，1999：1187 - 1200.

[170] Diesel J，Dunn G. GPS/IRS AIME：Certification for sole means and solution to RF interference [C]//Proceedings of the 9th International Technical Meeting of the Satellite Division of The Institute of Navigation (ION GPS 1996)，Kansas City，MO：1996：1599 - 1606.

[171] Bhatti U，Ochieng W. Detecting multiple failures in GPS/INS integrated system：A novel architecture for integrity monitoring [J]. Journal of Global Positioning Systems，2009，8 (1)：26 - 42.

[172] Hewitson S，Wang J. GNSS receiver autonomous integrity monitoring with a dynamic model [J]. The Journal of Navigation，2007，60 (2)：247 - 263.

[173] Hewitson S，Wang J L. Extended receiver autonomous integrity monitoring (ERAIM) for GNSS/INS integration [J]. Journal of Surveying Engineering-Asce，2010，136 (1)：13 - 22.

[174] Liu H，Ye W，Wang H. Integrity monitoring using eraim for GNSS/inertial system [J]. Aircraft Engineering and Aerospace Technology，2012，84 (5)：287 - 292.

[175] Haiying L，Gang Z，Huinan W，et al. Research on integrity monitoring for integrated GNSS/SINS system [C]//Information and Automation (ICIA)，2010 IEEE International Conference on，2010：1990 - 1995.

[176] 李靖宇.组合导航系统完好性技术研究[D].南京：南京航空航天大学，2009.

[177] Qin F，Zhan X，Su X L，et al. Detection and mitigation of interference on an ultra-tight integration system based on integrity monitoring [C]//26th International Technical Meeting of the Satellite Division of the Institute of Navigation (ION GNSS 2013)，Nashville Convention Center，Nashville，Tennessee：Institute of Navigation，2013：2102 - 2113.

[178] 秦峰.基于矢量跟踪的高动态载体超紧组合导航技术研究[D].上海：上海交通大学，2014.

[179] 苏先礼.GNSS 完好性监测体系及辅助性能增强技术研究[D].上海：上海交通大学，2013.

[180] 战兴群，秦峰，苏先礼.捷联惯性/卫星组合导航检测系统及其仿真测试方法[P].中国，201310210188.8，2013.

[181] Su X L，Z han X，Q in F，et al. Integrity performance analysis of integrated GNSS/INS navigation system [C]//Proceedings of the 26rd International Technical Meeting of The Satellite Division of the Institute of Navigation (ION GNSS＋ 2013)，Nashville Convention Center，Nashville，Tennessee：2013；348 - 360.

[182] 黄国荣，彭兴钊，郭创，等.基于层次滤波器结构的卫星故障检测隔离[J].电光与控制，2012，19(4)：64 - 67，75.

[183] 李晓东，赵修斌，庞春雷，等.PBN 概念下的 GNSS/SINS 组合导航完好性算法[J].电光与控制，2013，20(1)：44 - 48.

[184] 杜军，彭兴钊，黄国荣.一种惯性辅助 GPS 接收机的完好性增强算法[J].导弹与航天运载技术，2013(2)：55 - 59.

[185] 吴有龙，王晓鸣，杨玲，等.GNSS/INS 紧组合导航系统自主完好性监测分析[J].测绘学报，2014(8)：786 - 795.

[186] 孙淑光.多传感器组合导航系统性能评估[J].计算机工程，2011，37(3)：269 - 271，274.

[187] Bhatti U I, Ochieng W Y, Feng S J. Integrity of an integrated GPS/INS system in the presence of slowly growing errors. Part Ⅱ: Analysis [J]. GPS Solutions, 2007, 11 (3): 183 - 192.

[188] Gleason S, Gebre-Egziabher D. GNSS Applications and Methods [M]. Artech House Publishers, 2009.

[189] Cohen C E. Attitude Determination Using GPS: Development of an All Solid State Guidance, Navigation, and Control Sensor for Air and Space Vehicles Based on the Global Positioning System [D]. Stanford: Stanford University, 1993.

[190] 刘若普. GPS 三维姿态测量技术研究[D]. 上海: 上海交通大学, 2008.

[191] 靳文瑞. 基于 GNSS 的多传感器融合实时姿态测量技术研究[D]. 上海: 上海交通大学, 2009.

[192] 王博雄. 船用 GPS 平台罗经系统研究与开发[D]. 上海: 上海交通大学, 2009.

[193] Cohen C E. Attitude Determination, from: Global Positioning System: Theory and Applications (Volume Two) [M]. Washington, D. C.: AIAA (American Institute of Astronautics and Aeronautics), 1996.

[194] Ober P B. Raim performance: How algorithms differ [C]//The proceedings of the 11th International Technical Meeting of The Satellite Division of The Institute of Navigation (ION GPS - 98), Nashville, Tennessee: The Institute of Navigation, 1998.

[195] Alban S. Design and performance of a robust GPS/INS attitude system for automobile applications [D]. Palo Alto: Stanford University, 2004.

[196] 苏先礼, 战兴群, 张炎华. GNSS 姿态测量系统自主完好性监测的告警限值研究[C]//第二届中国卫星导航学术年会(CSNC2011), 上海, 2011: 591.

[197] Su X L, Zhan X, Zhang Y. Receiver autonomous integrity monitoring for attitude determination based on GNSS [C]//2010 International Symposium on GPS/GNSS, Taipei, Taiwan.: 2010: 166 - 171.

[198] Oehler V, Trautenberg H L, Krueger J M, et al. Galileo system design & performance [C]// ION GNSS 2006, Fort Worth, Texas, USA, 2006: 12.

[199] Gratton L, Joerger M, Pervan B. Carrier phase relative RAIM algorithms and protection level derivation [C]//Proceedings of the 2009 International Technical Meeting of The Institute of Navigation, Anaheim, CA, United states: The Institute of Navigation, 2010: 256 - 264.

[200] Wang H. Principles and Applications of GPS Navigation [M]. Beijing: Science Publishers, 2003.

[201] Hwang P Y. System and method for high-integrity detection and correction of cycle slip in a carrier phase-related system [P]. US 6166683, Dec 26, 2000.

[202] Hofmann-Wellenhof B, Lichtenegger H, Wasle E. GNSS — Global Navigation Satellite Systems: GPS, GLONASS, Galileo, and More [M]. Berlin: Springer, 2008.

[203] THEVERGE. COM. Lockheed testing prototype of improved GPS satellite set for 2014 launch [EB/OL]. Last update: (Access: 2011 - 12 - 15). http://www.theverge.com/2011/12/15/2636696.

[204] GLOBALSECURITY. ORG. GPS III/GPS block III [EB/OL]. Last update: (Access: 2011 -

12 -16). www. globalsecurity. org/space/systems/gps_3. htm.

[205] INSIDE-GNSS-NEWS. First GPS III launch delayed by up to a year, ocx by two years [EB/OL]. Last update: (Access: 2012 - 5 - 18). http://www. insidegnss. com/node/3054.

[206] ICAO. Development Status and Prospects of the Russian Global Navigation Satellite System (GLONASS) [R]. 2010.

[207] RFSA. The GLONASS constellation has reached the number of 24 operating spacecrafts. [EB/OL]. Last update: (Access: 2011 - 09 - 08). http://www. glonass-ianc. rsa. ru/en/content/news/? ELEMENT_ID=211.

[208] INSIDE-GNSS-NEWS. Russia to put 8 CDMA signals on 4 GLONASS frequencies [EB/OL]. Last update: (Access: 2010 - 02 - 17). http://www. insidegnss. com/node/1997.

[209] GPSWORLD. First GLONASS-k satellite now transmitting signals, GLONASS-m launch prepped [EB/OL]. Last update: (Access: 2011 - 10 - 31). http://navigatie. ro/first-glonass-k-satellite-now-transmitting-signals-glonass-m-launch-prepped.

[210] CSNO, CHINA-SATELLITE-NAVIGATION-OFFICE. Ten BeiDou (COMPASS) navigation satellites have been lunched by the people's republic of china up to dec 2, 2011 [EB/OL]. Last update: (Access: 2011 - 12 - 12). www. beidou. gov. cn.

[211] 范本尧. 导航卫星技术及其发展趋势[R]. 2010.

[212] ESA. Galileo Fact Sheet [R]. 2011.

[213] ESA. Fact Sheet: Galileo In-Orbit Validation [R]. 2011.

[214] THALESGROUP. COM. Galileo satellites successfully launched [EB/OL]. Last update: (Access: 2011 - 10 - 21). http://www. thalesgroup. com/Press_Releases/Markets/Space/2011.

[215] INSIDE-GNSS-NEWS. Second set of Galileo IOV navigation satellites take off successfully [EB/OL]. Last update: (Access: 2012 - 10 - 12). http://www. insidegnss. com/node/3240.

[216] FLIGHTGLOBAL. COM. Galileo passes in-orbit signal test [EB/OL]. Last update: (Access: 2012 - 04 - 10). http://www. flightglobal. com/news/articles/galileo-passes-in-orbit-signal-test-370313/.

[217] INSIDE- GNSS-NEWS. Japanese cabinet outlines plans for procurement of QZSS ground segment, operations [EB/OL]. Last update: (Access: 2012 - 09 - 21). http://www. insidegnss. com/node/3226.

[218] INABA N, NODA H, KURODA T, etc. QZSS system design and initial performance verification [C]//ION NTM 2011, Washington: Inst Navigation, 2011: 1109 - 1117.

[219] Langley R B. The almanac: Orbit data and resources on active GNSS satellites [J]. GPS World, 2011, 22 (12): 2.

[220] 曹冲. 国际卫星导航的发展与决策[J]. 数字通信世界, 2006(9): 31 - 33.

[221] INSIDE-GNSS-NEWS. Successful launch on may 21 for isro's gagan navigation satellite [EB/OL]. Last update: (Access: May 22, 2011) http://www. insidegnss. com/node/2610.

[222] INSIDE-GNSS-NEWS. India's second gagan payload heads into space [EB/OL]. Last update: (Access: 2012 - 09 - 28) http://www. insidegnss. com/node/3227.

[223] INSIDE-GNSS-NEWS. International committee on GNSS (ICG) opens up december meeting to exhibitors, sponsors, observers [EB/OL]. Last update: (Access: 2008 - 08 - 31). http://www.insidegnss.com/node/752.

[224] Fsue R. System of differential correction and monitoring (SDCM) [C]//ICG - 2008, 2008.

[225] Grewal M, Weill L, Andrews A. Global Positioning Systems, Inertial Navigation, and Integration [M]. 2nd ed. New Jersey: Wiley-Blackwell, 2007.

[226] NIGCOMSAT. Nigerian communications satellite [EB/OL]. Last update: (Access: 2012 - 06 - 05). http://nigcomsat.com/default.aspx.

[227] Alcantarilla I, Caro J, Cez N A, et al. MagicSBAS: A south-american SBAS — experiment with NTRIP data [J]. Springer Berlin Heidelberg, 2012,136: 973 - 984.

[228] 甘兴利. GPS局域增强系统的完善性监测技术研究[D]. 哈尔滨：哈尔滨工程大学,2008.

[229] U. S. Coast guard navigation center [EB/OL]. Last update: (Access: 2013) http://www.navcen.uscg.gov/.

[230] GDGPS. GDGPS: Global differential GPS (GDGPS) system [EB/OL]. Last update: (Access: 2012 - 05 - 05). http://www.gdgps.net.

[231] 朱衍波,张晓林,薛瑞,等. 民航GPS地基区域完好性监视系统设计与实现[J]. 北京航空航天大学学报,2006(7): 797 - 801.

[232] 徐桢,刘强. 卫星导航区域增强系统的应用与发展[C]//2007第三届中国智能交通年会论文集,2007.

缩略语

AAL	attitude angle alarm limit	姿态角告警限值
AAI	Airports Authority of India	印度机场管理局
ABAS	airborne based augmentation system	空基增强系统
ACF	autocorrelation function	自相关函数
AD	attitude determination	姿态测量
ADCC	Aviation Data Communication Corporation	民航数据通信公司
ADOP	attitude dilution of precision	姿态精度因子
AFSPC	Air Force Space Command	美国空军太空司令部
AGC	automatic gain control	自动增益控制
AIME	autonomous integrity monitoring extrapolation	自主完好性监测外推
AL	alert limit	告警限值
APV	approach with vertical guidance	垂直引导进近
ARAIM	absolute RAIM	绝对接收机自主完好性监测
ARAIM	advanced RAIM	高级接收机自主完好性监测
AT	angular threshold	角阈值
BDS	BeiDou navigation satellite system	北斗卫星导航系统
BPSK	binary phase shift keying	二相相移键控
BRAIM	baseband RAIM	基带域完好性
BSQ	bandlimiting, sampling, and quantizing	带限、采样和量化
C/A	coarse/acquisition code	C/A 码
CC	consistency check	一致性检测
CCF	cross correlation function	互相关函数
CCDR	cycle clip detection and repair	周跳的探测与修复
CDMA	code division multiple access	码分多址
CELP	coherent early-late processing	相干超前和滞后码跟踪环
CEP	circular error probability	圆概率误差
CL	correlation loss	相关损耗
CM	continuous method	连贯法
C/N0	carrier to noise ratio density	载噪比密度

CNES	Centre National d'Études Spatiales	法国国家空间研究中心
CNIR	carrier to noise plus interference ratio	载噪干比
CNR	carrier to noise ratio	载噪比
CORS	continuous operational reference system	持续运行参考系统
CP	carrier phase	载波相位
CRAIM	carrier phase-based RAIM	载波相位域完好性
CRD	capstone requirements document	顶端需求文档
CRP	cooperative real-time precise positioning	协同实时精密定位
CS	control segment	控制段
CS	commercial service	商业服务
CSNO	China Satellite Navigation Office	中国卫星导航系统管理办公室
DAIM	difference assistant GNSS integrity monitoring	差分辅助完好性监测
DD	double difference	双差
DLL	delay locked loop	延迟锁定环
DLR	German Aerospace Center	德国宇航中心
DOF	degrees of freedom	自由度
DORIS	Doppler orbitography and radio-positioning integrated by satellite	朵丽丝系统
DI	data integrity	数据完好性
DIA	detection, identification and adaptation	探测、诊断和调节
DS	Doppler shift	多普勒频移
EC	European Commission	欧盟委员会(执委会)、欧委会
ECEF	earth centered earth fixed coordinate system	地心地固坐标系
EGNOS	european geostationary navigation overlay service	欧洲地球同步卫星导航增强系统
EIRP	equivalent isotropic radiated power	等效全向辐射功率
ERAIM	extended RAIM	扩展 RAIM
ES	environment segment	环境段
ESA	European Space Agency	欧洲空间局(欧空局)
ESG	electrically suspended gyro	静电陀螺
FAA	Federal Aviation Administration	美国联邦航空管理局
FCC	Federal Communications Commission	美国联邦电信委员会
FD	failure detection	差错检测
FD	fault detection	故障检测
FDE	failure detection and exclusion	差错检测和排除
FE	fault exclusion	故障排除
FDMA	frequency division multiple access	频分多址
FLL	frequency lock loop	锁频环
FOC	full operational capability	全运行能力

FOG	fiber optic gyroscope	光纤陀螺
FR	fault remedy	故障修复
FRANSAC - RAIM	fast RANSAC - RAIM	快速随机抽样一致完好性监测算法
FRP 2010	2010 federal radionavigation plan	2010 年联邦无线导航计划
FSL	the first side-lobe level	第一旁瓣电平
GAARDIAN	GNSS availability, accuracy, reliability and integrity assessment for timing and navigation	GNSS 授时和导航的可用性、精度、可靠性和完好性评估系统
Galileo	Galileo satellite navigation system	伽利略卫星导航系统
GAGAN	GPS aided geo augmented navigation	GPS 辅助型静地轨道增强导航系统
GBAS	ground based augmentation system	地基增强系统
GDGPS	global differential GPS	全球差分 GPS
GEAS	GNSS Evolutionary Architecture Study	GNSS 发展架构研究小组
GEIM	GNSS embedded integrity monitoring	GNSS 内嵌完好性监测
GEO	geostationary earth orbit	地球静止轨道
GDOP	geometric dilution of precision	几何精度因子
GIC	Galileo integrity concept	Galileo 完好性设想
GIC	GNSS integrity chanel(GPS integrity chanel)	GNSS 完好性通道
GIC	ground integrity channel	地面完好性通道
GLONASS	global orbiting navigation satellite system	格洛纳斯航系统
GNSS	global navigation satellite system	全球卫星导航(导航卫星)系统
GPS	global positioning system	全球定位系统
GPTA - SQMS	GNSS steerable parabolic tracking antenna for signal quality monitoring system	GNSS 卫星抛物面伺服跟踪天线和信号质量监测系统
GPTAS	GNSS steerable parabolic tracking antenna system	GNSS 卫星抛物面伺服跟踪天线系统
GRIMS	ground-based regional integrity monitoring system	地基区域完好性监测系统
GSLCIM	global system level constellation integrity monitoring	全球系统级星座完好性监测
GSO	GEO synchronous orbit	地球同步轨道卫星
HAL	horizontal alert limit	水平告警限值
HMI	hazardously misleading information	危险误导信息
HPE	horizontal position error	水平位置误差
HPL	horizontal protection level	水平保护级别
HRE	horizontal radial error	水平径向误差
IA	integer ambiguity	整周模糊度
IAIM	INS assistant GNSS integrity monitoring	惯导辅助 GNSS 完好性监测
ICAA	integrity, continuity, accuracy and availability	导航四性(完好性、连续性、精度和可用性)
ICAO	International Civil Aviation Organization	国际民航组织

ICD	interface control document	接口控制文档
ICG	international committee on GNSS	GNSS 国际委员会
ICM	incremental comparison method	增量比较法
IDM	interference, detection & mitigation	干扰及其检测和消除
IF	information fusion	信息融合
iGMAS	international GNSS monitoring & assessment system	国际 GNSS 监测评估系统
IGSO	inclined geosynchronous satellite orbit	倾斜地球同步轨道
IJS	interference, jamming and spoofing	干扰/阻塞和欺骗
ILS	instrument landing system	仪表着陆系统
IMU	inertial measurement unit	惯性测量单元
INS	inertial navigation system	惯性导航系统
IOC	initial operating capability	初始运行能力
IOV	in-orbit validation	在轨验证
IP	inertial platform	惯性平台
IR	integrity risk	完好性风险
IRNSS	Indian regional navigation satellite system	印度区域卫星导航系统
ISRO	Indian Space Research Organization	印度空间局
ITU	International Telecommunication Union	国际电联
ITU-R	Radio Communication Sector of ITU	国际电联无线电通信部门
JAXA	Japan Aerospace Exploration Agency	日本宇航探索局
JPL	Jet Propulsion Laboratory	美国喷气推进实验室
KF	Kalman filtering	卡尔曼滤波
KVM	keyboard, video, mouse	键盘、显示和鼠标集中控制
LAAS	local area augmentation system	局域增强系统
LADS	local area differential system	局域差分系统
LALIIM	local augmentation level information integrity monitoring	区域增强级信息完好性监测
LGF-IM	LAAS ground facility integrity monitoring	LAAS 地面站设备的完好性监测
LGR	Delft Geodetic Computing Center	代尔夫特大地测量计算中心
LLA	longitude, latitude and altitude	经度、纬度和高程
LMAS	land, marine, aeronautic and space navigation	陆海空天(导航)
LNA	low noise amplifier	低噪声放大器
LOS	line of sight	视线方向
LOSP	line of sight propagation	视线方向传播(视距传播)
LPV	localized performance with vertical guidance	垂直引导航道性能
LPV-200	LPV (decision height of 200 feet)	200 英尺以下垂直引导航道性能
LS	least squares	最小二乘法
MA	masking angle	掩蔽角

MAI	minimal availability of integrity	最小完好性可用性
MAT	masking angle threshold	掩蔽角阈值
MDB	minimal detectable bias	最小检测偏差
MDE	minimal detectable effect	最小检测效果
MDEHR	minimal detectable effect holes ratio	最小检测效果黑洞比
MEMS	micro electro mechanical systems	微机械陀螺
MEO	medium earth orbit	中圆地球轨道
MHSS	multiple hypothesis solution separation	多假设解距离
MP	MarKov process	马尔可夫过程
MRAIM	measurement RAIM	量测域完好性
MSAS	MTSAT satellite-based augmentation systems	多功能运输卫星星基增强系统
MSB	minimal separable bias	最小可分离偏差
MSF	multi-sensor fusion	多传感器融合
MSS	maximum separation of solutions	解的最大距离法
MSS	multiple solutions separation	多解分离法
MTSAT	multi-functional transport satellite	多功能运输卫星系统
NASA	National Aeronautics and Space Administration	美国国家航空航天局
NDGPS	national differential global positioning system	美国国家范围差分 GPS
NELP	noncoherent early-late processing	非相干超前和滞后码跟踪环
NF	noise figure	噪声系数
NFD	no failure detection	没有进行差错检测
NICOMSAT	Nigerian communications satellite	尼日利亚通信卫星系统
NNSS	Navi Navigation Satellite System	美国海军卫星导航系统
NPA	non precision approach	非精密进近
NT	noise temperature	噪声温度
NVS	number of visible satellites	可见卫星数
OF	oblique factor	倾斜因子
OS	open service	公开服务
PA	precision approach	精密进近
PBN	performance based navigation	基于性能导航
PDD	presidential decision directive	总统决策指令
PDF	probability density function	概率密度函数
PFA	probability of false alarm	虚警率
PL	protection level	保护级别
PLL	phase locked loop	锁相环
PMD	probability of missed detection	漏检率
PML	peak main-lobe level	主瓣峰值电平
PNT	positioning, navigation and timing	定位,导航和授时

POFD	probability of failure detection	差错检测概率
POUF	probability of undetected failure	差错未能检出概率
PPP	precise point positioning	精密单点定位
PPS	precision positioning service	精密定位服务
PRAIM	pseudorange-based RAIM	伪距域完好性
PRN	pseudo random noise	伪随机噪声
PRS	public regulated service	公共特许服务
PS	parity space	奇偶空间
PSD	power spectral density	功率谱密度
PV	parity vector	奇偶矢量法
PVTA	position, velocity, timing and attitude	位置、速度、时间和姿态
PVTA-D	PVTA deviation	导航解算值(PVTA)误差
P(Y)	precision/encrypted code	P(Y)码
QC	quality control	质量控制
QPSK	quadrature phase shift keying	四相相移键控(正交相移键控)
QZSS	quasi-zenith satellite system	准天顶卫星系统
RADS	regional area differential system	区域差分系统
RAIM	receiver autonomous integrity monitoring	接收机自主完好性监测
RANSAC	random sample consensus	随机抽样一致算法
RANSAC-RAIM	random sample consensus-RAIM	随机抽样一致完好性监测算法
RDDF	RAIM direction distortion factor	RAIM 方向畸变因子
RF	radio frequency	射频
RFRAIM	radio frequency RAIM	射频域完好性
RD	range domain	伪距域
RLG	ring laser gyroscope	环形激光陀螺
RMS	root mean square	均方根
RNAV	area navigation	区域导航
RNP	required navigation performance	所需导航性能
RTCA	Radio Technical Commission for Aeronautics	美国航空无线电技术委员会
RRAIM	relative RAIM	相对 RAIM
RTK	real time kinematic	实时动态定位
RV	residuals vector	残差矢量
SA	seclective availability	选择可用性
SA	signal analysis	信号分析
SAIM	satellite autonomous integrity monitoring	卫星自主完好性监测
SAR	search and rescue	搜救
SBAS	satellite based augmentation system	星基增强系统

SD	single difference	单差
SD-1S2A	SD from one SV and two antennas	单星双天线单差
SD-2S1A	SD from two SVs and one antenna	双星单天线单差
SD-E	SD from different epochs	单星单天线双历元单差
SD-F	SD from different frequencies	单星单天线双频单差
SDCM	system of differential correction and monitoring	差分校正和监测系统
SEP	spherical error probability	球概率误差
SI	signal integrity	信号完好性(导航)
SI	signal integrity	信号完整性(集成电路)
SINS	strap-down inertial navigation system	捷联式惯性导航系统
SIS	signal in space	空间信号
SNIR	signal to noise plus interference power ratio	信号功率与噪声加干扰比
SNIR	signal to noise plus interference ratio	信噪干比
SNR	signal to noise ratio	信噪比
SoL	safety of life service	生命安全
SPS	standard positioning service	标准定位服务
SS	space segment	空间段
SQM	signal quality monitoring	信号质量监测
SRAIM	solution RAIM	解算域完好性
STAIM	space-time array assistant integrity monitoring	空时阵列辅助完好性监测
STK	satellite tool kit	卫星工具包
SVD	singular value decompostion	奇异值分解
TALUIM	terminal application level user integrity monitoring	终端应用级用户完好性监测
TD	triple difference	三差
TOA	time of arrival	到达时间
TTA	time to alert	告警时间
UAIM	user assistant integrity monitoring	用户辅助完好性监测
UAV	unmanned aerial vehicle	无人机
UC	urban canyon	城市峡谷
UCA	uniform circular array	均匀圆阵列
US	user segment	用户段
UTC	universal time coordinated	协调世界时
UERE	user equivalent range error	用户等效距离误差
UERET	user equivalent range error threshold	量测噪声阈值
URA	user range accuracy	用户伪距精度
URE	user range error	用户距离误差
USCG	United States coast guard	美国海岸警卫队
VAL	vertical alert limit	垂直告警限值

VCC	variance of correlation curve	相关曲线方差
VPE	vertical position error	垂直位置误差
VPL	vertical protection level	垂直保护级别
WAAS	wide area augmentation system	广域增强系统
WADS	wide area differential system	广域差分系统

附 录 A 卫星导航系统概况

卫星导航系统分为全球卫星导航系统、区域卫星导航系统和各种卫星导航增强系统三大类(本附录数据信息截止到2013年5月18日)。

A.1 全球卫星导航系统

联合国GNSS国际委员会(International Committee on GNSS,ICG)所确认的全球四个GNSS核心供应商分别为美国的全球定位系统、俄罗斯的格洛纳斯系统、中国的北斗卫星导航系统和欧盟的伽利略卫星导航系统。此外法国朵丽丝定轨和定位系统也属于GNSS全球系统。

A.1.1 全球定位系统

美国全球定位系统(Global Positioning System,GPS)是世界第一个应用最为广泛,也是最为成熟的卫星导航定位系统。1973年由美国陆海空三军联合开始研发的新一代空间卫星导航定位系统。其主要目的是为陆、海、空三大领域提供实时、全天候和全球性的导航服务,并用于情报收集、核爆监测和应急通信等一些军事目的,是美国独霸全球战略的重要组成部分。1991年海湾战争期间,刚刚试运行的GPS曾大展身手,那是GPS第一次广泛用于战争。1994年3月,全球覆盖率高达98%的24颗GPS卫星星座宣布完成。GPS系统由SS、CS和US三部分组成,实际上是指卫星星座、地面运营控制系统,以及用户设备。严格地说,还有一个ES,即环境增强段[10]。目前,GPS卫星星座由31颗MEO卫星组成,分布在距离地面约20 000 km的6个倾斜轨道面上。卫星发送测距信号和导航信息数据(导航电文),卫星信号的编码为CDMA方式,每颗卫星的信号频率和调制方式相同,不同卫星的信号靠不同的伪码区分。地面运营控制系统承担卫星星座的跟踪和维持任务,要求监测卫星的健康情况,信号的完好性,保持卫星的轨道配置。GPS监测站有5个,基本上沿赤道均匀分布,随着GPS现代化的实施,其监测站数目将增至20个左右。用户设备用于接收来自卫星星座信号,并计算出所需的位置、速度和时间信息。GPS 提供两种服务: SPS 和 PPS。SPS 服务规定 95%概率下平均定位精度为水平<13 m(实际可达7.1 m),垂直<22 m(实际可达 11.4 m),授时精度为 40 ns,测速精度 0.2 m/s[15]。

GPS 卫星已进行过多次换代和更新,从 Block Ⅰ,Block Ⅱ,Block ⅡA,Block ⅡR,Block ⅡR-M 和 Block ⅡF 到现在正在不断推进的"GPS 现代化"Block Ⅲ卫星。Block-ⅡR 以后的卫星能够自主导航或自动导航(autonav),即在卫星上自动预估星钟与星历参数,并生成导航信息。其星间链路测距功能提供一种与其星钟和星历参数比对的独立参考基准,从而提高 GPS 的完好性。GPS 由美国 GPS 联合计划办公室(GPS JPO)负责其现代化(GPS Ⅲ)工作。GPS Ⅲ提供另一种民用信号 L1C,也可能重新调整星座系统结构到三个轨道面,共 27～33 颗卫星。GPS Ⅲ将提高系统安全性、精度、可靠性和抗干扰能力,此外增强的完好性是欧洲 Galileo 产生的最大动力,同时也是 GPS Ⅲ的最明显特征[202]。首个 GPS 的 Block Ⅲ原型卫星已经于 2011 年末在洛克希德马丁公司位于科罗拉多的实验室里开始测试[203],并曾经宣称于 2014 年进行首次发射 BlockⅢ卫星[204]。其后美国空军太空司令部也宣称第一颗 GPS Ⅲ卫星推迟发射到 2015 年,GPS 运行控制系统 OCX 也推迟到 2015 年的一至两年后[205],但直至本书发行的 2016 年初,GPS Ⅲ卫星依然没有发射升空。GPS 官方声称在 2021 年将实现有 24 颗 BlockⅢ卫星在轨正常运行。

A.1.2 格洛纳斯系统

格洛纳斯系统①(global orbiting navigation satellite system,GLONASS)是由苏联(俄罗斯)国防部于 1976 年开始研发的全球卫星导航系统,也是继 GPS 之后第 2 个军民两用的全球卫星导航系统,从 1982 年开始不断补充导航卫星,至 1995 年全面建成并投入使用,并由俄罗斯航天局管理运营。GLONASS 的 SS 由 24 颗卫星构成,分布于 3 个轨道平面上,每个轨道面有 8 颗高度 19 000 km 的 R MEO 卫星,运行周期 11 小时 15 分,GLONASS-M 卫星重约 1 230 kg,GLONASS-K 卫星重约 850 kg[202]。GLONASS 的监测站有 4 个,位于俄罗斯境内,计划与印度合作维护 GLONASS 后,预计 GLONASS 监测站的数量将有所增加。GLONASS 采用频分多址体制,卫星靠频率不同来区分,每组频率的伪随机码相同。因而 GLONASS 可以防止整个卫星导航系统同时被敌方干扰,比 GPS 具有更强的抗干扰能力,但长期以来 GLONASS 病态运行,其单点定位精确度不及 GPS 系统,加之俄罗斯不够重视开发民用市场,GLONASS 的应用普及度还远不及 GPS。经 2004 年测定,GLONASS 民用信号 95%概率下平均定位精度为水平<28 m,垂直<60 m,测速精度 0.15 m/s,授时精度为 1 μs[202]。GLONASS 的目标是将普通用户导航、

① 格洛纳斯系统(global orbiting navigation satellite system,GLONASS)又称为全球轨道卫星导航系统,有的文献也直接称其为全球卫星导航系统(global navigation satellite system),本书采用前者。

定位、授时精度(95%)达到：水平方向<1.6 m,垂直方向<2.8 m,授时精度<5 ns。此外将建立轨道卫星冗余,使其能够确保对用户导航支持的可靠性[206]。

GLONASS在1998年12月星座布局达到了最低水平(11颗卫星)[206]。为了扭转这一局面,俄罗斯政府2001年拟定并启动了一项更新计划,以便恢复、发展和广泛应用GLONASS。2006年12月25日,俄罗斯用质子-K运载火箭发射了3颗GLONASS-M卫星,使GLONASS系统的卫星数量达到17颗。直到2011年11月8日3颗GLONASS-M卫星再次发射成功后,俄罗斯宣布GLONASS已经有24颗在轨工作卫星,已经100%覆盖地球表面[207],补网计划顺利完成。2007年发布俄罗斯总统令,推出GLONASS现代化计划,确定了为用户提供信号、组织工作、维护和使用GLONASS以及直到2020年的发展规划。GLONASS现代化主要内容包括：卫星性能提升及补网计划,卫星信号频率改进计划,时空参考系精化计划,广域、局域增强系统建设计划等。据俄罗斯航天设备工程研究所(Russian Institute of Space Device Engineering,RISDE)副总干事、GLONASS系统总设计师Grigoriy Stupak教授称,俄罗斯将要在四个GLONASS频率上引入八个CDMA信号,包括从在具有GPS(L5)信号和Galileo(E5a)信号的波段上的GPS/Galileo/BDS L1频率(中心频率1 575.42 MHz)和L5频率(中心频率1 176.45 MHz)播发的二进位偏置载频(即BOC 2.2)信号。CDMA信号还将在GLONASS L2频率(约1 242 MHz)上播发[208]。GLONASS的第一颗GLONASS-K1卫星(官方也称为GLONASS 701K卫星)于2011年2月26日发射,它在L3频段(1 205 MHz)调制了开放的CDMA信号,用于CDMA信号的测试。2011年10月31日,GLONASS-K1卫星已经开始发送L1和L2信号,可播发完好性数据和广域差分修正信息[209]。据俄罗斯航天局称,目前在轨的GLONASS卫星共29颗,其中24颗在运行中,3颗闲置,1颗在维护,还有1颗在测试飞行阶段。GLONASS系统需要至少18颗运行卫星,方可提供俄罗斯全国持续的导航服务,至少需要24颗卫星才能提供全球定位服务。2020年之前,俄罗斯计划在轨拥有30颗GLONASS-M卫星和新一代GLONASS-K卫星,其中的6颗用于备份[90]。

A.1.3 北斗卫星导航系统

北斗卫星导航系统(BeiDou navigation satellite system,BDS)简称北斗系统,是中国正在实施的自主发展、独立运行的全球卫星导航系统。BDS由三个部门共同建设、运行和应用管理：CSNO归口管理国家卫星导航领域有关工作;中国卫星导航定位应用管理中心负责BDS地面运行控制和系统使用管理等工作;航天科技集团公司负责卫星和运载火箭的研制、生产等工作。BDS卫星是个特殊的混合轨道,可提供更多的可见卫星的数目,从而提供更高的导航精度,BDS除了GNSS的导航功能外,还提供了双向高精度授时(two-way timing)和短消息(short messages)通信功能,一次可传送多达120个汉字的信息。BDS是四大核心GNSS供应商中最有特色的一个卫星导航系统,也是第3个全球卫星导航系统。此前中国1983年设计,1994～2003年建成由3颗GEO卫星(1颗为备用)组成的北斗卫星导航试验系统(北斗一号,BeiDou navigation satellite demonstration system),从2004年开始启动中国特色的具有全球导航能力的北斗卫星导航正式系统(北斗二号),2007年发射第一颗MEO卫星,2009年后持续发射多颗GEO、MEO和IGSO卫星,在2012年BDS在亚太地区(55°E～180°E, 55°S～55°N)具备了IOC[210],当前(2013年5月)BDS-IOC系统由15颗卫星(GEO、MEO和IGSO各5颗,其中2颗IGSO在轨备份)构成。根据计划,北斗卫星导航系统将在2020年完成,届时将实现全球的卫星导航功能,达到全运行能力。届时空间星座部分将由5颗GEO(定点于58.75°E、80°E、110.5°E、140°E和160°E)、27颗MEO和3颗IGSO卫星组成,21 500 km高的MEO和均匀分布在3个卫星下点轨迹重合交汇于118°E的IGSO轨道倾角均为55°[105]。GEO卫星质量3 050 kg(其中有效载荷重350 kg),IGSO质量2 300 kg(其中有效载荷重247 kg);MEO质量2 160 kg(其中有效载荷重249 kg)[211]。

BDS在2007年11月建成由1个监测评估中心、1个数据分析中心和6个跟踪站(西安、上海、长春、昆明、乌鲁木齐和南极中山站)组成的BDS监测评估系统,每个跟踪站上配备北斗测量型接收机、高精度原子钟和计算机等设备。监测评估系统主要进行北斗导航卫星的精密轨道和卫星钟差计算,卫星钟性能评估,导航电文正确性、合理性检验,电离层模型参数精度评估等[120]。截止到2012年年底已经建成了包括数十个监测站在内的监测网络[90]。CSNO于2012年12月27日公布BDS的1.0版B1I空间信号接口控制文档[104, 105],介绍BDS提供的公开服务为用户提供10 m的平面和高程位置精度,0.2 m/s的速度精度和单向50 ns的授时精度[90]。BDS授权服务提供的更安全可靠的位置、速度、时间信息和通信服务以及完好性信息。2011年4月出台的《全国民用航空发展"十二五"规划》指出,要推广应用空管新技术,开展北斗系统完好性服务研究。"十二五"期间,中国民航所有飞机将从使用美国GPS系统逐步转到使用北斗卫星导航系统。

A.1.4 伽利略卫星导航系统

欧洲的伽利略卫星导航系统(Galileo satellite navigation system,Galileo)以天文学家伽利略的名字命名,是在法、德、意、英四国倡导下由欧盟委员会(European Commission, EC)和欧洲空间局(European Space Agency,ESA)在1999年合作启动,正在研制和建立的全球第4个能供民用的卫星导航定位系统。欧洲建造Galileo是为了在完全非军方控制和管理下提供高精度、高可靠性的全球定位与授时服务,总的来说是基于3个目的:一是政治因素,欧盟独立防务需要摆脱对GPS的依赖(美国保留限制和关闭GPS的权力);二是为民用航空等用户提供更高的精度和完好性;三是增强欧洲的挪威及瑞典等高纬度地区的导航能力。中国于2003年9月加入"伽利略计划",随后向其投资2.3亿欧元,此后以色列、乌克兰、印度、韩国、摩洛哥等国家也陆续加入其中。Galileo的全运行阶段星座将由 27 颗 Walker 27/3/1 配置的在轨运行和 3 颗热备份 MEO 组成[212]。每颗卫星重 675 kg，在轨寿命 12 年左右。按设计将分布在地球上空约 23 222 km 的三个中轨道面上，各轨道面相对于赤道面的倾角为 56°[213]。Galileo 有 30 个监测站，基本上在全球均匀分布，可实现对导航卫星的全弧段跟踪。Galileo CS 控制卫星星座，监测卫星健康状况，在全球范围内，产生导航任务的关键数据(如降临轨道确定、时钟同步)，确定导航信息并提供完好性信息(在告警时限内发出警告)，并上传这些导航数据在随后的广播中播发给用户。

Galileo 系统测试平台(Galileo system test bed, GSTB)阶段的两颗试验卫星 GIOVE - A 和 GIOVE - B，分别于 2005 年 12 月 28 日和 2008 年 4 月 27 日由俄罗斯"联盟- FG"火箭从哈萨克斯坦的拜科努尔基地成功发射，完成原型设计和试验。4 颗 Galileo 用于测试系统空间和相关 CS 的在轨验证(in-orbit validation, IOV)卫星，也分两批次分别于 2011 年 10 月 21 日[214]和 2012 年 10 月 12 日[215]成功发射。欧空局在 2013 年 3 月 12 日首次通过这 4 颗 Galileo 的 IOV 卫星在荷兰 Noordwijk 成功实现了精度 10～15 m 的定位，清华大学也于 2013 年 5 月 5 日凌晨在北京同样成功实现了 10 m 左右定位精度。Galileo 建设已取得阶段性重要成果。根据快速发射计划，到 2014 年年底 Galileo 将有 18 颗卫星在轨，2015 年年底将有 26 颗卫星在轨，基本实现全球覆盖。2019 年将建成包括 30 颗在轨卫星的完整星座[216]。卫星全部部署到位后，Galileo 的导航信号即便对纬度高达 75°乃至更高的地区也能提供良好的覆盖。由于卫星数量多，星座经过优化，加上有 3 颗热备份卫星可用，系统可保证在有一颗卫星失效的情况下不会对用户产生明显影响。

Galileo 提供独具特色的五种服务：1 164～1 214 MHz 及 1 563～1 591 MHz 双频上的开放服务提供水平 4 m 垂直 8 m 的精度(最高可达 1 m)，单频也可提供与 GPS 的 C/A 码相当的水平 15 m 垂直 35 m 精度。此外还有商业服务、公共特许服务(public regulated service)和生命安全服务(safety of life service)。Galileo 生命安全服务应用双频开放服务，通过提供一个适用于全球严格安全应用的完好性服务，以满足 ICAO 规定的 LPV 定义 200 英尺(约 60.96 m)以下的 LPV - 200 需求。

A.1.5 法国朵丽丝定轨和定位系统

朵丽丝系统(Doppler orbitography and radio-positioning integrated by satellite, DORIS)是"卫星多普勒定轨及无线测距综合系统"的简称。DORIS 是由 CNES 研制开发的民用全球精确卫星定轨和定位双用途系统。同样是基于多普勒效应原理，但与我们通常应用的 GNSS 由卫星发送导航测距信号相反，DORIS 是由地面信标播发站在 2 036.25 MHz 和 401.25 MHz 两个频点向 DORIS 卫星播发无线电信标，星载 DORIS 接收机接收测算双频多普勒频移，依此而实时解算出该颗卫星的在轨实时位置。DORIS 由 3 部分组成：全球约 60 个地面定轨信标站播发网、星载 DORIS 接收机和 DORIS 控制中心。DORIS 现在定轨精度为 1 cm，目前有很多地球观测卫星都安装了 DORIS 接收机。被精确定轨的 DORIS 卫星系统同样能为地面定轨信标站播发网之外的固定或运动非常缓慢的 DORIS 地面信标进行定位，因而在大地测量、地球物理、地球自转、大气科学等各个领域得到了很多应用：大陆漂移测量，地理变形监控（火山、地震、冰河等），地球自转和重力参量确定，国际参考系统形成等。

A.2 区域卫星导航系统

日本、印度两国为进一步满足本国导航定位需求，依托美国的 GPS 建设卫星导航增强系统的同时，分别研发自己的区域卫星导航系统。

A.2.1 日本的区域卫星导航系统

日本是为了满足飞行服务区和城市峡谷等信号易遮蔽区的用户对导航定位服务的需求，研制准天顶卫星系统（quasi-zenith satellite system，QZSS）和多功能运输卫星星基增强系统（MTSAT satellite-based augmentation systems，MSAS）。QZSS 主要是为日本城市和山区车载移动用户提供可见卫星几何分布较好的通信定位集成服务，整体性能上是对 MSAS 的一种提升。但也有多发射几颗卫星组建自己独立的卫星导航系统的设想，如 4QZS＋3GEO 的 QZSS 计划[106]。日本宇航探索局（Japan Aerospace Exploration Agency，JAXA）计划在 2018 年 3 月前完成在轨的 QZSS 卫星和地面系统的建设[217]。

1. *准天顶卫星系统*

准天顶卫星系统（QZSS）是 JAXA 和企业于 2006 年 3 月联合开始研发的兼具导航定位、移动通信和广播功能的区域卫星导航系统。目前 QZSS 系统还必须依赖 GPS 才能完成用户定位，但按照计划，未来完全有可能将其升级为独立的卫星导航系统。QZSS 旨在提高多山地区和城市峡谷地带繁多的日本上空空间卫星的几何分布，为美国 GPS 卫星提供“辅助增强”功能，确保信号遮蔽地区车载用户提供综合的通信和导航服务，也可为用户提供较好的空间卫星几何和差分改正服务。服务只覆盖于东亚和大洋洲区域。目前的计划是将民用信号的精度从 10 m 级别提升一个数量级，控制在 1 m 以内。QZSS 的 SS 设计由 3 颗 IGSO 卫星组成，3 颗卫星分置于相间 120°的三个轨道面上，轨道周期为 23 小时 56 分钟，倾角 45°，偏心率 0.1，轨道高度为 31 500～40 000 km，每颗星在日本上空工作 8 小时，3 颗卫星轮换交替，从而保证在任何时刻至少有 1 颗接近日本上空的天顶。系统以高仰角服务和大椭圆非对称“8”字形地球同步轨道为其特征，服务于闹市区和中纬山区的通信与定位，QZSS 共发射 GPS L1、L2 和 L5 三个频段的卫星信号、1 个广域差分 GPS 增强信号 L1－SAIF 和一个实验性的 LEX 信号，LEX 信号用来在较短传输时间内传送高容量数据[107]。第一颗 QZSS 卫星 QZS－1(Michibiki)已于 2010 年 9 月 11 日成功发射[218]。QZS－1 的干重量约为 1 800 kg(全重约 4 100 kg)[106]。

2. 多功能运输卫星星基增强系统

多功能运输卫星星基增强系统①(MSAS)是多功能运输卫星系统(multi-functional transport satellite,MTSAT)的扩增系统,是由日本气象局和日本交通部于 1996 年开始实施的 GPS 星基增强系统,类似于美国的 WASS,用于 GPS 误差的纠正:当 GPS 有错误,GPS 的健康状况通过完好性功能发送,而差分修正功能提供测距误差修正数据。通过改装后的接收机,MSAS 可将服务范围内的水平和垂直精度提高到 1.5～2 m。MSAS 主要目的是为日本飞行区的飞机提供全程通信和导航服务。系统覆盖范围为日本所有飞行服务区,也可为亚太地区的机动用户播发气象数据信息。MSAS 的 SS 由 2 颗 GEO 组成,定点位置分别在 140°E(MTSAT－1R,1 780 kg)和 145°E(MTSAT 2,1 250 kg)。采用 Ku 波段和 L 波段两个频点。其中,Ku 波段频率主要用来播发高速的通信信息和气象数据。L 波段频率与 GPS 的 L1 频率相同,主要用于导航服务。如果需要的话,MSAS 也可以发射 PRN 信号[219]。MSAS 于 2007 年 9 月完成了地面系统与 2 颗 MTSAT 卫星的集成、卫星覆盖区测试以及 MTSAT 卫星位置的安全评估和操作评估测试(包括卫星信号功率测试、动静态定位测试和主控站备份切换测试等)。测试结果表明,MSAS 能够很好地提高日本偏远岛屿机场的导航服务性能,满足 ICAO 对 NPA 阶段和 APV－Ⅰ阶段的 HPE,VPE 以及相应的报警限值:HAL 和 VAL 的引导和导航,具备了试运行能力。

A.2.2 印度的区域卫星导航系统

印度正在建设独立自主的印度区域卫星导航系统(Indian regional navigational satellite system,IRNSS)和 GPS 辅助型静地轨道增强导航(GPS-aided geo-augmented navigation,GAGAN)。

1. 印度区域卫星导航系统

印度区域卫星导航系统(IRNSS)是由印度空间局(Indian Space Research Organization,ISRO)于 2006 年 5 月 9 日正式开始建设的区域卫星导航系统。IRNSS 有 17 个伪距和完好性监测站点,IRNSS 不仅提供 GPS 差分完好性信息(卫星钟差改正数、电离层误差改正数和相应的完好性信息),而且还提供 IRNSS 系统本身的导航定位信息和差分完好性信息,可以不依靠 GPS 为印度领土用户提供独立的导航定位服务。IRNSS 的 SS 由 7 颗卫星组成,每颗卫星大约重 1 330 kg,其中 3 颗 GEO 卫星分别定点于 34°E、83°E 和 132°E,4 颗倾角为 29°的 IGSO 卫星处于两个轨道面上,星下点轨迹呈两个"8"字形,交点经度分别为 55°E 和 111.5°E[109]。空间卫星采用 3 个波段作为载波:C 波段、S 波段(2 491.005 MHz)和

① 日本的多功能运输卫星星基增强系统(MSAS)和印度的 GPS 辅助型静地轨道增强导航系统(GAGAN)都属于 GNSS 星基增强系统(SBAS),但他们都与本国的区域卫星导航系统 QZSS 及 IRNSS 耦合紧密,为说明方便都放在区域卫星导航系统中进行介绍。

L波段(1 191.795 MHz)。其中,C波段频率(上行3 400~3 425 MHz,下行6 700~6 725 MHz)主要用于测控,S波段和L波段主要为用户提供导航定位服务。SPS和PPS信息调制在S波段和L波段的L5上,处于S波段(2~4 GHz)的导航信号由卫星上的相控阵天线发射,以确保实现设计中规定的覆盖区域和信号强度。政府特许用户服务信息仅调制在L5频率上。此外IRNSS还将提供对地监测、远程通信、信息传输、灾情评估和公共安全等服务。设计服务范围为40°E~140°E和40°S~40°N,可以为用户发播单频和双频信号,提供一个标准服务精度在20 m内的定位。卫星发射计划多次推迟,投资约2.39亿美元的IRNSS系统的首颗IRNSS卫星(IRNSS-1A)已于2013年7月1日成功发射,印度正式跻身于拥有导航系统的国家行列,印度计划2015年完成设计的7颗全星座[90]。事实上,2016年3月10日第六颗IRNSS-F卫星顺利升空,最后一颗卫星预计2016年4月发射。IRNSS也有发射更多卫星组成11颗卫星的星座计划[109]。

2. GPS辅助型静地轨道增强导航

GPS辅助型静地轨道增强导航系统(GAGAN)由ISRO和印度机场管理局(Airports Authority of India,AAI)联合组织开发。GAGAN是印度语“天”的意思。GAGAN将提供一个生命安全服务以满足ICAO在民航各个阶段对精度、完好性、连续性和可用性的需求。设计定位精度为3 m,计划于2014年投入运行。GAGAN的另一个目的是在印度区域示范利用天基扩增系统技术,印度政府想通过建造GAGAN系统获得经验,建立自主独立的印度区域卫星导航系统IRNSS。GAGAN系统是IRNSS的初期系统。空间星座由3颗GEO组成,它们分别定点于34°E、83°E和132°E。CS由设在印度本土的8个参考基准站、1个主控中心、1个上行站和通信链路组成[220]。GEO卫星采用C波段和L波段频率作为载波。其中,C波段主要用于测控,L波段频率完全同GPS的L1(1 575.42 MHz)和L5(1 176.45 MHz)频率,用于广播导航信息并可与GPS兼容和互操作。空间信号覆盖整个印度大陆,能为用户提供GPS信息和差分改正信息,用于改善印度机场和航空应用的GPS定位精度和可靠性,也属于GPS星基增强系统。GAGAN拟使用GSAT-4卫星作为实验,但2010年4月15日GSAT-4卫星发射失败,直到2011年5月21日和2012年9月29日GAGAN的先后将2颗GEO卫星GSAT-8[221]和GSAT-10[222]成功发射并分别定点于55°E和83°E轨道位置,随后展开实地测试和评估。GAGAN计划于2014年发射第3颗GEO卫星GSAT-15[1]。

A.3 卫星导航增强系统

A.3.1 GNSS星基增强系统

GNSS增强系统是指一种监测和增强GNSS服务性能的系统,它通过一定范围内的已知精确位置监测站得到轨道误差、钟差、电离层、对流层延迟等多种差错修正信息，通过一定的途径实时播发到 GNSS 用户，用于修正导航结果。因为很多差错信息与用户位置相关度大，所以 GNSS 增强系统的服务性能提升程度与监测站的分布息息相关。因此 GNSS 增强系统根据监测站范围分为 WAAS 和 LAAS，但常用的 LAAS 和 WAAS 特指 FAA 设计建造的 GPS 增强系统。根据播发修正信息的途径，GNSS 增强系统又分为 SBAS 和 GBAS。SBAS 和 GBAS 分别是通过空间额外的卫星和地面链路通道播发监测站得到的增强信息，通常 SBAS 属于 WAAS，GBAS 属于 LAAS。可见地面监测站是各种增强系统修正信息的源头(核心)，不管是 SBAS 还是 GBAS 都离不开地面监测站。图 A.1 标示了世界星基增强系统的分布情况，下面分别介绍。

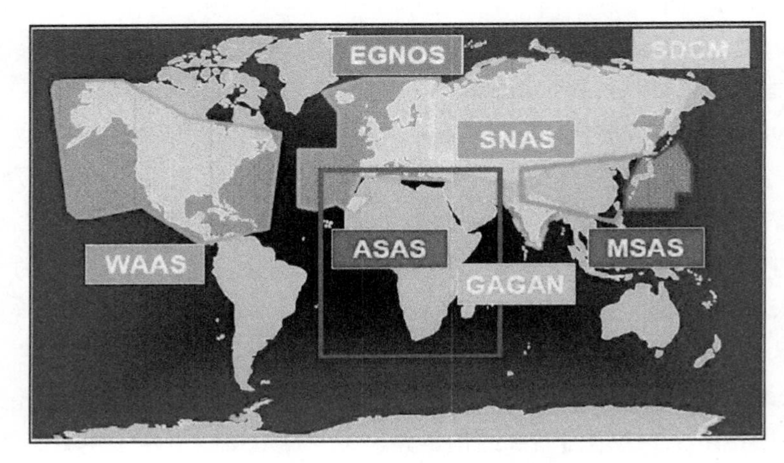

图 A.1　世界星基增强系统分布图

1. 美国广域增强系统

广域增强系统(WAAS)是由 FAA 从 1994 年开始研制的覆盖全美国的 GPS 增强系统，其目的是在广大范围内提高 GPS 的服务性能，主要为美国民用航空服务，现已扩展到整个北美洲地区，使 GPS 达到Ⅰ类(CAT -Ⅰ)精密进近的水平。WAAS 作为 GPS 的增强系统，在整个北美大陆满足额外的精度、完好性和可用性需求，以确保关注安全特别是航空领域的应用能够足够依赖 GPS。2003 年 7 月 10 日，WAAS 宣布投入试运行，达到了初始运行能力，现在 WAAS 的 SS 包括 3 颗 GEO 卫星及分布在加拿大、墨西哥、波多黎各和美国的 38 个广域基准站。3 颗 GEO 分别定点于 98°W(INMARSAT 4 - F3)、107.3°W(ANIK F1R)和 133°W(GALAXY 15)。广域基准站接收和处理 GPS 卫星和 GEO 卫星发射的数据并送至广域主站处理中心，处理和产生每颗在美国上空的卫星的完好性、差分校正量、剩余误差和电离层信息。由广域主站产生的差分改正(deviation correction，DC)信息送至地面地球站上传至 GEO 卫星。GEO 卫星在 L1 和 L5 频点用类似于 C/A 码的伪码和调制方式将这些数据广播至地球表面附近的用户，这样用户就能够通过得到的改正信息精确计算自己的位置。这种类似 GPS 的信号可以由简单的接收机处理，并不需要额外的设备，因而这种功能已经被广泛地运用到其他领域。标准服务的GPS信号定位精度一般是10～15 m，WAAS 增强后水平精度达到1.5 m，垂直精度为3 m(95%)。

2. 欧洲地球同步卫星导航增强系统

欧洲地球同步卫星导航增强系统(european geostationary navigation overlay service，EGNOS)又称为欧洲对地静止卫星导航重叠服务系统，是欧空局、欧盟和欧洲航空管制中心的合作计划，用于增强GNSS的精度，EGNOS于2005年7月开始提供服务，2006年初步建成，现由欧洲卫星服务运营公司(European Satellite Services Provider)负责相关事务。EGNOS原理上和WAAS是一样的，覆盖区域则是整个欧洲，而且EGNOS整合了美国的GPS和俄罗斯的GLONASS两套全球定位系统信号，并加以修正。EGNOS现在包含分布在全欧洲的40多个地面站组成监测网络，其中34个伪距和完好性监测站(ranging and integrity monitoring stations，RIMS)用于接收导航卫星信号，4个任务控制中心(mission control centers，MCC)用于处理各个监测站的信号并生成差分修正信息，6个导航陆基地面站(navigation land earth stations，NLES)上传MCC差分修正信息注入到3颗GEO卫星，以便转发到用户。EGNOS现有3颗GEO卫星在轨运行，分别定点于15.5°W(INMARSAT 3-F2)、21.5°E(ARTEMIS)和64.5°E(INMARSAT 3-F1)。EGNOS水平方向精度7 m，在信号质量很好的情况下，EGNOS系统定位精度达到小于2 m，可靠性达到99%。

3. 俄罗斯广域差分修正与监控系统

规划中的俄罗斯差分校正和监测系统(system of differential correction and monitoring，SDCM)[206]目的是确定GLONASS和其他GNSS系统的修正信息(完整性数据、广域和局域校正数据)并向民用用户进行实时传输，以提高俄罗斯区域用户的导航精确度及可靠性。SDCM自2002年开始设计开发，2011年12月11日发射了一颗GEO卫星定点于58°E(LUCH 5A)，另有19个参考站(包括自2010年起在南极部署的一个监测站)和1个数据处理中心，覆盖俄罗斯及周边国家区域[223]。SDCM将使区域内用户达到高可靠的水平1.0～1.5 m，垂直2.0～3.0 m的实时定位精度，相对定位精度达到厘米级[224]。

4. 中国卫星导航增强系统

中国卫星导航增强系统(satellite navigation augmentation system，SNAS)在国内外很少见到报道，但第一阶段至少已经有11个参考站已经在北京和周边安装完毕并仍在进一步扩展之中，第二阶段使用的Novatel接收机也已经交付[225]。北京北斗星通导航技术股份有限公司在其公司简介中也指出曾经连续三次签订SNAS参考站设备(WAAS和Mini-WAAS接收站)。增强系统是GNSS有益的补充，我国也确实应当建设独立自主的卫星导航增强系统，包括国内外分布更加广泛的监测站点，同时加强国际GNSS监测资源数据共享，以提高GNSS在中国区域的服务性能。

5. 非洲卫星增强系统

非洲卫星增强系统(African satellite augmentation system，ASAS)是在非洲大陆和中东地区GNSS星基增强系统。主要用于提高这些地区GNSS的完好性、连续性、精度和可用性，以使非洲和中东地区的 GNSS 服务更好地满足航空精密进近和非精密进近以及沿海水域及港口的船舶航行等的服务性能需求。ASAS 制定了一个 3 阶段发展计划，2011 年开始的第 1 阶段着手建设 44 个地面监测站、5 个地面控制站、5 个地面上传站，并最少租赁 3 颗 GEO 卫星，有限的覆盖区域内实现航空 CAT -Ⅰ类精密进近；到 2015 年第 2 阶段结束时地面监测站扩展到 55 个，并尽可能发射 ASAS 自己的 GEO 卫星，实现航空 CAT -Ⅱ/Ⅲ的精密进近，2018 年完成第 3 阶段，全面建成 ASAS，限制使用传统的陆基导航设备 NAVAIDS（VOR，NDB）[87]。

尼日利亚通信卫星（Nigerian communications satellite，NIGCOMSAT）系尼日利亚通信卫星有限公司经营，它使尼日利亚成为非洲第一个拥有自己导航卫星的国家。旨在满足尼日利亚电讯、广播、航空、航海、国防和安全需要。NIGCOMSAT 的 SS 由 1 颗 GEO 构成，尼日利亚通信卫星一号（Nigcomsat - 1）由中国制造并于 2007 年 5 月 29 日发射升空，成功定点在 42°E 赤道上空。卫星载有 4 个 C 波段，14 个 Ku 波段，8 个 Ka 波段和 2 个 L 波段转发器。2008 年 4 月，Nigcomsat - 1 卫星南部太阳翼驱动单元发生故障，致使全星电力输出减半。Nigcomsat - 1 卫星电能耗尽，于 2008 年 11 月 11 日失效。2011 年 12 月 21 日中国再次成功发射 Nigcomsat - 1R 卫星，免费为尼日利亚替换失效卫星。NigComSat - 1R 重 5 150 kg，与 NigComSat - 1 有相同的功能。NIGCOMSAT 基于欧洲的 EGNOS 系统提供导航增强服务，NigComSat - 1R 的 2 个 L 波段转发器转发 L1 和 L5 信号[226]。

6. 南美虚拟网络星基增强系统

南美虚拟网络星基增强系统（magicSBAS）由西班牙的 GMV 公司开发的 GNSS 控制计算软件，它利用已经发展的 GNSS 导航卫星及附属设施和通信设备提供全新的区域增强系统服务。magicSBAS 已经在南美通过互联网的 NTRIP（交通网的 RTCM 互联）协议实时收集已有的参考站网络的实时 RTCM 格式伪距量测和星历信息，然后计算修正值（SV 轨道和时钟及电离层）、完好性和所有的 SBAS 系统需要的实时附加信息（RTCA/DO - 229C. 28 规定的 MOPS - C 标准），并通过互联网或 GPRS/3G 技术用 SISNET 格式广播到用户接收机用于安全导航，在南美实现了很好的效果[227]。

A. 3. 2 GNSS 地基增强系统

GNSS 应用广泛，各国各地区各行业各种应用建造了难以计数的 GBAS，本书仅仅选择几种 GBAS 进行介绍。

1. 美国局域增强系统

美国局域增强系统（LAAS）是一种为满足民用航空用户在精密进场与着陆中的应用需求，基于 GPS 信号设计的实时差分改正的全天候飞机着陆系统。LAAS 只能够在局部区域内提供增强的高精度 GPS 定位。其原理与 WAAS 类似，只是用地面的基准站（也被称为地基伪卫星）代替 WAAS 中的 GEO，而且 LAAS 提供参考站和用户接收机共同误差的修正信息，并利用甚高频无线电广播这些数据。LAAS 包含空间卫星系统(各种导航卫星及 WAAS)、LAAS 用户系统、LAAS 地面站设备和机场伪卫星系统三个主要部分。LAAS 建立了完整的两类完好性监测机制，一是接收机自主完好性监测(RAIM)，二是地面站设备的完好性监测体系(LGF - IM)[228]。LAAS 和所有其他无线着陆系统一样受到干扰威胁，如无意干扰和多径等，使得 LAAS 只能作为航空备选设备，限制了它的使用范围。目前 LAAS 实现的定位精度：水平侧向 16 m，垂直 4 m[1]。

与 LAAS 相比，WAAS 覆盖美国大陆，所提供的导航信号能支持从航路至Ⅰ类精密进近(CAT - Ⅰ)的导航，而 LAAS 覆盖半径为 30 英里(约 48.28 km)左右的区域，提供往上支持 CAT - Ⅱ/Ⅲ的精密进近能力。WAAS 和 LASS 一起工作，能为用户提供航空飞行各阶段的导航能力。

2. *差分* GPS

差分 GPS(differential global positioning system，DGPS)是由美国海岸警卫队(united states coast guard，USCG)在沿美国海岸和内河建立的地面增强系统，包括一个由 61 个点组成的广播点网和两个控制站。该系统主要用于港口靠泊和进港引导，水文测量、监测和控制港口交通等。每一广播点实际上是一个局部差分系统(LADGPS)，包括 2 个参考站、2 个完好性监测站和无线电信标机，整个系统由参考站、广播发射机、控制站、监测站和船上设备组成[1]。

DGPS 覆盖海岸和主要河流，在内陆特别是西部留下一些空隙。美国工程兵部队也希望用 USCG 的标准和频率建立一些无线电台。另外联邦铁路管理局(FRA)也想使这一系统用于铁路交通控制，1994 年 7 月，USCG 导航中心被批准成立美国国家范围差分 GPS(National DGPS，NDGPS)，由 USCG、FRA 和联邦公路管理局(FHA)共同经营和维护，它为地面和水面的用户提供更精确和完全的 GPS。现代化的工作包括正在开发的高精度 NDGPS 系统(HA - NDGPS)，用来加强性能使整个覆盖范围内的精确度达到 10～15 cm。NDGPS 是按照国际标准建造，世界上五十多个国家已经采用了类似的标准[229]。我国也已在 1997 年布设了“中国沿海无线电指向标差分 GPS(RBN/DGPS)系统”，由 20 个 RBN/DGPS 基准站组成，形成了从鸭绿江口到北海，覆盖我国沿海港口、重要水域和水道的 DGPS 导航服务网络。

3. *持续运行参考系统*

GPS 在城市测量中的作用已越来越重要，各地利用多基站网络实时动态定位(real time kinematic，RTK)技术建立的持续运行参考系统(continuous operational reference system，CORS)。CORS 由基准站网、数据处理中心、数据传输系统、定位导航数据播发系统、用户应用系统五个部分组成，各基准站与监控分析中心间通过数据传输系统连接成一体，形成专用网络。美国 CORS 网络[229]是由国家海洋大气管理局管理，它负责保存和分发 GPS 数据，主要通过后期处理为精确定位和大气模型的应用服务。CORS 正在被现代化更新以支持实时的用户。为了满足国民经济建设的需要，我国加快了 CORS 建设的步伐。2003 年，深圳市率先建成了 CORS，全国各个地区也开始陆续建设了一批城市甚至省级 CORS，并逐步形成了“地区—省—全国”的 CORS 网络。

4. 全球差分 GPS

全球差分 GPS（global differential GPS，GDGPS）是由美国喷气推进实验室（Jet Propulsion Laboratory，JPL）开发的高精度 GPS 实时监测和增强系统，用来支持美国航空航天局（National Aeronautics and Space Administration，NASA）科学任务所要求的实时定位、定时和轨道确定需要。GDGPS 使用大量地面网络实时参考站接收机监测 L1 和 L2 频率上的 GPS 民用信号，应用新型的网络架构和强大的实时数据处理软件，使 GDGPS 系统能在全球提供分米级的定位精度和亚纳秒级授时精度，而且设计的差分数据延时（从导航信号的接收，差分修正处理到实时数据播发）时间小于 5 s。GDGPS 极大地提高了卫星导航系统完好性监测性能，但 GDGPS 依赖于全球范围内大量的可靠实时数据采集网络支撑，如 GPS 状态信息、环境参数等。GDGPS 核心监测网络是 NASA 约 70 个使用双频测地型接收机的全球 GPS 网络（global GPS network，GGN）。截至 2006 年 10 月已经有 100 多个美国和国际合作站点以每秒一次的速率向 GDGPS 控制中心（GDGPS operation centers，GOC）实时发送最新数据。网络还在进一步扩大中。NASA 今后的计划包括利用跟踪与数据中继系统（tracking and data relay satellite system，TDRSS）通过卫星发布一个实时差分改正信息。这个系统被称作 TDRSS 增强服务卫星（TDRSS augmentation service for satellites，TASS）系统[230]。

5. 国际 GNSS 服务

国际 GNSS 服务（International GNSS Service，IGS）是一家由国际大地测量协会（IAG）组建的国际协作组织，它的使命是按照 GNSS 的标准提供最高质量的数据和产品（卫星星历）来支持地球科学（大地测量学和地球动力学）研究、跨学科应用和教育事业，并且促进其他有益于社会的用途。大约有 100 个 IGS 监控站可以在收集后一小时之内播出他们的跟踪数据。IGS 自 1992 年起已在全球建立了多个数据存储及处理中心和来自 80 个国家的 200 个组织提供的 350 个 GPS 监控台站。我国也设立了上海佘山、武汉、西安、拉萨、台湾等多个常年观测台站，这些台站的观测数据每天通过 INTERNET 网传至美国的数据存储中心，IGS 还几乎实时地综合各数据处理中心的结果，并参与国际地球自转服务 IERS 的全球坐标参考系维护及地球自转参数的发布。使用者也可免费从 INTERNET 网上取得观测数据及精密星历等产品。

6. 国际 GNSS 监测评估系统

国际 GNSS 监测评估系统（international GNSS monitoring & assessment system，iGMAS）是针对 GNSS 开放服务的监测评估，由国际合作研究中心于 2011 年在 ICG－6 大会上倡议，旨在建立一个全球分布的 GNSS 信号跟踪网络，通过多 GNSS 高精度接收机和高增益全向天线，监测多 GNSS 的服务性能和信号质量，为全球广大用户提供服务。目前，我国已与美国、日本、澳大利亚、泰国、韩国、巴基斯坦及 IGS、IAG 等国际组织开展了初步合作，在合作建站、iGMAS 国际示范站等方面取得了初步成果。iGMAS 可以通过 GNSS 基础设施特别是全球分布跟踪站资源的共享监测评估各 GNSS 系统的开放服务性能，同时 iGMAS 建立及实施 GNSS 标准与规范，可促进各国 GNSS 系统之间的兼容与互操作[90]。

7. 中国民航地基区域完好性监测系统

地基区域完好性监测系统（ground-based regional integrity monitoring system, GRIMS）系统是中国民航数据通信公司（Aviation Data Communication Corporation, ADCC, ADCC）联合中国电子科技集团公司第二十研究所，从 2004 年开始建设的 GNSS 地基增强系统，以满足 ICAO 关于在航路到非精密进近阶段使用 GNSS 作为主用导航系统的完好性性能需求。GRIMS 是通过 7 个地面监测站（位于哈尔滨、上海、三亚、昆明、拉萨、乌鲁木齐和北京）和 1 个主控站（北京）构成的地基监测网络，监测航路上飞行的所有飞机视界内的 GNSS 卫星状态，并按照美国航空无线电技术委员会（Radio Technical Commission for Aeronautics, RTCA）公布的 GNSS 完好性要求，对不同的飞行阶段给出卫星可用/不可用信息，并利用适当的地空通信数据链向飞机上的机载设备发布[231]。

8. 英国 GAARDIAN 评估系统

英国于 2011 年建成的 GNSS 授时和导航的可用性、精度、可靠性和完好性评估系统（GNSS availability, accuracy, reliability and integrity assessment for timing and navigation, GAARDIA）是针对 GNSS 在关键安全等 PNT 应用需求中存在的不足在英国范围之内使用的一套实时数据采集评估系统。GAARDIA 开发了 GNSS 和 eLoran（增强罗兰，为 GNSS 提供备份能力）信号质量监测算法，设计了自主和自适应传感器数据采集，通过比较 GNSS 和 eLoran 信号进行 IDM。GAARDIAN 由 IDM 探测设备、服务器和通信链路 3 个部分组成。IDM 探测设备可以部署在关键安全 PNT 用户附近以实时监测分析其周边 GNSS 和 eLoran 信号质量，并将核心数据通过通信链路上传到中央服务器上进行详细的进一步分析处理。

9. 澳大利亚的地基区域增强系统

澳大利亚的地基区域增强系统（ground-based regional augmentation system, GRAS）是澳大利亚应用地基数据链（而不是星基数据链）将 SBAS 系统地面网络与用户连接起来的区域增强系统。澳大利亚民航局于 1995 年计划启动 GBAS 作 Ⅰ 类精密进近和 SBAS 作航路与非精密进近的综合 GNSS 空中导航方案，但由于技术上或政策/法律上的原因，在澳大利亚区域的 GEO 卫星没有一颗是澳大利亚可用的，因此选择了类似 SBAS 的 GRAS。GRAS 采用分布式网络通过各地的参考站来监视 GNSS 系统，在各个参考站对 SBAS 信息进行本地检查和重新格式化，以转换成 GBAS 形式的校正和完好性数据，通过 VHF 数据链路采用 TDMA 方式发送出去。GRAS 方式相对于 SBAS 方式来说可以减少费用，加快系统实施进度，同时对于具体国家来说具有完全的自主权。GRAS 可用于从航路、终端到 APV 阶段的飞行，目前已经达到全运行能力，获得澳大利亚民航局批准使用，并已获得 ICAO 的认可[232]。

附录B 随机抽样一致性

随机抽样一致(RANSAC)算法首先根据具体问题设计出某个目标函数,然后通过反复提取最小点集估计该函数中参数的初始值,利用这些初始值把所有的数据分为"内点"和"外点",最后用所有的内点重新计算和估计函数的参数。RANSAC 实质上就是一个反复测试、不断迭代的过程。

将 RANSAC 的一致性检测应用于 GNSS 的差错检测方法需要先抽取部分子集解算 GNSS 导航解再进行比较,属于 SRAIM 范畴。

B.1 RANSAC 优缺点

RANSAC 能鲁棒地估计模型参数。例如,它能从包含大量外点的数据集中估计出高精度的参数。与其他模型参数估计方法相比,如经典的最小二乘法,可以根据某种给定的目标方程估计并优化模型参数以使其最大程度适应于所有给定的数据集,但这些方法都没有包含检测并排除异常数据的方法,他们都基于平滑假设(忽略给定的数据集的大小,假设总有足够多的准确数据值来消除异常数据的影响)。但是在很多实际情况下,平滑假设无法成立,数据中可能包含无法得到补偿的严重错误数据,这时候此类模型参数估计方法将无法使用,RANSAC 填补了这个空白。

RANSAC 由一定的概率得出一个合理的结果,为了提高概率必须提高迭代次数,因此 RANSAC 是一种不确定的算法。RANSAC 只有一定的概率得到可信的模型,概率与迭代次数成正比。ANSAC 计算参数的迭代次数没有上限,如果设置迭代次数的上限,得到的结果可能不是最优的结果,甚至可能得到错误的结果。此外 RANSAC 要求设置跟问题相关的阈值,而且 RANSAC 只能从特定的数据集中估计出一个模型,如果存在两个(或多个)模型,它不能找到别的模型。

B.2 RANSAC 基本假设

RANSAC 的基本假设有三个[1]：一是数据由“内点”组成，例如，数据的分布可以用一些模型参数来解释；二是“外点”是不能适应该模型的数据；三是除此之外的数据属于噪声。外点产生的原因有噪声的极值、错误的测量方法和对数据的错误假设等。

B.3 RANSAC 算法

RANSAC 算法用集合语言描述。

a. 考虑一个最小抽样集的势为 n 的模型（n 为初始化模型参数所需的最小样本数）和一个样本集 P，集合 P 的样本数 $\#(P)>n$，从 P 中随机抽取包含 n 个样本的 P 的子集 S 初始化模型 M。

b. 集 $SC=P\backslash S$ 中与模型 M 的误差小于某一设定阈值 t 的样本集以及 S 构成 S^*。S^* 认为是内点集，它们构成 S 的一致集（consensus set）。

c. $\#(S^*)\geqslant N$，认为得到正确的模型参数，并利用集 S^*（内点）采用最小二乘等方法重新计算新的模型 M^*；重新随机抽取新的 S，重复以上过程。

d. 在完成一定的抽样次数后，若未找到一致集则算法失败，否则选取抽样后得到的最大一致集判断内外点，算法结束。

RANSAC 两种算法优化策略：

a. 如果在选取子集 S 时可以根据某些已知的样本特性等采用特定的选取方案或有约束的随机选取来代替原来的完全随机选取。

b. 当通过一致集 S^* 计算出模型 M^* 后，可以将 P 中所有与模型 M^* 的误差小于 t 的样本加入 S^*，然后重新计算 M^*。

B.4 RANSAC 参数选择

RANSAC 运算过程中需要选取三个重要参数，它们对运算结果有重大作用和影响。这三个参数的选择一直是 RANSAC 算法重点和难点所在[158]。它们分别是抽样次数、距离阈值和终止阈值。

（1）抽样次数，即随机抽取样本集 S 的次数。该参数直接影响 RANSAC 运算中样本参与模型参数的检验次数，从而影响算法的效率，因为大部分随机抽样都受到外点的影响。

(2) 距离阈值，是判断样本满足模型的误差的容忍度 t。t 可以看作对内点噪声均方差的假设，对于不同的输入数据需要采用人工干预的方式预设合适的门限，且该参数对 RANSAC 性能有很大的影响。

(3) 终止阈值，表征得到正确模型时，一致集 S^* 的大小 N。为了确保得到表征数据集 P 的正确模型，一般要求一致集足够大；另外，足够多的一致样本使得重新估计的模型参数更精确。

后　记 Postscript

众所周知，当前作为实时的 PVTA 十参数传感器的 GNSS 发展势头迅猛，在国民经济和社会发展中发挥的作用越来越明显，我国 BeiDou(BDS)系统作为世界上第三个正式投入使用的全球卫星导航系统在理论研究和应用拓展上都有很多工作有待加强。如今导航精度可以通过很多增强系统和差分系统达到接近技术极限的程度，但由于 GNSS 固有脆弱性、差错存在的普遍性、不确定性及信号易受遮蔽等不足导致的 GNSS 完好性问题也越来越成为 GNSS 研究和应用的瓶颈，如果没有完好性的服务性能作保障，GNSS 只能充当辅助导航角色，因此 GNSS 完好性监测相关领域的研究必将也已经成为国内外研究热点之一。

本书针对当前国内外 GNSS 完好性监测和性能增强技术研究中存在的一些弱点和盲点问题，依托国家高技术研究发展计划(863 计划)课题“GNSS 脆弱性分析及信号传输环境研究”等项目研究内容，围绕 GNSS 完好性开展研究工作。本书全面分析了 GNSS 完好性的根源和本质，深入研究了解决 GNSS 完好性问题的途径和方法，分别应用质量控制理论、信号分析理论和一致性检测理论实现全球系统级星座完好性监测、区域增强级信息完好性监测和终端应用级用户完好性监测，提出了基于质量控制的 GNSS 星座完好性综合评估方法，设计和实现了 GNSS 信号质量伺服天线跟踪监测系统，改进了快速随机抽样一致完好性监测方法，并据此从全局高度提出了三级 GNSS 完好性监测的完整理论体系，构建了 GNSS 完好性监测综合评估系统架构。在 GNSS 完好性监测性能增强技术研究方面，从 GNSS 之外的外源导航信息中，选取异质(观测的不是同一个物理量)的惯导信息辅助，和同质(传感器观测的是同一物理现象)的差分信息辅助为例，研究 GNSS 完好性服务性能增强的方法和程度，着重分析了终端用户接收机有其他冗余信息可进行差分时的 GNSS 完好性监测方法及辅助性能增强技术，同时也开展了 GNSS 测姿领域的完好性监测研究。本书通过 GNSS 仿真和实际完好性监测数据验证了上述研究结果，可以为 GNSS 完好性监测和性能增强提供参考，具有重要的理论意义和工程实用价值。这种层次分析方法和结论对其他卫星系统(如通信、遥感、气象、资源、侦察)的各种服务性能监测和增强也有一定的借鉴价值。

本书融入了作者近年来在 GNSS 完好性监测领域原创性的科研成果，但“GNSS

完好性监测及辅助性能增强技术"这个主题内涵非常丰富,所涉及的理论和科学问题非常广泛,GNSS 完好性研究任重而道远。在后续的"GNSS 完好性监测及辅助性能增强技术"中有以下几个方向有待于进一步展开。

(1) GNSS 系统自身内嵌的完好性监测增强和多个 GNSS 系统及增强系统的协调配合等带来的完好性增强是从 GNSS 系统角度(源头上)提高 GNSS 完好性的方法,在反应速度、差错检测和排除的准确性上有一定的优势,例如,建立一个全球互联互用多个 GNSS 系统监测站的 GNSS 完好性监测网络,或者全球协调建立一个独立的第三方 GNSS 完好性监测网都是一个很有前途的完好性解决方案,但这涉及监测站的数量和全球布局、系统集成等多个方面的研究及多方协调等具体工作。再如从卫星信号发射功率、频谱资源分配共用、文献[123]研发的新型扩频码的使用对 GNSS 完好性影响如何都是值得进一步研究的课题。

(2) 随着 GNSS 深入发展,不久以后 GNSS 将成为所有陆海空天 LMAS 载体及很多物品的标准配置,导航、通信、网络等各种信息的融合也促使 GNSS 成为主用(唯一)导航设备,GNSS 完好性不能仅停留在故障检测层次,还必须实现故障排除和故障修复,但 GNSS 完好性在这方面的研究还基本没有开始。此外,如果按照城市各条道路不同来细化城市峡谷模型将更加接近真实情况,但这也将极大地增加工作量。

(3) 本书的研究方法和成果也可用于 GNSS 的其他多种服务性能(如精度、可用性、连续性)监测和增强,对通信、遥感、气象、资源、侦察等卫星系统的各种服务性能监测和增强也有一定的借鉴价值。相应的研究工作也可以展开。

GNSS 的出现意义重大,GNSS 的应用日新月异,我们也都为之喝彩,但我们所研究的是"GNSS 完好性监测及辅助性能增强技术"问题,着眼点恰恰是本书 1.1.3 节所指出的 GNSS 不足(三大漏洞),也唯有解决这些问题,GNSS 才能更好地为我们服务。

为 GNSS 唱赞歌的很多,正视其不足且寻求解决问题的办法并身体力行之,才是我们 GNSS 研究工作者的责任所在,本书也是为此目的抛砖引玉,以求和同道一起解决相应问题,我们殷切地期盼着业界在"GNSS 完好性监测及辅助性能增强技术"研究方面取得更大的进展,将 GNSS 赞歌唱得更响,这也是本书的初衷所在。

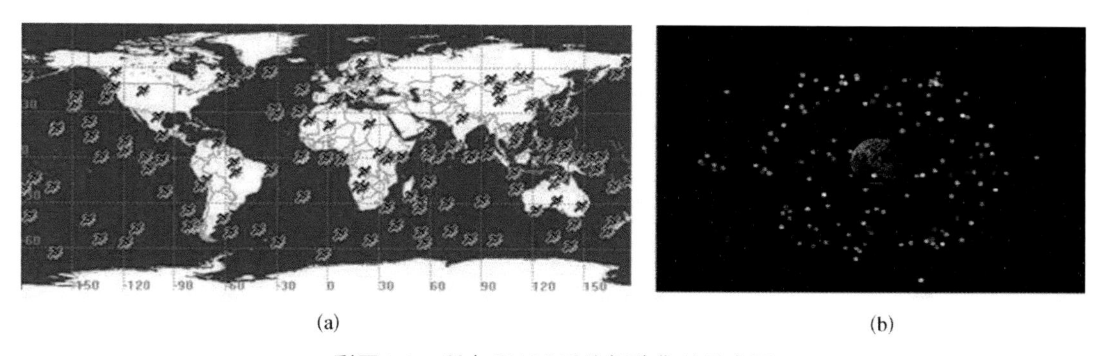

(a) (b)

彩图1.1　所有GNSS系统标称集总星座图

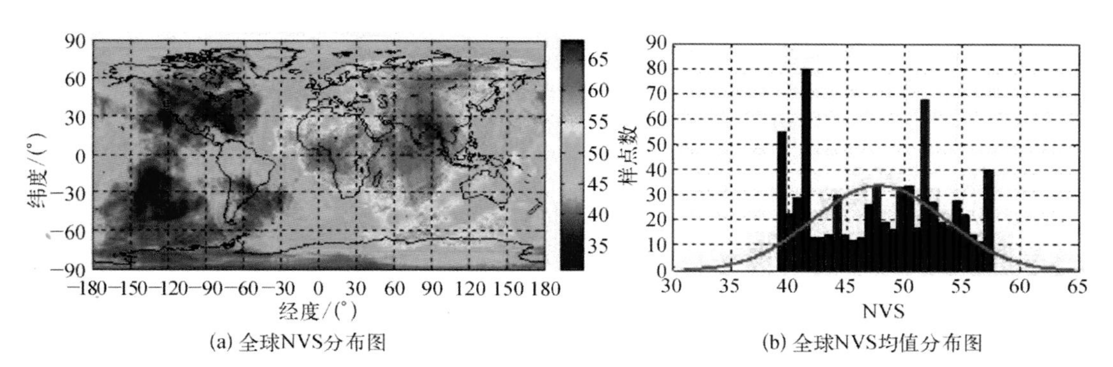

(a) 全球NVS分布图　　(b) 全球NVS均值分布图

彩图1.2　所有GNSS系统标称集总星座NVS

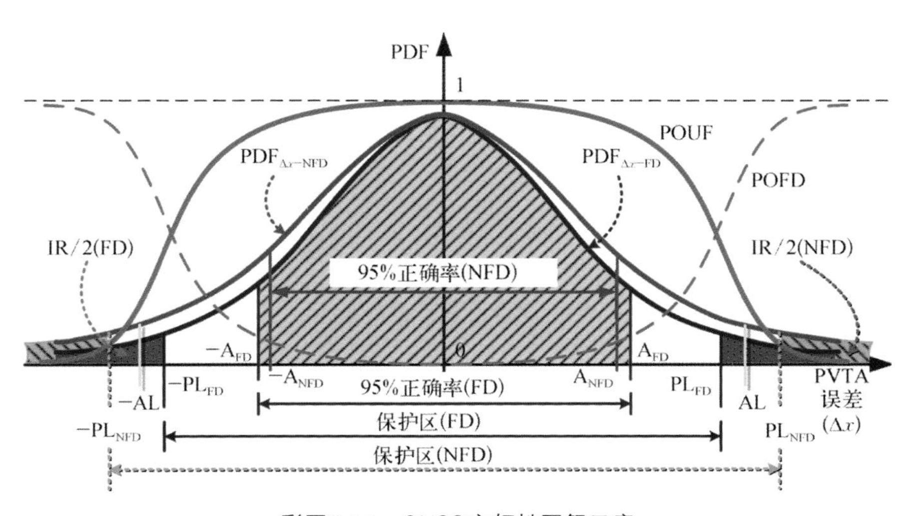

彩图2.11　GNSS完好性图解示意

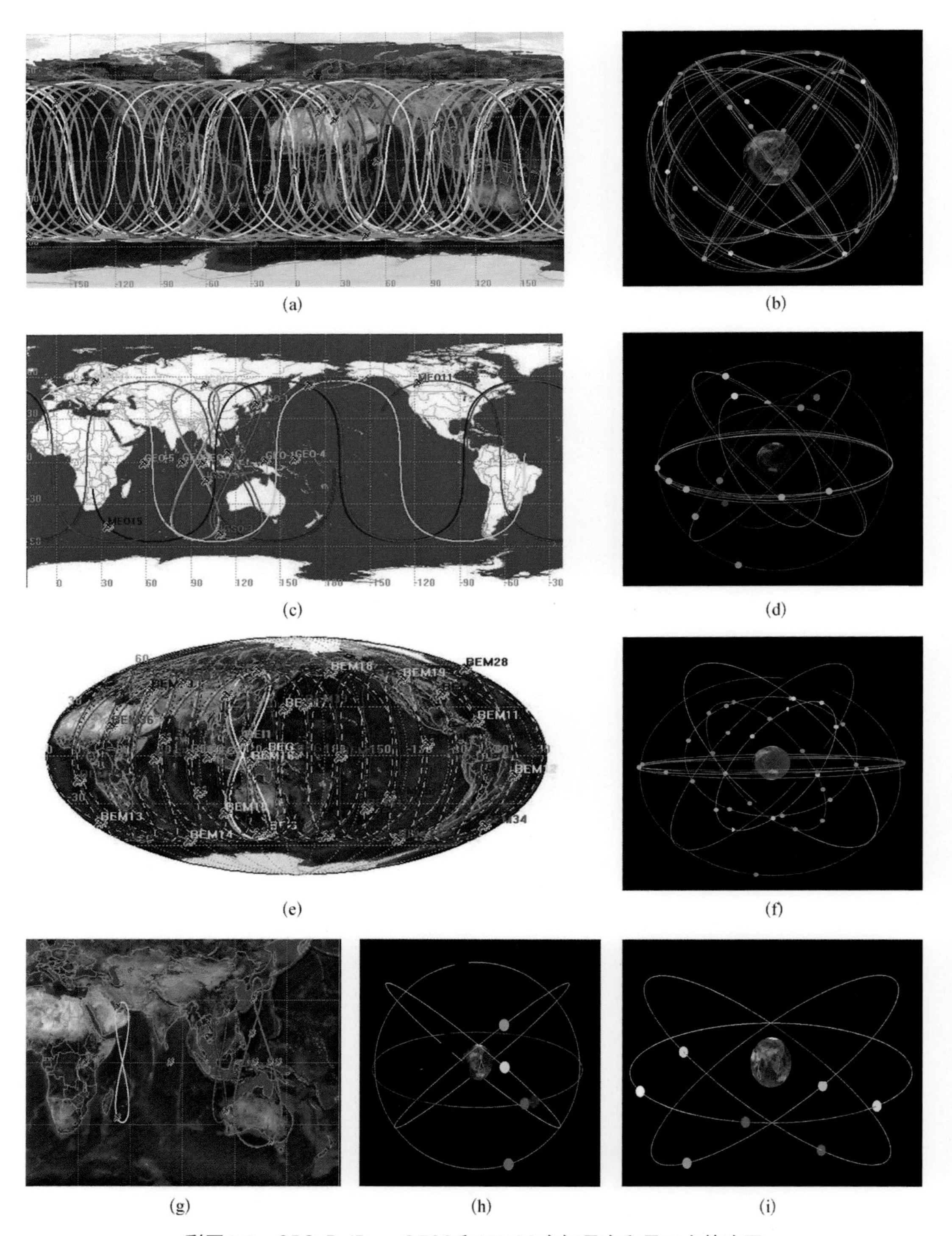

彩图3.2　GPS、BeiDou、QZSS和IRNSS空间星座和星下点轨迹图

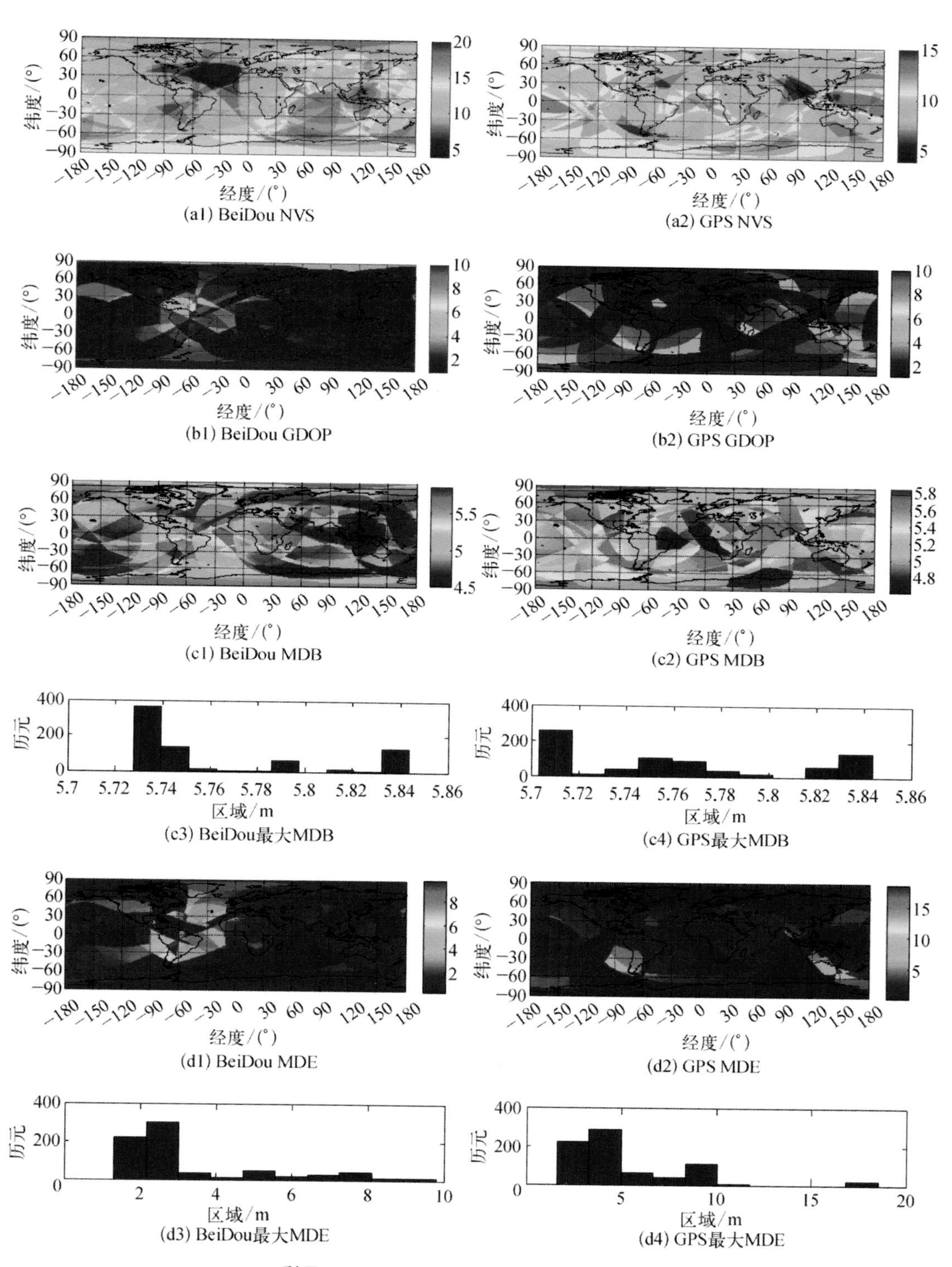

彩图3.3 BeiDou和GPS全球完好性性能

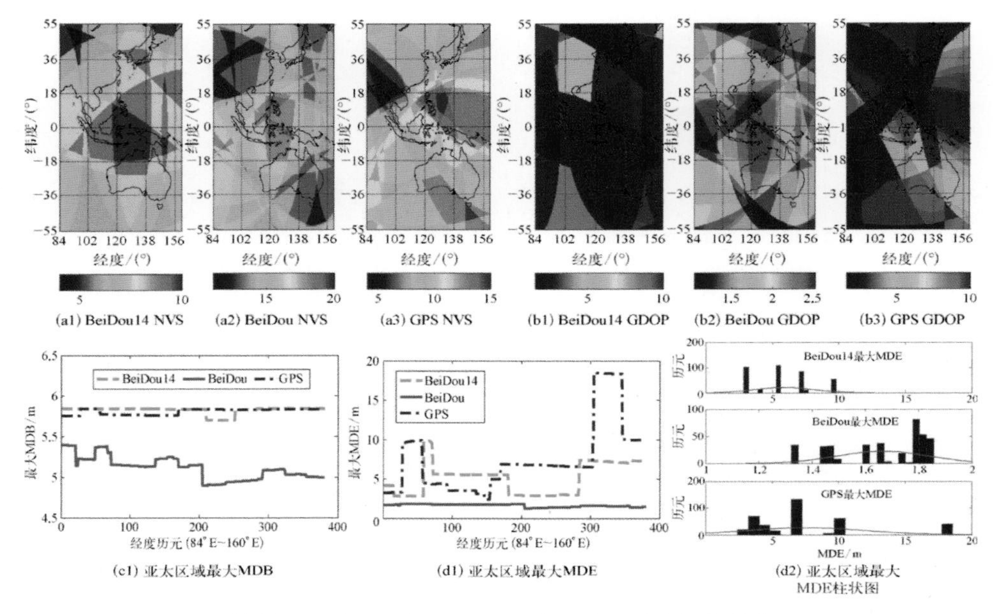

彩图 3.4　BDS-IOC、BeiDou 和 GPS 亚太完好性性能

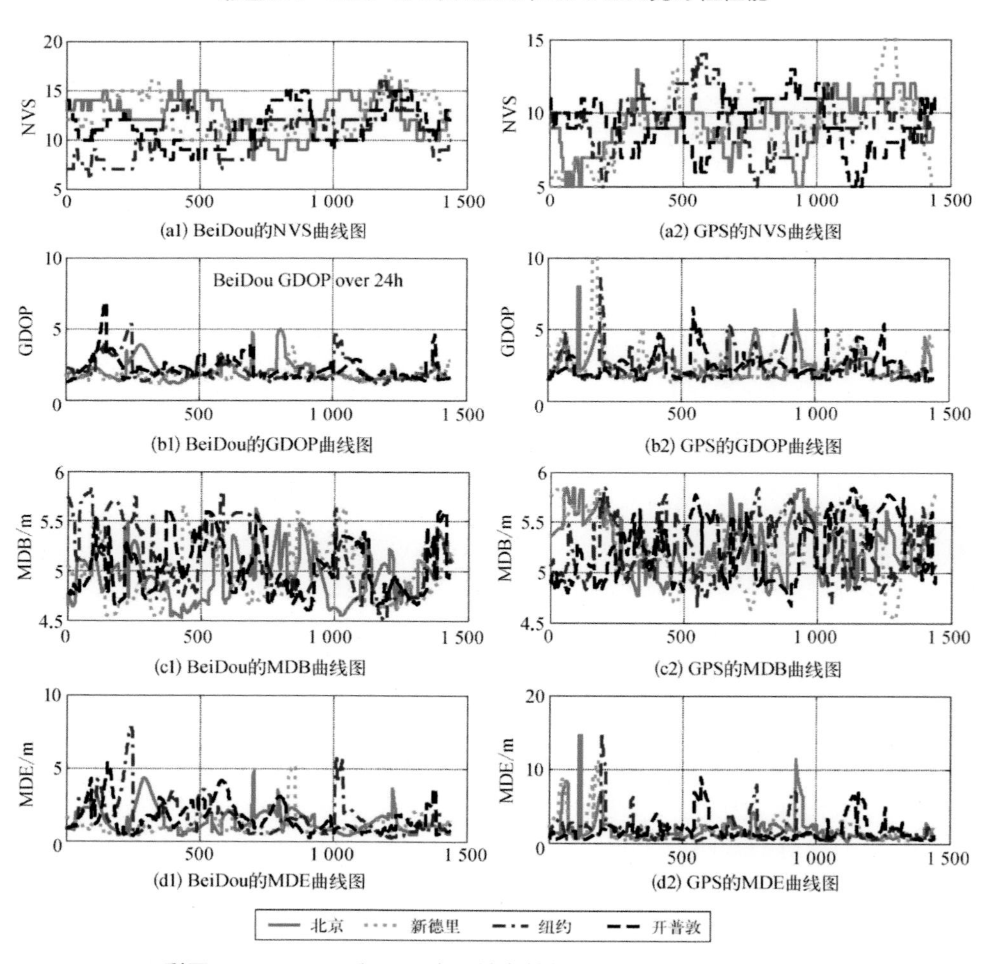

彩图 3.5　BeiDou 和 GPS 在四城市持续 24 小时时间完好性性能

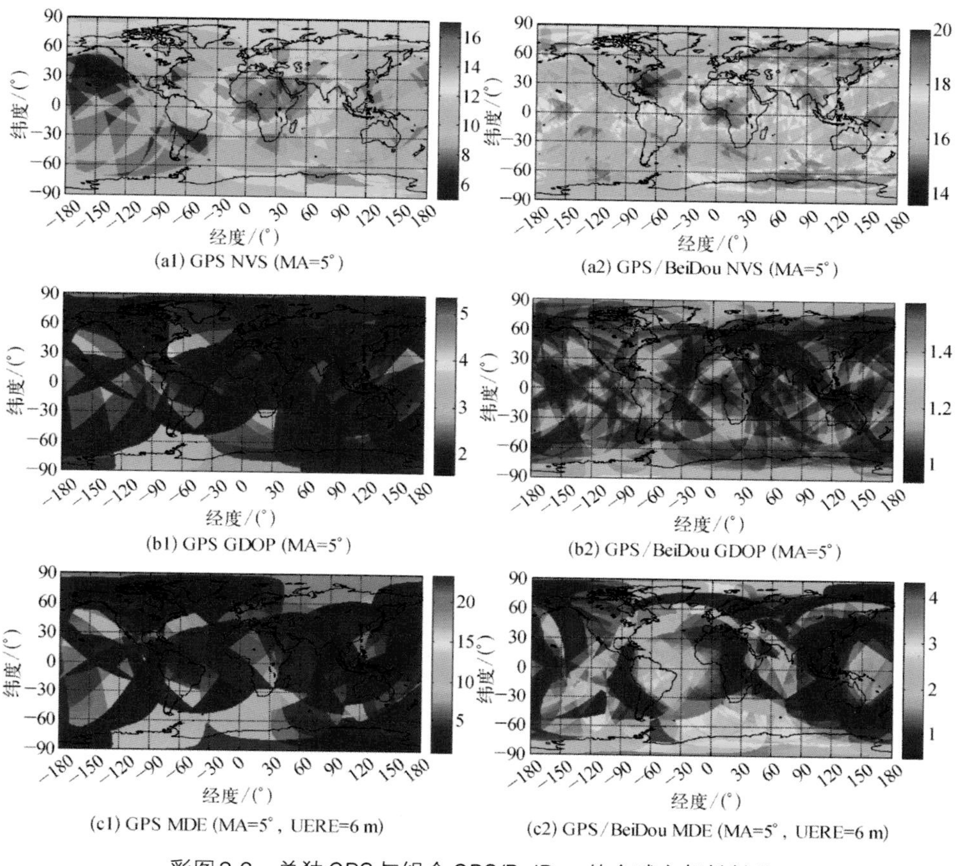

彩图3.6　单独GPS与组合GPS/BeiDou的全球完好性性能

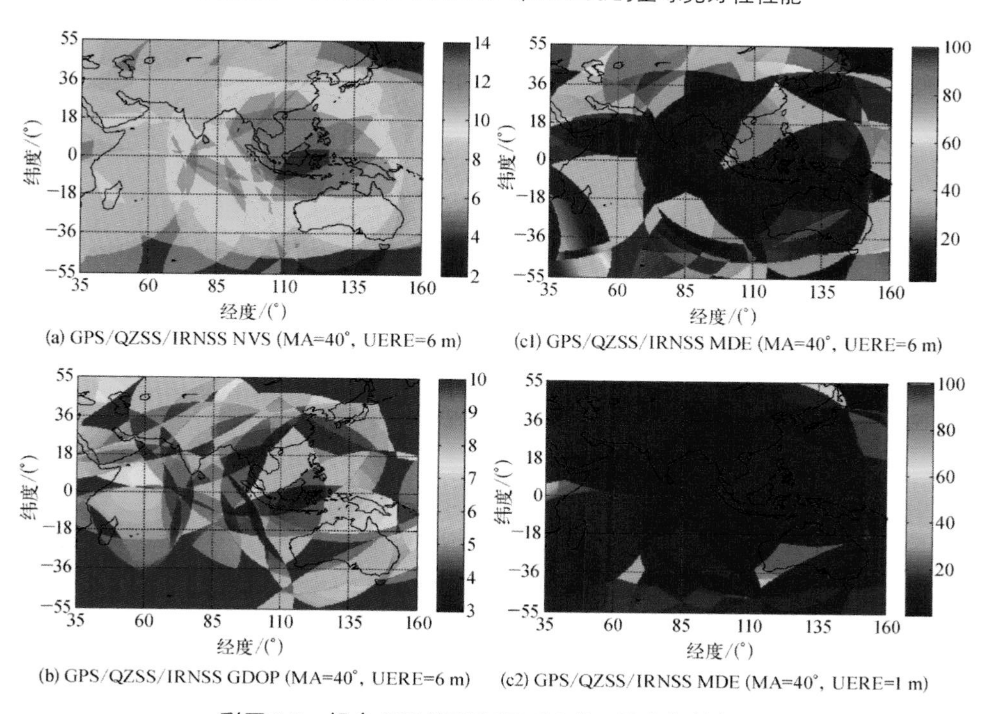

彩图3.7　组合GPS/QZSS/IRNSS的亚澳完好性性能

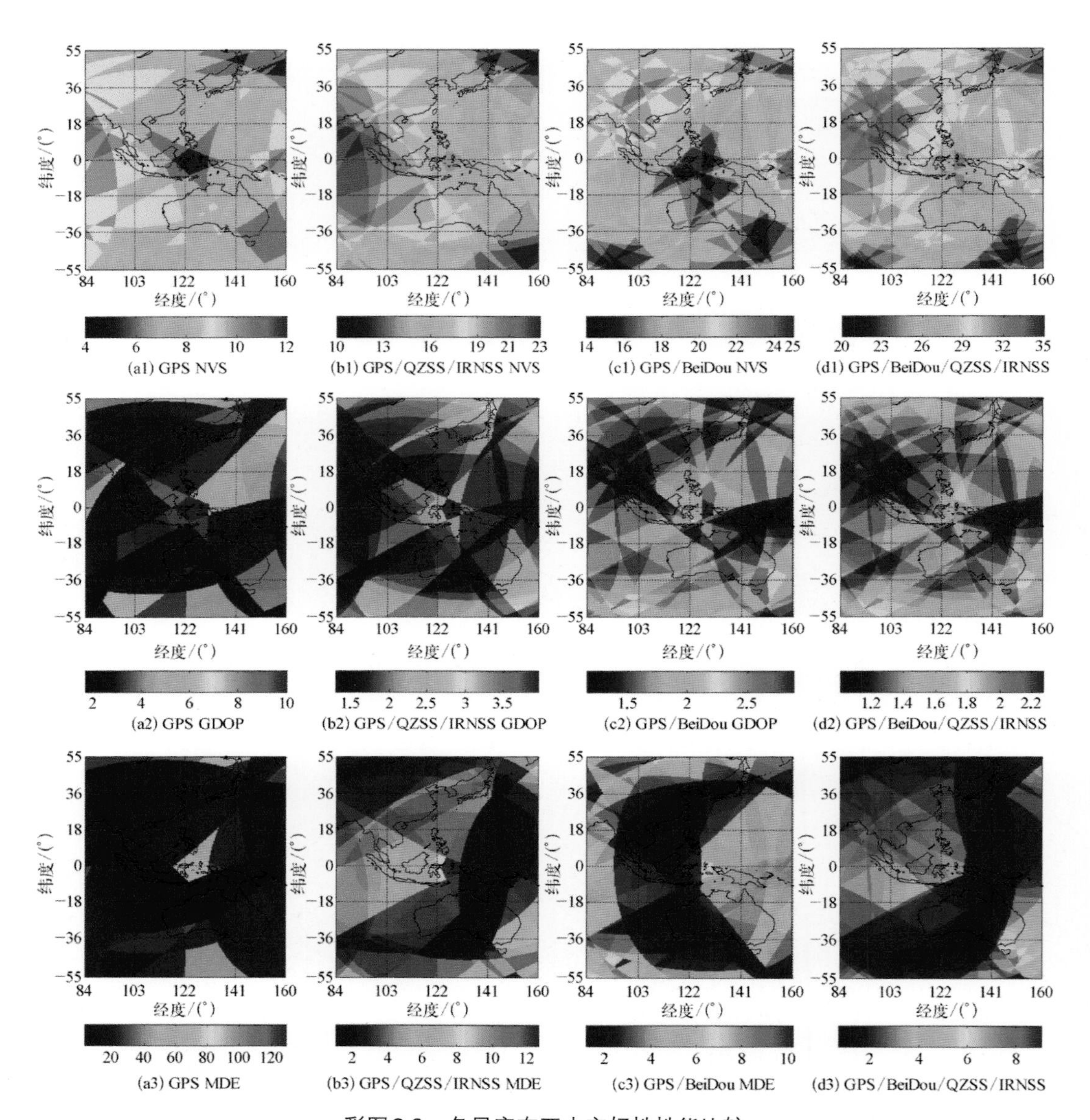

彩图3.9　各星座在亚太完好性性能比较

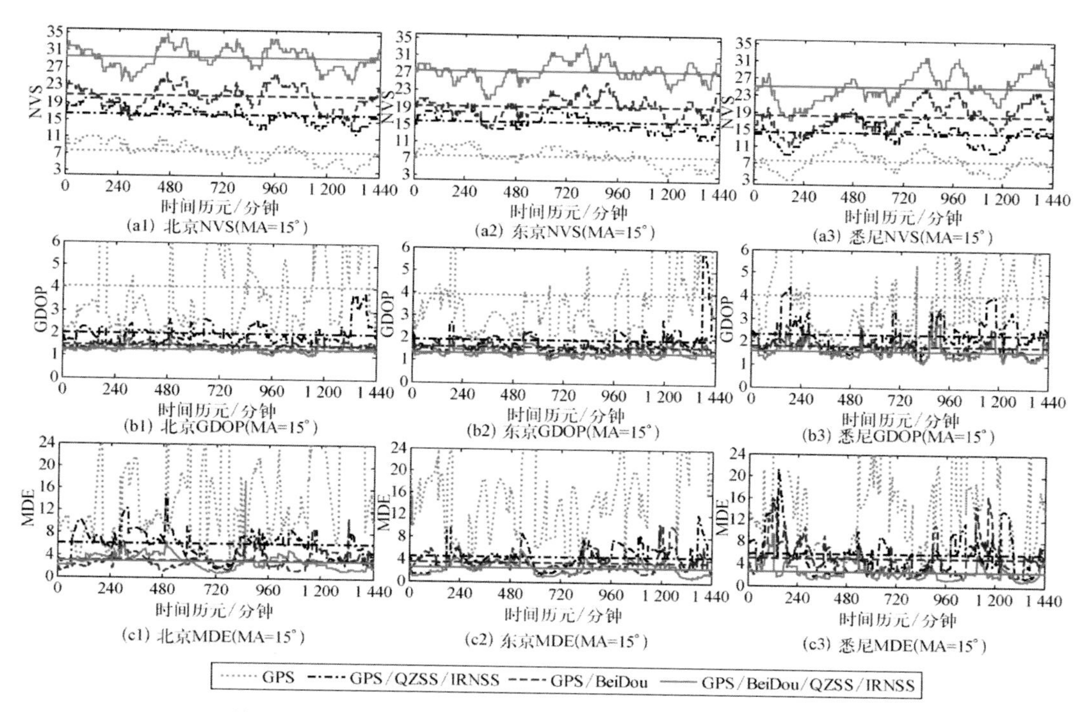

彩图3.10　亚太三个城市的各星座24小时完好性性能比较图

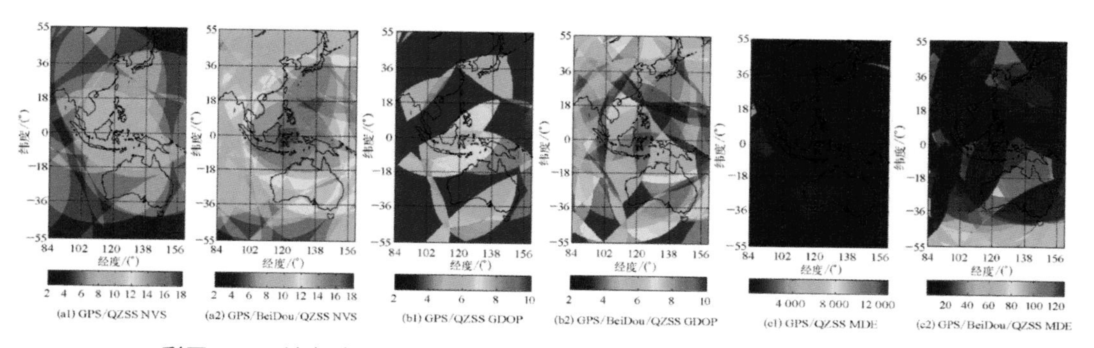

彩图3.11　城市峡谷条件下(40°)组合GQ和组合GBQ的亚太完好性性能

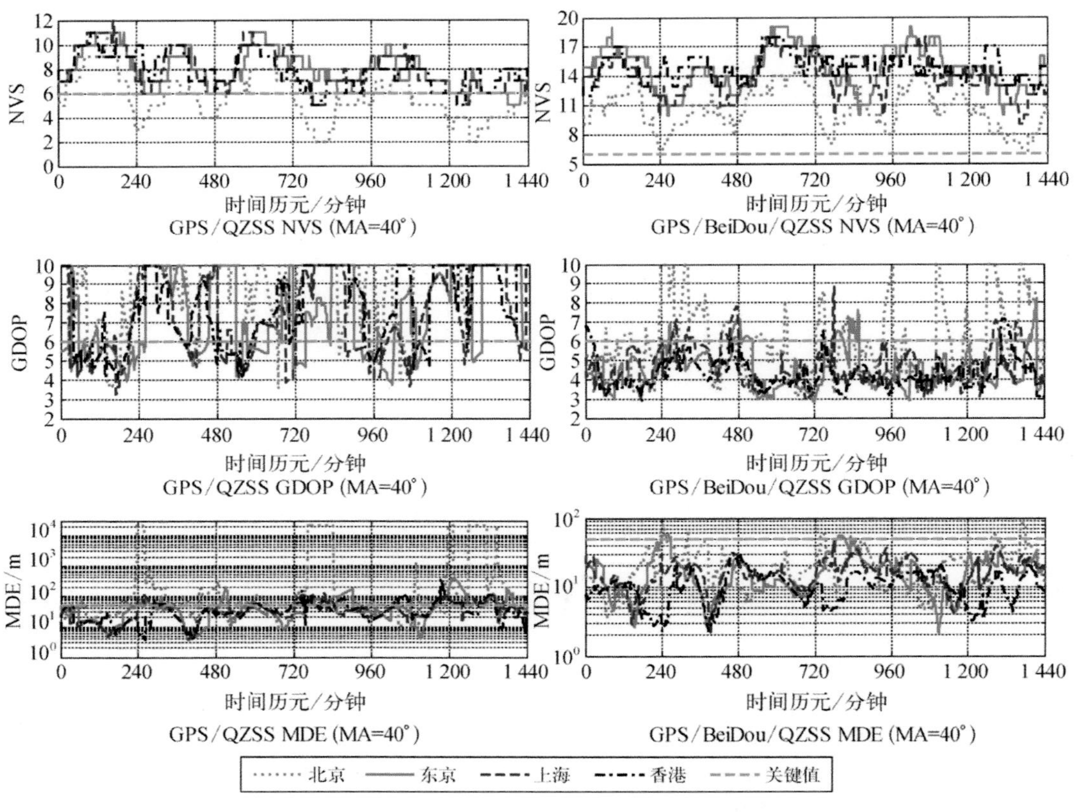

彩图3.13 城市峡谷条件下(40°)亚太四城市混合星座的完好性性能

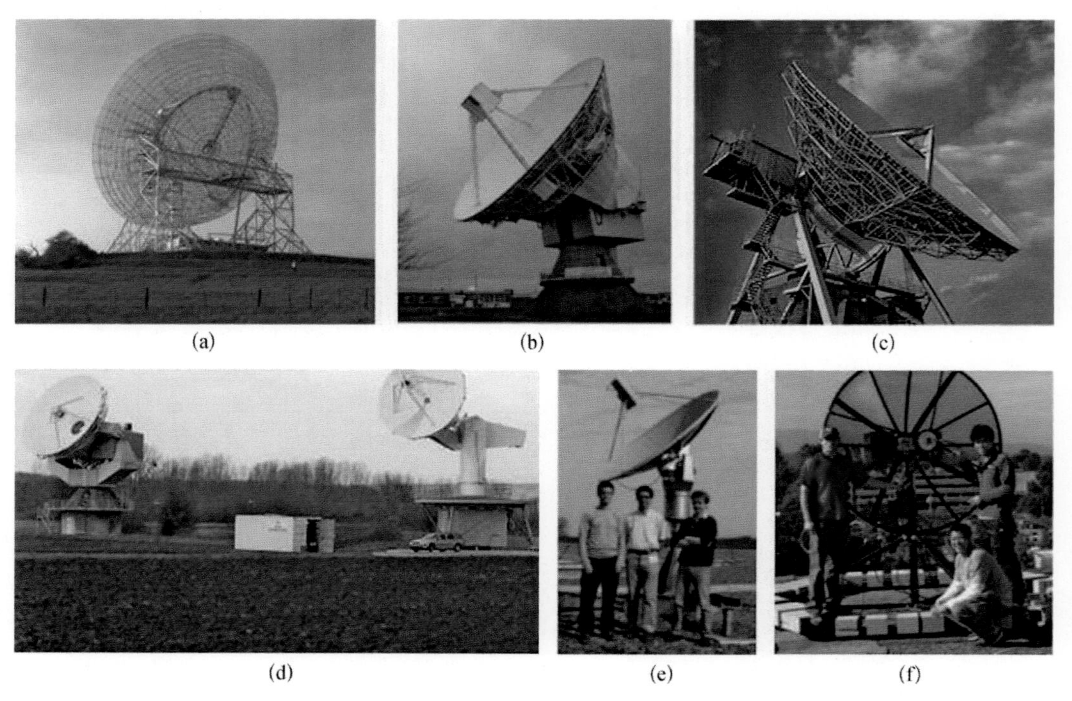

彩图4.7 国际GNSS监测抛物面天线图

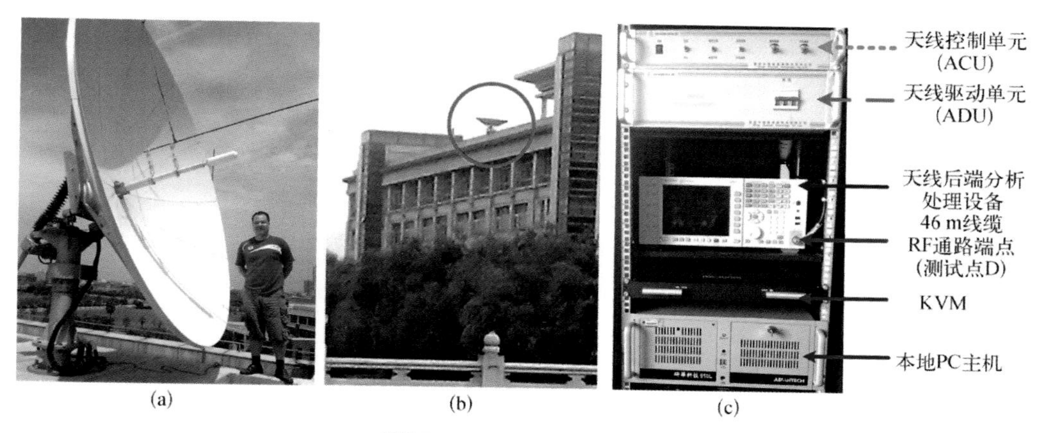

彩图4.10　GPTAS效果图

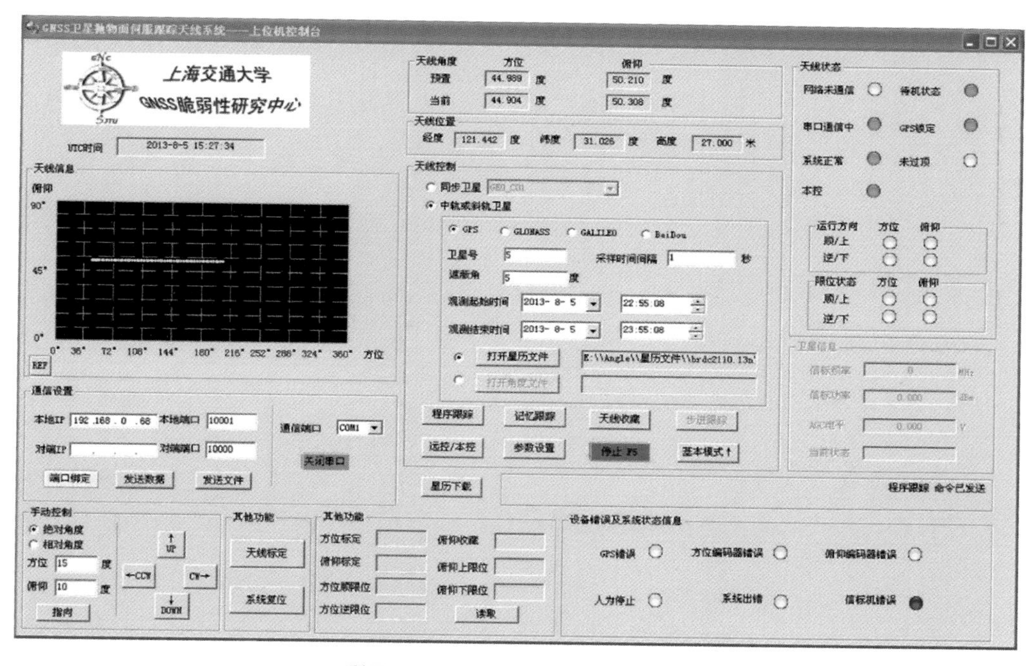

彩图4.11　GPTAS软件的主界面

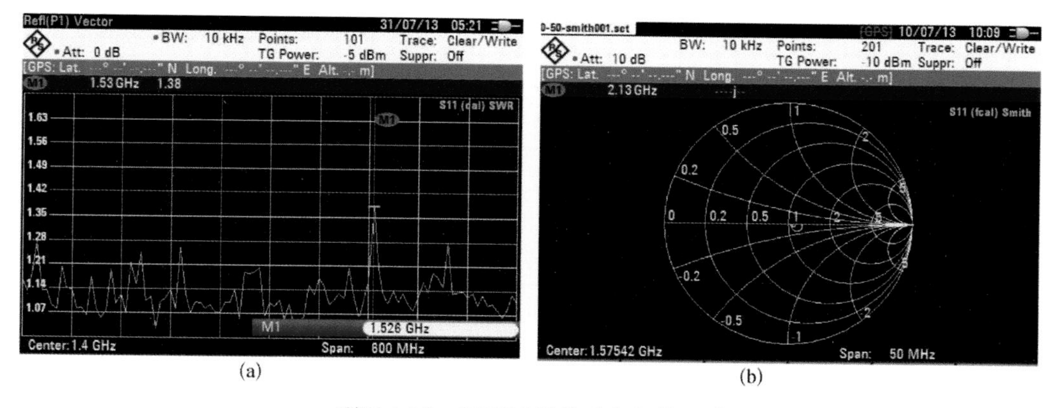

彩图4.16　GPTAS驻波比和阻抗测试

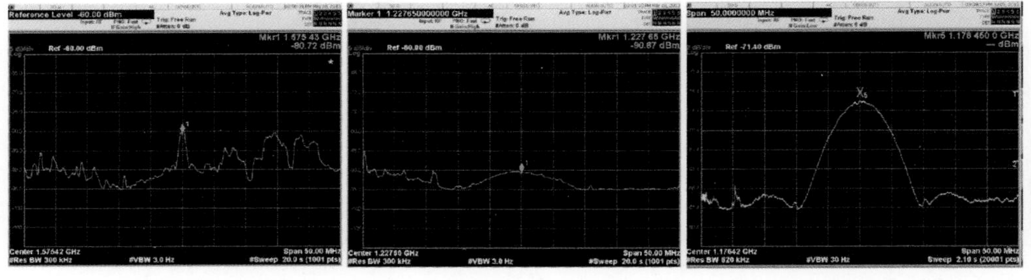

(a) GPS SV06 L1　　(b) GPS SV19 L2　　(c) GPS SV01 L5

彩图4.18　GPS实测频谱

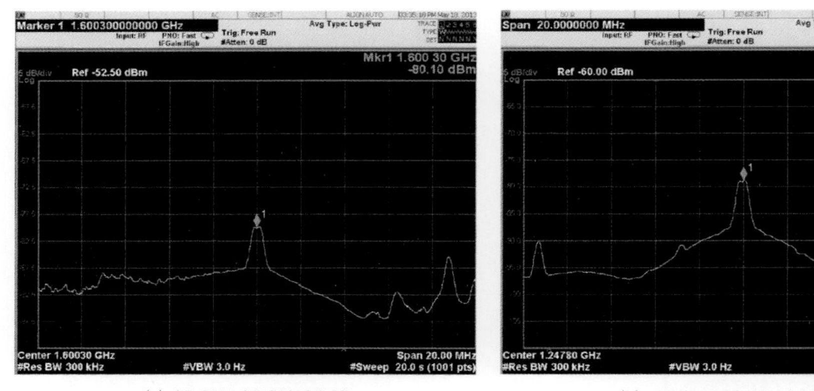

(a) GLONASS SV18 L1P　　(b) GLONASS SV17 L2P

彩图4.19　GLONASS实测频谱

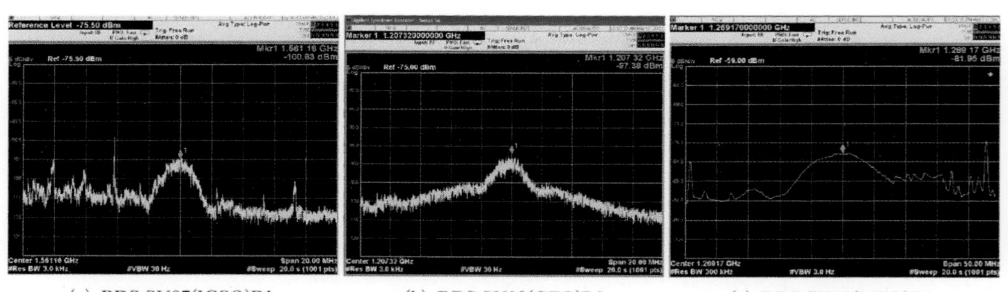

(a) BDS SV07(IGSO)B1　　(b) BDS SV03(GEO)B2　　(c) BDS SV11(MEO)B3

彩图4.20　BDS实测频谱

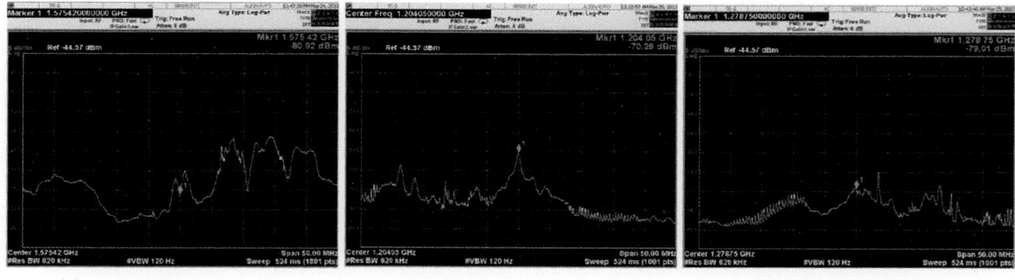

(a) GalileoFM2(SV12) E1　　(b) GalileoFM4(SV20) E5　　(c)GalileoPFM(SV11) E6

彩图4.21　Galileo实测频谱

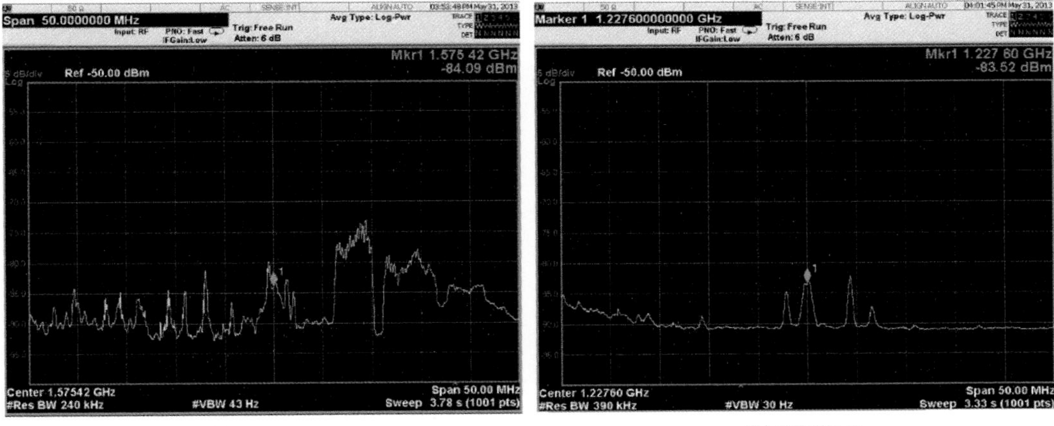

(a) QZSS L1　　(b) QZSS L2

彩图4.22　QZSS实测频谱

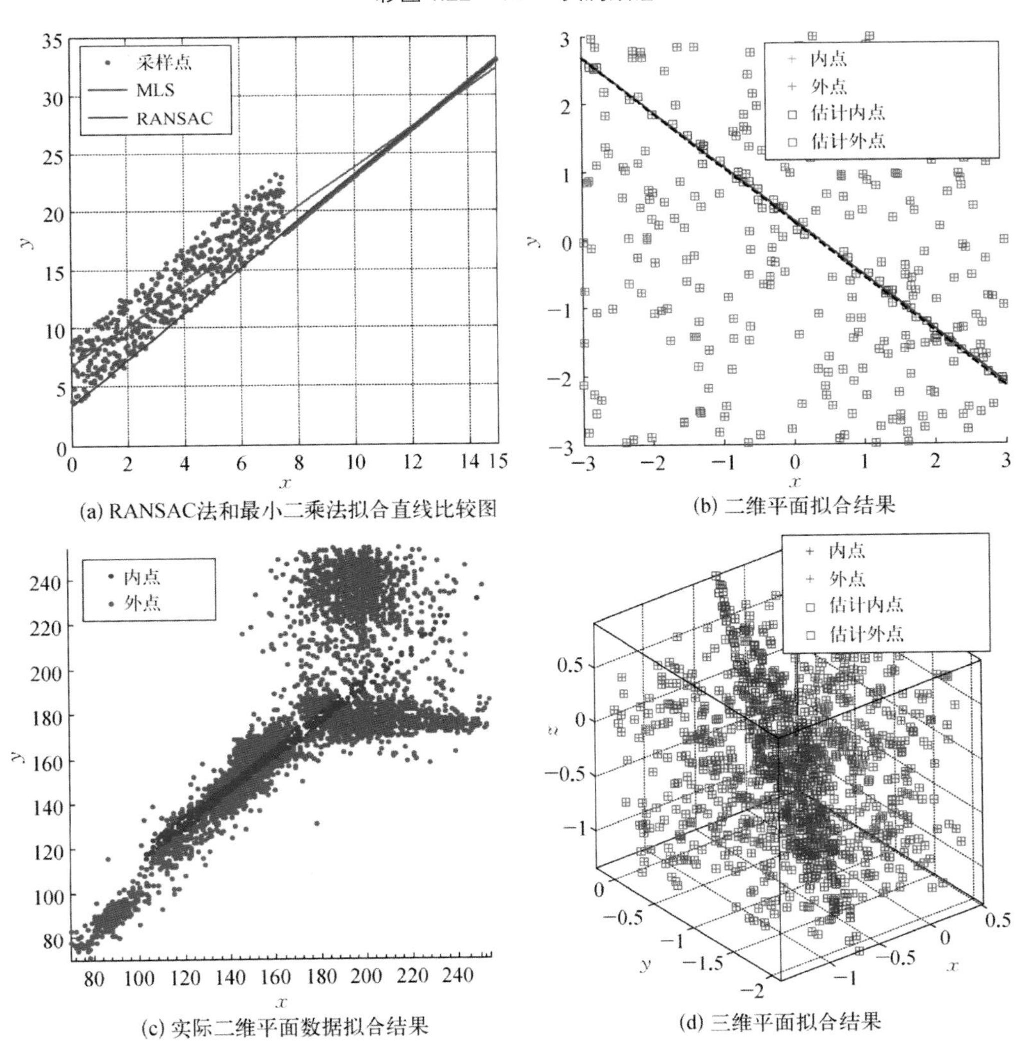

(a) RANSAC法和最小二乘法拟合直线比较图　　(b) 二维平面拟合结果

(c) 实际二维平面数据拟合结果　　(d) 三维平面拟合结果

彩图5.10　RANSAC估计方法仿真实例

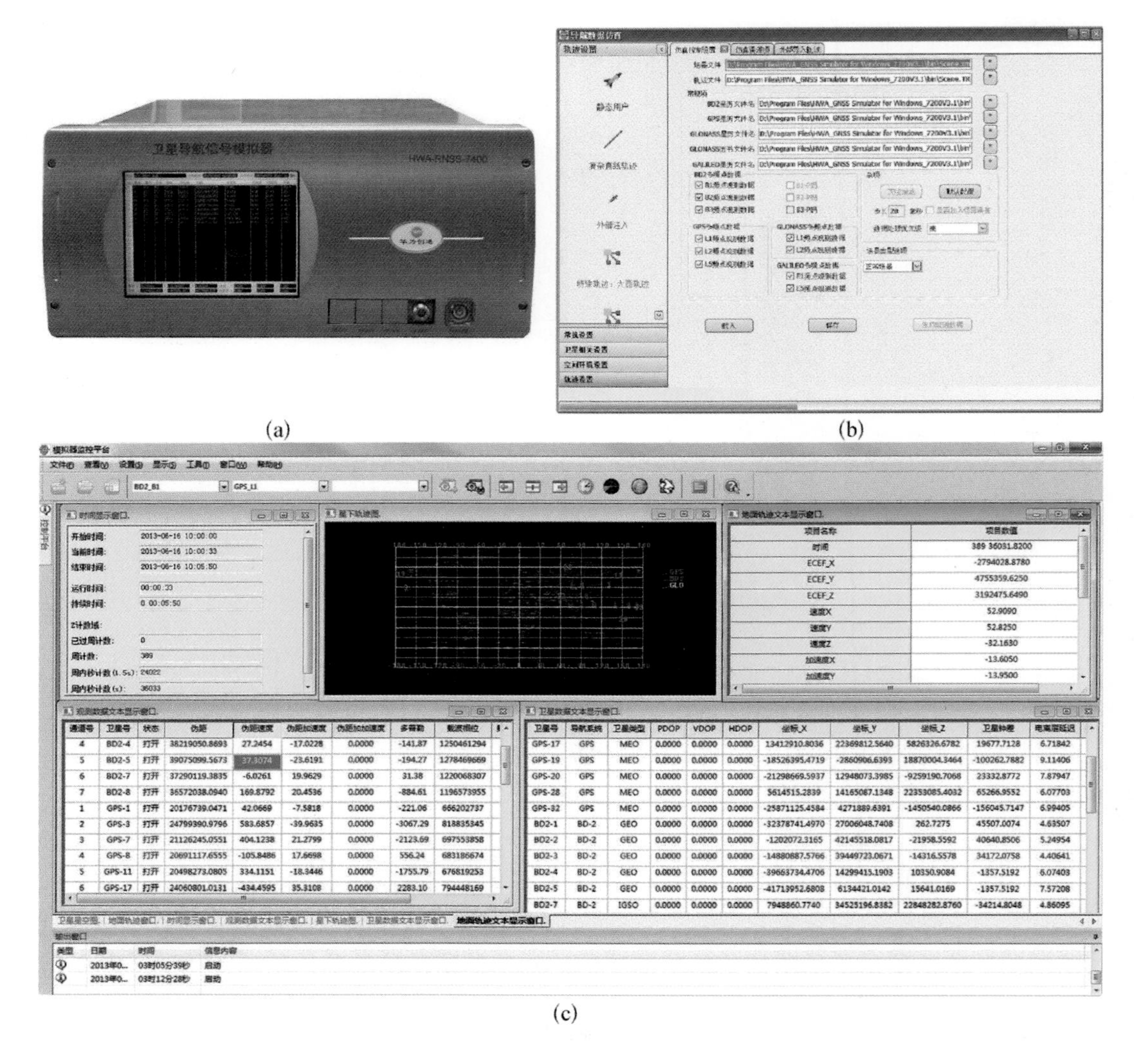

(a)　　　　(b)

(c)

彩图5.18　GNSS信号模拟器及仿真软件界面图

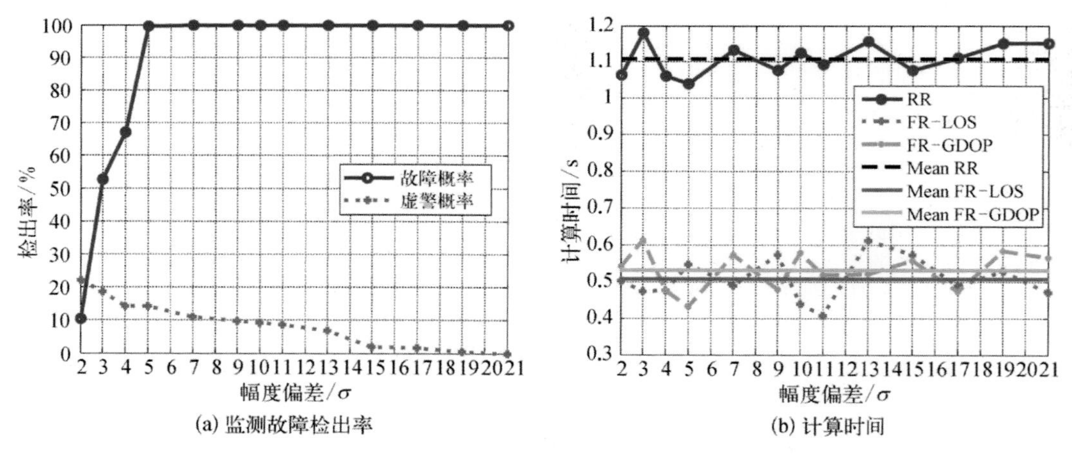

(a) 监测故障检出率　　　　(b) 计算时间

彩图5.25　RANSAC RAIM故障检出率及计算时间(单差错)